コンビナトリアル・バイオエンジニアリング
Combinatorial Bioengineering

監修:植田充美

シーエムシー出版

はじめに

　生命細胞は、何十億年という進化の過程で、無限の組み合わせが可能なDNAの情報分子を組み合わせ、しかも、自分の置かれている限られた環境のもと、生育に適合する情報や機能分子を取捨選択してきました。ヒトを含む多くの生物のゲノム情報の解析が急速に進展するとともに、難培養微生物などからのDNA資源や多くの新しい手法による遺伝子プールの拡大なども視野に入れると利用可能な遺伝子プールは急速に膨潤し多様性をおびてきており、これまでの化石燃料を資源とする産業から、バイオインフォマティックスやプロテオミックスなどDNAという情報を資源とした新しいサイエンスや産業が創出されようとしています。生命がなしとげてきたこの分子創造の筋道は、情報資源の活用をもとめられている我々の行く道にひとつの暗示を与えています。しかし、自然のアミノ酸や核酸だけでなく、人工的なアミノ酸や核酸誘導体の利用も可能となるなど自然界を超えた情報分子資源の多様性の発生に伴い、ゆっくりとした環境適合手法は、生命の系統樹の呪縛に捕らわれている従来のバイオテクノロジーの域を逸脱するものではありません。情報資源から新しい分子を生み出そうとするには、この呪縛から自由な創造の世界へ解き放ってくれる、ゲノムを超えた全く新しい研究の進展が期待されています。ここで登場してきた「コンビナトリアル・バイオエンジニアリング」（研究会1999年創設、HP、URL: http://www.prmvr.otsu.shiga.jp/ACB/）は、既知のDNA情報を機能生体高分子に迅速に変換したり、生体高分子の機能変換とそのスクリーニングを高速にしたり、これまでにこの世の中に存在しなかった生体高分子をランダムなDNA情報から創成したりするという新しいサイエンスで、その将来性が嘱望されており、その価値が加速的に増大してきています。

　この「コンビナトリアル・バイオエンジニアリング」の最新成果を結集した本成書が、生命の系統樹の呪縛からの解放を求め自由な創造の世界をめざす多くの研究や研究者の一助になることを願うものであります。また、本分野でご活躍中の先生方には、超ご多忙の中、ご執筆頂き、改めて深謝いたしますとともに、「コンビナトリアル・バイオエンジニアリング」の研究分野のますますの発展を祈念いたします。

2004年8月

京都大学大学院　農学研究科　応用生命科学専攻

植田充美

普及版の刊行にあたって

本書は2004年に『コンビナトリアル・バイオエンジニアリングの最前線』として刊行されました。普及版の刊行にあたり，内容は当時のままであり加筆・訂正などの手は加えておりませんので，ご了承ください。

2010年2月

シーエムシー出版　編集部

---- 執筆者一覧(執筆順) ----

植田　充美	(現) 京都大学大学院　農学研究科　応用生命科学専攻　教授	
津本　浩平	(現) 東京大学大学院　新領域創成科学研究科 メディカルゲノム専攻　准教授	
熊谷　　泉	(現) 東北大学大学院　工学研究科　教授	
上田　　宏	(現) 東京大学大学院　工学系研究科　化学生命工学専攻　准教授	
佐野　健一	(財)癌研究会　癌研究所　蛋白創製研究部　JST研究員；CREST／科学技術振興機構 (現) (独)理化学研究所　基幹研究所　分子情報生命科学特別研究ユニット　副ユニットリーダー	
芝　　清隆	(現) (財)癌研究会　癌研究所　蛋白創製研究部　部長	
森田　資隆	(現) 近畿大学　産業理工学部　准教授	
民谷　栄一	(現) 大阪大学大学院　工学研究科　精密科学・応用物理学専攻　教授	
Kaiming Ye	University of Pittsburgh Center for Biotechnology and Bioengineering	
成　　文喜	(現) ㈱バイオリーダース　代表取締役社長	
瀬脇　智満	(現) ㈱ジェノラックBL　代表取締役	
洪　　承杓	㈱バイオリーダース　研究所長	
李　　宗洙	㈱バイオリーダース	
鄭　　昌敏	㈱バイオリーダースジャパン	
夫　　玲夏	Korea Research Institute of Bioscience and Biotechnology Systemic Proteomics Research Laboratory Principal Investigator	
金　　哲仲	Laboratory of Infectious Diseases College of Veterinary Medicine Chungnam National University Professor	
近藤　昭彦	(現) 神戸大学大学院　工学研究科　応用化学専攻　教授	
芦内　　誠	(現) 高知大学　教育研究部　農学部門　准教授	
Liyun Ryu	Chungnam National University	
Jong-Taik Kim	Korea Research Institute of Bioscience and Biotechnology	
加藤　倫子	京都大学大学院　農学研究科　応用生命科学専攻　生体高分子化学研究室　助手	
白神　清三郎	京都大学大学院　農学研究科　応用生命科学専攻　博士後期課程	
黒田　浩一	(現) 京都大学大学院　農学研究科　応用生命科学専攻　准教授	
芝崎　誠司	(現) 兵庫医療大学　薬学部　医療薬学科　准教授	
片平　悟史	神戸大学大学院　自然科学研究科　博士後期課程	
谷野　孝徳	神戸大学大学院　自然科学研究科　博士後期課程 (現) 群馬大学大学院　工学研究科　環境プロセス工学専攻　助教	

(つづく)

今 村 千 絵	㈱豊田中央研究所　バイオ研究室　研究員	
中 野 秀 雄	(現) 名古屋大学大学院　生命農学研究科　生命技術科学専攻　教授	
松 浦 友 亮	(現) 大阪大学大学院　情報科学研究科　バイオ情報工学専攻　特任准教授	
芳 坂 貴 弘	(現) 北陸先端科学技術大学院大学　マテリアルサイエンス研究科　教授	
高 橋 史 生	愛媛大学　ベンチャービジネスラボラトリー　研究員	
小 畠 英 理	(現) 東京工業大学大学院　生命理工学研究科　准教授	
福 崎 英一郎	(現) 大阪大学　工学研究科　生命先端工学専攻　教授	
安　忠　一	大阪大学大学院　工学研究科　応用生物工学専攻；日本学術振興会　未来開拓学術研究推進事業　リサーチアソシエイト	
小 林 昭 雄	大阪大学大学院　工学研究科　応用生物工学専攻　教授	
河原崎 泰 昌	名古屋大学大学院　生命農学研究科　助手 (現) 静岡県立大学　食品栄養科学部　准教授	
池 内 曉 紀	名古屋大学大学院　生命農学研究科　博士課程	
新 畑 智 也	日本製粉㈱	
山 根 恒 夫	名古屋大学大学院　生命農学研究科　教授 (現) 中部大学　応用生物学部　教授	
伊 藤 嘉 浩	㈳理化学研究所　中央研究所　伊藤ナノ医工学研究室　主任研究員；㈶神奈川科学技術アカデミー　伊藤「再生医療バイオリアクター」プロジェクト　研究室長 (現) ㈳理化学研究所　基幹研究所　伊藤ナノ医工学研究室　主任研究員	
今 野 博 行	(現) 山形大学大学院　理工学研究科　准教授	
松 井 健 史	(現) 奈良先端科学技術大学院大学　バイオサイエンス研究科　博士研究員	
吉 田 和 哉	奈良先端科学技術大学院大学　バイオサイエンス研究科　助教授	
幸 田 勝 典	(現) ㈱豊田中央研究所　バイオ研究室　研究員	
田 丸　浩	(現) 三重大学大学院　生物資源学研究科　准教授	
無津呂 淳 一	(現) 福岡女子短期大学　食物栄養科　講師	
秋 山 真 一	(現) 名古屋大学大学院　医学系研究科　病態内科学講座　腎臓内科　特任助教	
齊 藤 博 英	(現) 京都大学大学院　生命科学研究科　遺伝子動態学分野　助教	

執筆者の所属表記は，注記以外は2004年当時のものを使用しております。

目　　次

【第1編　コンビナトリアル・バイオエンジニアリングの隆盛】

コンビナトリアル・バイオエンジニアリングの隆盛 …………………… 植田充美 … 3

【第2編　コンビナトリアル・バイオエンジニアリング研究の成果】

第1章　ファージディスプレイ

1　ファージディスプレイの現状と今後：プロトミクスと蛋白質工学
　　………… 津本浩平, 熊谷　泉 … 9
　1.1　はじめに ………………………… 9
　1.2　酵素工学への展開：触媒能と安定性
　　……………………………………… 11
　1.3　Scaffold Engineering：抗体工学からの進展 ………………………… 14
　1.4　プロテオミクス研究への展開 …… 15
　1.5　T7, λファージディスプレイシステムと応用例 …………………… 17
　1.6　おわりに ………………………… 18
2　新規ファージディスプレイ法による小分子非競争測定の実用化
　　………………………… 上田　宏 … 22
　2.1　はじめに ………………………… 22
　2.2　既存の免疫測定法 ……………… 23
　2.3　小分子の非競争的測定法 ……… 24
　2.4　オープンサンドイッチ法 ……… 26
　2.5　ファージを用いた選択系の開発 … 27
　2.6　SpFvシステムを用いた小分子認識抗体のスクリーニング ………… 29
　2.7　V_H/V_L相互作用の強さを決める残基と, その抗原親和性への影響 … 31
　2.8　プロテオーム解析への応用 …… 31
　2.9　おわりに ………………………… 33
3　無機マテリアルを認識するペプチドモチーフ　………… 佐野健一, 芝　清隆 … 34
　3.1　はじめに ………………………… 34
　3.2　無機マテリアル結合ペプチドの単離
　　……………………………………… 34
　3.3　無機マテリアル結合ペプチドの結合能力の評価法 …………………… 34
　3.4　無機マテリアル結合ペプチドの配列比較 ………………………… 37
　3.5　無機マテリアル結合ペプチドのマテリアル認識メカニズム ………… 38
　3.6　無機マテリアル結合ペプチドによるバイオミネラリゼーション …… 41
　3.7　無機マテリアル結合ペプチドのナノテクノロジーへの応用 ………… 42
　3.8　おわりに～バイオとマテリアルをイ

	ンターフェースする無機マテリアル	4.2	幹細胞P19に結合するペプチドの探
	結合モチーフ～ ……………… 44		索 …………………………………… 47
4	ファージディスプレイ法による幹細胞	4.3	No.28ファージの結合特性 ………… 50
	認識 ………… 森田資隆, 民谷栄一 … 46	4.4	No.28ペプチドの結合特性 ………… 52
4.1	はじめに ……………………………… 46	4.5	おわりに …………………………… 54

第2章 *Escherichia coli* Display of Heterologous Proteins Kaiming Ye

1	Export and translocation of proteins		the outer membrane of *E. coli* …… 59
	in the outer membrane of *E. coli* … 57	3	Flow cytometric screening of cell
2	Display of a heterologous protein in		surface-displayed libraries …………… 63

第3章 乳酸菌ディスプレイ

1	乳酸菌ディスプレイシステムの開発		Haryoung Poo, Liyun Ryu,
	……… 成 文喜, 瀬脇智満, 洪 承杓,		Jong-Taik Kim, Moon-Hee Sung … 76
	李 宗洙, 鄭 昌敏, 夫 玲夏,	2.1	Swine coronavirus infection …… 76
	金 哲仲, 近藤昭彦, 芦内 誠 … 68	2.2	Mucosal immunogen delivery system
1.1	はじめに ……………………………… 68		…………………………………………… 78
1.2	細胞表層発現アンカー …………… 69	2.3	Immunogenicity of surface-displayed
1.2.1	従来の表層発現アンカー …… 69		viral antigens …………………… 79
1.2.2	新規なアンカー：ポリガンマグ	2.4	Conclusion ……………………… 81
	ルタミン酸合成酵素複合体タン	3	*Lactobacillus*-based Human Papillom-
	パク質 (pgsBCA) の利用 … 70		avirus Type 16 Oral Vaccine
1.3	外来タンパク質発現用ベクターの構		……… Haryoung Poo, Jong-Soo Lee,
	築およびその発現確認 …………… 70		Moon-Hee Sung, Chul-Joong Kim … 87
1.4	今後の展開 ………………………… 73	3.1	Human papillomavirus vaccine
1.5	おわりに …………………………… 74		study ……………………………… 87
2	Immunogenicity of Surface-displayed	3.2	Production and Immunogenicity of
	Viral Antigens of Swine Coronavirus		HPV16L1 surface-displayed on
	on *Lactobacillus casei*		*Lactobacillus casei* …………… 89
	…… Chul-Joong Kim, Jong-Soo Lee,	3.2.1	Production of HPV16L1 surface-

displayed on *Lactobacillus casei* ……………………… 89

3.2.2 Immunogenicity of HPV16L1 surface-displayed on *Lactobacillus casei* ………… 89

第4章 酵母ディスプレイ

1 タンパク分子クリエーション
　……………… 加藤倫子, 植田充美 … 95
1.1 はじめに ……………………… 95
1.2 生体高分子クリエーターとしてのコンビナトリアル・バイオエンジニアリング ……………………… 95
1.3 細胞表層工学による分子ディスプレイシステム ……………………… 96
1.4 コンビナトリアルなプロテインライブラリーの創製 ……………… 97
1.5 新しい機能性分子のクリエーションと選択 - 有機溶媒耐性因子の取得 - ……………………… 97
1.6 おわりに - 今後の展望 - ……… 98
2 タンパク質工学への新しい展開
　……………… 白神清三郎, 植田充美 … 102
2.1 はじめに ……………………… 102
2.2 コンビナトリアル変異 ……… 102
2.3 リパーゼのリド部位のコンビナトリアル変異ライブラリーの作製 …… 103
　2.3.1 *R. oryzae* lipase (ROL) の特性と構造 ……………………… 103
　2.3.2 リド部位コンビナトリアルライブラリーの作製とスクリーニング ……………………… 103
　2.3.3 ROLにおけるリド部位と鎖長基質特異性との相関 …………… 103
2.4 グルコアミラーゼのStarch Binding Domain (SBD) に対するコンビナトリアル変異ライブラリーの作製 ……………………… 105
　2.4.1 *R. oryzae* glucoamylase (RoGA) のSBDの特徴 ……… 105
　2.4.2 SBDコンビナトリアルライブラリーの作製とスクリーニング ……………………… 106
2.5 今後の展望 ………………… 107
3 環境浄化への新しい戦略
　……………… 黒田浩一, 植田充美 … 110
3.1 はじめに ……………………… 110
3.2 微生物と重金属イオンとの関わり ……………………… 110
3.3 細胞表層工学 - 酵母ディスプレイ法 - ……………………… 111
3.4 微生物細胞表層への重金属イオン吸着能の賦与 ……………… 112
3.5 重金属イオン吸着ペプチド及びタンパク質の細胞表層ディスプレイ … 113
3.6 環境浄化酵母の高機能化 ……… 115
3.7 環境浄化システムの可能性 …… 117
3.8 おわりに ……………………… 117
4 表層蛍光シグナルを用いたバイオセン

シングのコンビナトリアルな展開
……… 芝崎誠司,植田充美 … 120
4.1 はじめに ……………………… 120
4.2 表層蛍光シグナルのコンビナトリアルな利用 …………………… 120
4.3 センシングの例 ……………… 122
4.4 非破壊的な物質生産のモニタリング ………………………… 124
4.5 蛍光定量手法−画像解析の試み … 125
4.6 おわりに ……………………… 128
5 バイオマス変換への応用
……… 近藤昭彦,片平悟史 … 130
5.1 はじめに ……………………… 130
5.2 新機能酵母によるバイオマスからのエタノール生産 …………… 131
　5.2.1 デンプンからのエタノール生産 …………………………… 132
　5.2.2 木質系バイオマスからのエタノール生産 ………………… 133
5.3 おわりに ……………………… 137

6 ファインケミカル製造への応用
……… 近藤昭彦,谷野孝徳 … 139
6.1 はじめに ……………………… 139
6.2 ファインケミカル製造における酵母ディスプレイ法の有用性 …… 140
6.3 リパーゼ表層ディスプレイにおいて開発された新規ディスプレイ法について …………………………… 141
6.4 リパーゼ表層ディスプレイ酵母を用いた光学分割反応 …………… 142
6.5 おわりに ……………………… 143
7 ハイスループットスクリーニング技術
………………………… 近藤昭彦 … 145
7.1 はじめに ……………………… 145
7.2 フローサイトメーターを用いる手法 ………………………… 145
7.3 磁性ナノ微粒子材料を用いた手法 …………………………… 147
7.4 おわりに……………………… 149

第5章 Retrovirus Display of Peptides and Proteins　Kaiming Ye

1 Structure of retroviral envelope protein ……………………… 151
2 Display of peptides on the surface of retrovirus ………………… 153

第6章　無細胞合成系

1 SIMPLEX法の開発と進化分子工学への応用 …… 今村千絵,中野秀雄 156
1.1 はじめに ……………………… 156
1.2 無細胞系におけるタンパク質の生産
………………………………… 156
　1.2.1 無細胞系の特徴 …………… 156
　1.2.2 ジスルフィド結合の導入 …… 157
　1.2.3 ヘムタンパク質のフォールディ

   ング ………………………… 157
 1.3 SIMPLEX法によるライブラリー構築
  ………………………………………… 159
  1.3.1 SIMPLEX法の原理 ………… 159
  1.3.2 SIMPLEX法の特徴 ………… 160
  1.3.3 SIMPLEXライブラリーの均一
   性と拡張性 ………………… 160
 1.4 SIMPLEX法の応用 ……………… 161
  1.4.1 マンガンペルオキシダーゼの改
   変 …………………………… 161
 1.5 おわりに ………………………… 164
2 蛋白質をターゲットとしたin vitro選
 択系 ……………… 松浦友亮 … 166
 2.1 はじめに ………………………… 166
 2.2 In vitro選択系 ………………… 167
  2.2.1 リボソームディスプレイ …… 167
  2.2.2 mRNAディスプレイ法&in vitro
   virus法 ……………………… 170
  2.2.3 その他のIn vitro選択系
   （STABLE法，CIS display法）
   ………………………………… 170
 2.3 In vivo vs In vitro選択系 …… 173
 2.4 In vitro選択系の応用例 ……… 174
 2.5 おわりに ………………………… 175
3 非天然アミノ酸の導入
 ………………………… 芳坂貴弘 … 178
 3.1 はじめに ………………………… 178
 3.2 非天然アミノ酸導入のための遺伝暗
  号の拡張 ………………………… 178
  3.2.1 終止コドン ………………… 179
  3.2.2 4塩基コドン ……………… 180
  3.2.3 非天然塩基コドン ………… 181

  3.3 非天然アミノ酸を結合させたtRNA
   の合成 …………………………… 182
 3.4 非天然アミノ酸に対するタンパク質
  合成系の基質特異性 …………… 183
 3.5 非天然アミノ酸導入によるタンパク
  質の改変 ………………………… 185
  3.5.1 天然アミノ酸類似体の導入によ
   る構造機能相関解析 ……… 185
  3.5.2 蛍光プローブの導入 ……… 185
  3.5.3 人工機能の付与 …………… 185
  3.5.4 タンパク質の蛍光標識法 … 186
  3.5.5 タンパク質の特異的修飾 … 187
 3.6 おわりに ………………………… 187
4 無細胞タンパク質合成に基づいた酵素
 選択法 ……… 高橋史生，小畠英理 … 189
 4.1 はじめに ………………………… 189
 4.2 無細胞ディスプレイ技術を利用した
  酵素の選択 ……………………… 189
  4.2.1 基質との親和性を指標に選択す
   る手法 ……………………… 189
  4.2.2 酵素の触媒機能を指標に選択す
   る手法 ……………………… 190
 4.3 エマルジョン法による酵素の人工進化
  ………………………………………… 191
  4.3.1 エマルジョン法の選択原理
   ………………………………… 191
  4.3.2 エマルジョン法による基質特異
   性の改変 …………………… 192
  4.3.3 エマルジョン法によるターンオー
   バー効率の改変 …………… 193
 4.4 今後の課題 ……………………… 194

第7章　人工遺伝子系

1　RNAiの分子機構と植物のポストゲノム研究への応用
　……福崎英一郎, 安　忠一, 小林昭雄 … 196
　1.1　はじめに …………………… 196
　1.2　動物におけるRNAiの分子機構 … 197
　1.3　植物におけるRNAiの分子機構 … 198
　1.4　植物におけるRNAiの誘導 ……… 202
　1.5　microRNAによる遺伝子発現制御
　　………………………………… 204
　1.6　おわりに ………………… 208
2　RNA Interference and siRNA Library
　………………… Kaiming Ye … 211
　2.1　Introduction to RNA interference
　　………………………………… 211
　2.2　siRNA-mediated RNAi in mammalian cells ……………………… 214
　2.3　Construction of a siRNA combinatorial library ………… 215

【第3編　コンビナトリアル・バイオエンジニアリング研究の応用と展開】

第8章　ライブラリー創製

1　コンビナトリアルライブラリーの階層性
　………………… 芝　清隆 … 223
　1.1　はじめに ………………… 223
　1.2　タンパク質を構築する構造単位 … 223
　1.3　「構造上のブロック単位」と「進化のブロック単位」………… 224
　1.4　エクソンシャッフリングによるタンパク質の進化 ………… 225
　1.5　ブロック単位の進化とフォールディングの問題 …………… 226
　1.6　機能の進化とフォールディングの進化の問題 ……………… 226
　　1.6.1　機能と構造とどちらが先か？
　　　………………………………… 227
　　1.6.2　構造は機能にとってどの程度重要か？ ………………… 228
　1.7　タンパク質進化のペプチドネットワークモデル ……………… 228
　1.8　階層的な人工タンパク質創出システム ………………………… 230
　1.9　繰り返しを原理とした階層的人工タンパク質創製システム, **MolCraft**
　　………………………………… 232
　1.10　おわりに ……………… 233
2　Random Mutagenesis and Combinatorial Libraries ……… Kaiming Ye … 236
　2.1　Introduction ……………… 236
　2.2　DNA shuffling …………… 236
　2.3　Error-prone PCR ………… 238
3　遺伝子のキメラ化によるライブラリ創製
　………… 河原崎泰昌, 池内暁紀, 新畑智也, 山根恒夫 … 242

3.1 はじめに …………………… 242
3.2 キメラ遺伝子ライブラリの特性 … 243
3.3 配列間相同性に基づくキメラ遺伝子ライブラリ作成法 ……… 244
3.4 配列間相同性に基づかないキメラ遺伝子ライブラリ作成法 …………… 248
3.5 おわりに ………………… 250

第9章　アレイ系

1 マイクロアレイ概説 …… **伊藤嘉浩** 252
　1.1 はじめに ……………… 252
　1.2 DNAチップ（マイクロアレイ） … 253
　　1.2.1 ハードウエア …………… 253
　　1.2.2 ソフトウエア …………… 254
　　1.2.3 応用例 ………………… 255
　1.3 プロテイン・マイクロアレイ … 257
　1.4 抗体マイクロアレイ ………… 258
　1.5 アプタマー・マイクロアレイ … 258
　1.6 低分子マイクロアレイ ……… 259
　1.7 抗原マイクロアレイ ………… 259
　1.8 ペプチド・マイクロアレイ … 259
　1.9 糖鎖マイクロアレイ ………… 260
　1.10 組織マイクロアレイ ……… 260
　1.11 細胞解析用のDNA, siRNA, 抗体, タンパク質マイクロアレイ ……… 261
　1.12 おわりに ……………… 262
2 マイクロアレイ作成法 … **伊藤嘉浩** 264
　2.1 はじめに ……………… 264
　2.2 基材設計 ……………… 264
　2.3 マイクロアレイ操作法 ……… 265
　2.4 固定化法 ……………… 267
　　2.4.1 物理的固定化法 ………… 267
　　2.4.2 化学的固定化法 ………… 268
　　2.4.3 生物学的固定化法 ……… 268
　　2.4.4 包埋固定化法 ………… 269
　2.5 検出法 ………………… 270
　2.6 おわりに ……………… 271
3 マイクロアレイ化の有機合成
　……………………… **今野博行** … 273
　3.1 はじめに ……………… 273
　3.2 マイクロアレイの現状とその作成 ………………………… 273
　3.3 低分子マイクロアレイ ……… 275
　3.4 ペプチドアレイ ………… 276
　3.5 糖アレイ ……………… 277
　3.6 おわりに ……………… 279

第10章　細胞チップを用いた薬剤スクリーニング

森田資隆，民谷栄一

1 はじめに ………………… 281
2 バイオチップについて ……… 282
3 細胞チップを用いた神経成長因子様作用ペプチドのスクリーニング ……… 282

4　おわりに ………………………… 286

第11章　植物小胞輸送工学による有用タンパク質生産　　松井健史，吉田和哉

1　植物による外来タンパク質生産 ……… 288
2　小胞輸送経路を用いた有用タンパク質生産の現状 ………………………… 289
3　プロペプチドによる西洋ワサビペルオキシダーゼの小胞輸送制御機構 ……… 294
4　おわりに ………………………… 296

第12章　ゼブラフィッシュ系

1　ケモゲノミクスへの応用
　　………………… 幸田勝典，田丸　浩 … 298
　1.1　はじめに ……………………… 298
　1.2　ポストゲノム研究用モデル動物としてのゼブラフィッシュ ……… 299
　1.3　ゼブラフィッシュのケモゲノミクスへの応用 ………………………… 301
　1.4　ケモゲノミクスツールとしてのDNAマイクロアレイ ……………… 302
　1.5　化学物質安全性評価への展開 …… 304
　1.6　おわりに ……………………… 305
2　比較ゲノミクスへの応用
　　………………… 無津呂淳一，田丸　浩 … 307
　2.1　ゲノムシーケンスプロジェクトと比較ゲノミクス ……………… 307
　2.2　ポストゲノムシーケンス時代の比較ゲノミクス ……………………… 308
　2.3　比較ゲノミクスにおけるゼブラフィッシュの役割 ……………… 310
　2.4　比較ゲノミクスによる遺伝子領域・転写制御領域の解析 ……… 311
　2.5　遺伝子機能解析ツールとしてのコンビナトリアル・バイオエンジニアリング ………………………… 312
　2.6　マリンバイオテクノロジーとしてのコンビナトリアル・バイオエンジニアリング ……………………… 313
　2.7　おわりに ……………………… 314
3　機能ゲノミクスへの応用
　　………………… 秋山真一，田丸　浩 … 315
　3.1　はじめに ……………………… 315
　3.2　ゼブラフィッシュによる機能ゲノミクス研究 …………………… 315
　　3.2.1　モデル生物としてのゼブラフィッシュ ……………………… 315
　　3.2.2　ゲノムシークエンスプロジェクト ……………………… 316
　　3.2.3　機能ゲノミクス研究に必要な技術 ……………………… 316
　3.3　新しいプラットホームにおける機能ゲノミクス研究 ……………… 320
　　3.3.1　エンブリオアレイの登場 …… 320
　　3.3.2　実験デバイスの開発 ……… 321
　3.4　おわりに ……………………… 322

第13章　システムバイオロジーとコンビナトリアル・バイオエンジニアリングの融合
－コンビナトリアル・システムエンジニアリングにむけて－

齊藤博英, 芝　清隆

1　はじめに ……………………………… 324
2　システムバイオロジーのボトムライン
　　……………………………………… 325
3　合成遺伝子回路 ……………………… 327
4　遺伝子回路のコンビナトリアルエンジニアリング ……………………………… 329
5　人工タンパク質を利用した細胞死誘導回路の制御 ……………………………… 330
6　今後の展望 …………………………… 333

第14章　蛋白質相互作用領域の迅速同定：コンビバイオで開拓する機能ゲノム科学

池内暁紀, 河原崎泰昌, 山根恒夫

1　はじめに ……………………………… 336
2　従来の相互作用領域同定法 ………… 338
3　コンビバイオ的観点からみた相互作用領域同定 ……………………………… 338
4　蛋白質間相互作用領域の迅速同定法の開発 …………………………………… 339
5　蛋白質相互作用領域の網羅的同定
　　－Dam1複合体－ ………………… 342
6　おわりに ……………………………… 344

【第4編　未来展望】

未来展望 ……………………………………………………………… 植田充美 … 349

第 1 編

コンビナトリアル・バイオエンジニアリングの隆盛

コンビナトリアル・バイオエンジニアリングの隆盛

植田充美*

　ヒトをはじめ，多くの生物のゲノム情報が続々と解明され，この情報を応用する研究や産業が展開し，遺伝子（DNA）という分子にまつわる技術が格段に進歩しつつある。この発展には，コンピューターによる情報技術（IT）と遺伝子工学に代表されるバイオテクノロジーの融合が大きく寄与している。この流れは，マテリアルサイエンスの進展により網羅的（コンビナトリアル）な研究手法を可能にし，生命科学の研究を一気に変貌させてきている。

　さらに，ポストゲノム研究の中核を占めるプロテオームやメタボローム研究から，高度なナノテクノロジーと融合したいわゆるナノバイオテクノロジーが誕生し，これまでの化石燃料を資源とする産業からDNAという情報を資源とした新しい魅力に富んだサイエンスや産業の萌芽への胎動が聞こえ始めてきている[1]。

　既知のDNA情報を機能タンパク質に変換したり，ランダムなDNA情報からこれまでに存在しなかったタンパク質を創成したりする潜在的な能力のある魅力あふれる技術としての新しい「コンビナトリアル・バイオエンジニアリング」というニューウェーブのバイオテクノロジーは，DNA情報を基盤とした機能タンパク質への新しい変換系，「モレキュラー（分子）ツール」，とも考えられている。周知のコンビナトリアルケミストリーとの大きな違いである生細胞や酵素反応の増殖性を利用して，情報分子を機能分子に変換する新しく，簡易で，迅速で，しかも，多くの組み合わせの（コンビナトリアル）分子ライブラリーから適合するものを，ハイスループットに，かつ，システマティックに選択する「コンビナトリアル・バイオエンジニアリング」は，「多様性（Diversity）」・「提示（Display）」・「選択（Directed Selection）」という3つの柱（3-D）を研究開発のキーワードにして，新しい機能分子や細胞を「自然界から探す」という方向から「情報分子ライブラリーから自由に創る」という方向へとバイオ研究の変革を強力に推進している（図1）[2]。

　この新しい潮流は，閉塞的な雰囲気の漂いはじめている化学や生物などの研究に携わる人たちに対して，あたかも，「ヘッドライト」のごとく，化学や生物が本来もっている未知なる夢と冒険の世界への道を照らし出し，また，「テールライト」のごとく，これから辿ってくる若い研究

---

　*　Mitsuyoshi Ueda　京都大学大学院　農学研究科　応用生命科学専攻　教授

コンビナトリアル・バイオエンジニアリングの最前線

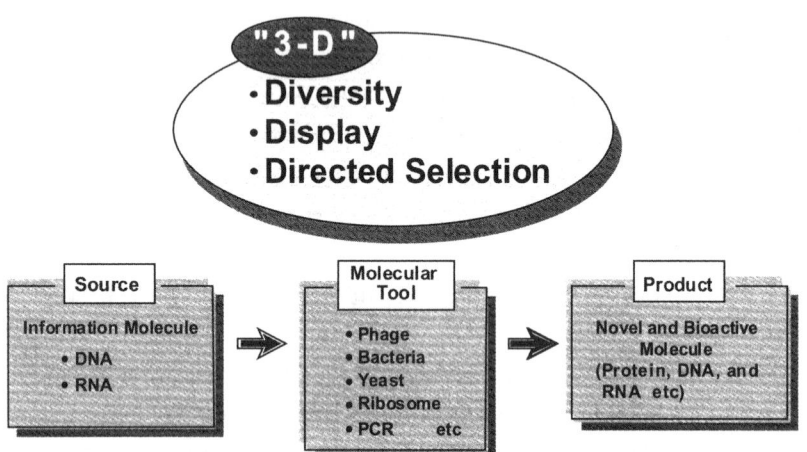

図1　コンビナトリアル・バイオエンジニアリングの基本概念

者達への道案内となっていくことが期待されている。

　この著では，酵母やバクテリアやファージ，さらに，リボソーム（無細胞合成系）やPCRなどを分子ツールとした「コンビナトリアル・バイオエンジニアリング」について，ゲノムを超えた新しいバイオ分子や細胞の創出の最新の成果をまとめている（図2）。

　DNA情報という無尽蔵・無制限・ランダムなDNA情報から新機能をもつバイオ高分子を創出する「打出の小槌」とも言えるこの技術を用いて行った最先端の研究は，このように，情報分子を機能分子に変換して多くの組み合わせの（コンビナトリアル）分子ライブラリーから，研究者自身の意図のもと，オーダーメイドに適合する分子や細胞をシステマティックに選択できる。「コンビナトリアル・バイオエンジニアリング」は，生細胞や分子の増殖性を利用し，それをハイスループットな手法と組み合わせることにより，まったくランダムなDNA配列からこれまで世の中に存在しなかった新しいバイオ分子を「創る」といった期待がふくらんでおり，その分子ツールは，機能分子や細胞の創製の研究を変革していくブレークスルーの担い手となることは間

第1編　コンビナトリアル・バイオエンジニアリングの隆盛

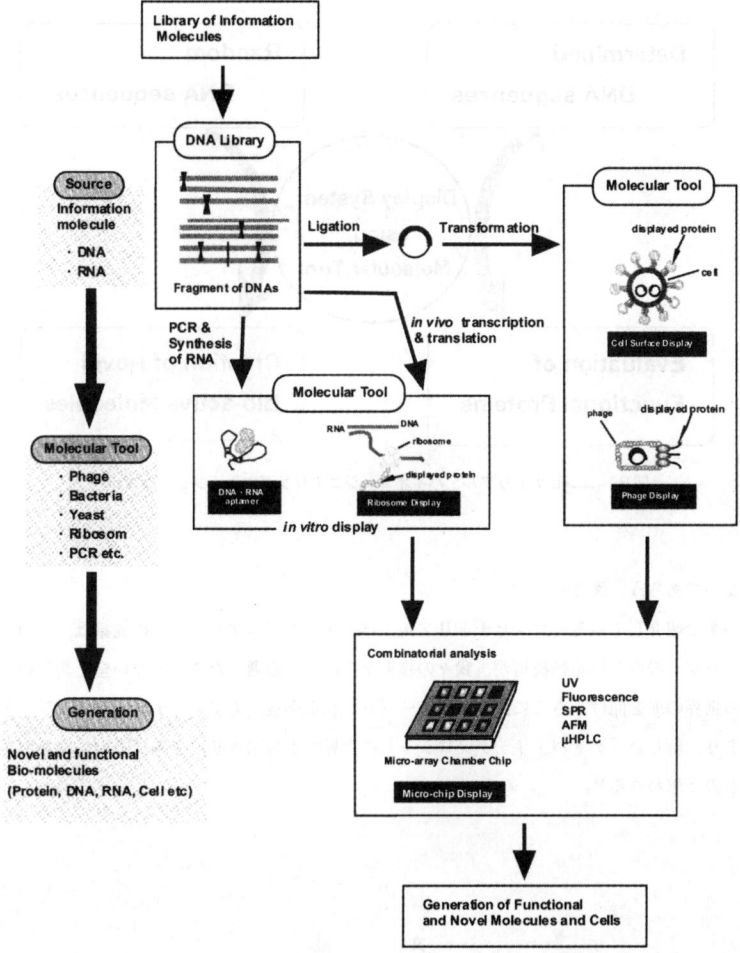

図2　分子ツールによるコンビナトリアル・バイオエンジニアリングの世界

コンビナトリアル・バイオエンジニアリングの最前線

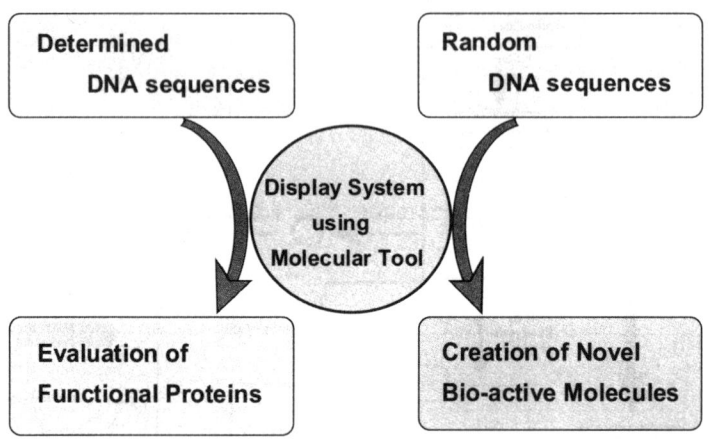

図3　コンビナトリアル・バイオエンジニアリングによるブレークスルー

違いないであろう（図3）。

　この著で紹介している「コンビナトリアル・バイオエンジニアリング」の成果は，このバイオテクノロジーの新しい基幹技術が，我々の誰もがこれまで遭遇したことのない全く新しいサイエンスの世界の扉を開け，さらに，ハイスループット化を今後支えていくナノテクノロジーとの融合により，新しい「ナノバイオテクノロジー」の世界をも現出させ，さらにその先端を開拓していくものと思われる[3]。

文　　献

1) 植田充美：未来材料, **4**, 44-50（2004）
2) 植田充美, 近藤昭彦編：化学フロンテイア　第9巻，化学同人（2003）
3) 植田充美：ナノバイオテクノロジーの最前線，シーエムシー出版（2003）

第 2 編

コンビナトリアル・バイオエンジニアリング研究の成果

第1章 ファージディスプレイ

1 ファージディスプレイの現状と今後：プロテオミクスと蛋白質工学

津本浩平[*1], 熊谷　泉[*2]

1.1 はじめに

　ファージディスプレイとは，クローン化されたペプチドや抗体などの遺伝子の産物をM13やfdなどの大腸菌を宿主とする繊維状の一本鎖DNAバクテリオファージのコート蛋白質あるいはT7やλファージのキャプシド蛋白質との融合蛋白質として発現させ，ファージ表面にディスプレイ（提示）する方法である[1,2]。このようなファージ粒子はファージと融合した巨大な蛋白質（ペプチド）として取り扱うことができるだけでなく，その遺伝情報がファージの持つDNA上に存在するので提示させた分子を遺伝子レベルで解析することが可能である。このことは，ゲノム由来のライブラリーや莫大な数の変異体を含むプール（ライブラリー）から目的の機能を有する分子を選択する実験（スクリーニング）を簡便に行うことができることを意味している。換言すれば，この方法ではファージ表面にディスプレイされた蛋白質の性質（表現型）を指標とする選択を行うことで，同時にその蛋白質をコードするDNA（遺伝子型）を回収でき，DNAの配列決定により選択された分子のアミノ酸配列を同定できる（図1）ことになる。

　ディスプレイに最も広く用いられている繊維状ファージは，自らを作るコート蛋白質としてgpⅢ，gpⅥ，gpⅦ，gpⅧおよびgpⅨを持っている。外殻は，数千個ある遺伝子8産物のpⅧで被われており，その一端はファージ粒子1個当たり3個から5個あるpⅢとpⅥ，反対側にはgpⅦ，gpⅨがある（図2A）。現在までに，5種類すべてのコート蛋白質についてディスプレイ系が開発されている[1~4]。例えば，繊維状ファージ遺伝子の中でgpⅢのコード領域のN末端側数残基に，外来遺伝子を挿入した遺伝子を作り，大腸菌に感染させる。得られた組換え型ファージのgpⅢのN末端にはペプチドが提示されていることになる。ランダムペプチドをファージ表面にディスプレイしたペプチドライブラリーから，目的の結合能を持つペプチド断片をスクリーニングすることに応用されてきた。また，ペプチドや蛋白質を融合させることによる感染能の低下や遺伝子欠損の問題の回避には，ファージミドベクターとヘルパーファージを用いる系が有効であり，汎用されている（図2B）。提示効率を高める方法の開発も今なお進んでいる[5~7]。

[*1] Kouhei Tsumoto　東北大学大学院　工学研究科　バイオ工学専攻　助教授
[*2] Izumi Kumagai　東北大学大学院　工学研究科　バイオ工学専攻　教授

コンビナトリアル・バイオエンジニアリングの最前線

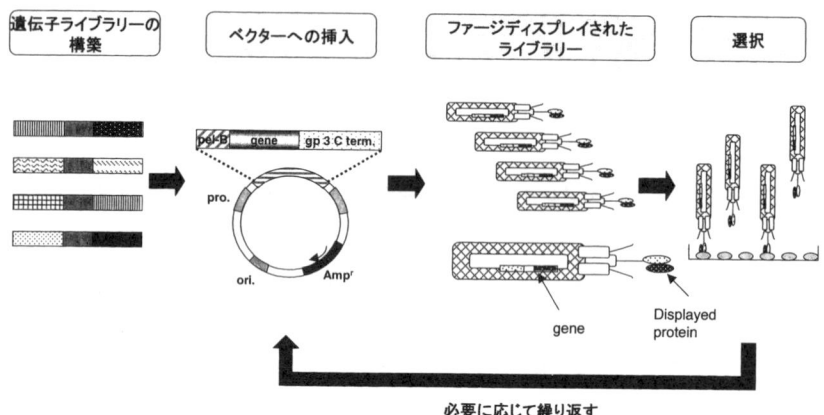

図1　ファージディスプレイによる目的分子の選択
繊維状ファージの場合を示している。T7ファージの場合は図5を参照のこと。

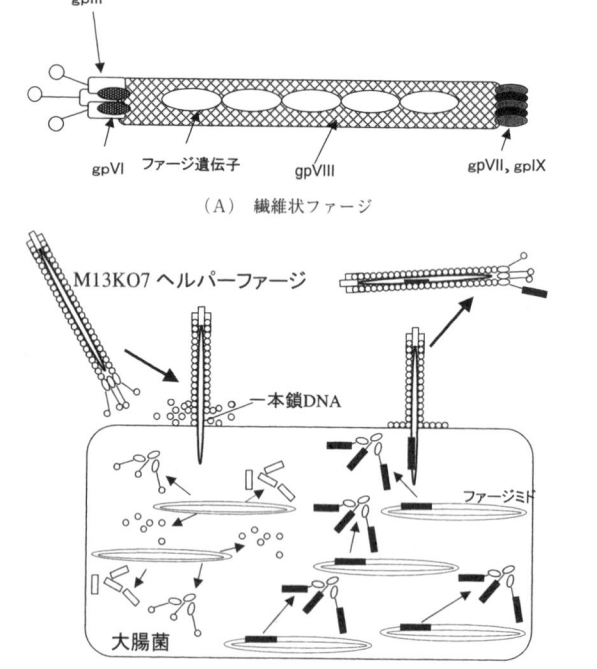

（B）　gpIIIディスプレイシステム。蛋白質のディスプレイに汎用されるファージミドの場合を示した。
図2　繊維状ファージとディスプレイシステム

第1章　ファージディスプレイ

　本稿では，ファージディスプレイを用いた研究の最近の進展について，1．酵素への応用例，2．抗体工学の進展，3．標的分子に特異的に結合できる分子種のゲノム情報からの取り出しあるいは相互作用ネットワーク解析への応用，4．T7，ラムダファージを用いた選択，について焦点を絞り，まとめてみたい。

1.2　酵素工学への展開：触媒能と安定性

　天然に存在する酵素の触媒活性を向上させ，より優れた分子種を構築する試みは，多方面からの強い要請もあり，蛋白質工学の大きな柱として，分子進化工学と呼ばれる研究領域へと発展してきた。最近では，特に有機化学者の参入により新たな展開を迎えている[8〜10]，といってよいであろう。

　酵素をファージ表面に提示して，分子進化工学への応用を図ろうという試みは，ファージディスプレイ技術開発当時から考えられており，1991年のアルカリ性フォスファターゼのディスプレイが報告された[11]後，われわれの研究グループ[12]も含めて，いくつかのグループから機能を保持した状態でディスプレイが可能であることを報告していた[13]。しかしながら，先に述べたように，ファージディスプレイは，標的に対して高親和性を有するクローンの選択には極めて有効であることが，数多くの報告例からも明らかであるものの，特異性を考慮した選択，あるいは触媒活性に基づいた選択は，原理上困難を極める。酵素工学への展開が遅れていたのは，この選択法を確立することの難しさ，換言すれば，いかに高親和性クローン選択において用いられてきた手法を酵素活性に適用していくかについての方法論の確立にあった，といってよい。

　もっとも理解しやすい手法は，阻害剤，たとえば遷移状態アナログ（TSA）を使った間接的な選択法，であろう。触媒活性は基質よりもTSAに対するより高い親和性に起因する，ということを考えれば，TSAへの結合で選択するのがもっとも有効，ということになる。グルタチオンS-転移酵素（GST）の特異性変換[14〜16]，触媒抗体の親和性向上[17,18]にその例を見ることができる。別の間接的手法として，自殺基質を用いるものがある。これは，機構に基づく阻害剤（Mechanism-based Inhibitors）とも呼ばれ，TEM β ラクタマーゼの高活性化[19]，あるいは触媒抗体の選択[20]に用いられている。ビオチン化した自殺基質を用いた，グリコシダーゼ活性を持つ抗体[21]，フォスファターゼ活性を持つ抗体の選択[22]も報告されている。*Bacilus subtilis*由来リパーゼAについても報告例がある[23]。このような基質がうまく手に入るような酵素であれば，ファージディスプレイによる高機能化，機能変換は十分可能である，といってよいであろう。

　すべての酵素において，阻害剤のような物質が入手可能であるわけではない。そのような場合は基質を用いた直接的選択が必要となる。Pedersenらは，Caイオンを除去して不活性化したStaphylococcal nucleaseに基質となるビオチン化した二本鎖DNAを付着させておき，ストレプ

トアビジンビーズに固定化した後，Caイオンを添加して活性化させ，ファージを溶出する方法を報告している[24]。一方，Demartisらは，カルモジュリンと酵素を融合させてファージ表面にディスプレイ，基質をコンジュゲートさせたカルモジュリン結合ペプチドと混合したのち，得られたプロダクトに特異的なリガンドで活性型酵素を集め，最後にEDTAを加えてカルモジュリンの構造を変化させてファージを選び出す，というエレガントな手法を提案し，ペプチダーゼとGSTへの応用を報告している[25]（図3）。Wellsらは，ペプチド結合を触媒するSubtilisinである，Subtiligaseについて，N末端側にビオチンペプチドを融合させ，25箇所へのランダム変異導入を施したライブラリーから活性が向上したクローンの選択に成功している[26]。Jestinらは，ロイシンジッパーであるfos-junを用いて，ファージ表面にJunをディスプレイ，FosとTaqDNAポリメラーゼのStoffel断片を可溶性分子として共発現させることで，触媒活性でファージ表面の蛋白質の選択が可能であることを提案している[27,28]（図4）。一方，Romersbergのグループは，Stoffel断片にRNAポリメラーゼの活性を付与すべく，ファージ表面gp3に変異を導入したStoffel断片をディスプレイ，基質DNA鋳型とプライマーを，酵素をディスプレイしていない別のgp3にコンジュ

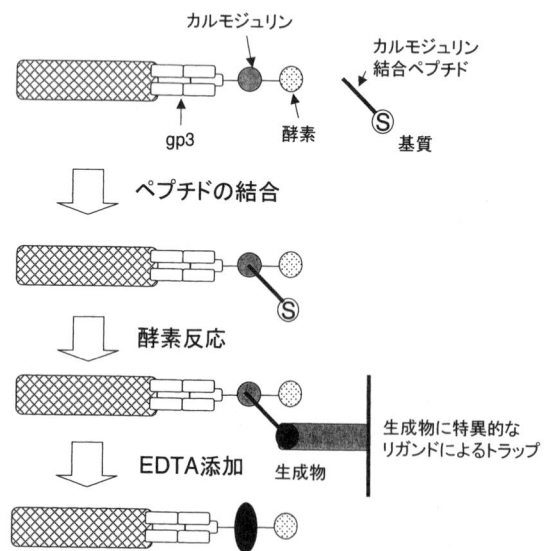

図3　酵素のファージディスプレイとカルモジュリンを用いた，効率的な選択法
　　詳細は本文参照のこと。酵素基質とカルモジュリン結合ペプチドをリンクさせていること，カルモジュリンをファージ表面にディスプレイしていることに特徴がある。

第1章 ファージディスプレイ

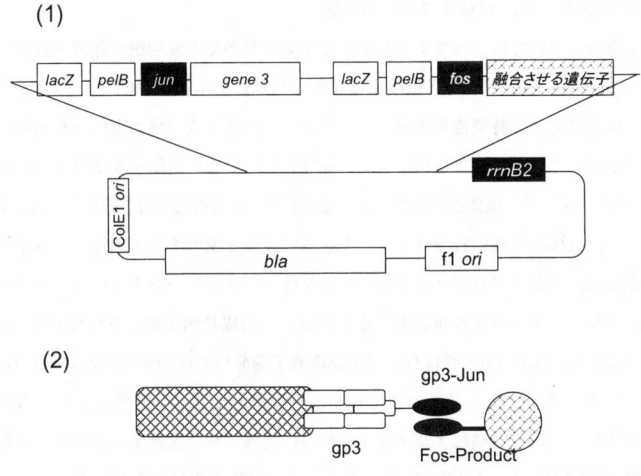

図4 ロイシンジッパーを用いた標的分子のファージディスプレイ
融合させる遺伝子がFosのC末端側にあることに注意。
酵素やcDNA産物のディスプレイに効果を発揮する。

ゲートさせておき,基質と混合した[29]。4回の選択の後, 3種類のRNA合成活性を持つクローンの単離に成功している。ここでは,基質として用いたビオチン化UTPで回収する,という手法を用いている。同様の戦略で,この断片の基質特異性の変換を最近報告している[30]。

以上は,すべてファージに何らかの形でプロダクトをリンクさせる戦略である,とまとめてよいであろう。なお,金属酵素については,EDTAの存在下で基質とアポ酵素を結合させ,Znイオンの添加により溶出させるという手法で,活性型酵素の選択に成功した例も報告されている[31]。補因子による構造変化を巧みに利用する戦略も,重要かもしれない。

最後に,安定化の試みについても触れておきたい。無作為変異を導入した蛋白質を表面にディスプレイしたファージに対して,プロテアーゼや熱,pH変化というストレスによる選択圧をかけることで,より安定したクローンが得られることが,いくつかのグループから報告されている[32~36]。ファージの感染に重要なN末端ドメインと,形態形成に重要なC末端ドメインの間に標的分子を融合させ,プロテアーゼ処理した後,感染能を保持している(プロテアーゼ耐性を持っている)クローンは,熱安定性も向上しているらしい[32]。このような選択が抗体断片の安定化にも適用されている[35,36]。ファージディスプレイによる選択は,ディスプレイした分子種の安定性や大腸菌での発現量と密接に関連しているらしい。

13

コンビナトリアル・バイオエンジニアリングの最前線

1.3 Scaffold Engineering：抗体工学からの進展

　抗体の人工選択については，ペプチドと並んですでに数多くの成功例が報告されている。抗体についていえば，保存性の高い骨格領域に存在する相補性決定領域（CDR）のアミノ酸残基を変えて種々の抗原に対する特異性を創出していること，抗体可変領域の遺伝子を増幅，ファージディスプレイを用いて提示，人工選択を行い，免疫化していない遺伝子ライブラリーから抗体分子を選択・調製できる[37〜39]。抗体工学のこのような発展は，蛋白質工学的な観点からは，他のフォールドにおいても，抗体と同様の特異性を創出できる可能性を模索する方向性を生み出しており，抗体重鎖可変領域，イムノグロブリンフォールドを持つドメイン一つの蛋白質，プロテアーゼインヒビター，ヘリックスバンドル蛋白質，などについての成功例が報告されている[40]。このような研究はScaffold Engineeringと呼ばれ，分子認識素子開発への応用がさかんに行われている。

　Skerraは，リポカインという8つの逆平行βシートがあるβバレル構造を持つ蛋白質の4つのループに着目し，抗体と同様にアミノ酸を無作為に変異させ，選択することにより新規の標的分子結合蛋白質の調製に成功している（Anticalin）[41]。結晶構造解析などからその分子認識様式は抗体に類似のものであることが示されている[42]。Koideらは，イムノグロブリンフォールド類似のフィブロネクチンTypeIIIドメインに着目し，ユビキチン等に特異的に結合する分子種の選択とその構造・機能評価に成功しており（Minibody）[43]，エストロゲン受容体への適用は見事である[44]。Pluckthunらは，リガンド結合界面を抗体様にランダムにさせ，繰り返し単位を変えたAnkyrinのライブラリーから，リボソームディスプレイにより標的分子に対して高結合能をもつ分子種の選択に成功している[45]。その結合様式が，抗体に類似していることは特筆に価する[45]。SwedenのKTHの研究グループによる，Protein A由来のFc結合領域であるZ蛋白質は，ヘリックスバンドルへの適用を見ており，ヘリックス間をつなぐループ領域が抗体と同様に認識領域となることを明確に示している[46,47]。

　抗体の最小認識単位が重鎖可変領域（VH）である，という概念を英国MRCのWinterらが提案[48]，そのあと，ラクダ由来抗体に軽鎖がないアイソタイプがある，という報告[49]から，VHを積極的に抗体工学的アプローチに発展させる試みが，盛んに行われている。抗体の多様性創出に最も重要である重鎖軽鎖可変領域のペアリングがなくとも，相補性決定領域（CDR）のアミノ酸配列とループ長の多様性により，十分な抗原認識能が得られることは大変興味深い。CDR-H3を中心にランダム化したライブラリーから，さまざまな分子種が得られている（詳細は，たとえば総説50〜52）を参照）。細胞内で機能できるIntrabodyの開発，酵素の活性部位周辺に結合できる抗体の開発，という観点からもSingle-domain抗体は最も理想的な分子形態である，と考えられる。事実，アンチセンス技術よりも効果的に特定の酵素の活性をブロックできることが植物で示されている[53]ほか，癌療法[54]，あるいはアミロイド形成の阻害剤としても有効であるらしい[55]。

第1章 ファージディスプレイ

結晶構造解析から，ヒト抗体のラクダ化においては軽鎖可変領域との接触領域に存在する疎水性領域を親水性に変える構造変化が重要であることが示唆されている[56,57]。いったん，安定な分子種が得られれば，ヘテロ二量体として取り扱う必要がなく，しかも安定性を容易に高めることができる，という観点で大きな発展が期待できるであろう。通常の抗体と併用することで，抗体ドメインの，分子認識素子開発への有用性が更に高まるもの，と思われる。

1.4 プロテオミクス研究への展開

本セクションでは，ゲノム情報と機能を結びつけるために繊維状ファージを用いた研究例をいくつか紹介してみたい。

イタリアのCesareniらは，チロシンキナーゼPTKのfynの基質特異性を調べるために，ペプチドライブラリーをfynとインキュベート，リン酸化Tyr特異的抗体で選択をかけたところ，fynに対する基質特異性をGlu-X-Y-G-X（Xは疎水的アミノ酸）と同定することができた。これをアダプター蛋白質ShcのPTBドメインに結合するペプチドの同定に応用している[58]。英国CATのMcCaffertyらは，Fcγ受容体ⅡBの細胞内ドメインを繊維状ファージ表面にディスプレイ，試験管内でリン酸化した分子がチロシンフォスファターゼSHP-2のSH2ドメインと特異的に相互作用できることを見出した[59]。受容体全長を提示してもこの活性は出なかった。そこで，リンパ球由来cDNAライブラリーを断片化し，10^8程度の規模のファージディスプレイライブラリーを構築したところ，このライブラリーはfynでリン酸化することができ，SHP-2のSH2ドメインと相互作用する分子種を，SHP-2を固定したSepharoseを用いて探索した。すると，SH2のリガンドとして知られているPECAM-1の細胞質画分をコードする遺伝子が選択され，リン酸化したファージやペプチドを用いてTyr663とTyr686へのリン酸化の重要性が確認できている。リン酸化しないと結合しない，という点を利用した，優れた選択法[59]である。

ファージディスプレイを用いた抗体のエピトープマッピングは，Smithの85年の手法提案から広く用いられてきたが，特に蛋白質性抗原を認識する抗体のエピトープはしばしばConformationalであることから，特定のSequentialな配列を同定できない，という問題があった。ベルギーのJespersらは，Error-pronePCRとファージディスプレイ，Negative selectionを組み合わせて，Nativeな蛋白質中のFunctionalなEpitopeを同定する方法を提案している[60]。抗原にError-pronePCRで数箇所の部位に無作為変異を導入，ファージディスプレイライブラリーを構築する。通常のPanningを行うときに，結合しなかったNegative Clonesを取り出し，そのクローンから変異部位を同定，Epitopeを推定する，というものである[60]。CastagnoliらはSaccharomyces cerevisiaeのアクチン細胞骨格の組織化に重要な役割を果たすAbp1のSH3ドメインに特異的なペプチドの選択に成功している[61]。コスミドの性質を利用したベクター構築でそのライブラリースケールを

コンビナトリアル・バイオエンジニアリングの最前線

大幅に向上させた最近の報告例は，本手法の汎用性をより広める，という観点で極めて興味深い[62]。

ゲノム配列を断片化し直接ファージ表面にディスプレイ，新規分子の探索を試みた成功例は，おそらく，JacobssonとFrykbergの*Staphylococcal aureus*への適用であろう。彼らは，まず，超音波破砕によりゲノムを断片化し，T4DNAポリメラーゼで平滑化した。英国CATが抗体可変領域のディスプレイのために開発したベクターpHEN1を基に構築したpG3DSS（gpIIIへのディスプレイ用）とpG8SAET（gpVIIIへのディスプレイ用）をあらかじめSnaBIで消化しておき，平滑化したゲノム断片を挿入することで，ライブラリーを構築した（Shot-gunクローニング）。その後，通常のPanning操作により，IgG結合蛋白質やフィブロネクチン結合蛋白質の既知の配列に一致する配列と，新規に見出された配列を選択できている[63,64]。この方法を細胞表面抗原のマッピングや分泌蛋白質の同定[65]へ応用している。Hertverldtらは*Saccharomyces cerevisiae*の全ゲノムについてファージディスプレイライブラリーを構築，Gal80pと相互作用する分子の同定に応用している[66]。

Shot-gun Cloningは確かに有効な手段であるが，ファージ蛋白質との融合，という点では，読み枠とのずれ，遺伝子の表裏，ディスプレイ蛋白質の分子量限界などの問題を常に抱えることとなる。これらの問題点を大幅に改善したのが，fos-junというロイシンジッパーを利用して，ゲノムあるいはcDNA由来の蛋白質をfosのC末端に融合，gpIIIのN末端にjunを融合させる，というディスプレイシステムである[67〜69]（図4）。この手法の場合，①遺伝子産物を直接ディスプレイしない，融合蛋白質が示す細胞毒性を大幅に改善している，②C末端側に融合しているので読み枠の問題が相当の場合解消される，③提示における分子量限界がない，という点で特に優れている。Crameriらはこの手法を基に，*Aspergillus fumigatus*からIgE結合蛋白質を選択できている[67]。Bonningらはこの手法を用いて，幼虫ホルモンエステラーゼに特異的に結合する新規分子種を発見している[70]。なお，当初開発されたベクターは安定ではないらしく，Palzkillらは複製起点oriをpUCからColE1へと変えて低コピーベクターとしかつターミネーターrrnBT1T2を導入したベクターpTP127を開発している[69]。

ヒトゲノム配列の解読，数百種類の生物種の全ゲノム解読から，従来，相互作用システムを解明してきた生化学者だけでなく，遺伝学者の関心も，どのゲノム産物がどれと相互作用するか，といういわゆる相互作用ネットワーク解明に拡がってきている，といえるだろう。ペプチドライブラリーから，標的蛋白質に特異的結合できる分子種を選択することが盛んに行われている[71〜73]。それは天然の分子種が進化の過程で行っていることと同じ，といってもよいだろう。Kayらは，これをConvergent evolution（収束進化）と呼び，ファージディスプレイしたペプチドライブラリーを用いた選択を，単に蛋白質間相互作用をマッピングしネットワークを記述，さらに精密に

解析していくための手段,という方向性にとどまらず,コンピューター解析による相互作用物質の検索,さらには新規物質の創製につながる,という概念を提唱している[74]。ペプチドライブラリーから得られた情報に基づいて結合分子種を予測するアルゴリズムの提案[75]も極めて興味深いところである。実験的なアプローチと計算機を用いた戦略を組み合わせて,認識ペプチドモジュールに基づいて相互作用の定義を試みる方向性は,さまざまな生物種における相互作用ネットワーク解析の基本スタイルとなって行くのかも知れない[76]。PDZドメイン,SH3ドメインについての最近の動向はGenentechのSidhuらの総説に詳しくまとめられている[77,78]。

1.5 T7, λファージディスプレイシステムと応用例

RosenbergらはT7バクテリオファージのキャプシド蛋白質であるGene10について,341番目のアミノ酸から翻訳フレームシフトを起こして生産されるとされる10Bの蛋白質生産機構に着目,348位周辺にクローニングサイトを置き,蛋白質をディスプレイさせ,そのプロモーターを調節することで,ファージあたりのディスプレイ数を変化させる,という方法を開発している(図5)。この手法で,繊維状ファージの限界を越える数多くの分子種の選択に成功を収めている[79]。Austin

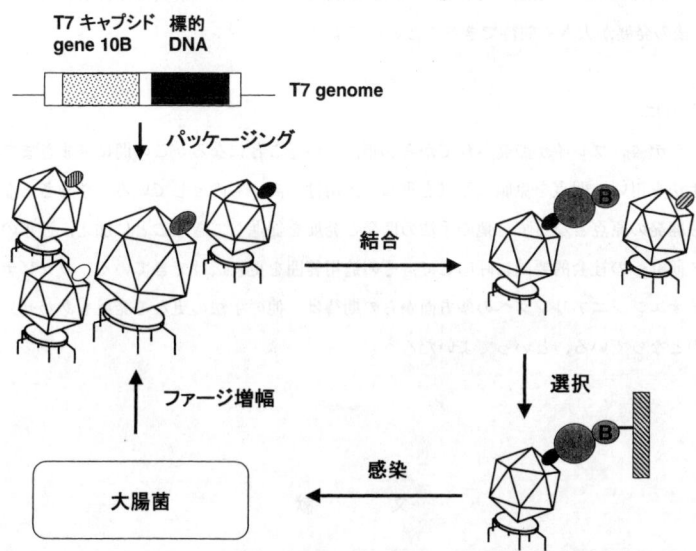

図5　T7ファージディスプレイシステム
標的分子をビオチン化してストレプトアビジンで複合体をトラップする場合を示した。

らは，ビオチン化したFK506に結合する分子種をヒト脳cDNA提示ライブラリーから選択したところ，FKBP12が特異的に得られることを示している[80]。新規細胞分化制御因子の同定[81]，合成化合物ライブラリーのディスプレイ[82]，糖結合蛋白質の選択[83]，RNA結合蛋白質の選択[84]，など徐々にその報告例が増えてきている。一方，λファージキャプシド蛋白質へのディスプレイはScrippsのMurayamaらによって開発されている[85]。キャプシドD蛋白質のC末端側に融合させることにより，分子量の大きな分子種のディスプレイができ，cDNAライブラリーの遺伝子産物の解析に有効であることが示されている[86]。T7ディスプレイシステム以上に大きな分子種を安定にディスプレイできるようである。Nicosiaらはヒト脳とマウス胚由来cDNAディスプレイライブラリーを構築，神経特異因子GAP-43に対するモノクローナル抗体，ホメオ蛋白質EMX1，EMX2特異的ポリクローナル抗体に対して親和性を持つ分子種の選択を行い，特異的な分子種の獲得に成功している[87]。LinとLisはこの手法で酵母由来Gac1蛋白質に関して有益な知見を得ている[88]。Cesareniらは最近，ラムダファージのキャプシド上にイノシトール5-フォスファターゼであるSynaptojanin1について，その新規リガンドを脳cDNAディスプレイライブラリーから選択することに成功している[89]。彼らは，λとT7のシステムを比較し，λファージディスプレイのほうがより安定に分子量の大きな分子種をディスプレイできる，また，Yeast-two-hybrid法とほぼ同等に扱える，と議論している[89]。Chaudharyらのシステム改良は注目されるところである[90]。今後の発展が大きく期待できる，といってよい。

1.6 おわりに

ファージディスプレイが開発されてから20年，ということになる。この間にさまざまな研究者がこの手法を用い，弱点を克服し改良を重ね，汎用性の高いものとしている。さまざまなディスプレイ法開発の原点となって，他の手法の開発と発展を促進してきたことに加え，近年のプロテオミクス研究への社会的要請に呼応して，その適用範囲を更に広げてきている。コンビナトリアル・バイオエンジニアリングへの多方面からの期待は，他の手法の更なる発展もあわせ，更に大きなものとなっている，といってよいだろう。

文　　献

1) Smith, G.P. and Petrenko, V.A., *Chem. Rev.*, 97, 391-410 (1997)
2) Hoess, R.H., *Chem. Rev.*, 101, 3205-3218 (2001)

第1章 ファージディスプレイ

3) Jsepers, L. et al., *Biotechnology*, 13, 378-382 (1995)
4) Gao, C. et al., *Proc. Natl. Acad. Sci. USA*, 96, 6025-6030 (1999)
5) Sidhu, S.S., *Biomol. Eng.*, 18, 57-63 (2001)
6) Bothmann, H., and Pluckthun, A., *Nature Biotechnol.*, 16, 376-380 (1998)
7) Jestin, J.-L., Volioti, G., Winter, G., *Res. Microbiol.*, 152, 187-191 (2001)
8) Bornscheuer, U.T. and Pohl, M., *Curr. Opin. Chem. Biol.*, 5, 137-143 (2001)
9) Soumillion, P. and Fastrez, J., *Curr. Opin. Biotechnol.*, 12, 387-394 (2001)
10) Hult, K. and Berglund, P., *Curr. Opin. Biotechnol.*, 14, 395-400 (2003)
11) McCafferty, J. et al., *Protein Eng.*, 4, 955-961 (1991)
12) Maenaka, K. et al., *Biochem. Biophys. Res. Commun.*, 218, 682-687 (1996)
13) Fernandez-Gacio, A. et al., *Trends Biotechnol.*, 21, 408-414 (2003)
14) Widersten, M. and Mannervik, B., *J. Mol. Biol.*, 250, 115-122 (1995)
15) Hansson, L.O. et al., *Biochemistry*, 36, 11252-11260 (1997)
16) Hansson, L.O. et al. *Biochem. J.*, 344, 93-100 (1997)
17) Baca, M. et al., *PNAS*, 94, 10063-10068 (1997)
18) Fujii, I. et al., *Nature Biotechnol.*, 16, 463-467 (2001)
19) Soumillion, P. et al., *J. Mol. Biol.*, 237, 415-422 (1994)
20) Tanaka, F. et al., *Tetrahedron Lett.*, 40, 8063-8066 (1999)
21) Janda, J.D. et al., *Science*, 275, 945-948 (1997)
22) Cesaro-Tadic, S. et al., *Nature Biotechnol.*, 21, 679-685 (2003)
23) Droge, M.J. et al., *J. Biotechnol.*, 27, 19-28 (2003)
24) Pedersen, H. et al., *PNAS*, 95, 10523-10528 (1998)
25) Demartis, S. et al., *J. Mol. Biol.*, 286, 617-633 (1999)
26) Atwell, S. and Wells, J.A., *PNAS*, 96, 9496-9502 (1999)
27) Jestin, J.L. et al., *Angew. Chem. Int. Ed. Engl.*, 38, 1124-1127 (1999)
28) Brunet E. et al., *Nucleic Acids Res.*, 30 e40 (2002)
29) Xia G. et al., *PNAS*, 99, 6597-6602 (2002)
30) Fa M. et al., *J. Amer. Chem. Soc.*, 126, 1748-1754 (2004)
31) Ponsard, I. et al., *Chembiochem.*, 2, 253-259 (2001)
32) Sieber, V. et al., *Nature Biotechnol.*, 16, 955-960 (1998)
33) Pedersen, J.S. et al., *J. Mol. Biol.*, 323, 115-123 (2002)
34) Verhaert, RMD et al., *J. Biotechnol.*, 96, 103-118 (2002)
35) Jung S. et al., *J. Mol. Biol.*, 294, 163-180 (1999)
36) Ueda H. et al., (2003) *J. Mol. Catal. B*, 28, 173-180 (2004)
37) Winter, G. et al., *Annu. Rev. Immunol.*, 12, 433-455 (1994)
38) 植田,近藤編,コンビナトリアル・バイオエンジニアリング,化学同人 (2002)
39) Webster, Barbas III et al., ed. Phage-display: A Laboratory Manual. Cold Spring Harbor Laboratory Press. (2001)
40) Skerra, A., *J. Mol. Recognit.*, 13, 167-187 (2000)
41) Skerra, A., *J. Biotechnol.*, 74, 257-275 (2001)

コンビナトリアル・バイオエンジニアリングの最前線

42) Korndorfer, I.P. et al., Proteins, 53, 121-129 (2003)
43) Koide, A. et al., J. Mol. Biol., 284, 1141-1151 (1998)
44) Koide, A. et al., PNAS, 99, 1253-1258 (2002)
45) Binz H.K. et al., Nature Biotechnol., 22, 575-582 (2004)
46) Wahlberg E. et al., PNAS, 100, 3185-3190 (2003)
47) Hogbom, M. et al., PNAS, 100, 3191-3196 (2003)
48) Ward E.S. et al., Nature, 341, 544-6
49) Hamers-Casterman C. et al., Nature, 363, 446-448 (1993)
50) Riechmann L., Muyldermans S., J. Immunol Methods, 231, 25-38 (1999)
51) Murldermans, S. et al., Trends Biochem. Sci., 26, 230-235 (2001)
52) Murldermans, S., J. Biotechnol., 74 277-302 (2001)
53) Jobling, S.A. et al., Nature Biotechnol., 21, 77-80 (2003)
54) Cortez-Retamozo, V. et al., Cancer Res., 64, 2853-2857 (2004)
55) Dumoulin, M. et al., Nature, 424, 783-788 (2003)
56) Dottorini, T. et al., Biochemistry, 43, 622-628 (2004)
57) Jespers, L. et al., J. Mol. Biol., 337, 893-903 (2004)
58) L. Dente et al., J. Mol. Biol., 269, 694-703 (1997)
59) D. Cochrane et al., J. Mol. Biol., 297, 89-97 (2000)
60) L. Jsepers et al., J. Mol. Biol., 269, 704-718 (1997)
61) B. Fazi et al., J. Biol. Chem., 277, 5290-5298 (2002)
62) J. Robben et al., J. Biol. Chem., 277, 17544-17547 (2002)
63) K. Jacobsson and L. Frykberg, Biotechniques, 18, 878-885 (1995)
64) K. Jacobsson and L. Frykberg, Biotechniques, 20, 1070-1076 (1996)
65) A. Rosander et al., J. Microbiol. Methods, 51, 43-55 (2002)
66) K. Hertveldt et al., Gene, 307, 141-149 (2003)
67) R. Crameri and M. Suter, Gene, 137, 69-75 (1993)
68) R. Crameri et al., Eur. J. Biochem., 226, 53-58 (1994)
69) T. Palzkill et al., Gene, 221, 79-83 (1998)
70) M. Shanmugavelu et al., J. Biol. Chem., 275 1802-1806 (2000)
71) T. Clackson, and J.A. Wells, TibTECH., 12, 173-184 (1994)
72) K. Jorhson, and L. Ge, Curr. Top. Microbiol. Immunol., 243, 87-105 (1999)
73) S.S. Sidhu, Curr. Opin. Biotechnol., 11, 610-616 (2000)
74) Kay et al., FEBS Lett., 480, 55-62 (2000)
75) I. Halperin et al., Protein Sci., 12, 1344-1359 (2003)
76) A.H. Tong, et al., Science, 295, 321-324 (2002)
77) S.S. Sidhu et al., Curr. Opin. Chem. Biol., 7, 97-102 (2003)
78) S.S. Sidhu et al., Chem. Bio. Chem., 4, 14-25 (2003)
79) Zozulya et al., Nature biotechnol., 17, 1193-1198 (1999)
80) P.P. Sche, et al., Chem. Biol., 6, 707-716 (1999)
81) Sheu, T.-J. et al., J. Biol. Chem., 278, 438-443 (2003)

第 1 章 ファージディスプレイ

82) Woiwode, T.F. et al., Chem. Biol., 10, 847-858 (2003)
83) Yamamoto, M. et al., Biochem. Biophys. Res. Commun., 255, 194-199 (1999)
84) Danner, S. and Belasco, J.G., PNAS, 98, 12954-12959 (2001)
85) Y.G. Mikawa et al., J. Mol. Biol., 262, 21-30 (1996)
86) Niwa, M. et al., Gene, 256, 229-236 (2000)
87) E. Santi et al., J. Mol. Biol., 296, 497-508 (2000)
88) J.T.Lin and J.T.Lis, Mol. Cell. Biol., 19, 3237-3245 (1999)
89) A. Zucconi et al., J. Mol. Biol., 307, 1329-1339 (2001)
90) Gupta, A. et al., J. Mol. Biol., 334, 241-254 (2003)

2 新規ファージディスプレイ法による小分子非競争測定の実用化

上田　宏*

2.1　はじめに

　最近，がんやリウマチなどの難治性疾患の特効薬として，抗体が大きな脚光を浴びている。従来，マウスやラット由来のモノクローナル抗体はその結合能，特異性は十分であったがヒトへ投与するとHAMA（Human anti-mouse antibody）と呼ばれる拒絶反応を起こし，治療薬として用いることは事実上不可能であった。これは，マウス抗体のヒトと異なる表面アミノ酸残基が免疫反応を誘起し，せっかく注射した抗体がすぐに排除分解され，また患者がアナフィラキシーショック反応を起こし何回も投与することができなかったためである。これらの問題を解決するため，過去15年余りの期間にマウス－ヒトキメラ抗体，CDR graftingなどのマウス抗体のヒト型化技術，あるいは前節で紹介されたヒト由来の配列を持った抗体をファージ提示法などの試験管内選択法でハイブリドーマを介さずに得る技術，さらに最近ではヒト型抗体を産生する遺伝子導入マウスの利用などが発展してきた。競争原理に基づくこれらの技術の進歩は非常に早く，結果として毎年の抗体関連の国際会議は大変な賑わいを見せ，今や治療用抗体ビジネスは大小含め多数の成功したバイオ企業を生み出す時代となった。

　一方，治療用抗体の華々しい成功に比較すると若干地味にも見えるが，抗体の持つ殆どあらゆる分子を認識できる能力は，生体関連分子の同定における強力なツールとしてその応用範囲が広がる一方である。なかでも抗体を用いた物質定量法である免疫測定法は，血液や体液中の微量成分を定量する検査の主役として，着実に進化を遂げている。免疫測定は，特定の抗原に対して優れた特異性と親和性を示す抗体の特性により，抗原のもつ活性にかかわらず存在量を決定できる大きな強みを持つ。しかも測定対象は非自己として免疫系が認識できる全ての物質であり，難易度の差はあれ事実上測定できないものはないと言えるほどである。例えば分子量1000以下の分子は小さすぎて免疫系に認識されず，通常抗原性がないとされているが，ハプテンの形でウシ血清アルブミンBSAやKeyhole lympette hemocyanin（KLH）などのキャリアタンパクと共有的に結合させ免役すれば，殆どの場合に複合体が抗原として認識される。

　本稿では特に，最近環境中の汚染物質のモニタリング法としても注目されている小分子の免疫測定法の進展と，この分野で現在コンビナトリアル・バイオエンジニアリングがいかに重要な役割を果たしつつあるかについて，最新の話題を提供したい。

＊　Hiroshi Ueda　東京大学大学院　工学系研究科　化学生命工学専攻　助教授

第1章　ファージディスプレイ

2.2　既存の免疫測定法

　免疫測定法を歴史的に見れば，沈降法，凝集法など，二つの抗原認識部位を持つ（多価である）ポリクローナル抗体が抗原でクロスリンクされ高分子複合体をつくることを利用した方法が主流であった。しかしハイブリドーマを用いたモノクローナル抗体作製技術が一般的になった現在，最も広く使われているのは抗原上の2つの異なる抗原性決定部位（エピトープ）を認識する抗体を用いたサンドイッチELISA法である（図1A）。サンドイッチELISA法においては，まず何らかの固相（チューブ，ビーズ，マイクロプレート等）に結合させた一次抗体を用意しておく。これを非特異的吸着を防ぐためのブロッキング処理ののち一定時間サンプルと反応させる。その後洗浄を行い，酵素標識した別のエピトープを認識する二次抗体と反応させる。最後に洗浄を行い，基質を加えて反応生成物の量を吸光度計などで測定する。この方法の最大の特徴は比較的高濃度の検出試薬を用いることができるため感度が高く，広い濃度範囲（通常3桁以上）で抗原濃度測定が可能な点である。しかし抗体との反応洗浄のステップが最低2回ずつ含まれ，操作に手間と時間がかかる点，さらに同一抗原を2種類の抗体を用いて挟めることが必須であるため，ある程

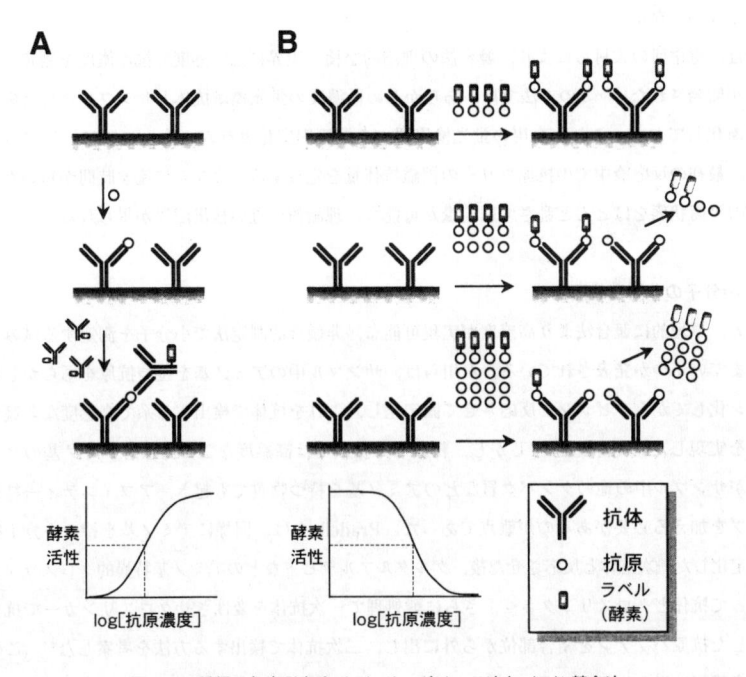

図1　二種類の免疫測定法（A）サンドイッチ法と（B）競合法

コンビナトリアル・バイオエンジニアリングの最前線

度の大きさを持った分子（多くの場合タンパク質）でないと測定できないという点で制約がある。従って，サンドイッチELISA法では2種類の抗体が結合できるほどの大きさがない小分子（単価抗原）の測定は不可能であり，そのような小分子は通常競合ELISA法をもって測定される。

　競合ELISA法においては，抗原あるいは抗体の一方をあらかじめ酵素などでラベルしておき，もう一方を固相に固定化しておく（図1B）。この両者は，サンプル中に抗原がなければ何にも邪魔されずに結合することができる。ところがサンプル中に抗原が含まれていると，その濃度に従い両者間の結合が阻害される。これを利用して固相に結合するラベル量を測定し，その低下率からサンプル中の抗原濃度を推測することができる。

　この方法は，抗体さえ作れればどんな抗原についても実施が可能で，さらに反応洗浄ステップも1回ずつで済むため，特に小分子ハプテンの定量法として広く用いられている。しかしサンドイッチ法に比べると，信頼できる競合曲線が書ける濃度範囲が通常2桁程度と狭く，高濃度の抗原を定量するためにはサンプルを程よく希釈する必要がある。また理論的な測定限界もK_d値の1/100程度で，サンドイッチ法などの非競合的測定法に比べるとかなり劣る。さらに実際の測定においてはある程度の測定試薬量を使わないと信号を検出できないため，検出限界は理論値よりもかなり高くなる。

　最近，電中研の大村らにより，競合法の理論的な検出限界に近い感度で抗原濃度を測定できる方法が開発された[1]。この方法では，あらかじめ低濃度の蛍光標識抗体とサンプルとを反応させて平衡化しておき，これを専用の蛍光検出器つき抗原固定化カラム（Kinexa）に迅速に流すことで，最初の反応液中での抗原フリーの標識抗体量を定量する。カラムに流す時間が短いため，最初の平衡状態をほとんど乱さずに定量が可能で，理論値に近い検出限界が得られるという。

2.3　小分子の非競合的測定法

　一方，原理的に競合法より高感度が実現可能な，非競合的測定法で小分子を測定する試みも，これまでいくつか発表されている。石川らは，サンプル中のアミノ基を持つ抗原をあらかじめビオチン化してからアビジンと反応させて固定化し，これを抗体で検出する系で高感度な非競合的測定を実現した[2]（図2A）。しかし，精製サンプルでは高感度なこの方法もアミノ基のビオチン化がサンプル中の他のタンパク質などのアミノ基を持つ物質でも起き，アフィニティー精製ステップを加える必要があるのが難点であった。Pradelleらは，同様にアミノ基を持つ小分子抗原を固定化した一次抗体と反応させた後，グルタルアルデヒドなどのアミノ基特異的クロスリンカーを使って抗体とクロスリンクさせ，さらに酸処理で一次抗体を変性させクロスリンカーで抗体と結合した抗原ハプテンを結合部位から外に出し，二次抗体で検出する方法を考案した[3]。この方法も高感度は得られるものの，クロスリンク可能な抗原しか測定対象にならない点が大きな制約

第1章 ファージディスプレイ

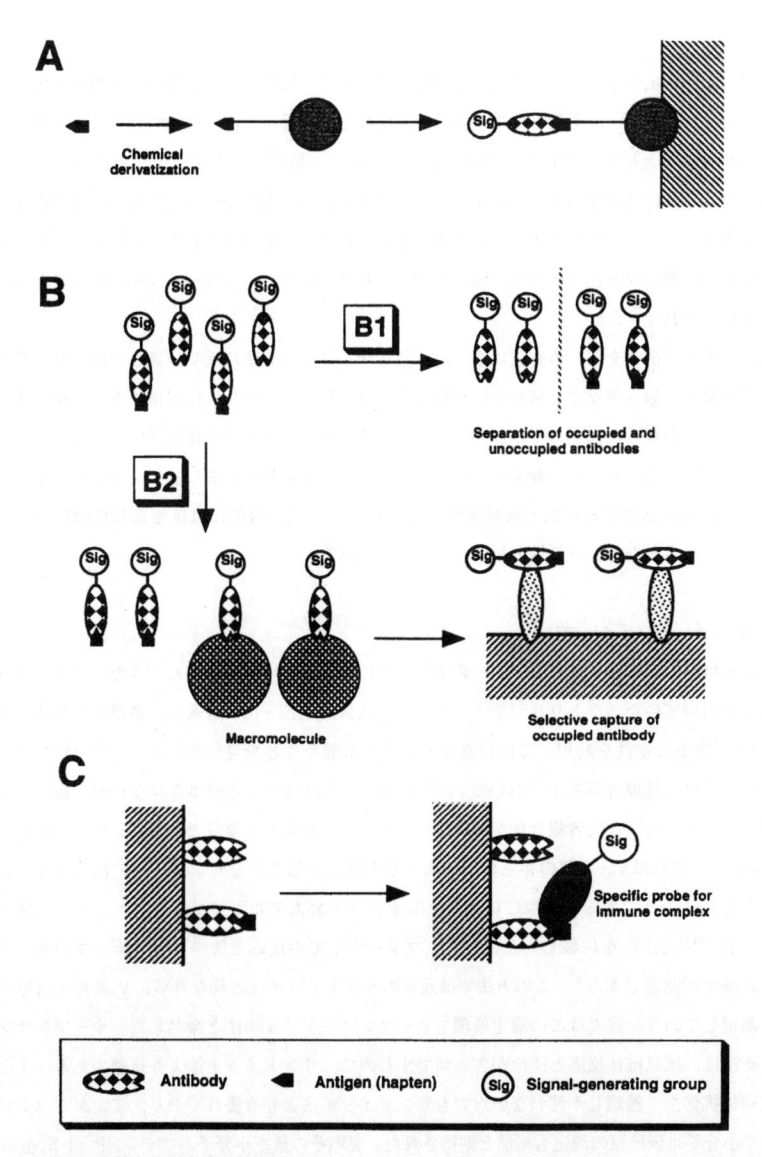

図2 小分子の非競合的測定法の測定原理による分類 (A) 抗原を化学修飾しサンドイッチ検出する方法 (B) 抗原標識カラム (1) あるいは標識高分子 (2) を用いて抗原フリーの抗体を分離したのち，抗原抗体複合体を検出する方法 (C) 複合体のみを特異的に検出するプローブを用いる方法 ((文献9) より)

である。

一方,より幅広い小分子抗原が測定可能な方法として,抗原と標識抗体の混合物から抗原を固定化したカラムやビーズを使ってフリーの標識抗体を分離する方法[4](図2B),抗メタタイプ抗体すなわち抗原・抗体複合体を認識する抗体を用いて一種のサンドイッチ測定を行う方法[5,6](図2C),さらに2種類の抗イディオタイプ抗体すなわち一次抗体の可変領域を認識する抗体を用いる方法[7~9],一次抗体とサンプルとの反応後にハプテン結合ポリLリジンをブロッキング剤として用い,サンプル由来の抗原を結合した一次抗体のみをラベル化した抗原で検出する方法[10],などが提案されてきた。

抗メタタイプ抗体を用いる方法は原理的に最もサンドイッチ法に近く,適した抗体さえ取得できればステップ数も少なくて済むという魅力がある。しかしながら抗体取得の手間と難易度の高さから広く使われるには至っていない。二種類の抗イディオタイプ抗体を用いる方法についても同様の問題がある。ハプテン結合ポリLリジンによるブロッキング法の場合にはそのような問題はないが,ステップ数の増加と解離速度定数k_{off}が小さい(一般的には抗原親和性の高い)抗体でも実施できるかなど,一般性の証明が課題と思われる。

2.4 オープンサンドイッチ法

筆者らは早くから,抗体のセンサー素子としての工学的応用に取り組んできた。ここで熊谷・津本らが用いていたニワトリリゾチームに対する抗体HyHEL-10に遭遇し,単離した抗体可変部位(Fv)の不安定性を利用して抗原濃度の測定が可能なことを見いだした[11]。すなわちこの抗体においては,抗原非存在下においてV_H-V_L間相互作用はほとんど検出されないが,同時に抗原を加えることで安定な三者複合体が形成され,その量は加えた抗原量と非常に良い相関がみられた(図3)。これはV_H-V_L間の相互作用の大きさを測定することでサンプル中の抗原濃度を測定できるということである。実際にV_H断片とレポーター酵素アルカリフォスファターゼの融合タンパク質(V_H-AP)を作製したところ,V_Lプレート上での反応と洗浄各1ステップのみでリゾチーム濃度が測定できた[12]。この方法では通常のサンドイッチ法と異なりV_L,V_H断片で抗原を挟んで測定しており,我々はこの測定原理をオープンサンドイッチ法と命名した。オープンサンドイッチ法は,抗原抗体反応と洗浄が各一回ですむので,サンドイッチ法より迅速である。また競合法同様抗体を1種類しか使わない点でもサンドイッチ法よりも優れており,またタンパクだけでなく小分子単価抗原の測定も可能と期待された。実際その後,小分子ハプテンNP(4-hydroxy-3-nitrophenylacetyl)に対する抗体を用いた場合,感度は数μMであったが測定可能なことが示された[13]。

さらに最近,これらのV_H/V_L相互作用測定に,βガラクトシダーゼ(*LacZ*)の相補性を利用

第1章　ファージディスプレイ

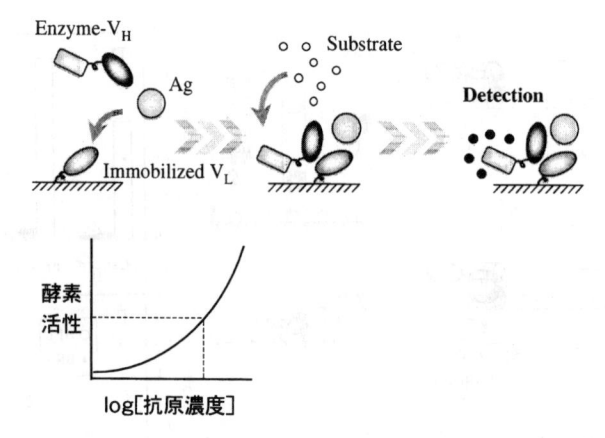

図3　オープンサンドイッチELISA（OS-ELISA）の模式図と測定結果の概念図

した分子間相互作用検出法を適用したところ，抗原検出感度をオープンサンドイッチELISA（OS-ELISA）法より大幅に（約1000倍）向上させる事ができた[14]。ここでは詳しく述べないが，この時得られた検出限界はK_dの1/100を優に下回っており，また測定可能濃度範囲は4桁以上であり，まさに非競合的測定法ならではの特徴を示した。またV_H/V_LとLacZ変異体間のリンカー長を最適化することで更に高い応答性（>2.5 fold）が得られた[15]。この方法は分離を必要としないホモジニアス測定系であり，小分子を非競争的かつ高感度に測定できるユニークな測定法と言うことができる。

2.5　ファージを用いた選択系の開発

ファージディスプレイ法は特異的結合蛋白質の選択において大変強力な手法である[16]。これを用いて，ある抗体がオープンサンドイッチ法に適しているかの確認，さらには最適抗体のライブラリからの選択が迅速にできれば，本測定法の一般化に大きく寄与する。しかしながら，この目的を達するためには通常の①Fv，すなわちV_H/V_L複合体と抗原との結合能に加え，②抗原存在の有無によるV_H-V_L間相互作用変化の評価が迅速にできる必要がある。しかしこれらの評価を通常のgene3蛋白質（p3）上流にV_HおよびV_Lを提示する線繊状ファージを用いて行うのは困難であった。そのため筆者らは以下のような，V_H，V_L両者をライブラリ化でき，かつ抗原結合性とV_H-V_L相互作用評価の両者が可能なファージ抗体システムを考案した[17]（図4）。

図4Aに示すごとく，ここでは通常提示に用いられるファージP3蛋白質の代わりに，反対側

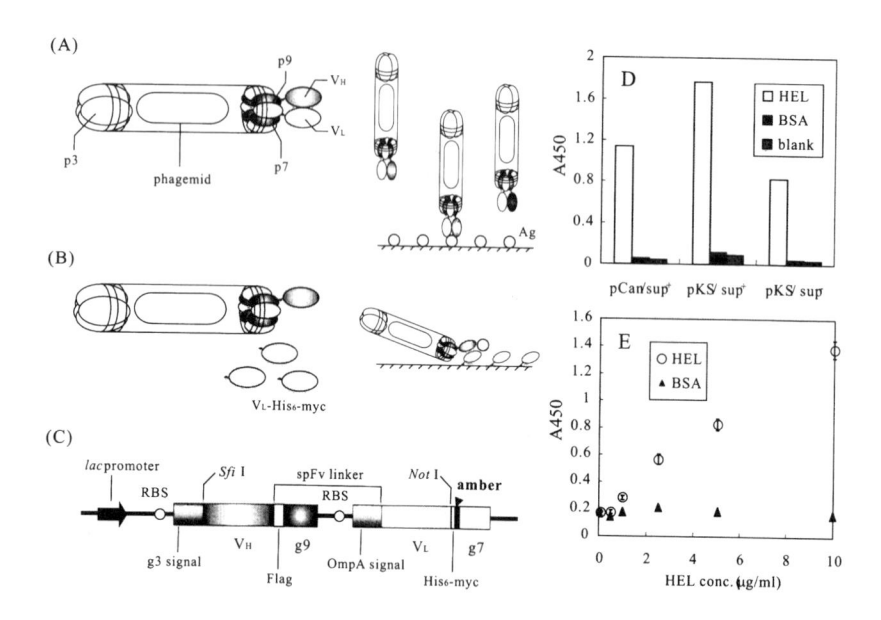

コンビナトリアル・バイオエンジニアリングの最前線

図4 Split Fvシステム (A) アンバー変異大腸菌あるいは (B) 野生型大腸菌を用いて作製したファージと提示/分泌蛋白質。(C) ファージミドpKST2の抗体遺伝子部分の構造 (D) ニワトリリゾチーム (HEL) に対する, 一本鎖抗体提示ファージ (pCan/sup$^+$), spFv提示ファージ (pKS/sup$^+$), およびV$_H$提示ファージおよびV$_L$ (pKS/sup$^-$) の特異的結合。(E) (B) の上清と抗mycタグ抗体固定化プレートを用いて測定したHyHEL-10のV$_H$/V$_L$相互作用の抗原濃度依存性。((文献17) より改変)

に位置するP7, およびP9を二種類の蛋白質提示のために利用する。この提示法を用いれば, V$_H$断片とV$_L$断片を独立かつ同時に提示でき (split Fv), scFv化に伴うリンカーによる抗原結合能の劣化を防ぐことができる。またこの系では, ファージ産生に用いる宿主大腸菌のアンバー変異の有無を利用し, V$_L$断片の提示と培地上清への分泌の切替が可能である。すなわちV$_L$遺伝子の下流, gene7領域の上流にはアンバーコドンが配置されており (図4C), TG-1等のアンバーサプレッサー株を用いた場合にはこれが読み飛ばされファージにV$_H$とV$_L$両者が提示されるが, HB2151等の非サプレッサー株を用いればV$_L$断片は上清に分泌され, ファージ上にはV$_H$断片のみが提示されることになる (図4B)。実際に意図した切替えが可能かどうか, 前述のHyHEL-10遺伝子をscFv遺伝子作製と同様の手法で組み込んで調べた。その結果splitFv提示ファージを用いた抗原結合能確認 (図4D) と, V$_H$提示ファージを用いたオープンサンドイッチ測定が可能なことが確かめられ (図4E), この系がオープンサンドイッチ法に適した抗体の簡便なスクリーニング系として機能することが確かめられた。

第1章 ファージディスプレイ

2.6 SpFvシステムを用いた小分子認識抗体のスクリーニング

現在,上記の系を用いて色々な抗体について相互作用を測定しているが,特にハプテン認識抗体においてはオープンサンドイッチ法に適したクローンが多数存在することが分かってきた。ここではSpFvシステムを用いた,環境ホルモン様作用が疑われるBisphenol A(BPA,分子量228)認識抗体スクリーニングの例を示す。モデルとして用いた3種のハイブリドーマ由来の抗体可変領域遺伝子から,spFvを提示するファージを調製して抗原結合能を測定したところ,それぞれ少しずつ異なる親和性で抗原BPA-ウサギ血清アルブミンに結合した(図5 A)。そこで次に宿主としてHB2151を用いて,培養上清中のV_L断片をプロテインLで固定化しオープンサンドイッチ測定を行ったところ,どのクローンも抗原濃度依存的なV_H/V_L相互作用変化を示したが,一番高い親和性を示したクローンで最も大きな抗原濃度依存性が見られ,その感度は最適化された競合法での値(0.2ng/ml)とほぼ同等であった(図5 B,C)。また,ファージ培養上清の代わりに精製V_H-PhoAタンパク質とビオチン化V_Lタンパク質を用いてOS-ELISAを行った場合にもほぼ同じ感度と競合法より広い測定可能濃度レンジを得た(図6)。

また,現在他の分子量300前後の小分子を認識する抗体数種について同様の解析を行っているが,ほぼいずれの場合においてもV_H/V_L相互作用の抗原濃度依存性が見られている。その他の結果も含めて考えると,小分子認識抗体においては少なくともタンパク質認識抗体よりもオープンサンドイッチ法に適したものの割合が多いようである。

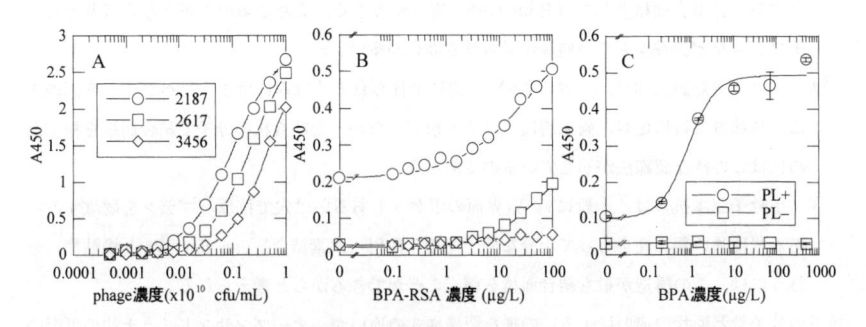

図5 (A)ELISAによる3種のspFv提示ファージの抗原ビスフェノールA-ウサギ血清アルブミン(BPA-RSA)結合能の濃度依存性
クローン2187が一番強く結合した。
(B)BPA-RSAのOS-ELISA
記号はAと同じ。若干バックグラウンドが高いが2187が一番低濃度から信号が上昇した。V_L断片はprotein L(PL)を介して固定化した。
(C)2187を用いたBPAのOS-ELISA
((文献17)より改変)

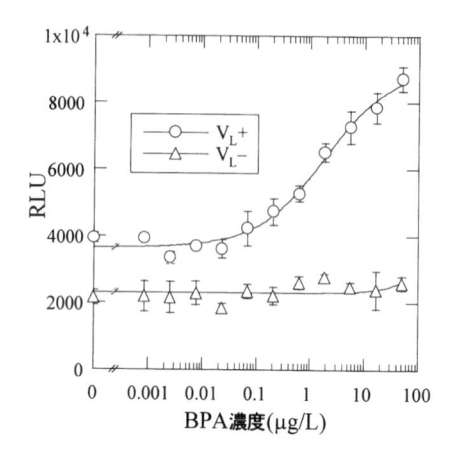

コンビナトリアル・バイオエンジニアリングの最前線

図6 V_H-アルカリフォスファターゼと固定化ビオチン化V_Lを用いたビスフェノールAの
オープンサンドイッチELISA（（文献17）より改変）

　抗体の抗原認識法については，各種の抗体の立体構造解析からおおまかな様式が分かってきている。これを要約すると，
① 球状蛋白質認識抗体は，一般にV_H，V_Lの6つのCDR（相補性決定領域）によって形作られる上部平面の立体的，電荷的な相補性および疎水的相互作用により，抗原エピトープと結合する。認識表面積としてはH鎖CDR3の寄与が大きく，また認識のカギとなる残基としてチロシンなど芳香環を持つ残基が見られる場合が多い。
② ペプチド認識抗体は，一般にV_H/V_Lの間に形作られるくぼみにはまったペプチドを認識する。球状蛋白質に比べ，両末端にペプチド鎖がつながったひも状の分子で結合面積を稼ぐためにはこの様な認識法が適しているのであろう。
③ 小分子認識抗体は，一般にV_H/V_L界面のポケットあるいは穴で抗原ハプテンを認識する。ある程度強い親和性をもって十分な分子間相互作用（水素結合，van der Waals接触等）を行うには，この構造が最も結合面積を稼ぐことができるからと考えられる。
抗原の分子量と形状の違いによるこの様な認識様式の違いが，オープンサンドイッチ法の可否の差として観察されるとしたらそれは極めて興味深い。ハプテン認識抗体のV_H/V_L界面は，一般にハプテンが結合していない状態では面積が狭いが，ハプテンを添加することでこれを介した水素結合やvan der Waals接触が増大する。この結果として，3者複合体が安定化される可能性は大いにある。抗体元来の性質がそうであれば，測定に適したクローンのスクリーニングやライブラリからの選択も容易と期待される。

第 1 章　ファージディスプレイ

2.7　V_H/V_L相互作用の強さを決める残基と，その抗原親和性への影響

　天然抗体においてV_H/V_L相互作用の強さがどうなっているかは，応用の観点からのみでなく免疫系において機能的抗体がいかに選択されるかという観点からみても重要である。しかし可変領域の抗原親和性に関する研究が非常に多数あるのに対し，V_H/V_L相互作用の強弱が抗原との親和力とどのような関係にあるのか，調べられた例は極めて少ない。特にオープンサンドイッチ法はV_H/V_L相互作用の変化をその測定原理としているが，もしV_H/V_L相互作用が小さい抗体が抗原親和性も弱い抗体であったら，目的の高感度測定の実現も期待できない。これらの関係を明らかにする目的で，我々はV_H-V_L界面にあるFR2領域のアミノ酸を，V_H/V_L相互作用の強いもの（D1.3）由来と弱いもの（HyHEL-10）由来のものにしたコンビナトリアルライブラリを作製し，各残基の種類と抗原親和性，さらにV_H/V_L相互作用との関係をsplit Fvシステムを用いて評価した。この結果，まずV_H/V_L相互作用に非常に大きく影響する残基としてH39を見出した。H39は通常グルタミンで，L38のグルタミンと側鎖同士で2つの水素結合を形成している。HyHEL-10（GermlineＶH36-60のV遺伝子を持つ）ではここがリジンとなっており，水素結合は形成し得ない。これが相互作用が弱い主要な原因であることが明らかになった。しかし同時に，この部位のアミノ酸が可変領域の抗原親和性に与える影響は極めて少ないことも判明した（増田ら，投稿中）。以上の結果は，V_H/V_L相互作用の強弱を決めるカギとなる残基の存在，およびV_H/V_L相互作用が弱い抗体でも高い抗原親和性を持ちうることを明快に示している。近い将来，HyHEL-10と同じH39（K）を持つ人工抗体ライブラリを用いてオープンサンドイッチ法に適した抗体が多数取得できるようになる可能性が示唆される。

2.8　プロテオーム解析への応用

　現在，ポストゲノム・プロテオーム解析の必要性の一つとして，タンパク質の翻訳後修飾の重要性が指摘されている。なかでもタンパク質のリン酸化は，細胞内の増殖分化などの信号伝達におけるタンパク質間相互作用の調節において極めて重要であることが知られている。さらに最近では，細胞をすりつぶしたライセートで相互作用や修飾の影響を調べてももはや有用な情報は得られず，細胞内でのリン酸化や相互作用の空間的，時間的変化をリアルタイムに調べる方法の必要性が強く叫ばれている。

　オープンサンドイッチ法は小分子の検出を得意とするが，筆者らは抗体の分子認識法からみて小分子修飾の検出にも使える可能性があると考え，チロシンリン酸化をオープンサンドイッチ法で検出できないか検討した。用いる抗体としては，ホスホチロシンに対する高い（$K_d \sim 10^{-7}$M）結合能と，アミノ酸配列および立体構造モデルが報告されている[18]PY20を選んだ。遺伝子の入手が難しかったため，アミノ酸配列から塩基配列を全合成し，split-Fvファージミドベクター

pKST2に挿入した.これをアンバーサプレッサー株大腸菌TG-1に形質転換し,ヘルパーファージを感染させspFv提示ファージを作製したところ,このファージは確かにホスホチロシンBSAに対して強く特異的に結合した.次に,V_H/V_L相互作用を測定するため非サプレッサー株大腸菌HB2151を形質転換し,同様にV_H提示ファージおよび可溶性V_L断片を含む培養上清を調製した.これを,V_L断片C末に付加したタグへの抗体を固定化したプレートに注ぎ,各濃度のホスホチロシン存在下でのV_Hファージの固定化量をELISAで検出した.この結果,V_HファージのV_L固定化プレートへの結合は,抗原がない時に比べて100μg/mlのPY存在時に約30%増加することがわかった(図7).すなわち,この方法でPYの検出が可能なことが示された.しかし同時に,PY20の抗原未添加時のV_H/V_L相互作用がかなり強いことも明らかとなった.

PY20は抗原への結合にV_HとV_Lの両者が必要と報告されており,V_H/V_L/PY 3者複合体の安定性は高いはずである.従ってもし比較的強い抗原無添加時のV_H/V_L相互作用を抗原結合能に影響を与えずに弱めることができれば,抗原添加に伴うより大きな相互作用変化,すなわち応答性の向上が期待できる.そこで,前述の実験で明らかとなった相互作用に重要な残基H39Qにランダム変異を加え,相互作用の低減を試みた.ファージライブラリのスクリーニングの結果,HyHEL-10のリジンとは異なりアルギニン変異体V_H(Q39R)が,オープンサンドイッチアッセイで顕著な抗原濃度依存性を示すことが明らかとなった(図7).野生型PY20と同様の実験条件でV_H/V_L相互作用の抗原濃度依存性を比較したところ,抗原添加により信号が最大3倍にまで増加することがわかり,チロシンリン酸化の検出系として使えることが示された.また競合法によ

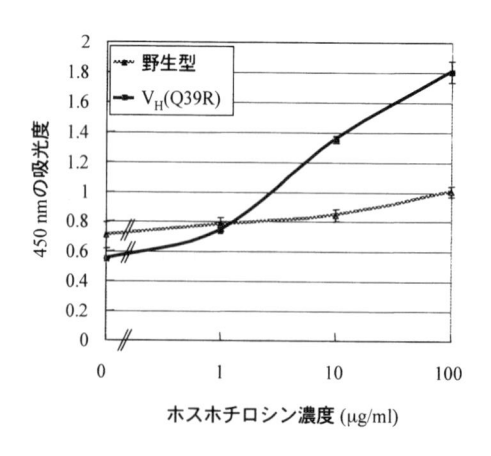

図7 SplitFvシステムを用いたホスホチロシンの検出

るPY検出感度は野生型とV$_H$(Q39R)の両者でほとんど変わらず抗原親和性の低下もない。この例のように，H39位への部位特異的変異導入法は，今後オープンサンドイッチ法の応用範囲を大きく広げる方法になるのではと期待される。

2.9 おわりに

これまで，小分子の非競合的測定法は原理的には優れているが難点が多く実用化は困難と思われてきた。また我々のオープンサンドイッチ法も，特定の抗原－抗体系においてのみ実施が可能な特殊な方法にすぎないと思われてきたかもしれない。しかしsplit Fvシステムを用いた最近の検討によれば，数多くの小分子認識抗体がこの方法に向いていることが判明しており，我々の方法が非常に一般性の高い，小分子の高感度検出法であることが明らかになりつつある。今後は更に多くの小分子抗原検出系の創出を試みるとともに，ペプチドや蛋白質の翻訳後修飾の検出など，より生命現象そのものの解析手段として，その有用性を示していきたい。

謝辞

文中に紹介した筆者らの研究は多くの共同研究者との共同研究であり，ここに感謝の意を著します。

文　　献

1) N. Ohmura *et al.*, *Anal. Chem.* 73, 3392 (2001)
2) E. Ishikawa *et al.*, *Clin. Biochem.* 23, 445 (1990)
3) P. Pradelles *et al.*, *Anal. Chem.* 66, 16 (1994)
4) J. W. Freytag *et al.*, *Clin. Chem.* 30, 417 (1984)
5) E. Ullman *et al.*, *Proc. Natl. Acad. Sci. U.S.A.* 90, 1184 (1993)
6) C. H. Self *et al.*, *Clin Chem* 40, 2035 (1994)
7) N. Kobayashi *et al.*, *J. Immunol. Methods* 245, 95 (2000)
8) G. Barnard *et al.*, *Clin. Chem.* 36, 1945 (1990)
9) N. Kobayashi *et al.*, *Adv. Clin. Chem.* 36, 139 (2001)
10) G. Giraudi *et al.*, *Anal. Chem.* 71, 4697 (1999)
11) H. Ueda *et al.*, *Nature Biotechnol.* 14, 1714 (1996)
12) C. Suzuki *et al.*, *J. Immunol. Methods* 224, 171 (1999)
13) C. Suzuki *et al.*, *Anal. Biochem.* 286, 238 (2000)
14) T. Yokozeki *et al.*, *Anal. Chem.* 74, 2500 (2002)
15) H. Ueda *et al.*, *J. Immunol. Methods* 279, 209 (2003)
16) G. Winter *et al.*, *Ann. Rev. Immunol.* 12, 433 (1994)
17) T. Aburatani *et al.*, *Anal. Chem.* 75, 4057 (2003)
18) S. Ruff Jamison *et al.*, *Protein Eng.* 6, 661 (1993)

3 無機マテリアルを認識するペプチドモチーフ

佐野健一[*1], 芝 清隆[*2]

3.1 はじめに

ペプチド提示ファージ系などを用いて取得するペプチドアプタマーは,これまで酵素,レセプターなどの生体高分子をそのターゲットとしてきた。しかしながら近年,その対象が生体高分子から無機マテリアルへと広がり,新たな展開を見せている。ここでは無機マテリアル結合ペプチドについて,そのマテリアル認識の分子機構,バイオミネラリゼーション能力,ナノテクノロジーへの応用に焦点を当てながら,最近筆者らが単離したチタンに結合するペプチド(TBP)を中心に解説したい。

3.2 無機マテリアル結合ペプチドの単離

無機マテリアルに結合するペプチドモチーフの単離実験は,ファージ提示法あるいは細胞表層提示法が用いられる。これまでに報告されている無機マテリアル結合ペプチドモチーフを表1にまとめた。筆者らが調べた限りでは,1992年のBrownによる酸化鉄(Fe_2O_3)に結合するペプチドモチーフが,無機マテリアル結合ペプチドの最初の報告である[1]。このモチーフは細胞表層提示法を用いて取得されている。ファージ提示法を用いた最初の単離報告は,2000年のBelcherらによる,GaAs(100)結合ペプチドモチーフとなる[2]。その後,金[3]・酸化クロム・酸化鉛・酸化コバルト・酸化マンガン[4]・酸化亜鉛[5]・ゼオライト[6]に結合するモチーフが細胞表層提示法により,また炭酸カルシウム[7]・銀[8]・ケイ酸[9]・硫化亜鉛[10]・チタン[11]・カーボンナノ化合物[12~14]に結合するペプチドモチーフがファージ提示法により単離されている。Brownらが単離した金とゼオライト結合ペプチドについては,ローリングサークル法と呼ぶ特殊な方法で作製したペプチドの繰り返しライブラリーからスクリーニングされている[3,6,15]。また,固体のみならず,金属イオンに結合するモチーフも取得されている[16]。

3.3 無機マテリアル結合ペプチドの結合能力の評価法

ここでは,無機マテリアル結合ペプチドの結合能力を,どのような方法で評価しているかを整理してみたい。ファージ提示法を用いた場合,最初に我々が手にするものは,結合ペプチドを提

[*1] Ken-Ichi Sano ㈶癌研究会 癌研究所 蛋白創製研究部 JST研究員;CREST/科学技術振興機構

[*2] Kiyotaka Shiba ㈶癌研究会 癌研究所 蛋白創製研究部 部長;CREST/科学技術振興機構

第1章　ファージディスプレイ

表1　無機マテリアル結合ペプチドの配列比較

マテリアル 文献		ペプチド配列（分類）		マテリアル 文献	ペプチド配列（分類）	
ファージ提示法で単離されたペプチドモチーフ				細胞表層提示法で単離されたペプチドモチーフ		
GaAs [2]		AQNPSDNNTHTH RLELAIPLQGSG TPPRPIQYNHTS	③ ③ ③	Fe_2O_3 [1]	RRTVKHHVN	③
$CaCO_3$ [7]		HTQNMRMYEPWF DVFSSFNLKHMR	③ ③	Au [3]	MHGKTQATSGTIQS LGQSGQSLQGSEKLTNG EKLVRGMEGASLHPA	③ ③ ③
Ag [8]	Ag4:	AYSSGAPPMPPF NPSSLFRYLPSD SLATQPPRTPPV	③ ③ ③	Cr_2O_3 [4]	VVBPKAATN RIRHRLVGQ	③ ①
SiO_2 [9]		MSPHPHPRHHHT RGRRRRLSCRLL KPSHHHHTGAN	② ① ②	PbO_2 [4]	YPPFHNNDHRS SKPLARSSGA	③ ③
ZnS [10]		NNPMHQN	③	CoO [4]	GRMQRRVAH LGKDBPHFHRS	① ③
Ti [11]		RKLPDAPGMHTW	③	MnO_2 [4]	HHMLRRRNT HINASQRVA	① ③
Carbon nanotube [14]		HWSAWWIRSNQS	③	ZnO [5]	NTRMTARQHRSANHKSTQRARS TRRGTHNKD	① ③
Carbon nanohorns [12]		DYFSSPYYEQLF WPGWHHVPAVS GHWHHITKVSKQ	③ ③ ②	Zeolites [6]	VKTQATSREEPPRLPSKHRPG MDHGKYRQKQATPG	③ ③
Pt [35]		DRTSTWR QSVRSTK SSSHLNK	③ ③ ③			
Pd [35]		SVTQNKY SPHPGPY HAPTPML	③ ③ ③			
Zn^{2+} [16]		HFQAQMRHGHGH HQSHHYGPRDHT	② ②			
フラーレン(C60) [13]		NMSTVGR	③			

示したファージである。ペプチド提示ファージは大腸菌への感染・増殖能を保持しているので，マテリアルに結合したファージ数をプラークアッセイで求めることから結合能を評価することができる。特別な装置も必要なく，細菌実験がおこなえる環境ならば，手軽におこなえるアッセイ方法であるが，あくまでもペプチド提示ファージの結合能力を測定しているにすぎない。ファージの定量には，抗ファージ抗体を用いたELISA法もしばしば用いられる。

マテリアル表面での結合の直接観察にも，ペプチド提示ファージを用いることが多い。ペプチド提示実験に用いるファージは，繊維状の形態（6.5×900nm）をしており，原子間力顕微鏡によって容易に検出できる[2,17]。その他，ファージを金粒子標識抗体で修飾し，X線光電子分光法により金を検出する間接的な観察法も報告されている[2]。

筆者らは水晶発振質量分析装置，QCM-D（Q-sense AB）を用いた検出法が，ペプチド提示ファージの結合評価に有用であることを報告している[11]。QCM-Dは，水晶発振子センサー上の重量変化を周波数の変化で捉えるQCM（quarts crystal microbalance）の機能に加えて，振幅

コンビナトリアル・バイオエンジニアリングの最前線

の減衰（dissipation）からセンサーと溶液の間の粘弾性を測定することができる装置である[18]。ファージ提示法では，主にファージの一端に局在するpIIIタンパク質を利用してペプチドが提示されている[19]。従って，提示したペプチド配列を介してファージがセンサー表面に結合すると，ファージがセンサーに対して立ったような状態で結合することになる。ファージは繊維状をしているため，センサーと溶液の間の粘弾性は結合に伴い非常に高くなる。逆に言うならば，粘弾性の急激な増加が観察された場合，それはファージがその一端でのみセンサーに結合していることを示している。実際，筆者らはTBPを提示したファージとチタンセンサーを用いて，ファージの結合に伴う粘弾性の変化を測定してみた[11]。その結果，ファージを添加後，粘弾性の急激な増加が認められた（図１）。この粘弾性の急激な増加はチタン結合能を持たないファージでは観察されない。したがって，TBP提示ファージはファージのボディ部分ではなくて，その端に提示しているTBPを介してチタンに結合していることが分かった。

次に，合成したペプチドと標的マテリアルとの結合を調べる方法を紹介する。結合ペプチドをマテリアルと共沈させ，上清に残った遊離ペプチドを定量する方法が一般的だが，非標識ペプチドを用い化学的に定量するか，最初から放射線標識したペプチドを用いることになる。筆者らは前者の方法で，TBPの合成ペプチドのチタンへの結合実験をおこなった。ただし，検出方法や感度，コスト等に難があるのが実状だ。

加瀬らは，カーボンナノホーン結合ペプチドを提示したファージに対して，合成ペプチドによる競合実験をおこなっている[12]。合成ペプチドの存在下では，ペプチド提示ファージのカーボン

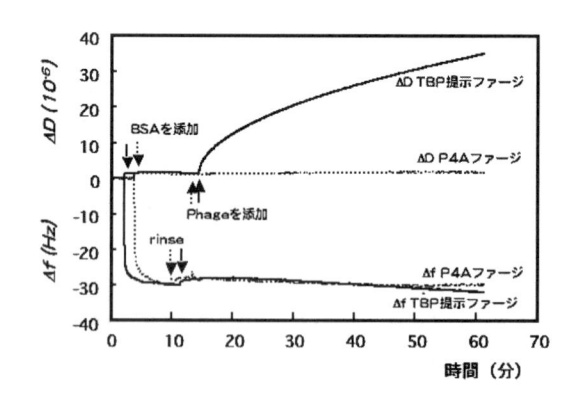

図１　QCM-DによるTBP提示ファージの結合実験
ファージ添加後ただちに粘弾性（ΔD）の急激な上昇がみられる。一方，チタンへの結合能を失った変異体P4Aではみられない。

第1章 ファージディスプレイ

ナノホーンへの結合が競合ペプチドによって濃度依存的に阻害されるが，対照であるシャッフルした配列を持つ合成ペプチドでは阻害されない．このことから，このファージは提示ペプチドを介してカーボンナノホーンに結合しているのが分かる．

3.4 無機マテリアル結合ペプチドの配列比較

表1に示すマテリアル結合ペプチドの配列とマテリアル表面の性質との間には，どのような関係があるのであろうか．応用展開を考える上においても非常に興味深い点である．これまでほとんどこの種の考察がされていないので，ここでは文献の情報をもとに，結合モチーフ配列と様々なマテリアル表面の間の関係を考えてみたい．

これまでに報告されている無機マテリアル結合ペプチドの配列をおおまかに分類すると，①アルギニンに富むもの，②ヒスチジンに富むもの，③その他，に分けることができる（表1）．①に分類されるものには，バイオシリカやあるいは酸化クロム・酸化亜鉛・酸化鉄などの酸化化合物に対して得られている場合が多い．側鎖に正電荷を持つアルギニンは，コドンの使用頻度から計算すると最も出現頻度が高いアミノ酸のひとつであるが，ファージ提示実験の場合，選択をかけていないライブラリー中のアルギニンの出現頻度は，計算値から大きく下がる．これは，アルギニンを提示するファージの感染効率が悪いことに起因し，そのためファージ提示系では，アルギニンに対しては負の選択圧がかかる[20]．それにもかかわらず，多くのマテリアル結合ペプチドはアルギニンに富む①に属し，また①に分類していないペプチド配列中にも，アルギニンは全体的に高い頻度で出現する．筆者らは，アルギニンはマテリアル結合で主要な役割を担うのではないかと考えている．

ここで意外なのが，マテリアル表面の疎水性が高いにもかかわらず，疎水性残基に富むペプチド配列があまり見られないことである．一般的にパニングの解離条件として，pH2.2のグリシン・塩酸緩衝液が用いられている．もし，ペプチド提示ファージが疎水性相互作用で強くマテリアルに結合していた場合，ファージはこの条件ではマテリアルから外れることができないであろう．実際，チタン表面と疎水的に結合したファージがpH2.2のグリシン・塩酸緩衝液や，高濃度の尿素洗浄では解離しないことをQCMで確認している．そのため疎水性の高い配列を提示したファージがパニングの過程で漏れてしまっている可能性がある．

生体高分子をターゲットにして得られるペプチドアプタマーには，非常に相同性の高いコンセンサス配列が見られることが多い[19]．しかしながら無機マテリアル結合ペプチドの場合は，このようなコンセンサス配列はほとんど見られない．わずかに細胞表層提示法で単離された，PbO_2結合ペプチドとCoO結合ペプチドに共通して，H/R-XXX-H-R/K-Sという弱いコンセンサス配列が見られる．このコンセンサス配列は，PbO_2，CoOに交差結合するとの報告がある[4]．また，

TBPと銀結合ペプチドの一つであるAg4の間にもコンセンサス配列があるが，これについては後述する。

3.5 無機マテリアル結合ペプチドのマテリアル認識メカニズム

これらの無機マテリアル結合ペプチドが，ターゲットとなるマテリアル表面をどのように認識して結合しているのか？　大変興味のある問題であるが，この問題に正面から取り組んだ研究は筆者らのTBP以外には報告されていない。ペプチドの認識機構で，考えられる可能性は，マテリアル表面の化学的性質と構造的要因のどちらか，あるいは両方を認識することであろう。化学的性質には，極性と電荷が含まれる。無機マテリアルは，その最表面では原子の規則的結合が切断されているため，結晶内部に比べ不安定である。また，水溶液中では水と化学結合し，水酸基が結合していると考えられている[21]（図2）。この水酸基は，その極性の違いによって，OH_2^+の

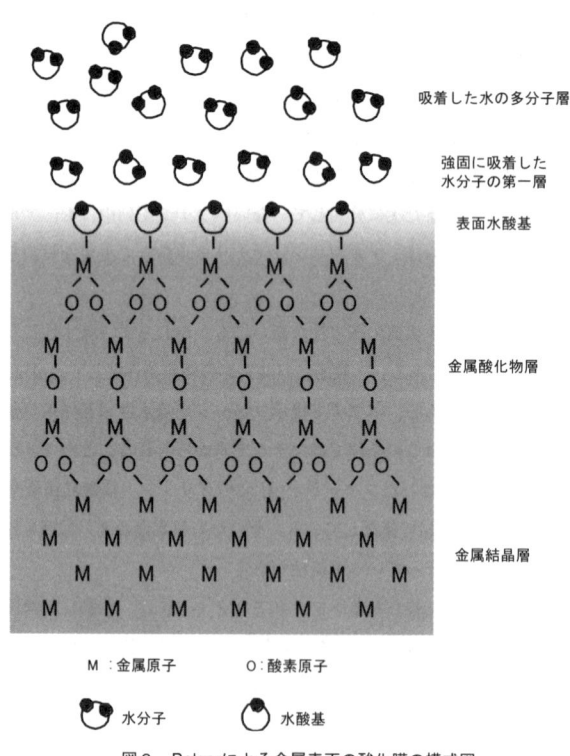

図2　Bolgerによる金属表面の酸化膜の模式図

M：金属原子　　O：酸素原子
水分子　　水酸基

第1章 ファージディスプレイ

塩基や，O⁻の酸として働き，それぞれ有機酸・有機塩基と結合することが知られている[21]（図3）。ペプチドとマテリアルの結合には，この酸塩基反応が，重要な役割を果たしている可能性が高い。実際に，この酸塩基反応が結合の主要な部分を担っていることを次の実験から明らかにした。

TBPは，ファージ提示法により単離された直鎖状の12アミノ酸残基からなるペプチドである（表1）。筆者らは，TBPのアラニンスキャニングにより，結合に関わる残基を同定した。アラニンスキャニングとは，調べたい配列の一つ一つの残基を，側鎖が不活性であるアラニンに置換した一連の変異体を作製し，機能への影響を調べる方法である。生化学・構造生物学の分野では広く使われる手法であるが，これまで報告されたマテリアル結合ペプチドでは，このような系統だった変異体解析はおこなわれていない。わずかに，カーボンナノチューブ結合ペプチドにおいて，12残基のペプチドの中央部のトリプトファン残基をセリンに置換し，結合能が減少することを示した例があるだけである。TBPのアラニンスキャニングの結果，一番目のアルギニン，四番目のプロリン，五番目のアスパラギン酸のアラニン置換体で，著しい結合能の減少が見られた。このことはこれらの残基が，チタン結合に重要な役割を持つことを示している。チタン表面は，前述したように水分子と化学結合しOH基が最表面のチタン原子に結合している。OH基には，チタン原子間にあるブリッジOH基と一原子のチタンと結合しているターミナルOH基の二種類が存在する。ターミナルOH基とブリッジOH基のpKaは，それぞれ12.7，2.9であるので[22]，中性付近の水溶液中では，チタンは両性物質として酸・塩基の両方の特性を持つことになる。これらの知見を総合して，筆者らは次のようなTBPのチタン表面認識モデルを提唱した[11]。すなわちTBPの四番目のプロリンでの主鎖の折れ曲がりにより，アルギニンとアスパラギン酸の側鎖が同時にチタン表面に向かう。そして，アルギニンの側鎖がチタン表面の負電荷と，アスパラギン酸の側鎖が表面の正電荷とそれぞれ酸塩基反応により認識・結合するというものだ（図4）。こ

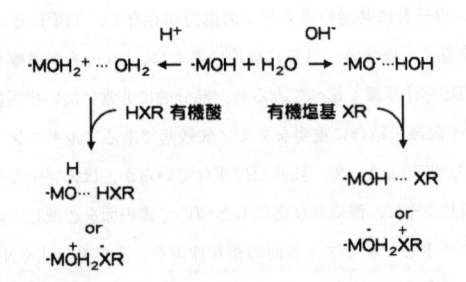

$$\text{-MOH}_2^+ \cdots \text{OH}_2 \xleftarrow{H^+} \text{-MOH} + H_2O \xrightarrow{OH^-} \text{-MO}^- \cdots \text{HOH}$$

$$\downarrow \text{HXR 有機酸} \quad\quad \text{有機塩基 XR} \downarrow$$

$$\begin{array}{cc} \text{H} & \\ \text{-MO}\cdots\text{HXR} & \text{-MOH}\cdots\text{XR} \\ \text{or} & \text{or} \\ \text{-MOH}_2^+\text{XR} & \text{-MOH}_2^+\text{XR} \end{array}$$

図3　金属表面の酸・塩基作用と有機化合物との反応の模式図

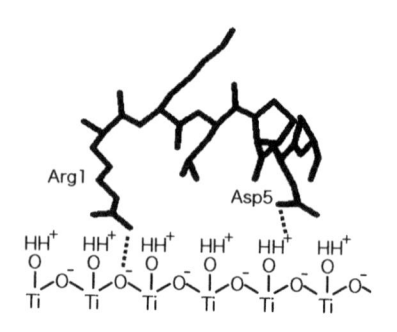

コンビナトリアル・バイオエンジニアリングの最前線

図4　TBPとチタン表面の相互作用モデル

のモデルは，ファージ提示法で得られた，ペプチドとマテリアルの相互作用に関する初めての分子モデルであるとともに，酸塩基反応にもとづいたマテリアル結合を，遺伝学的手法を用いて明らかにした初めての実験である。

　さらに，筆者らはTBPの標的特異性についても解析を進めた。マテリアル結合ペプチドの標的特異性についても，これまで系統だった解析はされていない。10種類の金属材料，チタン・金・プラチナ・銀・銅・鉄・クロム・コバルト・錫・シリコンについて，TBP提示ファージの結合能力を評価した。その結果，TBPはチタン以外にも銀とシリコンに結合することが分かった[23]。さらに，先述のチタンへの結合に重要な残基をアラニンに置換した変異体を用いて，銀やシリコンへの結合能を調べたところ，チタンの場合と同じく結合能の著しい減少が見られた。このことから，TBPはチタンの場合と同じようなメカニズムで，銀やシリコン表面を認識していると考えられる。チタン・銀・シリコンの（酸化）表面の等電点はそれぞれ大きく異なり，バルクの電気化学的な性質に共通点はない[24〜26]。このことは，マテリアル側から見た場合には見えなかった，チタン・銀・シリコンの三者に共通の電気化学的構造が存在し，TBPはそれを認識して特異的に結合していることを強く示唆する。さらに面白いことに，Stoneらが単離した銀結合ペプチドの一つであるAg4とTBPを注意深く比べてみると，部分的に非常に高い相同性があることがわかる（表1）。TBPの分子認識・結合に重要なアミノ酸残基であるアルギニン・プロリン・アスパラギン酸の相対位置が，TBPとAg4で一残基だけずれているが，ほぼ完全な形で保存されているのだ。Ag4もTBPと同じように，酸塩基反応にもとづいて銀表面を認識していると思われる。

　マテリアル結合ペプチドとマテリアル表面の相互作用を，赤外分光法やNMRなどの物理化学的手法で観察した報告は今のところない。筆者らも，赤外分光法での観測を，大西洋博士との共同研究で挑戦してみた。しかしながら結合ペプチド自身の容積の効果により，チタン表面上での

密度を上げることに限度があり，今のところ十分なシグナルを得られていない。一方，分子動力学的なアプローチを用いて，金結合ペプチドの金(111)(211)面への吸着について考察した報告がある[27]。金結合ペプチドは繰り返し配列を持ち，繰り返し配列間で安定な構造を取ることで，シミュレーションが可能になっている。したがってこの方法が，他のマテリアル結合ペプチドに広く適用できるわけではない。現状では困難な水溶液中での物理化学的な計測方法の開発・発展が待たれる。

3.6 無機マテリアル結合ペプチドによるバイオミネラリゼーション

バイオミネラリゼーションとは，生物の鉱物形成作用のことである。アコヤ貝が作る真珠や，珪藻のシリカ骨格，また我々の骨や歯もバイオミネラリゼーションの産物である[28]。生物が自然の営みの中でおこなっているバイオミネラリゼーションを，試験管内で再現することができれば，無機マテリアルの微細加工・パターンニングといったナノテクノロジーの分野に応用することができる[29]。実際，珪藻のシリカ骨格中に含まれるタンパク質を参考に合成したペプチドを新しいタイプのホログラム作成に利用した応用研究が発表されている[30]。

Belcherらは，硫化亜鉛結合ペプチドをファージの主要コートタンパク質であるpVIIIに提示したファージを作製し，このファージを用いて硫化亜鉛のナノ結晶をファージ表面に作成した[31]。これは，硫化亜鉛結合ペプチドによるバイオミネラリゼーションと考えて良い。同様の方法で，硫化カドミウム[31]・CoPt・FePt結合ペプチド[32]を利用したナノ結晶のバイオミネラリゼーションについても報告している。

Stoneらのグループが単離した銀結合ペプチドも，銀への結合能と同時に，バイオミネラリゼーション能を持つ[8]。すなわち，この銀結合ペプチド溶液中に，硝酸銀溶液を添加すると，大きさ60-150nmの銀ナノ結晶が形成される。また，同じくStoneらのグループは，ヒスチジンに富むバイオシリカ結合ペプチドが（表1），モノケイ酸から数百nm径のシリカ球を形成することを示している[9]。天然に存在するシリカのバイオミネラリゼーションに関係するタンパク質の反応過程には，ヒスチジンの側鎖が重要な役割を果たすことが知られており[33]，ヒスチジンに富むバイオシリカ結合ペプチドとの関連が興味をひくところである。

それでは，マテリアル結合ペプチドはなぜ同時にバイオミネラリゼーション能を持つのであろうか？　ひとつには，これらマテリアル結合ペプチドは，マテリアルそのものへの結合能のみならず，ミネラリゼーションの基質あるいは前駆体への結合能を持つことが考えられる。例えば，銀のミネラリゼーションの基質となる遊離の水酸化銀は，アルギニンやメチオニンへの結合能を持つことが報告されている[34]。Stoneらが単離した銀結合ペプチドは，アルギニンあるいはメチオニンを含んでいる[34]。銀の最表面の原子の一部は，遊離の水酸化銀に近い状態にあるわけだか

ら,同じペプチドが固体の銀表面とバイオミネラリゼーションの基質である水酸化銀の両方に結合することもうなずける。

筆者らの単離したTBPも銀やシリコンへの結合能を有することは上に述べた。したがって銀やシリコンに対するバイオミネラリゼーション能を持つことが予想された。実際,TBPは銀結合ペプチドと同様の銀のミネラリゼーション能を示した。またシリカのミネラリゼーション能も有していた[23]。

ここで述べたように,ファージ提示法などで得られたマテリアル結合ペプチドモチーフは,固体マテリアルへの結合と同時にバイオミネラリゼーション能も持つことが一般的なのかもしれない。

3.7 無機マテリアル結合ペプチドのナノテクノロジーへの応用

最後にこれらの無機マテリアル結合ペプチドをどのようにナノテクノロジーに利用していくかについて紹介したい。

第一の利用法として考えられるのは,無機マテリアル結合ペプチドが持つマテリアル選択能を利用した,機能性化合物のパターンニングである。Sarikayaらはこのような機能性化合物のパター

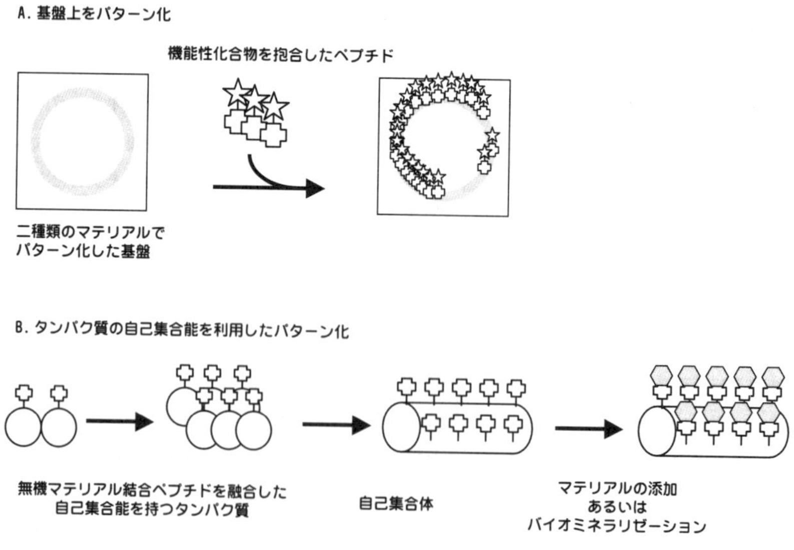

図5 無機マテリアル結合モチーフを利用した分子パターンニング

第1章　ファージディスプレイ

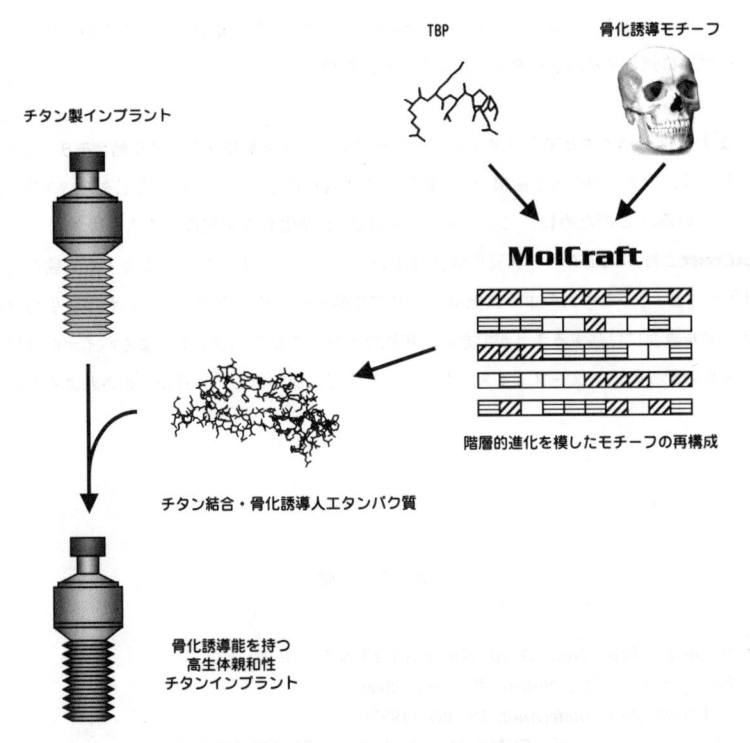

図6　高生体親和性チタン製インプラントの開発の概略

ンニング方法をいくつか提案している[35]。1つは，基盤を直接複数のマテリアルでパターン化し，その上に機能性化合物を抱合した無機マテリアル結合ペプチドを結合させる方法である（図5A）。Belcherらは既にGaAsをパターン化したシリカ基盤の上に，GaAs結合配列を提示したファージをパターン化しているが[2]，これはこの範疇に入る。2つ目は，「自己集合能」を持つ分子に無機マテリアル結合ペプチドを融合させ，その自己集合能を利用してパターン化する方法である（図5B）。自己集合能を持つ分子は，タンパク質に限らず，合成ポリマーや結合ペプチド自身でもかまわない。同じくBelcherらは，ファージのコートタンパク質の自己集合能を利用した，半導体材料や磁性体材料のナノ結晶のパターン化について報告している[31,32]。他にも，Belcherらは改変ファージを用いて，ハイブリッドフィルム[10]やナノリング・生体超分子スイッチ[17]を作成しており，これらのユニットの組み合わせにより，近い将来さらに複雑なパターンニングが可能になると思われる。また，松井らはbis(N-R-amido-glycylglycine)1,7-heptane dicarboxylateが自

43

己集合してできるナノチューブの表面に，Stoneらの報告した銀結合ペプチドを固定化し，ナノチューブ上に銀ナノ結晶をパターン化することに成功している[36]。

3.8 おわりに～バイオとマテリアルをインターフェースする無機マテリアル結合モチーフ～

筆者らは，チタン製の人工歯根や人工関節の生体親和性を上げるための人工タンパク質の作成を進めている。このために，ここで紹介したTBPと骨化形成を促進するようなモチーフとを**MolCraft**と呼ぶ人工タンパク質創製法を用いて，コンビナトリアルに重合する実験を進めている[37~39]（図6）。この例のように無機マテリアル結合ペプチドを介して，いわゆる生物機能をマテリアル表面に付与することができる。無機マテリアル結合ペプチドによるバイオの世界とマテリアルの世界のインターフェイスであり，これまでにない新しい分野が開拓されようとしている。

文　　献

1) S. Brown, *Proc. Natl. Acad. Sci. USA* **89**, 8651 (1992)
2) S.R. Whaley *et al., Nature* **405**, 665 (2000)
3) S. Brown, *Nat. Biotechnol.* **15**, 269 (1997)
4) M.A. Schembri *et al., FEMS Microbiol. Lett.* **170**, 363 (1999)
5) K. Kjargaard *et al., Appl. Environ. Microbiol.* **66**, 10 (2000)
6) S. Nygaard *et al., Adv. Mater.* **14**, 1853 (2002)
7) D.J.H. Gaskin *et al., Biotech. Lett.* **22**, 1211 (2000)
8) R.R. Naik *et al., Nat. Mater.* **1**, 169 (2002)
9) R.R. Naik *et al., J. Nanosci. Nanotechnol.* **2**, 95 (2002)
10) S.W. Lee *et al., Science* **296**, 892 (2002)
11) K. Sano *et al., J. Am. Chem. Soc.* **125**, 14234 (2003)
12) D. Kase *et al.,* Langmuir in press.
13) Y. Morita *et al., J. Mol. Catal.* **B28**, 185 (2004)
14) S. Wang *et al., Nat. Mater.* **2**, 196 (2003)
15) S. Brown *et al., J. Mol. Biol.* **299**, 725 (2000)
16) T. Matsubara *et al., FEBS Lett.* **555**, 317 (2003)
17) K.T. Nam *et al., Nano Lett.* **4**, 387 (2004)
18) M. Rodahl *et al., Faraday Discuss.* **107**, (1997)
19) C.F. Barbas III *et al.,* "Phage display: a laboratory manual", Cold Spring Harbor, New York, (2001)

20) E.A. Peters *et al.*, *J. Bacteriol.* **176**, 4296 (1994)
21) J.C. Bolger, *Ann. Tech Conf. Soc. Plast. Eng.* **18**, 402 (1972)
22) F.H. Jones, *Surf. Sci. Rep.* **42**, 75 (2001)
23) K. Sano *et al.*, in preparation
24) L.-K. Chau *et al.*, *J. Colloid Interface Sci.* **145**, 283 (1991)
25) M. Kosmulski, *Adv. Colloid Interface Sci.* **99**, 255 (2002)
26) G.A. Parks, *Chem. Review* **65**, 177 (1965)
27) R. Braun *et al.*, *J. Biomater. Sci. Polym. Ed.* **13**, 747 (2002)
28) 渡辺哲光, バイオミネラリゼーション, 東海大学出版会, (1997)
29) 芝清隆, ナノバイオテクノロジーの最前線（植田充美　監修）, シーエムシー出版, p.125, (2003)
30) L.L. Brott *et al.*, *Nature* **413**, 291 (2001)
31) C. Mao *et al.*, *Proc. Natl. Acad. Sci. USA* **100**, 6946 (2003)
32) C. Mao *et al.*, *Science* **303**, 213 (2004)
33) W.E.G. Muller (Ed), "Silicon Biomineralization", Springer, Verlag Berlin Heidelberg, (2003)
34) L.C. Gruen, *Biochim. Biophys. Acta* **386**, 270 (1975)
35) M. Sarikaya *et al.*, *Nat. Mater.* **2**, 577 (2003)
36) L. Yu *et al.*, *J. Am. Chem. Soc.* **125**, 14837 (2003)
37) 芝清隆, 蛋白質核酸酵素, **48**, 11 (2003)
38) K. Shiba, *J. Mol. Catal.* **B28**, 145 (2004)
39) 芝清隆, コンビナトリアル・バイオエンジニアリングの最前線（植田充美　監修）, シーエムシー出版, p.223, (2004)

4 ファージディスプレイ法による幹細胞認識

森田資隆[*1], 民谷栄一[*2]

4.1 はじめに

ファージディスプレイ法は,生体分子のリガンドや抗体となる分子を探索する手法としてよく用いられる。通常,ファージディスプレイ法におけるスクリーニングには,単離・精製されたタンパク質[1]や合成されたペプチド,化合物[2]などを標的として用いることが多く,これらのタンパク質や化合物などをポリスチレン性の容器に吸着,あるいは固相担体上に合成し,これにファージライブラリーを混合して洗浄と結合したファージの溶離を行う,という操作が一般的である。このような手法は,細胞マーカーを探索する目的でも用いられている。例えば,VEGFレセプターの細胞外ドメインを精製し,これを標的として,血管内皮細胞や造血幹細胞のマーカーを作製した研究例[1]や,標的細胞を可溶化したものをポリスチレン性のビーズに吸着させ,これを標的として細胞表面に発現する糖タンパク質に対するマーカー分子を単離した報告[3,4]などがある。

一方,標的分子を表層に発現する細胞を直接スクリーニングの標的とすることで,細胞表面抗原を特異的に認識する分子の単離も可能である。これは,主に癌細胞マーカー分子の探索[5,6]に威力を発揮している。スクリーニングの標的としては,培養細胞を用いた in vitro における研究例[5,7,8]が多く,癌細胞マーカーを発現する細胞株を培養し,直接生きている細胞に対して培養液中でファージライブラリーと混合し,スクリーニングを行うという手法が一般的である。また,成体組織から取り出した組織を標的として,この組織切片とファージライブラリーを適当な緩衝液中で混合してスクリーニングを行い,その組織に特異的な細胞のマーカー分子の単離に成功した例[9,10]もある。このような手法により,癌細胞の他にもグリア細胞[8]や脂肪細胞[9],あるいは胸腺組織にあるストローマ細胞[10],ヒト咽頭奇形癌腫の細胞株[11]などに対する細胞マーカーの単離に成果が上がっている。これと同様に,生体内にある組織や細胞に対する in vivo にも,ファージディスプレイ法によるスクリーニングを適用することが可能であり,特定の細胞マーカー分子の単離が報告されている[6,12]。また,マウスなどの実験動物の血管中にファージライブラリーを注入した後,目的の臓器や組織を取り出し,目的の細胞種に結合したファージを回収する。このような手法により,血管内皮で血管新生の原因となる腫瘍細胞に対する細胞マーカーが単離されている。選択されたマーカー分子については,他の細胞種には非特異的な結合が見られない選択性の高いものが得られている。さらに,長さ十から数十残基のファージ提示系ペプチドライブラリーを用い,十分な選択性を有するマーカー分子の単離に成功したものも少なくない[5,6]。これ

[*1] Yasutaka Morita 北陸先端科学技術大学院大学 材料科学研究科 助手
[*2] Eiichi Tamiya 北陸先端科学技術大学院大学 材料科学研究科 教授

第1章　ファージディスプレイ

ら多数の研究例から，ファージディスプレイ法は細胞表層分子に対する認識分子のスクリーニング方法として十分に確立されたものであり，細胞マーカーの探索法として有効であるということが示されている。

本節では，こうした細胞表層分子に対する認識分子のスクリーニング方法としても注目されているファージディスプレイ法を用いて，体細胞性幹細胞の分離・同定を可能とするマーカー分子の探索を行った研究例を紹介する。

4.2　幹細胞P19に結合するペプチドの探索

P19胚性腫瘍細胞（P19）は，受精後7日目のマウスの胚を成体のマウスの精巣に移植して生じた奇形癌腫細胞を分離して株化したものであり，1982年にMcBurneyらによって報告された[13]，いわゆる胚性癌腫細胞（EC細胞）の一種である。P19は，適当な濃度のレチノイン酸で処理することにより，神経細胞とグリア細胞に効率よく分化することが知られており，低濃度のレチノイン酸やDimethyl sulfoxide（DMSO）で処理すると心筋細胞や繊維芽細胞に分化する性質を持っている[14]。このような性質は，P19が多分化能と自己複製能を有する細胞株であるということを示している。さらに，未分化状態のP19ではSSEA（stage specific embryonic antigen）[15]やOct-4[16]といった幹細胞マーカーを発現しており，P19は幹細胞としての性質を有する細胞として，古くから細胞の分化メカニズムの研究材料として用いられてきた細胞株である。そこで本研究では，幹細胞のモデルとして，P19を標的細胞とした。

スクリーニングに用いたファージ提示系ペプチドライブラリーとしては，New England Biolabs社のPh.D.12™ Phage Display Peptide Library Kitを用いた。このファージライブラリーは，M13ファージの外殻タンパク質であるgⅢタンパクに直鎖12残基のランダムなアミノ酸配列のペプチドを提示させたものである。提示されるペプチドライブラリーの多様性は，1.9×10^9種類である。ファージ選別のためのパニングの操作では，培養した細胞を生きている状態でそのまま標的として用いた。しかしながら，細胞表面にはファージ結合の標的となりうる多種多様な分子が発現している。このため，ファージディスプレイ法において，生きた状態の細胞をそのまま標的としてパニングを行う場合，細胞表面抗原に対するファージの非特異的な吸着を排除する方法[7,17]が求められる。そこで本研究では，はじめにファージライブラリーを神経細胞に分化したP19（図1A）と混合して，これに結合しなかったファージの中から未分化状態のP19（図1B）に結合するファージを選択するという二段階の選択を行った。このような手法は，細胞をパニングの標的として用いている他の研究においても行われており，ファージの非特異的な吸着を押さえるのに有効である。そこで，未分化状態のP19にレチノイン酸を加えて培養し，神経細胞に分化したP19とファージライブラリーを細胞の培養液中で混合し，細胞に結合しなかったファージ

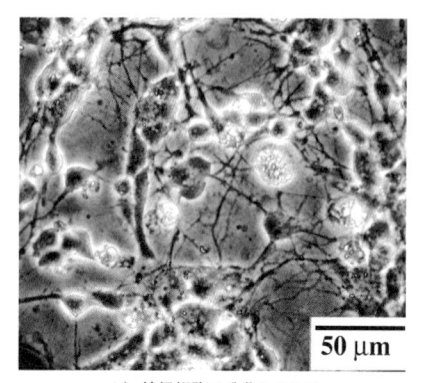

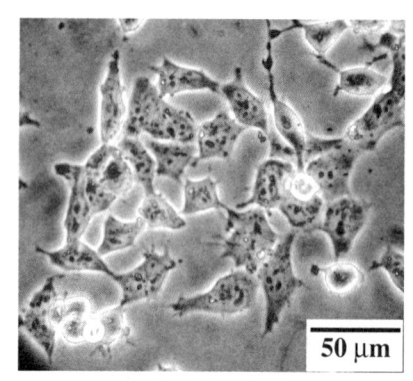

A）神経細胞に分化したP19   B）未分化状態のP19

図1　P19の顕微鏡写真（明視野像）

を培養上清とともに回収した。次に，回収されたファージを未分化状態のP19と混合して，洗浄の操作を行った後，細胞に結合しているファージをGlysin-HCl溶液（pH 2）で溶離した。溶離したファージは宿主の大腸菌 *E. coli* ER2537株に感染させ，増殖・精製を行った後，次のパニングに使用した。この方法で8回のパニングを行い，プラークアッセイによる結合能の評価を行った。

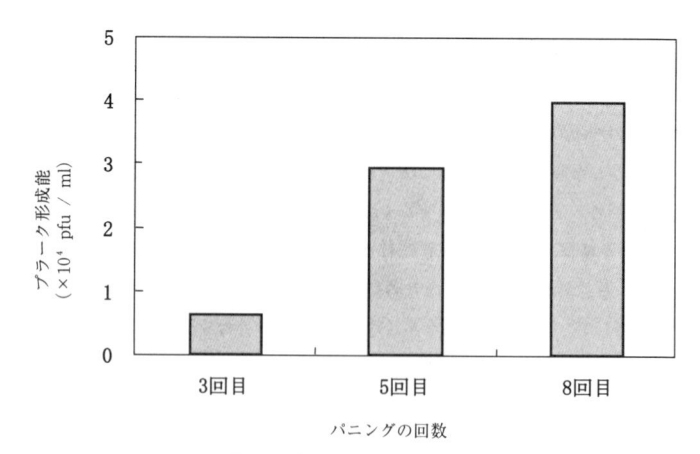

図2　選択されたファージの結合能の比較

第1章　ファージディスプレイ

　図2に示す縦軸は，プラークアッセイにより算出した値であり，ファージ溶液1 ml当たりのプラーク形成能（pfu/ml）である。この値が高いほど，多くのファージが細胞に結合していたことを示す。プラーク形成能は，パニング回数が多いファージほど高い値となっていた。この実験では，比較のためにパニングを行う前のファージを用いてプラークアッセイを行ったが，プラークの形成は確認されなかった。このことから，パニング操作により，未分化状態のP19に結合するファージが正しく選択されていることが示された。そこで，最も高いプラーク形成能を示したパニング8回目のファージを用いて，提示されている未分化状態のP19に結合するペプチドのアミノ酸配列の解析を行った。ファージの提示するペプチドのアミノ酸配列は，これをコードするDNAの配列を解析することによって確認することが出来る。そこで，ファージのDNAを抽出し，DNAシークエンサーで解析することにより，目的のアミノ酸配列を決定した。その結果，No.28ファージが提示するペプチド（No.28ペプチド）のN末-ALPSTSSQMPQL-C末という配列に高い相同性をもつペプチドが，高頻度で出現していた（表1）。このことから，ファージの提示するペプチドのアミノ酸配列はN末-ALPSTSSQMPQL-C末に収束する傾向にあると判断した。これは，標的とした未分化状態のP19とファージの混合を行う前に，神経細胞に分化したP19との混合したことにより，非特異的なファージが十分に除去されたためであると考えられる。

表1　選択されたファージが提示するペプチド

クローンNo.	アミノ酸配列											
No. 28	A	L	P	S	T	S	S	Q	M	P	Q	L
No. 09	A	L	P	S	T	S	S	Q	M	*	Q	L
No. 39	A	L	P	S	T	S	S	Q	M	P	Q	V
No. 25	Y	Q	S	S	V	S	V	Q	L	P	T	L
No. 15	T	T	R	Q	V	P	V	S	Y	T	S	S
No. 01	*	R	L	G	F	P	P	Q	T	H	A	L
No. 33	H	Q	P	I	Q	I	L	E	Q	P	Y	T
No. 36	N	S	Q	N	I	G	V	G	S	W	*	*
No. 30	H	V	D	Q	R	Y	W	F	L	G	A	P
No. 45	T	T	G	P	N	T	R	*	H	H	A	*
No. 37	M	*	G	I	A	E	Q	L	M	H	*	*

*印は解読不可のアミノ酸。

4.3 No.28ファージの結合特性

No.28ファージの細胞への結合特性の評価は，蛍光修飾された抗M13ファージ抗体を用いた蛍光イムノアッセイにより行った。この抗体は，ファージ外殻タンパク質の一つであるpⅧタンパク質のN末端にあるAEGDDPAKAというアミノ酸配列を抗原決定基としており，蛍光物質のFITCが修飾されている。蛍光イムノアッセイでは，単離・精製したファージを，パニングと同様の条件で細胞と混合して，細胞に結合したファージを蛍光修飾された抗ファージ抗体で標識することにより可視化した。抗体により蛍光標識されたファージは，蛍光顕微鏡により観察し，結合の確認を行った。図3Aは，No.28ファージを未分化状態のP19と混合して蛍光イムノアッセイを行った結果である。蛍光像と明視野像を比較してみると，細胞の存在する部分に，粒子状で強く蛍光を発する部分が観察された。図3Bはパニングを行う前のファージと未分化状態のP19を混合して蛍光イムノアッセイを行った結果である。この場合，図3Aに示すような強い蛍光の粒子は観察されなかった。また，ファージを入れずに，蛍光修飾抗体のみを未分化状態のP19と混合して蛍光イムノアッセイを行った場合も，No.28ファージと未分化状態のP19を混合した場合に見られるような強い蛍光の粒子は観察されなかった。このことから，細胞上に観察されるこ

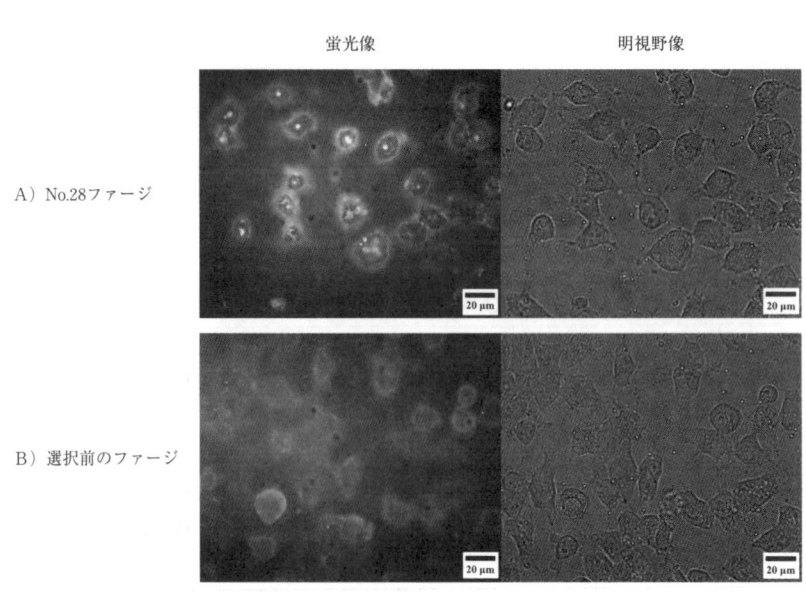

図3　未分化状態のP19に対するNo.28ファージの結合

第1章　ファージディスプレイ

の粒子状の蛍光が，No.28ファージの結合を示すものであり，コントロールファージと比較して未分化状態のP19に強く結合しているということが示された。

次に，細胞に結合するNo.28ファージの局在を調べるために，共焦点顕微鏡による観察を行った。図4は，焦点面を0.2μmずつずらして撮影した顕微鏡像を積層し，三次元像として再構築した蛍光像である。この観察像では，ファージの存在を示す蛍光の粒子は，細胞の頭頂部分に凝集して存在していた。このような蛍光の粒子は，いずれも凝集して，細胞の一端に収束する様子が観察された。細胞表層にある分子を多価の認識部位を有する抗体で標識した場合にも，同様の現象が見られる場合がある。これは，抗体が細胞表層にある分子同士を架橋するために起こる現象であり，これらの凝集はパッチ構造，あるいはキャップ構造[18]と呼ばれる。本研究で使用したM13ファージも，ファージ1粒子当たり，3～5分子のペプチドを外殻蛋白質に提示するように設計されている[19]。よって，このファージもまた，抗体と同様に多価の結合部位を有する分子と考えることが出来る。さらに，スクリーニングや蛍光イムノアッセイにおいて，P19は生きた状態でNo.28ファージと混合されている。このため，ファージは細胞表層にある何らかの分子を標的としているはずである。以上のことから，No.28ファージと未分化状態のP19を混合した際に現れる粒子状の蛍光は，ファージが細胞表層の分子に結合して架橋し，パッチ構造やキャップ構造を形成したものと考えられる。

また，ファージが細胞内に取り込まれて凝集するという現象が，他の論文で報告されている[11,20,21]。細胞を標的としてファージディスプレイ法によるスクリーニングを行った場合にも，単離されたファージが標的となった細胞種に選択的に取り込まれると言う現象が知られている[20]。

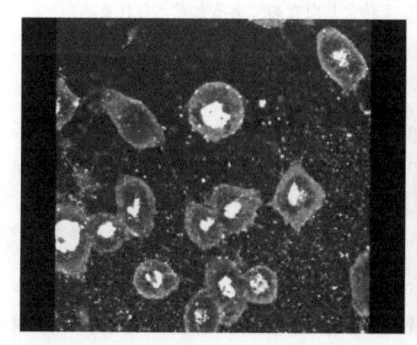

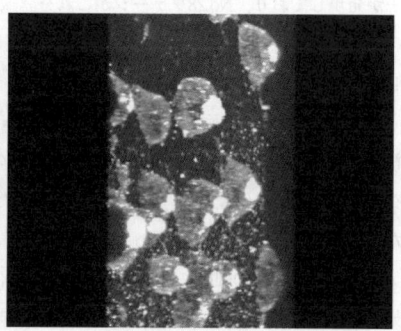

A）真上から見た様子　　　　　　　　B）斜め左から見た様子

図4　共焦点顕微鏡によるNo.28ファージの局在の確認

ファージが細胞内に取り込まれるメカニズムについては,標的分子の種類によっても異なるが,その多くは細胞表面のレセプターを介したエンドサイトーシスによるものであるとされている。繊維状ファージのような巨大な分子が,生きている細胞の細胞膜を通過する場合,受動的な輸送経路が必要となる[22]。例えば,integrin1[23]やEGF[21]などの細胞表面抗原を認識する分子を提示するファージが,これらのレセプターを介して細胞内に取り込まれるという現象が報告されており,このような現象はファージが標的分子に結合し,その複合体が細胞表層で凝集するという現象が引き金となる。これを利用して,単離されたペプチドをドラッグデリバリーのツールとして応用する研究も盛んに行われている。したがって,本研究におけるNo.28ファージも,幹細胞をターゲットとしたドラッグデリバリーに応用できる可能性を示している。

さらに,No.28ファージの結合の選択性を評価するために,神経細胞に分化したP19と,ヒト神経芽腫SH-SY5Y株の細胞を用いて,No.28ファージの結合性の評価を行った。神経細胞に分化したP19については,神経突起にも,その細胞体の部分にもNo.28ファージの結合を示す蛍光の粒子は観察されなかった(図5B)。一方,ポジティブコントロール実験として行った未分化状態のP19については,その細胞上にNo.28ファージの結合を示す蛍光の粒子が観察された(図5A)。SH-SY5Y株の場合も,神経細胞に分化したP19をNo.28と混合した場合と同様に,未分化状態のP19に見られるような蛍光の粒子は観察されなかった(図5C)。このことから,No.28ファージは未分化状態のP19に選択的に結合することが示された。

しかしながら,P19と同様に神経分化の研究で頻繁に用いられる,ラット副腎褐色細胞由来PC12株に対してNo.28ファージを混合して蛍光イムノアッセイを行ったところ,細胞上に蛍光の粒子が観察された。これは,神経細胞に分化が可能なPC12株にも,未分化状態のP19と同じ標的分子が発現しており,No.28ファージがこれを認識して結合したためであると考えられる。

4.4 No.28ペプチドの結合特性

No.28ファージに提示されているペプチド(No.28ペプチド)が,未分化状態のP19に選択的に結合することが分かったが,No.28ペプチド自体の結合特性を確認する必要がある。そこで,No.28ペプチドを化学的に合成し,その特性を評価した。ペプチドの合成はFmoc固相合成法により行った。

今回のような標的細胞に対するファージの結合が示されている場合,このファージが提示する分子を合成して,ファージと合成した分子を同時に混合し,ファージの結合が阻害されるかを調べることにより,提示される分子の結合能を間接的に証明するという手法が用いられる[7]。そこで本研究では,No.28ペプチドとの比較のために,No.28ペプチドのアミノ酸配列をランダムに組み換えたランダムペプチド(N末端-SPQSPMLLAQTS-C末端)を化学的に合成して,合成され

第1章　ファージディスプレイ

	蛍光像	明視野像
A) P19株（未分化）		
B) P19株（神経細胞）		
C) SH-SY5Y株		

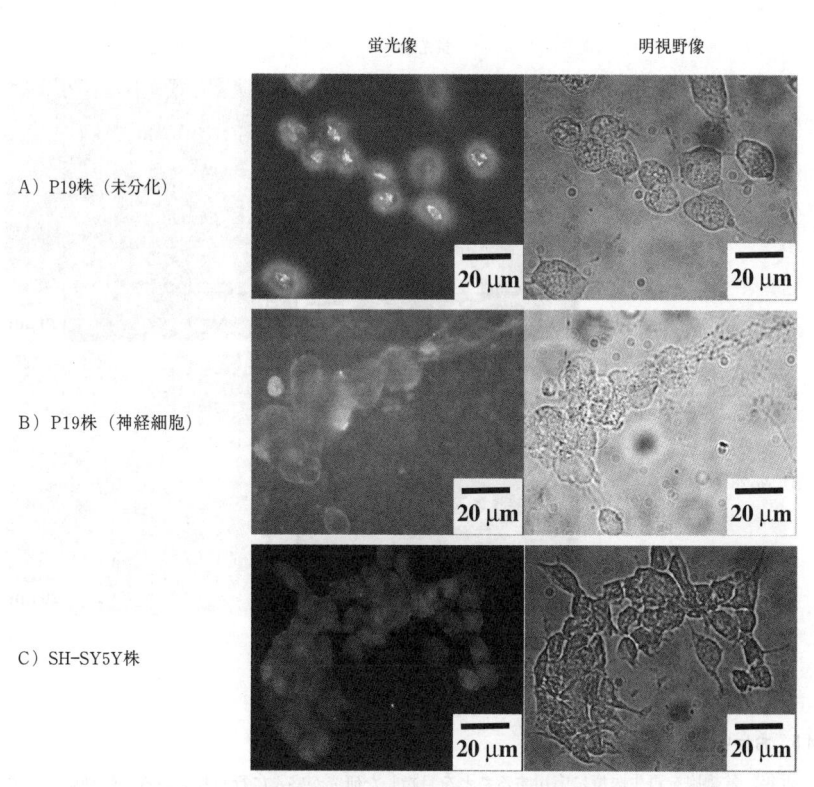

図5　No.28ファージの結合選択性の評価

たペプチドがファージの結合を阻害するかどうかを調べた。そして，蛍光イムノアッセイを行う際に，No.28ファージと2つの合成したペプチドをそれぞれ未分化状態のP19細胞と混合して，No.28ファージの結合が合成ペプチドによって阻害されるかを評価した。

その結果，ランダムペプチドを混合した場合には，No.28ファージと未分化状態のP19を混合した場合に見られる強い蛍光の粒子が観察された（図6 A）。一方，No.28ペプチドを未分化状態のP19と一緒に混合した場合には，No.28ファージと未分化状態のP19を混合した場合に見られる強い蛍光の粒子は観察されなかった（図6 B）。このことから，No.28ペプチドは，No.28ファージの結合を阻害するということが示された。よって，No.28ファージは，提示しているNo.28ペプチドによって未分化状態のP19に結合しているということが示された。また，同時にNo.28ペプチドは未分化状態のP19に結合するということが間接的に示された。

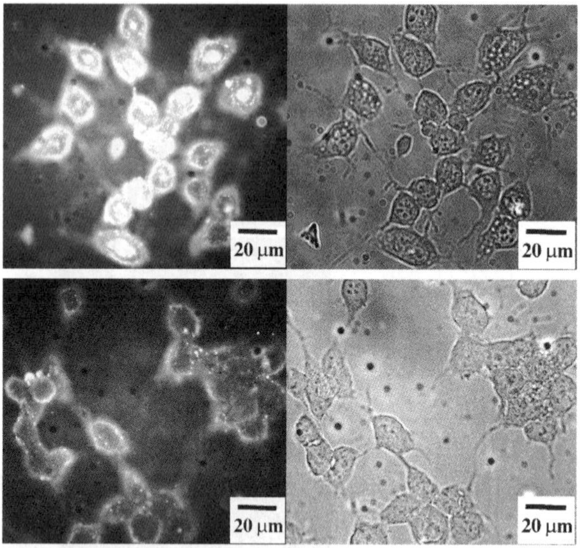

コンビナトリアル・バイオエンジニアリングの最前線

蛍光像　　　　　　　明視野像

A）ランダムペプチド

B）No.28ペプチド

図6　No.28ペプチドの結合の評価

4.5　おわりに

近年，幹細胞を再生医療に応用することを目指した研究が盛んに行われている。幹細胞は，生体を構成する様々な細胞の基になる細胞であり，いわゆる多分化能と自己複製能を有する細胞である。現在行われている再生医療は，骨髄やその他の臓器の移植による機能回復が主であるが，移植に用いる臓器の不足が問題となっている。そこで，幹細胞の多分化能と自己複製能という性質を利用して，移植に用いる組織臓器を株化された幹細胞から作り出し，これを患者に移植するという新たな再生医療の試みが成されている。

1998年にアカゲザルとヒトにおいて胚性幹細胞株の樹立[24,25]が相次いで報告されたことにより，幹細胞を再生医療に用いる研究はさらに促進された。しかし同時に，これら胚性幹細胞株樹立の報告は，これを移植治療に利用する場合の倫理的問題や拒絶反応の問題を提起することとなった。同様に，我々の成体組織に残る幹細胞，いわゆる体細胞性幹細胞についても，様々な知見が得られて来ており，従来知られていなかった組織臓器での存在を示す報告[17]や，予想外の幅広い多分化能を示す報告[26]が増えている。さらに，この体細胞性幹細胞を患者自身の組織から分離して利用することが出来れば，胚性幹細胞が抱える倫理的問題や拒絶反応の問題を解決することが出来

第1章 ファージディスプレイ

る。このため，体細胞性幹細胞もまた，再生医療の材料として有効であると考えられており，移植治療に関する研究が進んでいる。しかしながら，成体組織からの分離が困難であるという問題があった。

そこで，今回紹介したファージディスプレイ法を用いた細胞マーカー分子の探索方法は，幹細胞のマーカー分子の単離に非常に有効であると考えられる。また，スクリーニングによって得られる認識分子は，幹細胞の局在や分化状態を示す指標となるだけでなく，セルソーター等を用いた体細胞性幹細胞の分離や，薬剤や分化誘導因子などを修飾することで，内在性の幹細胞を活性化させるドラッグデリバリーのツールとしての応用も可能であると考えられる。

このように，ファージディスプレイ法は，タンパク質や合成されたペプチドなどだけでなく，様々な分子の集合体である細胞にも有効な，相互作用分子を探索する手法であり，特に今回紹介した幹細胞の分離に威力を発揮するとともに，幹細胞の再生医療への応用を支援する強力なツールとなると考えられる。

文　　献

1) Boldicke, T., *et al.*, *Stem Cells*, 19, 24（2001）
2) Morita, Y., *et al.*, *J. Mol. Catal. B-Enzym.*, 28, 185（2004）
3) 中辻憲夫, 蛋白質核酸酵素, 45, 2037（2000）
4) Lowman, H.B., *et al.*, *Biochemistry*, 30, 10832（1991）
5) Zhang, J., *et al.*, *Cancer Lett.*, 171, 153（2001）
6) Oku, N., *et al.*, *Oncogene*, 21, 2662（2002）
7) Rasmussen, U.B., *et al.*, *Cancer Gene Ther.*, 9, 606（2002）
8) Samoylova, T.I., *et al.*, *J. Neuroimmunol.*, 127, 13（2002）
9) Edwards, B.M., *et al.*, *J. Immunol. Methods*, 245, 67（2000）
10) Van Ewijk, W., *et al.*, *Proc. Natl. Acad. Sci. USA*, 94, 3903（1997）
11) Ivanenkov, V.V., *et al.*, *Biochim. Biophys. Acta*, 1448, 463（1999）
12) Essler, M., *et al.*, *Proc. Natl. Acad. Sci. USA*, 99, 2252（2002）
13) McBurney, *et al.*, *Dev. Biol.*, 89, 503（1982）
14) McBurney, M.W., *et al.*, *Nature*, 299, 165（1982）
15) Rudnicki, M.A., *et al.*, *J. Cell Physiol.*, 142, 89（1990）
16) Pesce, M., *et al.*, *Bioessays*, 20, 722（1998）
17) Reynolds, B.A., *et al.*, *Neurosci.*, 12, 4565（1992）
18) Hagiwara, H., *et al.*, *Biochem. Biophys. Res. Commun.*, 260, 516（1999）

コンビナトリアル・バイオエンジニアリングの最前線

19) New England Biolabs Inc, Ph.D.-12TM Phage Display peptide Library Kit Instruction Manual
20) Ivanenkov, V.V., et al., *Biochem. Biophys. Res. Commun.*, 276, 251 (2000)
21) Heitner, T., et al., *J. Immunol. Methods*, 248, 17 (2001)
22) Strous, G.J., et al., *J. Cell Sci.*, 112, 1417 (1999)
23) Ivanenkov, V.V., et al., *Biochim. Biophys. Acta*, 1451, 364 (1999)
24) Thomson, J.A., et al., *Curr. Top Dev. Biol.*, 38, 133 (1998)
25) Thomson, J.A., et al., *Science*, 282, 1145 (1998)
26) Bjorklund, A., et al., *Nature*, 397, 569 (1999)

第2章 *Escherichia coli* Display of Heterologous Proteins

Kaiming Ye[*1]
日本語概要：植田充美[*2]

概要：「異種タンパク質の大腸菌ディスプレイ」

　グラム陰性菌である大腸菌は外膜と内膜を細胞最外殻にもち，そこには，LamBをはじめとして，幾つかの特徴的なタンパク質が局在している。そのなかでも，Lpp-OmpAのアンカーリングシステムがタンパク質のC末端融合ディスプレイに最も適合できる。ここで使われているLppは外膜の主リポタンパク質であり，OmpAは325アミノ酸からなる外膜タンパク質である。このシステムを用いて，β-ラクタマーゼがディスプレイされた最初の例である。また，単鎖scFv抗体のディスプレイとそのライブラリーのディスプレイが成功している。一方，他のディスプレイシステムとして，*Pseudomonas syringae*の外膜タンパク質である氷核タンパク質を利用したシステムも稼動している。これを用いて，HIV-1gp 120タンパク質やセルラーゼなどの酵素ディスプレイが可能になった。

1 Export and translocation of proteins in the outer membrane of *E. coli*

　E. coli is a Gram negative (G-) and rod-shaped bacterium. It is approximately 2 microns long and 0.8 microns wide. It has a unique membrane structure comprising of inner cellular membrane, periplasm, and outer cellular membrane (Figure 1). The inner membrane is the cell's plasma membrane that is composed of a lipid bilayer, consisting of ~40% phospholipids and 60% proteins. The outer membrane consists of a lipid bilayer structure composed of phospholipids, proteins, and lipopolysaccharide (LPS). LPS provides a permeability barrier to hydrophobic substances. It consists of three regions: lipid A, a branched sugar chain, and an outer O antigen. Lipid A is made of 2 glucosamines attached to phosphates and linked to C14 3-hydroxy myristic acid. The branched sugar is composed of two types of

---

*1　Kaiming Ye　University of Pittsburgh Center for Biotechnology and Bioengineering
*2　Mitsuyoshi Ueda　京都大学大学院　農学研究科　応用生命科学専攻　教授

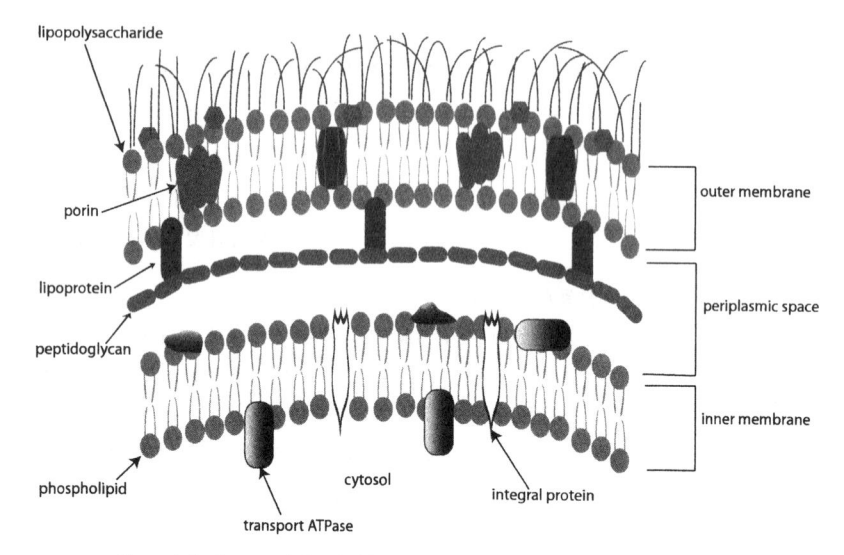

Figure 1 A diagram of the double membrane structure of an *E. coli* bacterium.

sugars: heptose and keto-deoxyoctonoic acid. The O-antigen consists of a long (up to 40 sugars) carbohydrate chain. Proteins, largely consisting of porins coexist with LPS on the outer membrane. Proins are passive diffusion channels that allow hydrophilic molecules to pass through. The width of the outer membrane is about 10-15 nm. Between the inner and outer membranes is a highly porous, rigid peptidoglycan, consisting of proteins and polysaccharides, forming the cell wall that is covalently bound to the outer membrane and fills the periplasmic space. The cell wall prevents the cells from being osmotically lysed and gives the cell its characteristic shape. The periplasmic space contains a variety of soluble proteins.

Proteins located in the outer membrane are usually synthesized in a precursor form possessing a typical signal sequence (also called a targeting signal) that is necessary for the export of such polypeptides. It appears that a signal sequence alone does not suffice for the translocation of a protein across the plasma membrane[1~3]. A number of studies indicate that the information for export and proper localization of a protein is present in the mature part of the export protein[4~6]. This information is encoded by a short amino acid sequence, which is located at a unique region in a given protein[7]. From these facts,

第 2 章　*Escherichia coli* Display of Heterologous Proteins

it has been concluded that a secretion signal sequence guides polypeptides across the plasma membrane, where the secretion signal sequence is cleaved from the mature protein. The mature protein is then translocalized in the outer membrane by an export and sorting anchor.

2　Display of a heterologous protein in the outer membrane of *E. coli*

Surface display of peptides or small proteins fused with pIII of the filamentous phage was first developed by George Smith in the mid 1980[8]. Since then, a variety of phage peptide or small protein display systems have been constructed and used for molecular evolution in the laboratory[9]. However, the size of a heterologous protein which can be functionally expressed on the surface of the phage is limited because the structure of the phage is plainer than that of bacteria, giving the new focus to bacteria surface display system.

As Because *E. coli* is a Gram-negative bacterium, which has the inner and outer membrane structures, the displaying of a protein in the outer membrane requires the fusion of both surface targeting and anchoring signal motifs to the protein. The targeting signal directs the protein through the inner membrane and targets to the outer membrane, whereas the surface anchoring motif translocates the protein in the outer membrane in a stable manner. The idea is to utilize the export and translocation mechanisms of many outer membrane proteins to display a protein of interest in the outer membrane of *E. coli*. A variety of outer membrane proteins including LamB[10], PhoE[11], OmpA[12], TraT[13], OprI[14], OprF[15], FHA[16], and INP[17] have been exploited for protein surface display. These systems can be classified into three groups according to their recombinant profiles: C-terminal fusion, N-terminal fusion, and sandwich fusion. A C-terminal fusion to an outer membrane protein for surface display may be considered when the membrane protein has a discrete localization signal within its N-terminal portion. A N-terminal fusion is necessary if the membrane protein contains an anchoring region at its C-terminal portion. Finally, a sandwich fusion in which a protein is inserted into an outer membrane protein is required when the membrane protein contains a targeting signal at its N-terminal portion and an anchoring signal at its C-terminal portion, respectively.

The Lpp-OmpA anchoring system is a good example of C-terminal fusion displaying system. Lpp is a major lipoprotein in the outer membrane, whose first nine N-terminal amino acid residues consist of a leader peptide signal sequence that targets the protein to the outer membrane. However, a number of studies revealed that the fusion of a protein to Lpp alone does not ensure the localization of the protein in the outer membrane of *E. coli*, as Lpp has no surface-exposed domain and, indeed, the majority of the polypeptide is in the periplasm[18,19]. OmpA is one of the major outer membrane proteins, consisting of 325 amino acid residues[7]. Extensive studies with OmpA revealed that the region between residue 154 and 180 is essential for the translocation of the protein in the outer membrane[20,21]. Furthermore, only large fragments containing the entire membrane-spanning sequence of OmpA are able to assemble into a conformation exhibiting native-like resistance to preteolytic digestion[20]. Accordingly, an odd number of OmpA transmembrane segments are needed to be inserted between the Lpp and the protein sequences. It is hypothesized that the OmpA domain folds in a native-like conformation and faces the periplasmic side of the outer membrane, whereas the OmpA-protein junction is exposed on the cell surface as shown in Figure 2[22]. In this molecular structure, a protein is displayed in the outer membrane by constructing a tripartite fusion protein consisting of the secretion signal sequence and the first nine amino acid residues of Lpp, residues 46-159 of OmpA, and the entire mature protein of interest. The secretion signal sequence and the first nine amino acid residues of Lpp functions as a targeting signal to direct the protein across the inner membrane and periplasm space and target to the outer membrane, whereas the OmpA motif serves a translocation signal to localize the protein in the outer membrane. With this molecular design, Francisco, *et al*. successfully displayed β-lactamase in the outer membrane of *E. coli*[22]. Cell fractionation assay showed that the displayed protein had an enzymatically active β-lactamase and was found predominantly in the outer membrane. Further immunofluorescence microscopy indicated that a substantial fraction (20-30%) of the β-lactamase domain of the fusion protein was exposed on the external surface of *E. coli*. Interestingly, the display of β-lactamase in the outer membrane using Lpp-OmpA anchoring system did not affect the cell growth, suggesting that amino acid substitutions or insertions within outer membrane loops exposed on the cell surface are well tolerated and do not interfere with the folding of the protein in the membrane.

A variety of polypeptides such as single chain Fv (scFV) antibody have been actively displayed to the external surface of *E. coli* by means of this display system[23]. Of most

第 2 章　*Escherichia coli* Display of Heterologous Proteins

(a)

| Lpp signal sequence and 1st aa 1-9 | OmpA aa 46-155 | RPDN | target protein |

OmpA aa 156-159

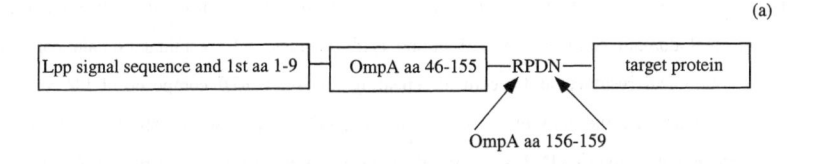

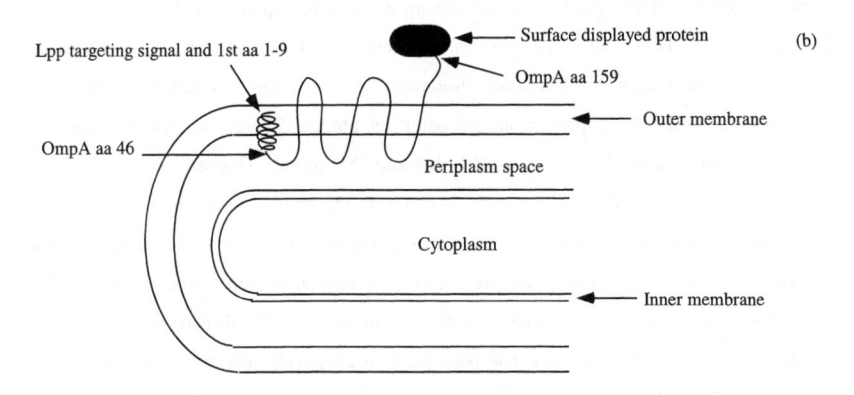

(b)

Figure 2　Display of a protein on the surface of *E. coli* by C-terminal fusion to the Lpp-OmpA consisting of a targeting signal and an anchoring signal.
(a) Molecular structure of the tripartite fusion protein. aa: amino acid residues.
(b) Schematic diagram of the expected structure of the fusion protein in the outer membrane.

interest, a high throughput *E. coli*-based antibody library screening platform may be established by displaying an antibody combinatorial library in the outer membrane as an Lpp-OmpA fusion[24]. As the the expression of antibodies in the outer membrane depletes the library clones expressing the functional scFv, tight regulation of the gene expression using *tet* and *araBAD* promoters are essential[25, 26]. The studies suggest that induction with subsaturating inducer concentrations yields mixed populations of uninduced and fully induced cells expressing scFv library on the surface of *E. coli*. The surface displayed scFV can be monitored using a fluorescently tagged antigen in conjunction with flow cytometry and clones exhibiting improved hapten dissociation kinetics can be selected by screening of a library of random scFV mutants specific for digoxigenin.

Another well-developed *E. coli* surface protein display system utilizes an ice-nucleation protein (INP)[27], an outer membrane protein from *Pseudomonas syringae*, which accelerates ice crystal formation in supercooled water[28]. INP consists of three distinct domains: an N-terminal domain composed of 191 amino acid residues, a C-terminal domain composed of 49 amino acid residues, and a central repeating domain (CRD) composed of 122 repeating residues acting as the temperate for ice nucleation[29]. A number of studies suggest that the N-terminal domain of INP is anchored to the outer membrane by a membrane-insertion signal sequence, whereas the C-terminal domain is free and exposed on the cell surface[29~32]. Moreover, the CRD domain is not essential for membrane anchoring and it tolerates to the deletion and substitutions[17,33]. Therefore, fusion of a protein to the C-terminus of INP allows for the localization of the protein in the outer membrane. There are two strategies for displaying a protein on the surface of *E. coli* using INP protein. One is to fuse the protein to the C-terminus of INP and the other is to insert the protein between N-terminus and C-terminus of the INP to replace the CRD domain sequence (Figure 3). Various proteins include HIV-1 gp120 protein[34], enzyme[35], and core protein of hepatitis C virus (HCV)[36] have been displayed on the surface of *E. coli* using the INP display system. Surface displaying of core protein of HCV has been used to effectively map antigenic epitopes for developing ELISA-based HCV diagnostic assays using core protein of HCV.

Because INP does not lose ice nucleation activity after fusion to a protein, the expression of the fusion protein in the outer membrane can be detected indirectly by ice-nucleation activity (INA) assay. It has been shown that the expression of INP fusion protein does not interfere with the membrane structure or cell growth and it resists to protease and

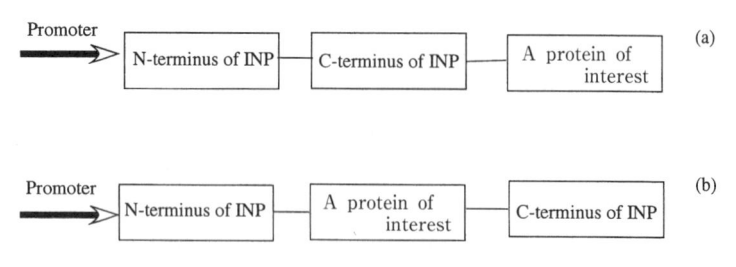

Figure 3 Schematic structure of the INP display system.
(a) A protein is fused to the C-terminus of INP, allowing for the localization of the protein to the external surface of *E. coli*. The CRD region between N- and C-termini of INP is deleted from INP in this type of INP display system.
(b) A protein is inserted between the N- and C-termini of INP to replace the CRD region, forming a sandwiched fusion protein, allowing to display the protein on the surface of *E. coli*.

第 2 章　*Escherichia coli* Display of Heterologous Proteins

remains safely in the stationary phase. Moreover, INP can be overexpressed with high-molecular-weight proteins on the cell surface.

An enzyme library for selective screening of improved cellulase variants has been displayed on the cell surface of *E. coli* as an INP fusion[37]. As CMC (carboxymethyl cellulose) is a high-molecular-weight polymer, it is not transported into cells. The cells that display carboxymethyl cellulose (CMCase) on their surface, therefore, only hydrolyze CMC in agar plates. By assuming that the variations in growth rate are correlated with altered availability of glucose caused by differences in the activity of variant CMCase at the cell surface, the best evolved CMCase can be selected from a cell surface displayed combinatorial library by staining assay. Cell colonies that hydrolyze CMC can be easily recognized as they are surrounded by a clear halo after staining with Congo red[33].

3　Flow cytometric screening of cell surface-displayed libraries

One of the most important applications of *E. coli* surface protein display is the cell-based library screening for molecular evolution of a given protein. As proteins are displayed on the surface and exposed to ligands, high-affinity or low-affinity mutants can be enriched using fluorescence-activated cell sorting (FACS), followed by amplification by growth of selected clones in liquid medium or onto solid LB plates. The merit of using FACS for library screening is that it provides quantitative isolation of desired clones, allowing for the development of a high throughput screening platform for molecular evolution of a protein of interest[23, 38]. By incubating the library population with various concentrations of fluorescently tagged ligands and examining the resultant fluorescence distribution, optimal screening conditions could be readily determined for FACS-based library screening.

There are six major steps involved in cell-based library screening by FACS[39]. Step 1: generation of a combinatorial library by random mutagenesis[40]; Step 2: display the library on the cell surface of *E. coli* using either Lpp-OmpA or INP display system; Step 3: staining the cell surface displayed proteins with fluorescently tagged ligands or antigens in solution; Step 4: isolation of the fluorescent target cells by FACS; Step 5: amplification of sorted cells by growth and resorting to enrich the target cells; and Step 6: sequencing selected genes in the final round of selection.

The efficiency of FACS-based library screening is heavily dependent upon the isolation of rare target cells. Many factors contribute to the overall probability of isolating rare target cells, including flow cytometer design, signal-to-noise ratio, cell sorting speed, sorting modes, library size, cell fragility, and target cell frequency. Each of these factors must be carefully determined to maximize the probability of isolating rare target cells. Estimation of the frequency of the desired target events in a library is not an easy task. However, the library size, which ensures the effective library screening by FACS can be easily determined. For example, assuming that the sorting rates of a FACS instrument is between 10^7-10^8 cells/h, the maximum library size that can be screened exhaustively with 95% confidence is about 10^8 members[39]. Nevertheless, the protein sequence space is vast. For a protein that contains 121 amino acids, its sequence space could be 20^{121} if the library is generated by random mutagenesis. Therefore, the library that can be screened exhaustively by FACS is only a very small subset of the sequence space of the protein. Because the FACS-based library screening relies on the screening of "gain-of-function" mutants, the desired target cells can be isolated[41].

False positive selection because of the false-positive events is another factor that affects the efficiency of library screening by FACS. The false-positive events arise from three sources: 1) nonspecific binding of ligand or antigen to the cells, 2) the autofluorescence from the cells, and 3) instrument-related background. Nonspecific binding of ligands or antigens to the cells can be prevented by optimizing the binding condition or molecular structure of the ligand/antigen, or using multiple ligands/antigens for target cells and non-target cell exclusion[42]. The concentration of the fluorescence probe could significantly affect the nonspecific binding of the probes to the cells. In general, the nonspecific binding of the probes to the cells increases with the increase in the concentration of the probe. The effect of autofluorescence from the cells or debris can be diminished by selecting appropriate fluorescence probes for the detection, and the effect of instrument-related background can be eliminated by adjusting the setting parameters of the FACS instrument[43]. Additionally, the use of both forward and $90°$ light scatted parameters to gate target cells and exclude nontarget cells can reduce the frequency of false-positives, as dead or damaged cells often produce irregular light scatter signals[39].

Wittrup, et al. have developed a simple model for delineating the important parameters for isolation of ligand binding proteins from cell surface-displayed libraries[40]. Assuming that ligand A binds to cell surface-displayed protein P, the rate at which equilibrium is

第2章 *Escherichia coli* Display of Heterologous Proteins

reached depends on the on- and off-rate constants for that particular interaction (k_{on} and k_{off}). This can be represented as

$$A+P \underset{k_{off}}{\overset{k_{on}}{\rightleftarrows}} A:P \qquad (1)$$

The rate of complex formation is defined as $[A][P] k_{on}$ and the rate of dissociation is $[A:P] k_{off}$. At equilibrium the rates of association and dissociation are equal, namely,

$$[A_{eq}][P_{eq}] k_{on} = [A:P_{eq}] k_{off} \qquad (2)$$

$$K_d = \frac{k_{off}}{k_{on}} = \frac{[A_{eq}][P_{eq}]}{[A:P_{eq}]} \qquad (3)$$

The dissociate constant, K_d, can be measured independently. Knowing the K_d and the input concentration of ligands (in excess), one can estimate the concentration of complex x between the ligands and the surface displayed proteins, which will be formed.

$$x = \frac{[A_{input}][P_{input}]}{K_d + [A_{input}]} \qquad (4)$$

The proportion of bound surface displayed proteins (PBL) to the ligands can be given by

$$PBL = \frac{x}{P_{inut}} = \frac{A_{input}^{190}}{K_d + A_{inpout}} \qquad (5)$$

Using Eq. (5), the proportion of surface displayed proteins bound at different ligand concentrations can be calculated for clones with different K_d values. From these calculations, one can predict the degree of selectivity that can be achieved in the library. For example, assuming that 10 nM of ligands are added to the solution for labeling the cell surface displayed proteins, the selectivity of clones with K_d of 2 nM over K_d of 20 nM is 2.5 fold. As the ligand concentration is reduced the selectivity increases to a maximum of 10, which is the ratio of the K_d values of the two clones.

Directed evolution of a protein is always conducted by random mutagenesis and subsequent screening of the resulting library. Typically, the desired mutants occur at low frequencies ($10^{-3}-10^{-7}$) in a random library[39]. Therefore, we need to sort these rare cells from the remainder of the population that includes a large fraction of cells expressing protein with wild type ligand binding affinity. In other words, the rare target cells must be sorted from an excess of non-target, wild-type cells that have a fluorescent signal only slightly lower or higher. Daugherty, et al.[39] developed a mathematic model for the determining of optimal conditions for isolating clones expressing protein mutants with improved affinity. It is generally true that the isolation of target cells displaying protein mutants with improved affinity is dependent upon maximizing the ratio of mean fluorescence intensity of the mutant (F_{mut}) to that of the wild-type (F_{wt}) :

$$F_r = \frac{F_{mut}}{F_{wt}} = \frac{(S_r-1)\exp[-k_{off,wt}\,t/k_r]}{(S_r-1)\exp(-k_{off,wt}\,t)} \qquad (6)$$

where t is the reaction time, $S_r = F_0/F_\infty$. A dimensionless affinity improvement (k_r) is defined as $k_r = k_{off,\,wt}/k_{off,\,mut}$. F_0 and F_∞ are the maximum initial fluorescence after labeling and the fluorescence after complete dissociation of the fluorescent ligand. The optimal dimensionless time for the dissociation reaction for the isolation of clones improved by a factor k_r can be calculated by differentiating Eq. (6) with the respect to $k_{off,\,wt}\,t$[44]. The optimal time (t_{opt}) for the dissociation reaction can be determined by

$$k_{off,wt}\,t_{opt} = 0.293 + 2.05\log k_r + \left(2.30 - \frac{0.759}{k_r}\right)\log S_r \qquad (7)$$

Therefore, equilibrium labeling conditions are required to isolate the corresponding target cells when the desired proteins are expected to have an equilibrium dissociation constant greater than 10 nM. Otherwise, rapid dissociation rates will result in the cellular fluorescence to decay remarkably before the entire library can be screened. The optimal ligand concentration to achieve the maximal fluorescence ratio between the desired affinity improved mutant and wild-type clones can be calculated by[44]

$$\frac{[L_{opt}]}{K_{D,wt}} = \frac{1}{\sqrt{S_r(K_{D,wt}/K_{D,mut})}} \qquad (8)$$

where L is the equilibrium ligand concentration.

References

1) J. Kadonaga, *et al.*, *J. Bio. Chem.*, 259, 2149-2154 (1984)
2) S. Michaelis, *et al.*, *Annu. Rev. Microbiol.*, 36, 435-465 (1982)
3) T. J. Silhavy, *et al.*, *Microbiol. Rev.*, 47, 313-344 (1983)
4) J. Tommassen, *et al. EMBO J.*, 2, 11275-1279 (1983)
5) I. Ghrayeb, *et al.*, *MEMBO J.*, 3, 2437-2442 (1984)
6) M. E. E. Watson, *Nucleic Acids Res.*, 12, 5145-5164 (1984)

第2章　*Escherichia coli* Display of Heterologous Proteins

7) R. Freudl, et al., *EMBO J.*, **4**, 3593-3598 (1985)
8) G. P. Simith, *Science*, **228**, 1315-1317 (1985)
9) J. W. Brain K. Kay, John McCafferty, Phage Display of Peptides and Proteins, Academic Press, Inc., San Diego (1996)
10) A. Charbit, et al. *Gene*, **70**, 181-189 (1988)
11) M. Agterberg, et al., *Gene*, **59**, 145-150 (1987)
12) R. Freudl, *Gene*, **82**, 229-236 (1989)
13) J. L. Harrison, et al. *Res. Microbiol.*, **141**, 1009-1012 (1990)
14) P. Cornelis, et al., *Biotechnology*, **14**, 203-208 (1996)
15) R. S. Wong, et al., *Gene*, **158**, 55-60 (1995)
16) G. Renauld-Mongenie, et al., *Proc. Natl. Acad. Sci. USA*, **93**, 7944-7949 (1996)
17) H. C. Jung, et al. *Nat. Biotechnol.*, **16**, 576-580 (1998)
18) I. Ghrayeb, et al. *J. Bio. Chem.*, **259**, 463-467 (1984)
19) K. Yamaguchi, et al., *Cell*, **53**, 423-432 (1988)
20) M. Klose, et al. *J. Bio. Chem.*, **263**, 13291-13296 (1988)
21) M. Klose, et al., *J. Bio. Chem.*, **263**, 13297-13302 (1988)
22) J. Francisco, et al. *Proc. Natl. Acad. Sci. USA*, **89**, 2713-2717 (1992)
23) J. Francisco, et al., *Proc. Natl. Acad. Sci. USA*, **90**, 10444-10448 (1993)
24) P. S. Daugherty, et al., *Protein Eng.*, **12**, 613-621 (1999)
25) A. Skerra, *Gene*, 131-135 (1994)
26) L. M. Guzman, et al., *J. Bacteriol.*, **177**, 4121-4130 (1995)
27) J. S. Lee, et al., *Nat. Biotechnol.*, **18**, 645-648 (2000)
28) R. L. Green, et al., *Nature*, **317**, 645-648 (1985)
29) P. K. Wolber, *Adv. Microb. Phsyiol.*, **34**, 203-235 (1993)
30) L. M. Kozloff, et al., *J. Bacteriol.*, **173**, 6528-6536 (1991)
31) R. L. Green, et al., *Mol. Gen. Genet.*, **215**, 165-172 (1988)
32) M. Nemecek-Marshall, et al., *J. Bacteriol.*, **175**, 4062-4070 (1993)
33) H. C. Jung, et al., *Enzyme. Microb. Technol.*, **22**, 348-354 (1998)
34) Y. D. Kwak, et al., *Clinical & Diagnostic Laboratory Immunology*, **6**, 499-503 (1999)
35) M. Shimuzy, et al., *Biotechnol. Prog.*, **19**, 1612-1614 (2003)
36) S. M. Kang, et al., *FEMS Microbiol. Letters*, **226**, 347-353 (2003)
37) Y. S. Kim, et al., *Appl. Environmental Microbiology*, **66**, 788-793 (2000)
38) P. S. Daugherty, et al., *Protein Eng.*, **11**, 825-832 (1998)
39) P. S. Daugherty, et al., *J. Immunological Methods*, **243**, 211-227 (2000)
40) K. T. Michael, In vitro Mutagenesis Protocols, Human Press Inc., New Jersey (1996)
41) A. R. Crameri, et al., *Nature*, **391**, 288 (1998)
42) J. F. Leary, *Methods Cell Biol.*, **42**, 331 (1994)
43) H. J. Gross, et al., *Proc. Natl. Acad. Sci. USA*, **92**, 537 (1995)
44) E. T. Boder, et al., *Biotechnol. Prog.*, **14**, 55 (1997)

第3章 乳酸菌ディスプレイ

1 乳酸菌ディスプレイシステムの開発

成　文喜[*1]，瀬脇智満[*2]，洪　承杓[*3]，李　宗洙[*4]，鄭　昌敏[*5]，
夫　玲夏[*6]，金　哲仲[*7]，近藤昭彦[*8]，芦内　誠[*9]

1.1 はじめに

グラム陽性細菌である乳酸菌は，*Lactococcus*属，*Lactobacillus*属などに代表され，古来より乳製品・漬物・清酒などの多種多様な発酵食品の製造に寄与してきた極めて安全性の高い微生物である。また乳酸菌は我々人間や各種動物の腸管・粘膜・口腔などにも常在し，近年では，健康志向の高まりとともに整腸作用だけにとどまらず血圧低下作用，コレステロール低下作用，感染予防作用，免疫調節作用，アレルギー改善作用など種々の保健効果を示す「プロバイオティクス」としての働きが注目されている[1,2]。

一方，乳酸菌の細胞表層発現技術の開発は，乳酸菌の遺伝子組み換え技術の向上に伴い，経口ワクチンへの利用を中心に展開されている[3]。本節では筆者らが開発を進めている乳酸菌ディスプレイシステムについて紹介し，現状と今後の展開についてまとめた。また本システムを用いた動物およびヒトへの応用は以下の節にゆずりたい。

[*1]　Sung, Moon-Hee　㈱バイオリーダース・㈱バイオリーダースジャパン　代表取締役

[*2]　Tomomitsu Sewaki　㈱バイオリーダースジャパン　研究所長

[*3]　Hong, Seung-Pyo　㈱バイオリーダース　研究所長

[*4]　Lee, Jong-Soo　㈱バイオリーダース

[*5]　Jung Chang-Min　㈱バイオリーダースジャパン

[*6]　Poo, Haryoung　Korea Research Institute of Bioscience and Biotechnology Systemic Proteomics Research Laboratory Principal Investigator

[*7]　Kim, Chul-Joong　Laboratory of Infectious Diseases College of Veterinary Medicine, Chungnam National University Professor

[*8]　Akihiko Kondo　神戸大学　工学部　応用化学科　教授

[*9]　Makoto Ashiuchi　高知大学　農学部　助教授

第3章　乳酸菌ディスプレイ

1.2　細胞表層発現アンカー
1.2.1　従来の表層発現アンカー

　細菌の細胞表層へ外来タンパク質を発現させるためには細胞外膜タンパク質などのアンカーとなるタンパク質が必要である。ここでアンカーは外来タンパク質を表層提示するための足場となり，その融合タンパク質を，安定的に細胞内膜を通過させ細胞外膜または細胞壁に付着・維持させる働きを担っている。これまで大腸菌に代表されるグラム陰性細菌ではLamB, PhoE, OmpAといった細胞外膜タンパク質，脂質タンパクであるLppおよびフィンブリアなどのFliC, FimH, PapAが使用され，外来タンパク質を発現させる試みが行われている[4,5]。その詳細は前章を参照されたい。

　一方，グラム陽性細菌である乳酸菌は，グラム陰性細菌に比べ強固な細胞壁を有し，より大きな分子のディスプレイが可能である。これまでその細胞表層への外来タンパク質発現アンカーとしては，*Lactococcus lactis* や *Lactobacillus paracasei* 由来の protease P（PrtP）および *Streptococcus pyogenes* 由来のM6 protein（M6）など各種乳酸菌を起源としたタンパク質や，*Staphylococcus aureus* 由来のproteinA（ProtA）など乳酸菌以外のタンパク質が主として用いられている[4,5]。これらは共通してLPXTGモチーフを持ち，最もよく研究が行われているものの一つである（図1）。またこれらアンカーはマルチドメイン構造を有していることが知られている[4〜7]。

　LPXTGモチーフを有するアンカーは，外来タンパク質をそのN-末端に融合することでディス

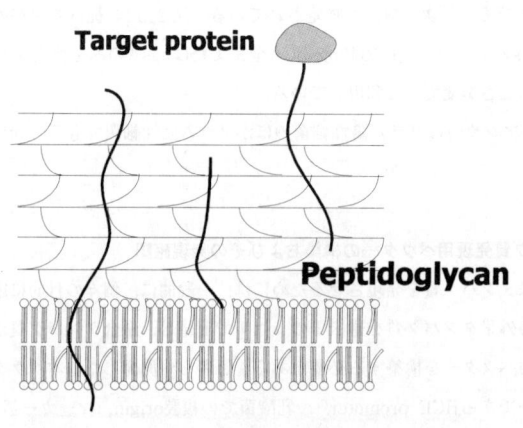

図1　従来のグラム陽性細菌の表層ディスプレイ系

プレイが可能となるが，これまでに *Staphylococcus* での抗原や一本鎖抗体（scFv），*Streptococcus*，*Lactococcus*，*Lactobacillus* などの乳酸菌で各種抗原や機能性ペプチドなどのディスプレイが報告されている[7~11]。またその他にも乳酸菌の細胞表層に存在するS-layer proteinやfibronectin binding protein（FnBP）を利用する試みも行われている[12~14]。

1.2.2 新規なアンカー：ポリガンマグルタミン酸合成酵素複合体タンパク質（pgsBCA）の利用

ポリガンマグルタミン酸は納豆菌に代表される *Bacillus* 属細菌（*Bacillus subtilis*, *Bacillus licheniformis* など）によって生産されるアミノ酸の高分子ポリマーであり，この生合成にはpgsB，pgsCおよびpgsAからなる酵素複合体タンパク質が関与している。これら生合成系に関与する酵素複合体を構成しているタンパク質（pgsBCA）に関する筆者らの共同研究グループの結果から，pgsBCAは①ポリガンマグルタミン酸の合成および細胞外への分泌の役割を担い，細胞表層に多量に発現されていること，②細胞周期上，休止期でも安定に維持されること，③タンパク質のアミノ酸一次配列（図2a）と構造上の特性など（図2b），外来タンパク質を細胞表層へ発現させるための足場として利用するアンカーに求められる多くの長所を持っていることが確認された[15]。

そこで，筆者らはpgsBCAを新しい細胞表層発現アンカーとして用いる活用方法を考案した（図2c）[16]。pgsBCAアンカーは，LPXTGモチーフを有する既存のアンカーとは異なり，その構造上の特徴から外来タンパク質をそのC-末端に融合し，細胞表層に発現させることが可能である。このような特徴を有しているpgsBCAアンカーのうち，特にpgsAは（全長379アミノ酸残基・N-末端とC-末端に特異的な疎水性アミノ酸配列を有している），細胞表層に突出する位置に存在していることおよびその三次元構造も推定されている（図2b）。従って現在の発現システムでは，発現させる外来タンパク質に応じpgsBCA全長またはpgsAのみを使用する場合など，用途に応じアンカーの長さを変更して利用している。

さらにpgsBCAアンカーはグラム陽性細菌のほかグラム陰性細菌でもその利用が可能である特性も有している。

1.3 外来タンパク質発現用ベクターの構築およびその発現確認

細胞表層へ外来タンパク質を発現させるためには，一般的に，個々の目的に応じたベクターを基に，アンカーと外来タンパク質を遺伝子のレベルで連結し，融合タンパク質が生合成されるようにして，発現用ベクターを構築する必要がある。筆者らが開発した基本ベクターは，構成的高発現プロモーターであるHCE promoter[17]，乳酸菌での複製origin，マーカー遺伝子（Erm^r）ならびに外来遺伝子を導入できるようにマルチクローニングサイトから構成されている。この基本ベクターに *Bacillus subtilis* chungkookjang KCTC0697BPの染色体DNAを鋳型として得た，

第3章 乳酸菌ディスプレイ

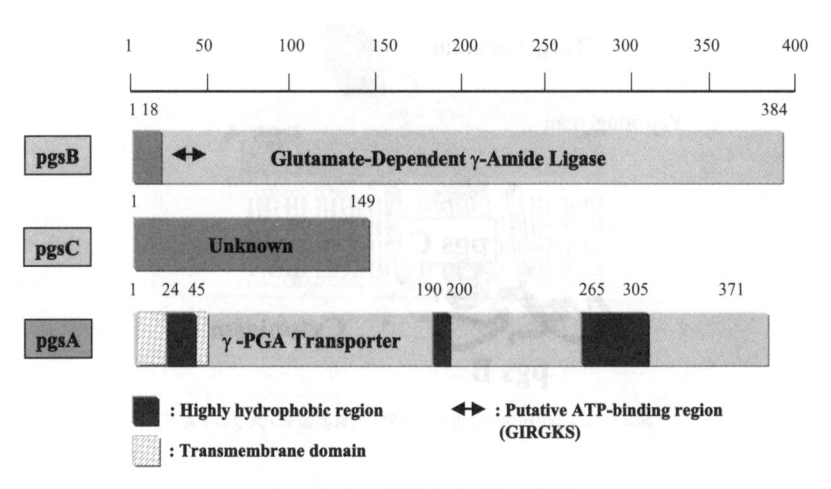

| | 1 | 50 | 100 | 150 | 200 | 250 | 300 | 350 | 400 |

pgsB 1 18　Glutamate-Dependent γ-Amide Ligase　384

pgsC 1　Unknown　149

pgsA 1 24 45　γ-PGA Transporter　190 200　265 305　371

■ : Highly hydrophobic region　　⟷ : Putative ATP-binding region (GIRGKS)
▨ : Transmembrane domain

図2　（a）pgsBCAのアミノ酸一次配列

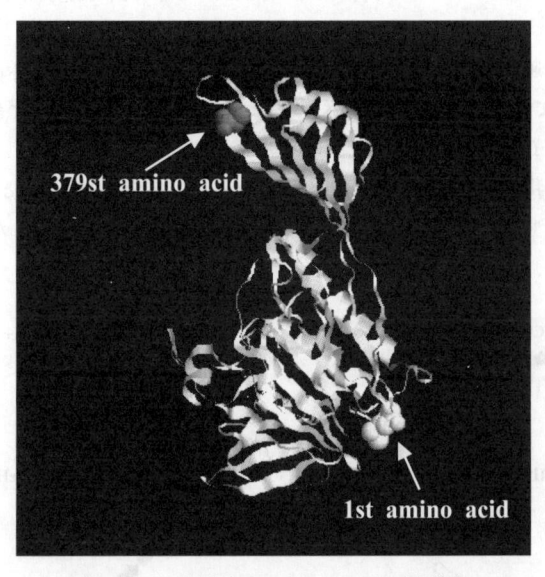

図2　（b）推定されるpgsAアンカーの三次元構造

コンビナトリアル・バイオエンジニアリングの最前線

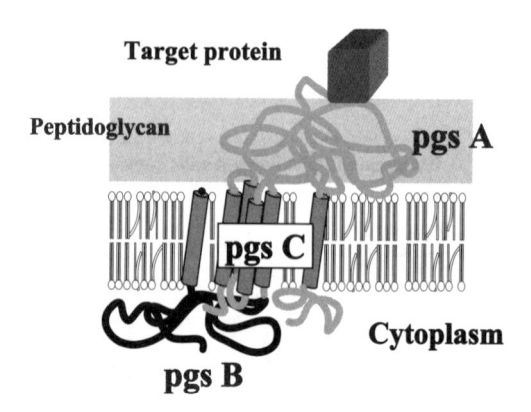

図2 （c）pgsBCAアンカーを利用した乳酸菌ディスプレイ系

外来タンパク質発現アンカーであるpgsBCA（約2.8kb）を導入し，細胞表層発現用ベクターを構築した。

さらに前述の通り，現在ではpgsAアンカーのみを導入した発現用プラスミドpHCEIILB:pgsA-MCSも構築している（図3a）。また本ベクターはグラム陰性細菌でも複製ができるようにoriginとマーカー遺伝子（Erm^r）を有したシャトルベクターとなっている。

ここでは宿主乳酸菌として*Lactobacillus casei*を利用し，pgsAをアンカーとして用いて実際にB型肝炎ウイルスのS抗原エピトープ（eHBs）を細胞表層にディスプレイした例を紹介する。

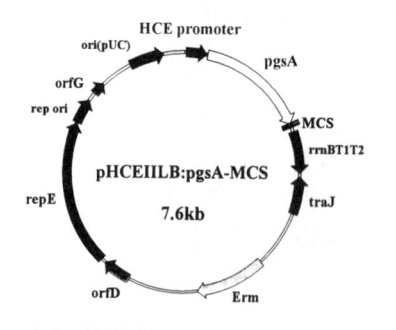

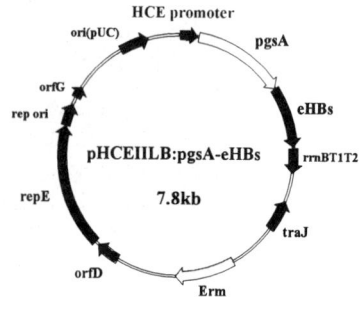

（a） 表層発現用ベクター pHCEIILB：pgsA-MCS　　　（b） eHBs表層発現ベクター

図3　pgsAアンカーを利用したHBs抗原の表層ディスプレイ

第3章　乳酸菌ディスプレイ

まずはじめに表層発現用ベクターのMCSにeHBsを挿入したpHCEIILB:pgsA-eHBsを作成し（図3 b），この表層発現用ベクターを宿主乳酸菌 *Lactobacillus casei* に導入し，細胞表層にディスプレイした。得られた形質転換体の細胞表層へのeHBsの発現は，形質転換体の細胞質および細胞壁の各画分を用いたSDS－PAGEおよびS抗原に対する抗体を用いたウエスタンブロッティング，ならびにFluorescence activating cell sorting flow cytometry（FACscan）にてそれぞれ確認した。その結果，ウエスタンブロッティングでは細胞壁画分にpgsAアンカーとS抗原の融合タンパク質が（図4 a），またFACscanでは図4 bに示すとおり，コントロールに比べ形質転換体では蛍光のシフトが見られ，その発現が明らかとなった。

1.4　今後の展開

乳酸菌の表層発現システムを利用したアプリケーションの開発は，前述の通り宿主の安全性（GRAS：安全性の確認された微生物），細胞壁のペプチドグリカン層やその他成分が持つアジュバント効果および宿主乳酸菌の胃酸や消化液への耐性などから，各種抗原を発現した経口ワクチンの運搬体としての利用が最も期待される用途である[3,18~20]。一般に，感染症に対してはその感染経路に従ってワクチンを投与することが最も効果的だと考えられている。特に腸管や気管支などの粘膜から進入する感染症では粘膜上皮からのワクチン投与が望ましく，粘膜局所での特異的なIgAの産生がウイルスなどの病原体の感染を防御するためには重要である。近年，乳酸菌の遺伝子組換え技術も向上してきており，前述のような宿主として乳酸菌が本来持っている高い機能

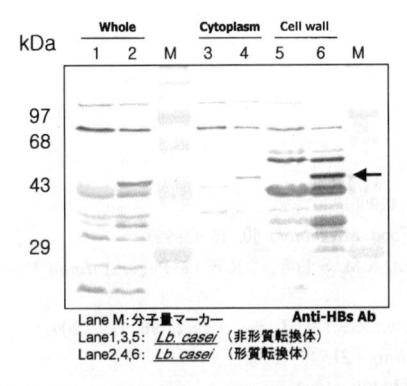

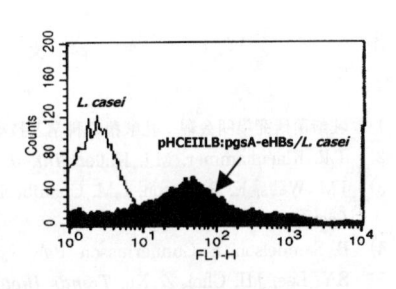

(a) ヒトB型肝炎ウイルスS抗原ディスプレイ乳酸菌のウエスタンブロッティング

(b) 表層発現乳酸菌のFACscan解析

図4　pgsAアンカーを用いたヒトB型肝炎ウイルスS抗原の乳酸菌表層ディスプレイ

性と，提示する抗原の種類や投与方法を組み合わせることによって用途に合った様々な感染症予防用の経口ワクチンの作出が期待できる。

また一方で，乳酸菌はその代謝産物として乳酸を生産する微生物である。乳酸の利用という面を考えると，近年ではプラスチック原料（ポリ乳酸）への応用が注目を集めている。このディスプレイ系を用いた工業プロセスのバイオ化技術が開発されれば，バイオマス資源の乳酸変換などこれまでにない乳酸菌の利用にも繋がると考えられる。

1.5 おわりに

以上のように，筆者らが開発したpgsAアンカーを利用した抗原の乳酸菌ディスプレイを例に本システムについて解説した。一般に細胞表層への外来タンパク質発現アンカーを選定する場合，①細胞内膜を通過できる分泌シグナルを有すること，②細胞外膜へ付着するシグナルを有すること，③細胞表層へ安定的にまた多量に発現できること，などの条件が求められる。しかし，現状のアンカーではいずれの場合も長所・短所があり，これら全ての条件を満たす発現アンカーは未だ開発されていない。特にこれまでのアンカーでは酵素を表層発現させる場合，C-末端側に活性サイトのある酵素の提示は困難であったが，現在，筆者らの進めているpgsアンカーを用いた研究においては，C-末端側に活性サイトのある酵素アミラーゼの表層提示を確認している。

さらにその他として，機能性ペプチド，酵素リパーゼなどの表層提示に関する研究も進め，その成果を得ていることから，pgsアンカーを用いた本ディスプレイシステムの新たな利用が期待される。

文　　献

1) 乳酸菌研究集団会編：乳酸菌の科学と技術 (1996)
2) T.R. Klaenhammer, M.J. Kullen, *Int. J. Food Microbiol.*, 50, 45 (1999)
3) J.M. Wells, K. Robinson, L.M. Chamberlain, K.M. Schofield, R.W..Le Page, *Antonie Van Leeuwenhoek*, 70, 317 (1996)
4) P. Samuelson, E. Gunneriusson, P.A. Nygren, S.Stahl, *J. Biotechnol.*, 96, 129 (2002)
5) S.Y. Lee, J.H. Choi, Z. Xu, *Trends Biotechnol.*, 21, 45 (2003)
6) R.J. Siezen, *Antonie Van Leeuwenhoek*, 76, 139 (1999)
7) K. Leenhouts, G. Buist, J.Kok, *Antonie Van Leeuwenhoek*, 76, 367 (1999)
8) E. Gunneriusson, P. Samuelson, M. Uhlen, P.A. Nygren, S. Stahl, *J. Bacteriol.*, 178, 1341, (1996)

第3章 乳酸菌ディスプレイ

9) S. Stahl, A. Robert, E. Gunneriusson, H. Wernerus, F. Cano, S. Liljeqvist, M. Hansson, T.N. Nguyen, P. Samuelson, *Int. J. Med. Microbiol.*, **290**, 571 (2000)
10) L. Steidler, J. Viaene, W. Fiers, E. Remaut, *Appl. Environ. Microbiol.*, **64**, 342 (1998)
11) J.C. Piard, I. Hautefort, V.A. Fischetti, S.D. Ehrlich, M. Fons, A. Gruss, *J. Bacteriol.*, **179**, 3068 (1997)
12) K. Savijoki, M. Kahala, A. Palva, *Gene*, **186**, 255 (1997)
13) A. Strauss, F. Gotz, *Mol. Microbiol.*, **21**, 491, (1996)
14) S. Avall-Jaaskelainen, A. Lindholm, A. Palva, *Appl. Environ. Microbiol.*, **69**, 2230 (2003)
15) M. Ashiuchi, C. Nawa, T. Kamei, J.J. Song, S.P. Hong, M.H. Sung, K. Soda, H. Misono, *Eur. J. Biochem.*, **268**, 5321 (2001)
16) バチルス属菌株由来のポリガンマグルタミン酸の合成遺伝子を用いた表層発現用のベクター及びこれを用いたタンパク質の微生物表層発現方法, 特許PCTKR02001522
17) Haryoung Poo, J.J. Song, S.P. Hong, Y.H. Choi, S. W. Yun, J-H Kim, S.C. Lee, S-G Lee M.H Sung, *Biotechnology Letters*, **24**, 1185 (2002)
18) G. Perdigon, S. Alvarez, M. Rachid, G. Aguero, N. Gobbato, *J. Dairy Sci.*, **78**, 1597, (1995)
19) P.H. Pouwels, R.J. Leer, M. Shaw, M.J. Heijne den Bak-Glashouwer, F.D. Tielen, E. Smit, B. Martinez, J. Jore, P.L.Conway, *Int. J. Food Microbiol.*, **41**, 155, (1998)
20) C.B. Maassen, C. van Holten-Neelen, F. Balk, M.J. den Bak-Glashouwer, R.J. Leer, J.D. Laman, W.J. Boersma, E.Claassen, *Vaccine*, **18**, 2613 (2000)

2 Immunogenicity of Surface-displayed Viral Antigens of Swine Coronavirus on *Lactobacillus casei*

Chul-Joong Kim[*1], Jong-Soo Lee[*2], Haryoung Poo[*3],
Liyun Ryu[*4], Jong-Taik Kim[*5], Moon-Hee Sung[*6]
日本語概要：植田充美[*7]

概要：「乳酸菌の細胞表層にディスプレイしたswine coronavirusの抗原タンパク質の免疫原性」
　Transmissible gastroenteritis virus (TGEV) とPorcine epidemic diarrhea virus (PEDV) の2つのRNAウイルスの外被タンパク質をそれぞれ，開発された乳酸菌ディスプレイシステムで，乳酸菌の細胞表層にディスプレイした。これを用いて，ブタとマウスに経口あるいは，鼻腔からの粘膜免疫を試みたところ，それらのタンパク質による抗原免疫性を実証できた。これにより，開発された乳酸菌ディスプレイシステムによる細胞ワクチンの効能が家禽レベルでも期待できることが判明した。

2.1 Swine coronavirus infection

　Transmissible gastroenteritis virus (TGEV) and Porcine epidemic diarrhea virus (PEDV), important enteric pathogens in swine, are members of the family *Coronaviridea*t hat contains the largest single-stranded positive-polarity RNA genome among all RNA viruses in nature. Coronavirus genomic RNAs are capped, polyadenylated, positive-stranded RNAs of 27 to 32 Kb in length. PEDV and TGEV have four major structural proteins Spike glycoprotein (S), Nucleocasid phosphoprotein (N), and Membrane glycoprotein (M), Envelope protein (E or sM). The S glycoprotein of coronavirus envelope plays a crucial role in the early steps of infection, since it carries functions for both receptor binding and

---

*1　Chul-Joong Kim　Laboratory of Infectious Diseases, College of Veterinary Medicine, Chungnam National University

*2　Jong-Soo Lee　BioLeaders Corporation

*3　Haryoung Poo　Korea Research Institute of Bioscience and Biotechnology

*4　Liyun Ryu　Chungnam National University

*5　Jong-Taik Kim　Korea Research Institute of Bioscience and Biotechnology

*6　Moon-Hee Sung　BioLeaders Corporation

*7　Mitsuyoshi Ueda　京都大学大学院　農学研究科　応用生命科学専攻　教授

第3章 乳酸菌ディスプレイ

virus-cell membrane fusion. The S protein has been shown to be major inducer of virus neutralizing antibodies, and to bear virulence determinants.

TGEV virus causes gastroenteritis resulting in severe diarrhea, dehydration, high mortality and morbidity in piglets under 2 weeks of age by replicating selectively in the differentiated enterocytes covering the villi of the small intestine. Although TGEV is a prototype enteropathogenic coronavirues that causes diarrhea in pigs of all ages, adult animals usually recover, newborn piglets generally die from the intestinal infection.

PEDV causes an enteric disease that is especially severe in piglets, among which mortality can reach up to 90%. This disease was identified in 1978 by Pensaert and Debouck, together with TGEV and rotavirus infections, is one of the three main viral diseases affecting to gastrointestinal tract in pigs. However, PED is one of the most important causes of economic loss in European and Asia countries, mainly due to its high prevalence, compared to the rare incidence of TGE and the asymptomatic character of the rotavirus infections.

Both viruses are transmitted from infected animals by feces. The natural infection started after oral uptake. The feces-oral route of transmission is probably the main, if not the only one. PEDV may be a cause of persistent weaning diarrhea in 5-to 8-weeks -old pigs on such breeding farms. PEDV does not differ markedly from TGEV with regard to modes of transmission, but it appears to persist more easily on a farm once the acute infection has passed.

For PEDV, there is no effective vaccine or specific treatment available, and the only measures to control the diseases are those directed to preventing the entrance of the virus on the farm. The development of immunological strategies in order to induce protection would be desirable, mainly those involving the protection of suckling piglets less than 2-3 week old. Little has been reported relating to the immunological aspects of the disease other than detection of serum antibodies against the virus in convalescent animals. However, due to the special features of the mucosal immune system of the pigs, the presence of serum antibodies against gastroenteric pathogens is not always correlated with protection and only proves the contact with the microorganism.

For TGEV, a variety viral vaccines (virulent, attenuated, inactivated, and subunit) and routes of administration (oral, intranasal, intramuscular, subcutaneous, and intramammary have been tested for induction of lactogenic immunity. However, the parenteral immunization could not provide proper protective immune responses at mucosal areas, and only oral administration of live virulent virus to pregnant sows generally gave the highest level of immunity, resulting in protective immunity for the sow and consistently producing high titers of persisting IgA TGEV antibodies in milk associated with protective lactogenic immunity for suckling piglets.

2.2 Mucosal immunogen delivery system

Lactogenic protective immunity in swine from PEDV and TGEV infection suggested that inducing mucosal immune response in sows could be an effective way of a new vaccine development. However, the obstacles for the development of a mucosal vaccine is lack of an efficient delivery system of immunogenic antigens to the mucosal area and the adjuvancity to induce the proper immunity. As a delivery vehicle, we have chosen Lactobacilli which have been used in food fermentation and preservation for centuries. Aside from the safety, the ease of their use and low cost of manufacturing and distribution, selected strains of Lactobacillus casei and L. plantarum have also been shown to elicit strong adjuvant effects on the mucosal mucosal and the systemic immune response. Recombinant lactobacilli expressing foreign epitopes of pathogenic organisms aimed to be used as delivery vehicles for mucosal immunization purposes. For a successful immune response against an antigen, it is necessary that the antigen is present in sufficient quantities and in a form that can be recognized by antigen presenting cells of the immune system. The immunogenicity of soluble proteins is, in general, low when administered orally but can be considerably enhanced by coupling of the protein to a carrier, e.g. bacteria, or by genetic engineering of bacteria resulting in the production of the desired antigen. Displaying foreign antigens on the surface of bacteria may facilitate their recognotion by the immune system and mediate an immunoadjuvant effect with other bacterial surface components. Therefore, we have selected surface exposure of the antigens of swine coronaviruses, rather than extracellular production, as a means of presenting antigens. For the surface expression of the immunogenic antigens on Lactobacilli, we have developed a novel surface-display system based on the poly- gamma-glutamic acid synthetase complex gene (*pgsBCA*), which was identified in *Bacillus subtilis* Chungkookjang isolated from Korean bean-paste (Fig.1).

We have constructed *Lactobacillus* shuttle pHAT-pgsA expression plasmid containing the *pgsA* gene as the surface-display motif (Fig.2). The cDNAs (nucleocapsid and spike protein genes of TGEV & PEDV) were prepared by PCR and cloned into the 3′ end of

第3章 乳酸菌ディスプレイ

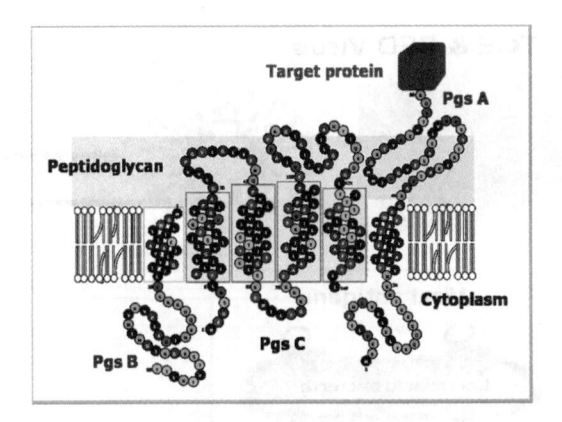

Fig. 1 Schematic diagram of poly-gamma-glutamic acid synthetase complex (pgsBCA), located in the cell membrane of *Bacillus subtilis* Chungkookjang.

pgsA gene.

The surface expression of nucleoproteins and spike proteins on Lactic acid bacteria was detected and verified by western immunoblotting of fractionated cells and FACS analysis (Fig.3). The expected sizes of target proteins (TGEN ; 57Kda, TGES ; 87Kda, PEDN ; 91Kda and PEDS ; 54Kda) were expressed in the whole cell and membrane protein fractions of *L. casei*. In the cytoplasmic fraction, there was no targeted proteins detected by antiserum. The FACS analysis with specific antibodies confirmed the surface expressions of target immunogens clearly.

2.3 Immunogenicity of surface-displayed viral antigens

To define the immunogenicity in mice, BALB/c mice were orally and intranasally administrated with 2×10^8 CFU and 1×10^7 CFU recombinant *Lactobacillus casei*, and control group with *Lactobacillus casei*. Five mice from each group were euthanised at preimmunization and between 2,4,6,8 weeks postimmunization, and sera samples were used for evaluating the systemic immune response against PEDN and TGEN antigens by ELISA and Western blotting. The mice immunized with recombinant *L. casei* expressing the viral antigens developed higher titers of specific serum IgG. Interestingly, the serum IgG titer was elevated earlier in case of intranasal administration of recombinant Lactobacilli than

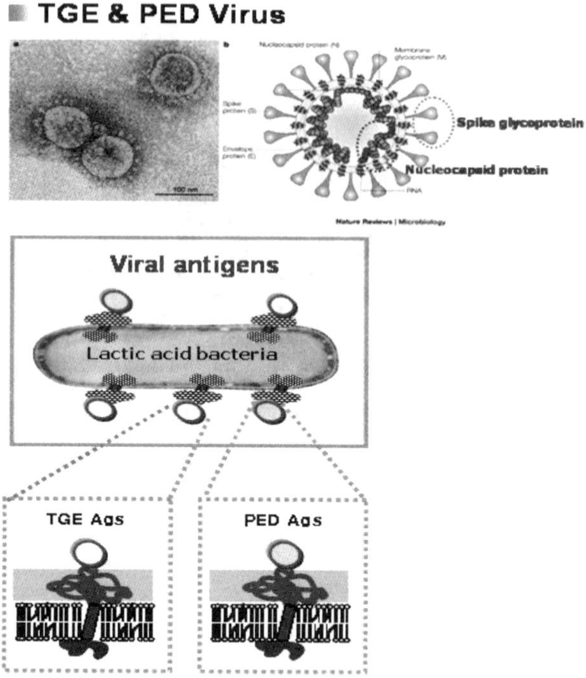

■ TGE & PED Virus

Fig. 2 Surface-display scheme of the viral antigens on Lactic acid bacteria using pgsA motif.

oral administration (Fig.4A). The intestinal IgA was also detected following intranasal and oral immunization of recombinant Lactobacilli. The antigen specific IgA was detected in the intestinal lavage (Fig.4B). These results revealed the intranasal immunization induced IgA production in the intestine because of the presence of communication network of immune response between the mucosal areas.

To investigate the immunogenicity and protection effect in pig, *L. casei* expressing antigenic proteins of TGE and PED was inoculated orally into sows. Specific serum IgG antibodies were detected by ELISA at 2, 4, and 6 weeks after immunization (Fig.5A). Serum IgG titer was induced from the second week after immunization and reached the peak at 6 week. After the delivery, IgA titer in colostrums from the immunized sows against PEDN and TGEN were significantly higher than those from control sows (Fig.5B).

第3章 乳酸菌ディスプレイ

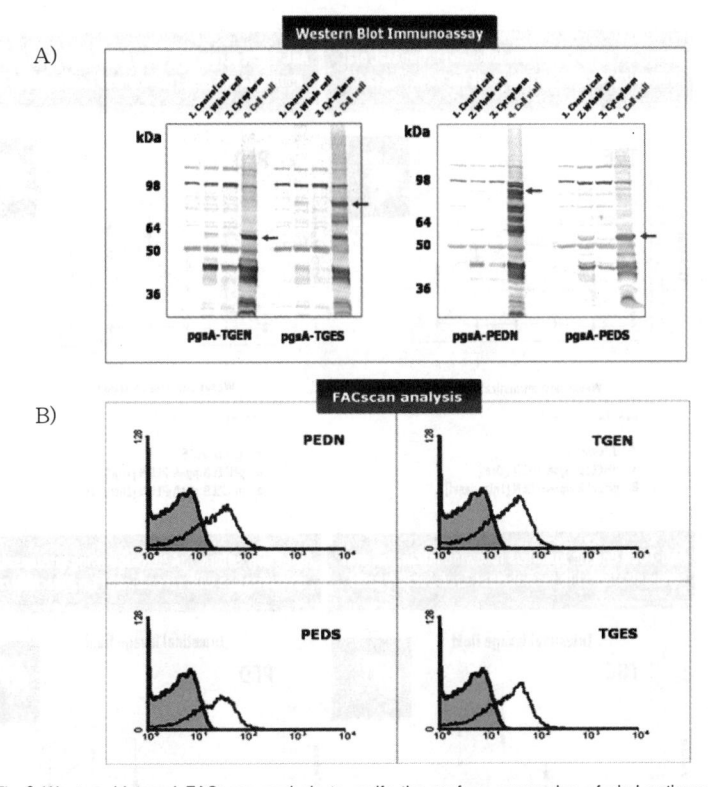

Fig. 3 Western blot and FACscan analysis to verify the surface expression of viral antigens.

After sucking colostrums secreted from sows previously inoculated recombinant *Lactobacillus casei*, the piglets IgG titters were increased but not significant (data not shown).

2.4 Conclusion

Mucosal immunization, especially by the oral and nasal route, has recently attracted much interest both as a means for inducing protective immunity against infectious diseases and also as a possible approach for immunological treatment of various diseases caused by an aberrant immune response associated with tissue-damaging inflammation or tumor formation. Because many pathogenic infections occur at or take their departure from the

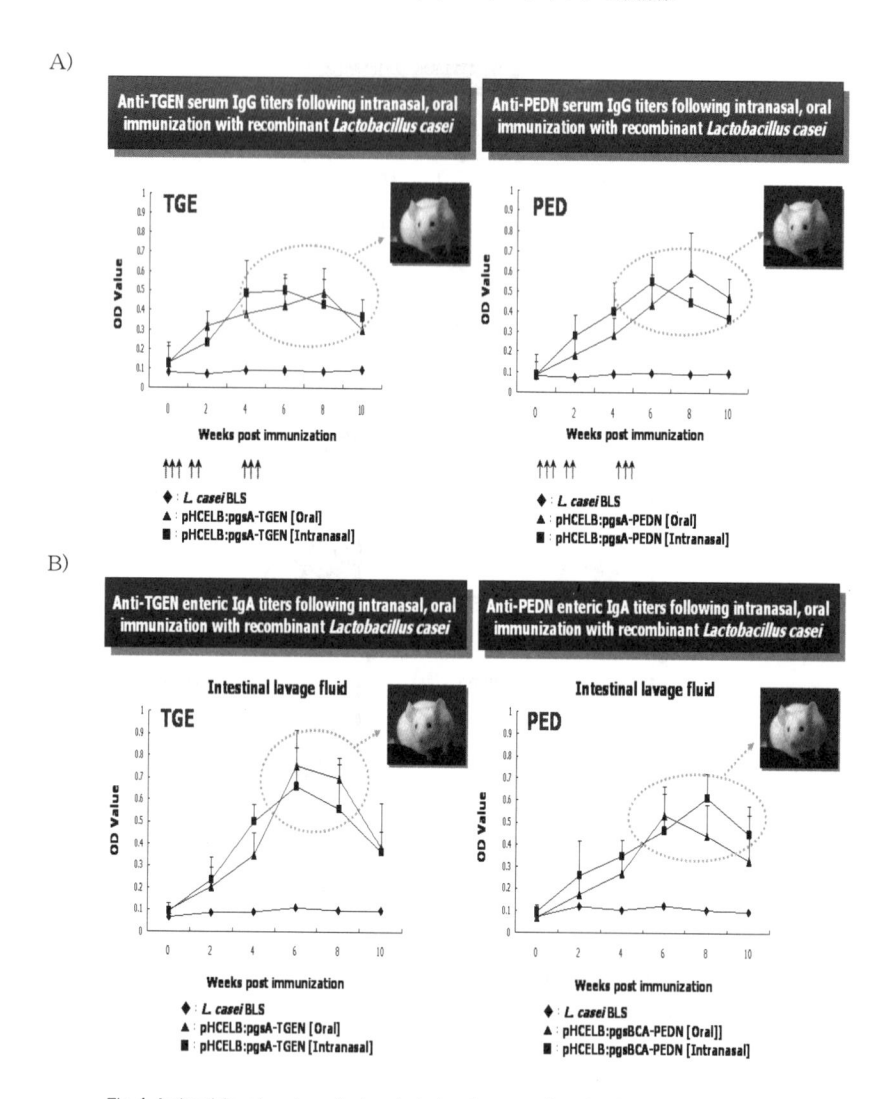

Fig. 4 Antigenicity of surface-displayed viral antigens on Lactobacillus casei in mice. Serum IgG (A), and enteric IgA (B) titers are shown following intranasal and oral immunization of recombinant *L. casei*.

第3章 乳酸菌ディスプレイ

A)

Anti-TGEN serum IgG titers in pregnant sow following oral immunization with recombinant *L. casei*

Anti-PEDN serum IgG titers in pregnant sow following oral immunization with recombinant *L. casei*

◆ : pHCELB:pgsA-TGEN/*L. casei* pregnant sow 1
■ : pHCELB:pgsA-TGEN/*L. casei* pregnant sow 2
▲, ● : Control pregnant sow

◆ : pHCELB:pgsA-PEDN/*L. casei* pregnant sow 1
■ : pHCELB:pgsA-PEDN/*L. casei* pregnant sow 2
▲, ● : Control pregnant sow

B)

Anti-PEDN, Anti-TGEN specific IgA titers in colostrum following oral immunization with recombinant *L. casei*

1 : Control pregnant sow
2, 3 : pHCELB:pgsA-PEDN/*L. casei* pregnant sow
4, 5 : pHCELB:pgsA-TGEN/*L. casei* pregnant sow

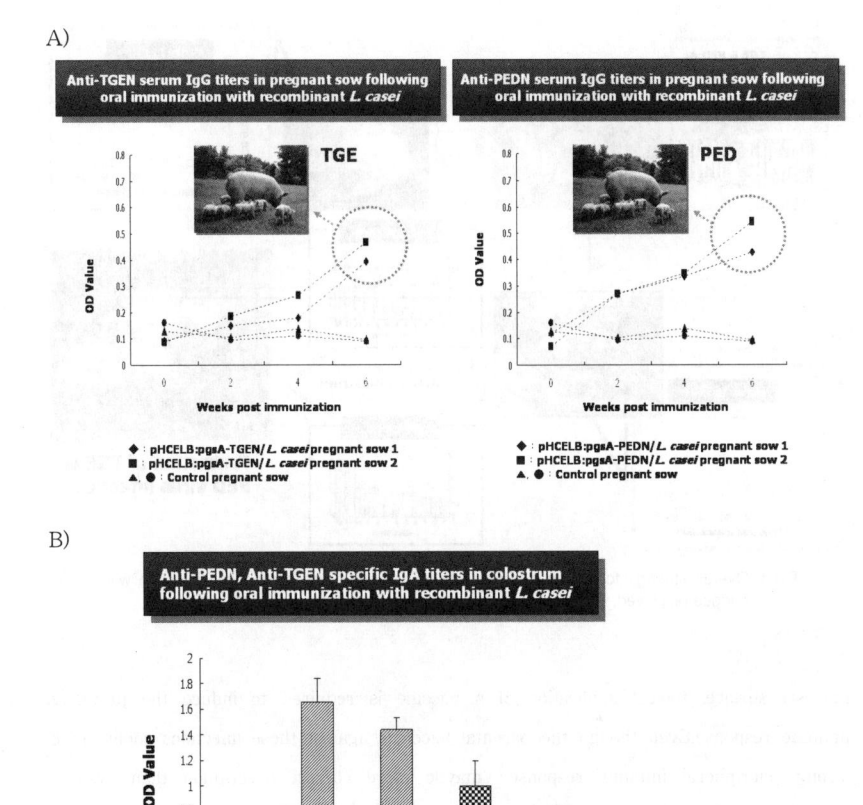

Fig. 5 Antigenicity of surface-displayed viral antigens on *Lactobacillus casei* in sows. Serum IgG (A), and colostrum IgA (B) titers are shown following oral immunization of recombinant *L. casei*.

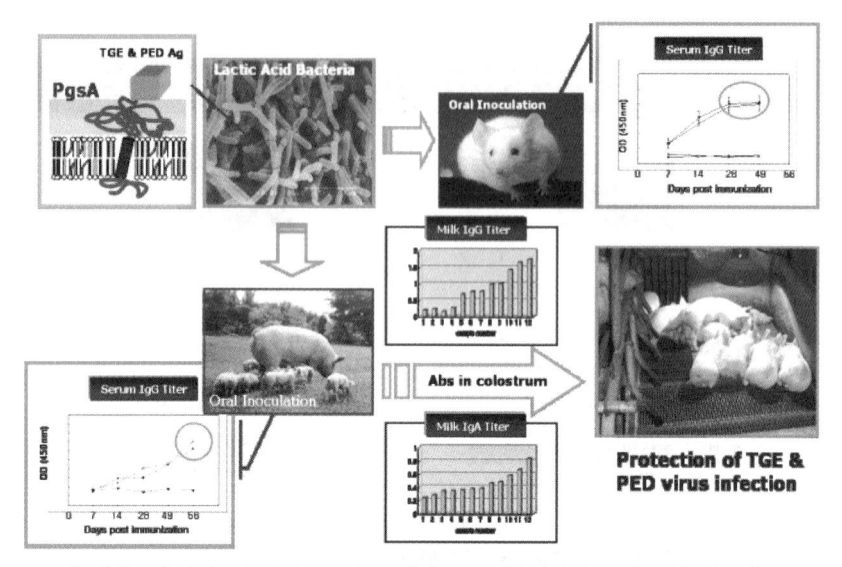

コンビナトリアル・バイオエンジニアリングの最前線

Fig. 6 Overall strategy for lactogenic immunity to prevent swine coronavirus infection with surface-displayed viral antigens on Lactic acid bactetia.

mucosal surface, topical application of a vaccine is required to induce the protective immune response.Even though the parental vaccines against these infections could induce strong pheripheral immune response (maybe more correct description than systemic immune response), it is not well correlated the protectivity due to the lack of proper immune responses at the site of infections. Mucosal immunization not only elicited the stimulation of secretory local antibody (IgA) and an associated mucosal immunologic memory but also induce the celluar arms of immune response including mucosal CD8+ cytotoxic T lymphocytes, CD4+ T helper cells and natural killer cells. In practical point of view, oral vaccines would be easier to produce and administer with less risk than parental vaccines.However, despite of attractive features it has often proved difficult to stimulate strong protective mucosal IgA responses deu to the lack of delivering approate antigens and safe mucosal adjuvants or immunoregulatory agents.

We have developed a new surface-displayed antigen expression system on Lactic acid bacteria. With this new delivery system of antigens, we have established a strategy to elicit active immunity to mucosal and pheripheral areas as well as the passive lactogenic

第3章　乳酸菌ディスプレイ

immunity to protect young piglets from the viral infections (Fig.6). Our new way of mucosal immunization would be applicable to prevent many other mucosal infections through activation of anti-microbial immunity and to treat selected inflammatory immune responses.

References

1) Lai M.M.C., and D. Cavanagh. 1997. The molecular biology of coronaviruses. *Adv. Virus Res.* **48**:1-100.
2) DeBouck, P., and Pensaert, M. 1980. Experimental infection of pigs with a new porcine enteric coronavirus CV777. *Am J Vet Res.* **41**:219-223
3) Park, S., Sestak, K., Hodgins, D.C., Shoup, D.I., Ward, L.A., Jackwood, D.J., Saif, L.J. 1998. Immune response of sows vaccinated with attenuated transmissible gastroenteritis virus (TGEV) and recombinant TGEV spike protein vaccine and protection of their suckling piglets against TEDV challenge. *Am. J. Vet. Res.* **59**:1002-1008
4) Moxley, R.A., and Olson, L.D. 1989a. Clinical evaluation of transmissible gastroenteritis virus vaccination procedures for inducing lactogenic immunity in sows. *Am J. Vet. Res.* **50**:111-118.
5) Pensaert, M.B. and Debouck, P., 1978. A new coronavirus-like particle associated with diarrhea in swine. *Arch. Virol.*, **58**:243-247.
6) Jimenez, G., I. Correa, M.P. melgosa, M.J. Bullido, and L. Enjuanes. 1986 Critical epitopes in transmissible gastroenteritis virus neutralization. *J. Virol.* **60**:131-139
7) Pensaert, M.B., 1999. Porcine epidemic diarrhea. In: Straw, B.E. et al. (Eds.), Diseases of Swine., Iowa State University Press, Iowa, EEUU, pp.179-185.
8) Callbaut, P., DeBouck, P. and Pensaert, M. 1982. Enzyme-linked immunosorbent assay for detection of the coronavirus-like agent and its antibodies in pigs with porcine epidemic diarrhea. *Vet. Microbiol.* **7**:295-306.
9) Fischetti, V. A., D. Medaglini, and G. Pozzzi. 1996 Gram-positive commensal bacteria for mucosal vaccine delivery. *Curr. Opin. Biotechnol.* **7**:659-666.
10) Francisco, J.A., R. Campbell, B.L. Iverson, and G. Georgiou. 1993. Production and fluorescence-activated cll sorting of Escherichia coli expressing a functional antibody fragment on the external surface. *Proc.Natl. Acsd. Sci. USA* **90**:10444-10448
11) Medaglini, D., T.P. King, and V.A. Fischetti. 1995. Mucosal and systemic immune responses to a recombinant protein expressed on the surface of the oral commensal bacterium Streptococcus gordonii after oral colonization. *Proc. Natl. Acad. Sci. USA* **92**:6868-6872.

12) Kruger, C., Y. Hu, Q. Pan, H. Marcotte, A. Hultberg, D. Delwar, P.J. van Dalen, P.H. Pouwels, R.J. Leer, C.G. Kelly, C. van Dollenweerd, J.K. Ma, and L. Hammarstrom, 2002. In situ selivery of passive immunity by lactobacilli producing single-chain antibodies. *Nat. Biotechnology.* 20:702-706.
13) Nagler-Anderson, C., C. Terhorst, A.K. Bhan, and D. K. Podolsky. 2001. Mucosal antigen presentation and the control of tolerance and immunity. *Trends in Immunology* 22:120-122.
14) Ogra, P.L. Mucosal immunity:2003. Some historical persepective on host-pathogen interaction and implications for mucosal vaccines. *Immunology and Cell Biology* 81:21-33.

3 Lactobacillus-based Human Papillomavirus Type 16 Oral Vaccine

Haryoung Poo[*1], Jong-Soo Lee[*2],
Moon-Hee Sung[*3], Chul-Joong Kim[*4]
日本語概要：植田充美[*5]

概要：「発ガンウイルス Human Papillomavirus の Type 16 抗原タンパク質を乳酸菌にディスプレイした経口ワクチンの作成とその効能」

ヒトウイルス Human Papillomavirus は発ガン性ウイルスとして知られている。このウイルスのいくつかあるタンパク質から抗原性をもつ Type 16 タンパク質を選んで，それを開発した乳酸菌ディスプレイシステムで，乳酸菌の細胞表層にディスプレイした。これをマウスに経口投与し，その免疫原性を調べたところ，有効性が確認でき，この乳酸菌ディスプレイシステムによる経口細胞ワクチンの効能が期待できることが証明された。

3.1 Human papillomavirus vaccine study

Human papillomavirus (HPV) belongs to papovavirus and non-enveloped, double stranded DNA virus. The studies to develop the vaccine to prevent HPV infection have been done by many scientists because many anogenital cancers such as cervical cancer are attributable to HPV infection. The high morbidity and mortality of cervical cancer leads to consider HPV infection as a serious problem worldwide, especially in developing countries. HPV DNA has been found in more than 99.7% of cervical cancer biopsy and HPV 16 and 18 are the most prevalent HPV types among 20 oncogenic HPV types. Thus a good vaccine to induce an effective immune response against HPV type 16 or type 18-related proteins might contribute to the prevention or the elimination of cervical cancer. Early proteins of HPV are responsible for viral DNA replication, transcription and late proteins, L1 and L2 for the virus structural capsid (Table 1). The major capsid protein, HPV L1, and the

---

[*1] Haryoung Poo   Korea Research Institute of Bioscience and Biotechnology (KRIBB)
         Systemic Proteomics Research Center Principal Investigator
[*2] Jong-Soo Lee   BioLeaders Corporation
[*3] Moon-Hee Sung   BioLeaders Corporation
[*4] Chul-Joong Kim   Chungnam National University
[*5] Mitsuyoshi Ueda   京都大学大学院　農学研究科　応用生命科学専攻　教授

Table 1　HPV proteins

Proteins	Gene Expression	Function
L1	Late	Major capsid protein (structural protein)
L2	Late	Minor capsid protein (structural protein)
E1	Early	Episomal replication, DNA helicase
E2	Early	Transcription factor
E4	Late	Packing of virus
E5	Early	Prevents cell differentiation
E6	Intermediate	p53 degradation
E7	Intermediate	Rb binding -Inhibitors of E2F transcription factor

minor capsid protein, HPV L2, have been considered as target proteins of prophylactic vaccine because of their surface expression and the presence of neutralizing epitopes.

The expression of oncogenic proteins, E6 and E7 of high-risk HPV types disturbs the cell cycle control and cause the uncontrolled proliferation and transformation of HPV infected cells. E6 protein interacts with p53, a tumor suppressor protein, and E7 protein binds and inactivates the retinoblastoma (RB) tumor suppressor protein. In addition, E6 and E7 are expressed successively in carcinomas. Thus E6 and E7 represent the tumor-specific target proteins for HPV therapeutic vaccine.

Mucosal immune system is important to inhibit genital HPV transmission and infection because HPV infection occurs by sexual transmission through mucous membrane and the site of infection is mucosal epithelium. The route of mucosal immunization and adjuvant should be considered to elicit effective mucosal immunity, increase the immune reaction, and enhance or prolong the vaccine effect. To meet these requirements for mucosal vaccine, a novel *Lactobacillus* delivery system has been developed using gamma-PGA surface anchoring protein isolated from *Bacillus subtilis* chungkookjang. Recombinant *Lactobacillus* expressing antigen proteins on their surfaces can be potentially used as delivery vehicle for oral vaccination because *Lactobacillus* has advantages as oral vaccine vehicle with its features such as intrinsic immunogenicity, resistance to bile acid, and persistence in the gastrointestinal tract. Interestingly it has been reported that *Lactobacillus* strains have difference in their ability to induce immune response, cytokine expression, and maturation of surface markers on dendritic cells (DCs). *Lactobacillus casei*, the strain we chose for this study, has been reported to induce Th_1 cytokines and high IgG1/IgG2a ratio and up-regulate the expression of B7-2 on DCs in mouse model system.

The HPV VLP is a promising vaccine candidate as a prophylactic vaccine for HPV infected cervical cancer and several vaccine candidates of virus-like particle composed of the major capsid protein L1 are under the process of human clinical trial because the elicitation of neutralizing antibodies against HPV has been proved. However, parenteral vaccine using HPV VLP would be relatively expensive to produce and difficult to administer compared to *Lactobacillus*-based oral HPV vaccine.

3.2 Production and Immunogenicity of HPV16L1 surface-displayed on *Lactobacillus casei*

3.2.1 Production of HPV16L1 surface-displayed on *Lactobacillus casei*

Induction of mucosal immune responses in the reproductive tract is crucial for the design of prophylactic vaccines against genital HPV because the major infection site of genital HPV is anogenital mucosal epithelial cell. To develop mucosal immunity, oral administration to Balb/C mice was chosen as an animal model system in this study.

The expression of HPV antigens on the surface of *Lactobacillus* by a novel display system using gamma-PGA surface anchoring protein has been attempted. Surface protein pgsA fused with HPV16 L1 capsid protein was displayed on *Lactobacillus casei* using pHCE1LB vector inserted with HPV16L1 gene (Figure 1A & 1B). Expression of HPV 16 L1 protein in recombinant *L. casei* for oral administration was verified by western blot analysis using anti-HPV16L1 monoclonal antibody (Camvir-1) (Figure 1C).

The band of 99kDa is detected, which is a fusion protein of 55kDa of L1 protein and 44kDa of surface display motif, pgsA in whole cell lysates and cell wall fraction of recombinant *L. casei* expressing HPV16L1. The expression of L1 protein fused with pgsA was not detected in *L. casei* transformed with pHCE1LB vector.

3.2.2 Immunogenicity of HPV16L1 surface-displayed on *Lactobacillus casei*

BALB/c mice were orally immunized with *L. casei* or *L. casei* expressing HPV16L1 on their surface. The IgG level of mouse sera samples was detected by ELISA (Figure 2A). HPV16L1 VLPs produced in *Saccharomyces cerevisiae* were used as a coating antigen for ELISA to detect the level of IgG and IgA. IgG titer of *L. casei* expressing HPV16L1 immunized groups by either oral or intraperitoneal inoculation is higher than that of *L. casei* immunized group. Compared to the group immunized HPV16L1 VLP by subcutaneous injection, similar amount of IgG was detected in the sera of *L. casei* expressing HPV16L1

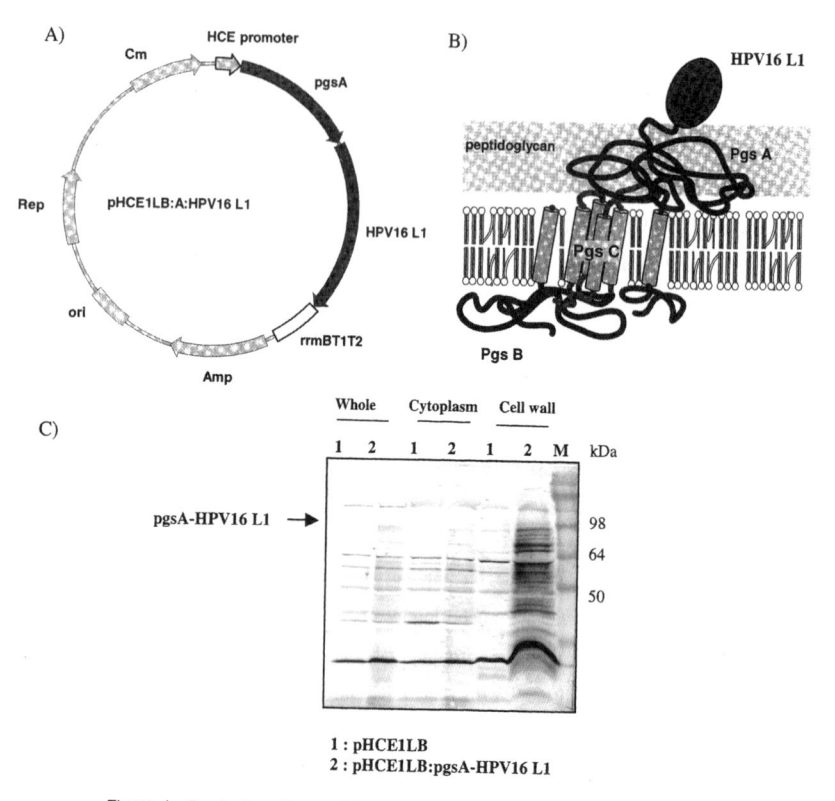

コンビナトリアル・バイオエンジニアリングの最前線

Figure 1 Production of recombinant *Lactobacillus casei* expressing HPV16L1
A) pHCE1LB:A:HPV16L1 vector for *Lactobacillus casei* expressing HPV16L1
B) Schematic diagram of HPV16L1 surface display on *Lactobacillus casei*
C) Western blot analysis of HPV16L1 to check the surface expression

immunized mice. Neutralization activity of serum IgG sampled from *L. casei* expressing HPV16L1 immunized mice by oral administration was confirmed by hemagglutination inhibition assay using HPV16L1 VLPs as positive control (Figure 2B).

Significantly more IgA was also exhibited in the vagina wash samples of *L. casei* expressing HPV16L1 immunized mice than in those of HPV16L1 VLP immunized mice by subcutaneous administration. These results indicate that HPV16L1 displayed on *L. casei* induces the humoral immunity to inhibit the infection of HPV in orally or intraperitoneally immunized mice. To verify that *L. casei* expressing HPV16L1 induces cell mediated cytotoxic

第3章　乳酸菌ディスプレイ

A)

■ : pHCE1LB:pgsA:HPVL1 (intraperitoneal)
▲ : pHCE1LB:pgsA:HPVL1 (Oral)
◆ : *Lactobacillus casei*

B)

Recombinant *L. casei*-L1 immunized mouse serum

L1 VLP immunized mouse serum

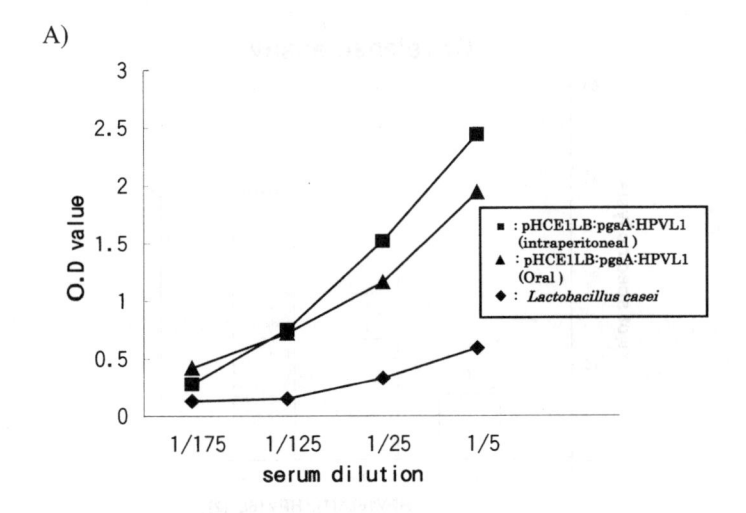

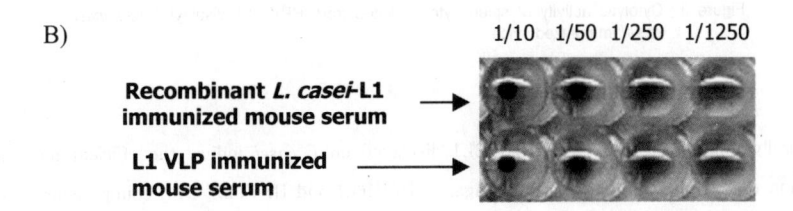

1/10　1/50　1/250　1/1250

Figure 2　Humoral immunity of recombinant *Lactobacillus casei* expressing HPV16L1
A) Serum IgG level of HPV16L1 displayed *Lactobacillus casei* immunized mice
B) Neutralization assay of sera from HPV16L1 displayed *Lactobacillus casei* immunized mice

T cell activity, chromium release assay was performed. *L. casei* expressing HPV16L1 or *L. casei* as control was immunized into BALB/c mice by oral administration. Effector cells were prepared from the spleen of BALB/c mice immunized with *L. casei* or recombinant *L. casei* expressing HPV16L1. Splenocytes were stimulated for 6 days *in vitro* and then 51Cr release assay was performed using P815 cells (originated from BALB/c) incubated with synthetic peptide of HPV16L1 CTL epitope as a target cells. As shown in figure 3, lymphocytes isolated from the mice immunized with HPV16L1 displayed on *L. casei* showed higher chromium release than the control mice immunized with *L. casei*. In conclusion,

^{51}Cr-release assay

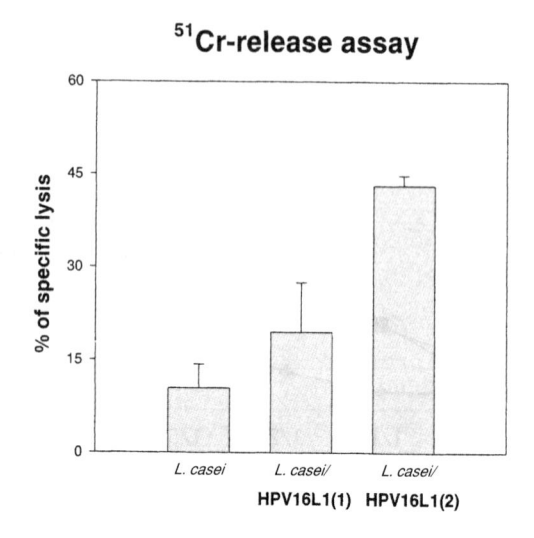

Figure 3 Cytolytic activity of splenocytes isolated from HPV16L1 displayed *Lactobacillus casei* immunized mice

orally immunized mice with HPV16L1 displayed on *L. casei* induce the efficient humoral and the cellular immune responses against HPV16L1 and HPV16L1 CTL epitope expressing target cells.

References

1) Zhou, J., X. Y. Sun, H. Davies, L. Crawford, D. Park, and I. H. Frazer: *Virology.*, Vol. 189 (1992), p.592-599
2) Zur Hausen, H.: *Biochim. Biophys. Acta*, Vol. 1288 (1996), p.F55-78
3) Kirnabauer R., Booy F., Cheng N., Lowy D. R., and Schiller J. T.: *Proc. Natl. Acad. Sci. USA*, Vol. 89 (1992), p.12180-12184
4) Kirnabauer R., Taub J., Greenstone H., Roden R., Durst M., Gissmann L., Lowy D. R., and Schiller J. T.: *J. Virol.*, Vol. 67 (1993), p.6929-6936
5) Hagensee M. E., N. Yaegashi, and D. A. Galloway: *J. Virol.*, Vol. 67 (1993), p.315-322

第3章 乳酸菌ディスプレイ

6) Li M., T. P. Cripe, P. A. Estes, M. K. Lyon, R. C. Rose, and R. L. Garcea: *J. Virol.*, Vol. 71 (1997), p.2988-2995
7) Hofmann, K. J., J. C. Cook, J. G. Joyce, D. R. Brown, L. D. Schultz, H. A. George, M. Rosolowsky, K. H. Fife, and K. U. Jansen: *Virology.*, Vol. 209 (1995), p.506-518
8) Nardellihaefliger, D., R. Roden, J. Benyacoub, R. Sahli, J. P. Kraehenbuhl, J. T. Schiller, P. Lachat, A. Potts, and P. Degrandi: *Infect. Immun.*, Vol. 65 (1997), p.3328-3336
9) Ssagawa T., P. Pushko, G. Steers, S.E. Gshmeissner, M.A.N. Hajibagheri, J. Finch, L. Crawford, and M. Tommasino: *Virology.*, Vol. 206 (1995), p.126-135
10) Schiller J. T., Lowy D. R.: *J. Natl. Cancer Inst. Monogr.*, Vol. 28 (2001), p.50-54
11) Schiller J. T.: *Mol. Med. Today.*, Vol. 5 (1999), p.209-215
12) Bosch F. X., Manos M. M., Munoz N., Sherman M., Jansen A. M., Peto J., Schiffman M. H., Moreno V., Kurman R., Shah K. V.: *J. Natl. Cancer Inst.*, Vol. 87 (1995), p.796-802
13) Cornelison T. L.: *Curr. Opin. Oncol.*, Vol. 12-5 (2000), p.466-473
14) Parkin D. M., P. Pisani, and J. Ferlay: *Int. J. Cancer.*, Vol. 80 (1999), p.827-841
15) Stanley M. A.: *Curr. Opin. Mol. Ther.*, Vol. 4-1 (2002), p.15-22
16) Stanley M. A.: *Expert Rev Vaccines.*, Vol. 2-3 (2003), p.381-389
17) Harro C. D., Y. Y. Pang, R. B. Roden, A. Hildesheim, Z. Wang, M. J. Reynolds, T. C. Mast, R. Robinson, B. R. Murphy, R. A. Karron, J. Dillner, J. T. Schiller, and D. R. Lowy: *J. Natl. Cancer Inst.*, Vol. 93 (2001), p.284-292
18) Koutsky L. A., K. A. Ault, C. M. Wheeler, D. R. Brown, E. Barrm F. B. Alvarez, L. M. Chiacchierini, and K. U. Jansen: *N. Engl. J. Med.*, Vol. 347 (2002), p.1645-1651
19) Nardelli-Haefliger D., Wirthner D., Schiller J. T., Lowy D. R., Hildesheim A., Ponci F., De Grandi P.: *J. Natl. Cancer Inst.*, Vol. 95-15 (2003), p.1128-1137
20) Jie-Yun Park, Hyun-Mi Pyo, Sun-woo Yoon, Sun-Young Baek, Sue-Nie Park, Chul-Joong Kim, and Haryoung Poo: *J. Microbiol.*, Vol. 40 (2002), p.313-318
21) Balmelli C., Roden R., Potts A., Schiller J. T., De Grandi P., Nardelli-Haefliger D.: *J. Virol.*, Vol. 72 (1998), p.8220-8229
22) Rose R. C., Lane C., Wilson S., Suzich J. A., Rybicki E., Williamson A. L.: *Vaccine.*, Vol. 23 (1999), p.2129-2135
23) Kirnbauer R., L. M. Chandrachud, B. W. Oneil, E. R. Wagner, G. J. Grindlay, A. Armstrong, G. M. Mcgarvie, J. T. Schiller, D. R. Lowy, and M. S. Campo: *Virology.*, Vol. 219 (1996), p.37-44
24) Rose R. C., Reichmann R. C., and Bonnez W.: *J. Gen. Virol.*, Vol. 75 (1994), p.2075-2079
25) Roden R.B.S., H.L. Greenstone, R. Kirnabauer, J.P. Booy, J. Jessie, D. R. Lowy, and J. T. Schiller: *J. Virol.*, Vol. 70 (1996), p.5875-5883
26) Lowe R. S., D. R. Brown, J. T. Bryan, J. C. Cook, H. A. George, K. J. Hofmann, W. M. Hurni, J. G. Joyce, E. D. Lehman, H. Z. Markus, M. P. Neeper, L. D. Schiltz, A. R. Shaw, and K. U. Jansen: *J. Infect. Dis.*, Vol. 176 (1997), p.1141-1145

27) Peng S., Frazer I. H., Fernando G. J., Zhou J.: *Virology.*, Vol. 240-1 (1998), p.147-157
28) Maurizio Chiriva-Internati, Young Liu, Emanuela Salati, Weiping Zhou, Zhiqing Wang, Fabio Grizzi, Juan J. Roman, Seah H. Lim, and Paul L. Hermnoat: *Eur. J. Immonol.*, Vol. 32 (2002), p.30-38
29) Marion Nonn, Manuela Schinz, Klaus Zumbach, Michael Pawlita, Achim Schneider, Matthias Dürst, and Andreas M. Kaufmann: *J. Cancer Res. Clin., Oncol.* Vol. 129 (2003), p.511-520
30) Liu W. J., Liu X. S., Zhao K. N., Leggatt G. R., Frazer I. H.: *Virology.*, Vol. 273-2 (2000), p.374-382
31) Peter Öhlschläger, Wolfram Osen, Kerstin Dell, Stefan Faath, Robert L. Garcea, Ingrid Jochmus, Martin Müller, Michael Pawlita, Klaus Schäfer, Peter Sehr, Caroline Staib, Gerd Sutter, and Lutz Gissmann: *J. Virol.*, Vol. 77 (2003), p.4635-4645

第4章　酵母ディスプレイ

1　タンパク分子クリエーション

加藤倫子[*1]，植田充美[*2]

1.1　はじめに

　ヒトを含む多くの生物のゲノム情報解析の急速な進展と，エラープローン法やDNAシャッフリング法をはじめとする遺伝子工学的手法の拡大により情報としてのDNAプールは膨張し，多様性をおびてきている。この流れをもとに，これまでの化石燃料を資源とする産業界に，ポストゲノムやプロテオミクスといったDNA情報を資源としたサイエンスや産業の台頭がきわだってきている。一方，ゲノム情報をタンパク質に変換してその機能を明らかにすることは，生命の仕組みを分子レベルで理解するためにも必要不可欠である。

　従来のタンパク質発現系に代わり，プール化したDNA情報を機能性タンパク質に変換したり，タンパク質の機能変換とそのスクリーニングを迅速にしたり，これまでにこの世の中に存在しなかった新しいタンパク質をランダムなDNA情報から創成する，というこの著の「コンビナトリアル・バイオエンジニアリング」の新しい手法は，DNA情報を基盤として生体バイオ分子への新しい変換系としてその将来性が嘱望されている[1,2]。さらに，望みの機能を持ったタンパク質分子を創製するというテーラーメイドでの機能タンパク質分子創出も夢物語ではなくなるほど，期待されている。本稿では，ランダムなDNA情報からランダムプロテインライブラリーを創製し，有機溶媒耐性という新しい分子機能を賦与された細胞を創出した例について紹介する。

1.2　生体高分子クリエーターとしてのコンビナトリアル・バイオエンジニアリング

　コンビナトリアル・バイオエンジニアリングは周知のコンビナトリアルケミストリーとの大きな違いとして，生細胞や酵素反応を「分子ツール」として，これらの増殖を利用するとともに目的の分子をディスプレイするという点が鮮明である。この分子ツールを用いて情報分子を機能分子に変換するだけでなく，多くの組み合わせの（コンビナトリアル）分子ライブラリーから適合

　[*1]　Michiko Kato　京都大学大学院　農学研究科　応用生命科学専攻
　　　　生体高分子化学研究室　助手
　[*2]　Mitsuyoshi Ueda　京都大学大学院　農学研究科　応用生命科学専攻
　　　　生体高分子化学研究室　教授

するものを新しく、簡易で、迅速で、かつ、システマティックに選択できるポテンシャルを持つ。ゆえに、"3D"、「多様性（Diversity）」・「提示（Display）」・「選択（Directed Selection）」をキーワードにした、未知の新しい機能性分子や細胞を「自然界から探す」という方向から、「情報分子ライブラリーから創る」という方向への研究が可能となってきた。

従来、DNA情報をタンパク質に変換するタンパク質発現系としては、主に細胞内系と細胞外分泌系の二つが使われてきた。細胞内発現の場合、発現産物であるタンパク質を細胞内に蓄積させると、時には、細胞毒性を示し、不活性な封入体（凝集体）となることがしばしば起こる。たとえうまく発現できたとしても高純度で得るためには、細胞を破砕した後、種々のカラムクロマトグラフィー操作が必須である。封入体となってしまった場合には、立体構造の再生（リフォールディング）操作がさらに加わる。一方、細胞外分泌の場合には、培地の濃縮操作が必要であり、同じように分泌されて濃縮されるタンパク質分解酵素による攻撃を阻害しなければならない。このように、どちらの系も目的の活性のあるタンパク質を得るためには、種々の生化学的操作が必要であり、細胞に導入したDNAから変換されたタンパク質を獲得するまでには煩雑でかつ手間のかかる操作と時間が必要である。さらに、回収効率の低下も問題となり、多くの遺伝子に由来するタンパク質を網羅的に、最少量、かつハイスループットに選択して機能解析するには限界がある。もし、導入した個々のDNAから変換された個々のタンパク質が細胞の表層に安定な形で提示（ディスプレイ）されれば、その細胞を一つの支持体として、ディスプレイされたタンパク質の活性や機能解析が容易となる。さらに、従来の方法であるタンパク質のアミノ酸配列分析をしなくても、PCR法の併用により、導入されたDNAの配列からそのディスプレイされたタンパク質のアミノ酸配列が決定できるという決定的に有利な手法となる。

1.3 細胞表層工学による分子ディスプレイシステム

表層発現系としては、ファージディスプレイ法、大腸菌やグラム陽性菌を用いた方法がある。特に汎用されているファージディスプレイ法では、ペプチドなどの比較的低分子のライブラリーから目的のものを効率よくスクリーニングすることが可能である。しかし、高分子の、活性のあるタンパク質分子をディスプレイすることは困難であり、パニングという濃縮操作を何度も何度も繰り返さなければならない。さらに、単離した後、再度宿主感染を経て、細胞破砕や精製の手法をとらねばならないなど、解決すべき問題は多い。最近では、こういった生細胞を用いる手法とは異なり、無細胞タンパク質合成系を用いたリボソームディスプレイ法も開拓されてきている。これは、試験管内で目的とするDNAに対応するタンパク質を作り出す方法である。この方法では、細胞の破砕操作が不要であり、また、非天然のアミノ酸を導入できるという利点がある反面、合成されるタンパク質の量の問題や、やはり最終的には目的のタンパク質にタグをつけて精製し

第 4 章 酵母ディスプレイ

なければならないといった課題が残っている。

　以上のようなディスプレイ法に対して，最近，真核生物である酵母の細胞表層へのディスプレイ法の利用が高まっている。これは，DNA情報をタンパク質に変換し，酵母の細胞表層へディスプレイする方法であり，ファージディスプレイの場合よりもサイズの大きな，かつ活性を保持したままタンパク質を細胞表層にディスプレイすることが可能である。ファージなどに比べて形質転換率は低いながらも，1細胞あたり$10^{5\sim6}$分子の活性のある（品質管理された）タンパク質が酵母表層に最密充填にディスプレイされるため，タンパク質分子のみを精製・単離することなく，酵母細胞をタンパク質集団として扱うことができる。また，この手法は生命情報の中でも，細胞内外のタンパク質が本来の機能発現を有した配列の外側にもつ，翻訳された後，機能発揮の場に辿り着くための「アドレス」を指定するシグナル情報を用いて構築された。すなわち，「細胞表層工学（Cell Surface Engineering）」[3~5]というゲノム情報を利用した新しいコンセプトを基にした確固とした分子発現システムであるため，従来の細胞にこれまでにない"新しい分子機能を賦与"し，新しい細胞を創製することも可能となったのである。

1.4　コンビナトリアルなプロテインライブラリーの創製

　新しい機能性タンパク質を創り出すためには，コンビナトリアルなランダムな配列を持ったタンパク質ライブラリーを作製する必要がある。このもとになるランダムなDNA配列をもつ断片を作製するには，主に2つの方法がある。一つは，DNA合成機を用いる化学的な方法で，もう一つは，あるDNA鎖を鋳型としてPCRで作製する方法である。後者の場合の例として，適当な細胞のmRNAを単離し，それをオリゴdTプライマーと逆転写酵素で逆転写したcDNAを作製し，これを鋳型にしてPCRを用いたDNAランダムプライミング法によりランダムなDNA配列断片を得る[6]。その断片を前述した細胞表層工学技術を用いて，細胞表層発現用プラスミドに導入し，これを酵母に形質転換すれば，簡便に酵母細胞の表層にランダムなタンパク質ライブラリーを発現ディスプレイさせることができる（図1）。

1.5　新しい機能性分子のクリエーションと選択—有機溶媒耐性因子の取得—

　上記で得たライブラリー（酵母細胞の表層にランダムなタンパク質ライブラリーをもつ形質転換体）をイソオクタンやノナンあるいはDMSOなどの有機溶媒を重層した最小培地のプレートで生育させると，それぞれに耐性を示す酵母が得られた[7,8]。これらの酵母をYPD培地で培養して，プラスミドを脱落させると，脱落させた酵母は元の酵母と同様に，これらの有機溶媒に感受性を示し，生育阻害が見られた。そこで，再度，単離されたプラスミドを形質転換すると，形質転換体は，再びこれらの有機溶媒に対する耐性を示した。これらの結果は，本来有機溶媒耐性を

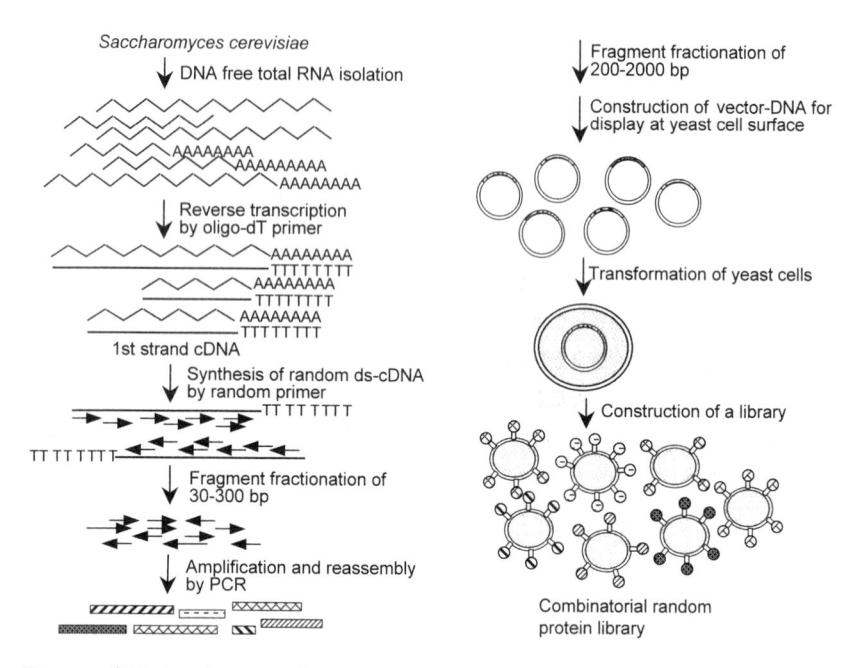

図1 コンビナトリアルなDNAライブラリーの調製と酵母細胞表層ディスプレイしたプロテインライブラリー

持たない酵母に，有機溶媒耐性を与えるような因子が表層にディスプレイされることで，有機溶媒耐性酵母を獲得できたことを示す（図2）。そこで，この耐性を与える表層ディスプレイされた因子を解析したところ，91のアミノ酸残基からなる分子量約1万のタンパク質であった。また，構成するアミノ酸残基の約半分は疎水性であるにもかかわらず，ハイドロパシープロット解析によると，全体としては親水的なタンパク質であることが予測された。酵母細胞表層は1細胞あたり約$10^{5～6}$個の本耐性タンパク質分子で最密充填的に被覆され，顕微鏡観察による有機溶媒に対する酵母の非吸着性からも，この予測が表現系として裏付けられ（図3），これが引き金となって有機溶媒耐性などというストレス応答系が発動したのかもしれない[8]。

1.6 おわりに―今後の展望―

DNA情報を機能分子に変換してディスプレイできる「コンビナトリアル・バイオエンジニアリング」は，無尽蔵・無制限・ランダムな情報分子から我々の誰もが遭遇したことのない，全く新しい未知の新機能分子や細胞を生み出す可能性を秘めており，まさに，望みとする機能分子を

第4章 酵母ディスプレイ

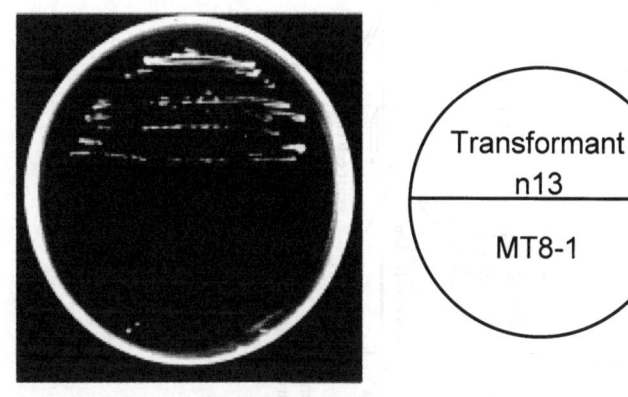

図2 有機溶媒耐性因子がディスプレイされた酵母細胞

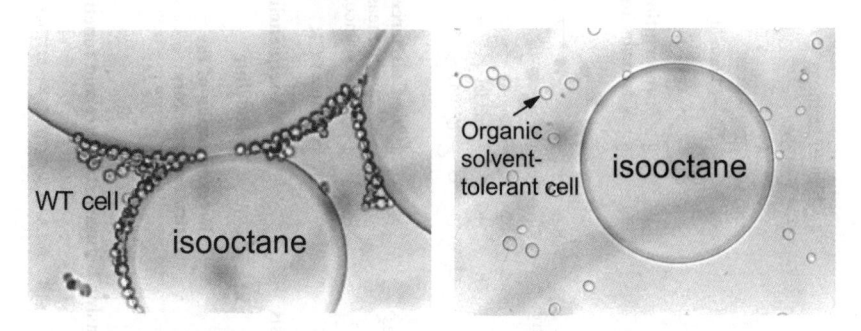

図3 細胞表層にディスプレイしたタンパク質により有機溶媒耐性を獲得した酵母細胞

つくるテーラーメイドな機能分子創出の担い手として新しいサイエンスの創造が期待できる。

　従来のタンパク質工学は，目的タンパク質を大量に発現させた後，高純度に精製し，結晶化を経て立体構造解析を行なう。この構造を基に，狙ったアミノ酸残基に変異をかけ，同様の操作を繰り返して種々の変異体を作製し，それらの構造と機能を比較することにより，両者の相関を解析したり，新しいモチーフを持ったタンパク質をキメラ的に作製したりするという方向である。

　一方，本稿で取り上げた酵母ディスプレイ法を用いることにより，コンビナトリアルなDNA情報から新規のタンパク質分子をハイスループットに創出できる。これには，これに対応した多くのライブラリーから網羅的，かつハイスループットなスクリーニングシステムが必要となる。最近は，セルソーターを用いたスクリーニング系が一般であるが，細胞群としての分取であるた

コンビナトリアル・バイオエンジニアリングの最前線

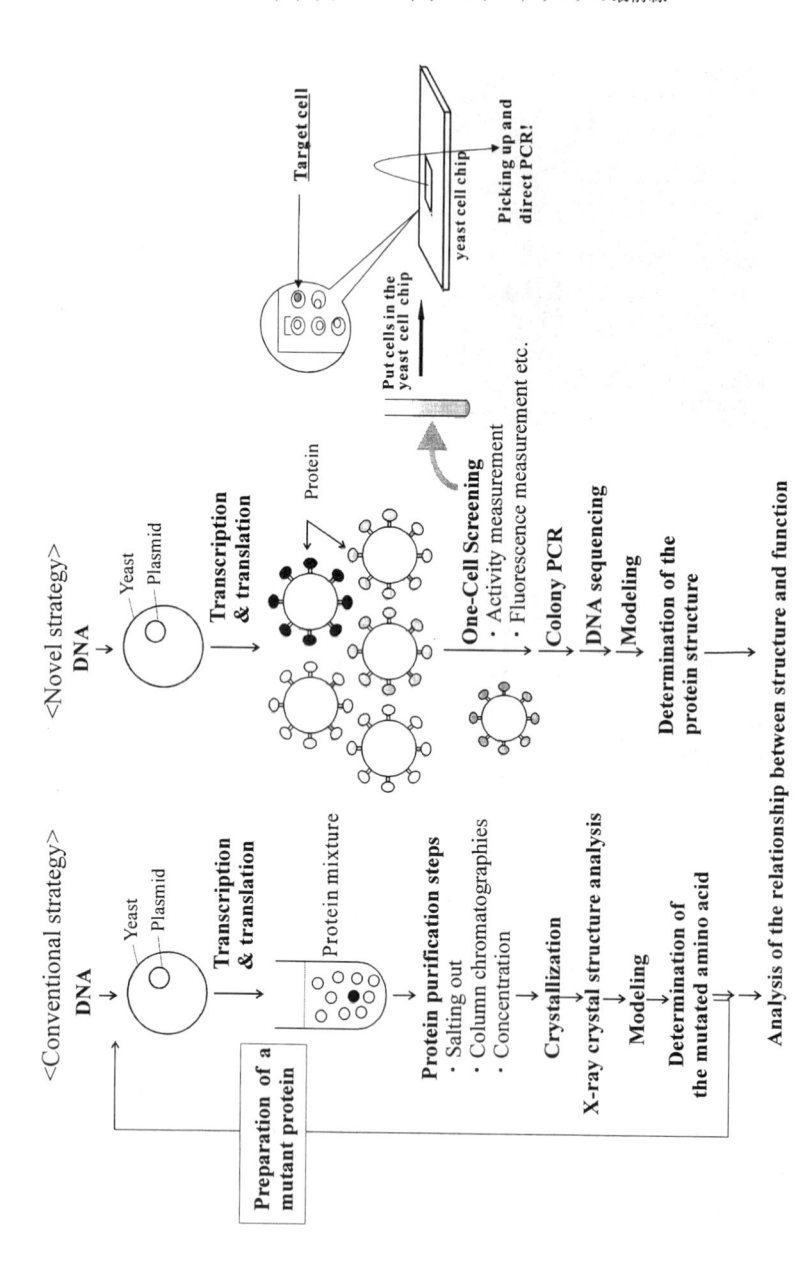

図4 新しいタンパク質工学への方向転換

第4章 酵母ディスプレイ

め，目的の1つの細胞を獲得するには何回もスクリーニング作業を繰り返さなければならない。その問題を解決すべく，1細胞スクリーニングシステムの展開が進んでいる[9]。これは，コンビナトリアルなライブラリーから目的の1細胞を迅速に取得し，酵母表層にディスプレイしたタンパク質の機能発現とDNA情報の解析を一体化した新規ハイスループットスクリーニング法である。導入した遺伝型とその発現された表現型が対応関係になっている酵母を用いた場合，導入したプラスミドの挿入部位近傍のプライマーを用いると，ディスプレイしたタンパク質の分子配列をDNA配列分析から決定できる。

このように，酵母ディスプレイは，タンパク質の構造と機能相関を網羅的に調べることや全くランダムなDNA情報から新規の機能分子を創製することを可能にする。さらに，新しく開発されてきた1細胞スクリーニング法を併用すれば，よりハイスループットに目的分子を選別でき，機能解析からDNA配列解析までシステマティックに行なうことが可能となる。このような手法の選択は，従来のタンパク質工学の方向性の転換を意味するものであり（図4），新たな分子クリエーションの分野を開拓できるであろうと期待がふくらんでいる。

文　　献

1) 植田充美ほか, 蛋白質 核酸 酵素, **46**, 1480 (2001)
2) 植田充美, 未来材料, **4**, 44 (2004)
3) 植田充美ほか, 現代化学, **361**, 48 (2001)
4) M. Ueda *et al., Biotechnol. Adv.*, **18**, 121 (2000)
5) M. Ueda *et al., Appl. Microbiol. Biotechnol.*, **64**, 28 (2004)
6) W. Zou *et al., J. Biosci. Bioeng.*, **92**, 393 (2001)
7) S. Miura *et al., Appl. Environ. Microbiol.*, **66**, 4883 (2000)
8) W. Zou *et al., Appl. Microbiol. Biotechnol.*, **58**, 806 (2002)
9) T. Fukuda *et al.*, submitted.

2 タンパク質工学への新しい展開

白神清三郎[*1]，植田充美[*2]

2.1 はじめに

　DNA情報をタンパク質に変換するタンパク質発現系において，目的タンパク質を個々の細胞の表層や担体などの上に安定な形で提示させるディスプレイ法がある。ディスプレイ法では従来の細胞内発現系や細胞外分泌系と違い，抽出や精製，濃縮といった煩雑な操作をすることなく担体の回収という簡便な操作によって目的タンパク質の機能評価を行うことが可能である。近年のDNA操作技術の発展に伴う変異体タンパク質ライブラリーの大量作製とその大規模なスクリーニング（ハイスループットスクリーニング）といったタンパク質工学の流れの中で，ディスプレイ法はハイスループットスクリーニングを可能にする技術として注目を集めている。筆者らは酵母細胞表層工学の技術を用い，酵母 $Saccharomyces\ cerevisiae$ においてその細胞表層最外殻に目的タンパク質を α-アグルチニンとの融合タンパク質の形で提示し，細胞のまま迅速に機能評価を行う酵母ディスプレイ法を開発してきた[1,2]。酵母ディスプレイ法は真核生物である酵母細胞のタンパク質の品質管理システムを用いているので，ファージディスプレイ法では難しいような翻訳後修飾等が必要な高等生物由来のタンパク質をも発現させることができる。またその形質転換効率も，$10^6/\mu g$ DNAと高く，機能性タンパク質をライブラリーのハイスループットスクリーニングに適した技術である。本稿では，糸状菌 $Rhizopus\ oryzae$ 由来のリパーゼとグルコアミラーゼについて，コンビナトリアル変異ライブラリーを作成し，酵母ディスプレイ法を用いて迅速にスクリーニングをすることにより，その機能改変を行った例を紹介する[3,4]。

2.2 コンビナトリアル変異

　コンビナトリアル変異とはタンパク質改変手法の1つであり，標的とする複数のアミノ酸部位に対し，20種類のアミノ酸からなるすべての組み合わせを試す手法である。具体的には標的とするアミノ酸がコードされているコドンをNNK（N=A，T，G，C mixture，K= G，T mixture）に置き換える。1つのアミノ酸部位に対して20種のアミノ酸を試すので，変異体の総数は標的のアミノ酸が例えば3つの時には20の3乗で8,000，6つなら20の6乗で6,400万になる。タンパク質工学におけるDNAライブラリー作製法としてはエラープローンPCRやDNAシャッフリングが良く用いられており，タンパク質の機能改変法として大きな成果をあげている[5,6]。しかしこれらの変異法は全く無作為に変異をかけるので，分析機器や情報技術の発展によってますます精度

[*1] Seizaburo Shiraga　京都大学大学院　農学研究科　応用生命科学専攻　博士後期課程
[*2] Mitsuyoshi Ueda　京都大学大学院　農学研究科　応用生命科学専攻　教授

第4章 酵母ディスプレイ

が高まってきているタンパク質の結晶構造やホモロジー, 種々の実験データ等から得られる知見がライブラリー作製において活かされているとは言い難く, また実際に得られた変異体のアミノ酸配列からも機能と構造との相関関係が得られるような事は少ない。一方, コンビナトリアル変異ではこれらの情報を元に戦略的に変異部位を決定することができる。変異部位を限定しているので変異体のシークエンス決定も容易であり, 得られた変異体は特定の部分に網羅的な変異がかかっているものなので, 酵母ディスプレイ法のようなタンパク質の活性を指標とした迅速なスクリーニングが可能な技術と組み合わすことにより, タンパク質の構造と機能の相関関係に関して多くの知見が得られることになる。

2.3 リパーゼのリド部位のコンビナトリアル変異ライブラリーの作製
2.3.1 *R. oryzae* lipase (ROL) の特性と構造

リパーゼ (EC 3.1.1.3) は脂質を基質とし, 水と脂質の界面において加水分解反応やエステル化反応を触媒する酵素であり, その安定性の向上やエナンチオ選択性の改変に関して数多くの研究がなされている[7]。筆者らが酵母細胞を用いて細胞表層提示に成功しているROLは中鎖脂肪酸に対し基質特異性を持つことが知られている[8]。その結晶構造についてはアミノ酸レベルでのホモロジーが99%以上である *R. niveus* の結晶構造から知ることができ, セリン, ヒスチジン, アスパラギン酸からなる活性中心と, その活性中心を覆うような位置にリド部位とよばれる基質認識に関わる部位を持っていることが分かる[9]。リド部位は基質認識に関わる重要なドメインと考えられており, 開状態, 閉状態の二つのコンフォメーションを持つことが知られている。通常は閉状態で活性部位を覆っているが, 脂質を認識して開状態となることにより, そこで脂質が活性中心に入り込めることになる (図1)[10,11]。

2.3.2 リド部位コンビナトリアルライブラリーの作製とスクリーニング

ROLのリド部位はPhe88-Arg89-Ser90-Ala91-Ile92-Thr93の6つのアミノ酸からなる。ROL細胞表層提示用プラスミドを元にリドの6つのアミノ酸をコードする18の塩基対を $(NNK)_6$ に置き換え, 20の6乗個の変異体をコードするライブラリーを作成した[3]。図2に示すように, ハロアッセイによる1次スクリーニングから得られたコロニーを培養後, 菌体のまま蛍光基質による2次スクリーニングに用い, 同時にコロニーPCRにより変異箇所のDNAの増幅, シークエンスの決定を行いリド部位のアミノ酸配列がどのようにROLの活性に影響を及ぼしているかについて網羅的に調べた。

2.3.3 ROLにおけるリド部位と鎖長基質特異性との相関

ROLはC8〜C18くらいの中鎖長基質や長鎖長基質に対して高い活性を持つことが知られている。長鎖長脂肪酸を多く含む大豆油をエマルジョン化したプレートを用いて約2万個のリド部位

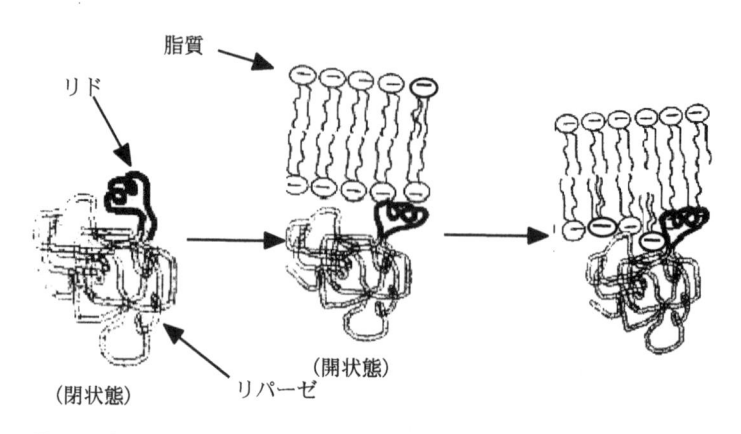

コンビナトリアル・バイオエンジニアリングの最前線

図1　リドによる基質認識の模式図（*Biochemistry*, 39 413-423（2000）Y. Cajal *et al.*）

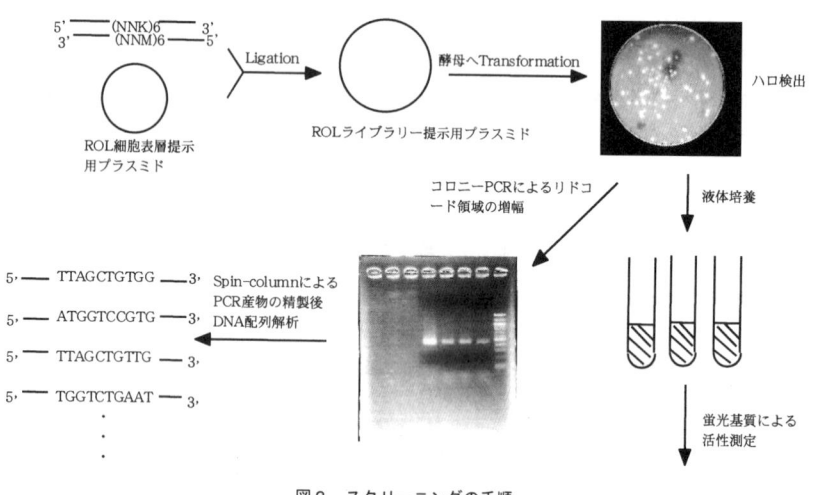

図2　スクリーニングの手順

変異体をスクリーニングしたが，野生型のROLを提示した酵母ではハロを形成するのに対し，ハロを形成した変異体は見つからなかった。次に，短鎖長基質であるトリブチリン（C4）を含んだプレート上で約10,000個の変異体をスクリーニングしたところ，ROLを提示していない酵母に比べて明らかに大きなハロを形成した変異体を7つ取得した。この7つの変異体について菌体

第4章 酵母ディスプレイ

表1 活性を示したリド変異体ROLの基質特異性とリド配列

	基質特異性（C = 4 / C = 12）	リド部位の配列
野生型ROL提示株	1	FRSAIT
変異体1	6.8	RSAVLA
変異体2	1.9	GRNVLT
変異体3	2.1	RRSWIS
変異体4	3.9	WAAVCS

のまま，C4とC12の2種類の蛍光基質を用いてその比活性を調べた。4つの変異体が活性を示し，その比活性は野生型に対しC4が42〜77%，C12が10〜35%であった。C4/C12で表される基質特異性は4つの変異体全てが短鎖長側にシフトしていた。また4つの変異体のリド配列からは塩基性残基-極性残基-非極性残基の連続した並びが見られ，無作為に選んだ変異体からはこの様な配列は得られず，この並びがリドとしての機能を持つ上で重要な役割を果たすアミノ酸の並びであることが示唆された（表1）。このように1つのアミノ酸ではなく，並びが重要であることは，部位特異的変異ではなく，複数のアミノ酸に一度に網羅的に変異をかけるコンビナトリアル変異によって初めて得られる知見である。今回の実験ではスクリーニングを行った変異体の数がライブラリーの総数に対し非常に少なかったが，得られた情報を元に特定の部分を固定したライブラリーを作製することにより，より詳しくリドが基質特異性に与える影響を調べることができ様々な基質特異性をもったROLを作製することができると考えられる。

2.4 グルコアミラーゼのStarch Binding Domain（SBD）に対するコンビナトリアル変異ライブラリーの作製

2.4.1 *R. oryzae* glucoamylase （RoGA）のSBDの特徴

グルコアミラーゼ（EC 3.2.1.3）はデンプンに作用しα-1,4やα-1,6結合を加水分解してグルコースを切り離す酵素である。筆者らはRoGA細胞表層提示酵母を作製しており，この酵素がデンプンを資化してエタノールを生産することを確認している[1]。RoGAはその詳細な立体構造は解明されてないものの，触媒ドメインと基質結合ドメイン（SBD）の二つのドメインを持ちその間にリンカー配列を持つと考えられている[12]。グルコアミラーゼのSBDについては *Aspergillus niger* 由来のグルコアミラーゼ（AnGA）について，基質と結合した状態での構造がNMRによって調べられている[13,14]。SBDは基質が結合するサイトが2つあり，サイト1では2つのトリプトファン残基が，サイト2では芳香族環やいくつかの極性残基が基質との結合に関与していると考えられている。RoGAは他の生物種由来のグルコアミラーゼと違い，唯一N末にSBDを，C末に触媒

ドメインを持っているが，AnGAのSBDとの比較からサイト1のトリプトファン残基は保存されているものの，サイト2のホモロジーは低いことが分かった（図3）[12]。

2.4.2 SBDコンビナトリアルライブラリーの作製とスクリーニング

　基質との結合状態がNMRによって解明されているAnGAのSBDとのホモロジーからRoGAのSer63, Thr71, Ser73の3アミノ酸をコンビナトリアル変異の対象にした（図4）。AnGAや他のグルコアミラーゼでは，この3アミノ酸の部分にはTyrやAspが多く見られる。3アミノ酸に対するコンビナトリアル変異なので，$20^3=8,000$の変異体ができる。前述したROLのスクリーニングと同じ手順でRoGA細胞表層提示用プラスミドを元に，3つのアミノ酸のコドンをNNKに置き換えたプラスミドを構築し，デンプンを含有したプレート上で変異体を培養しヨウ素と反応させてハロスクリーニングを行った[4]。約8,000個の変異体をスクリーニングしたところ48の変異体が大きなハロを形成した。この48の変異体について菌体を蒸煮コーンスターチと反応させて比活

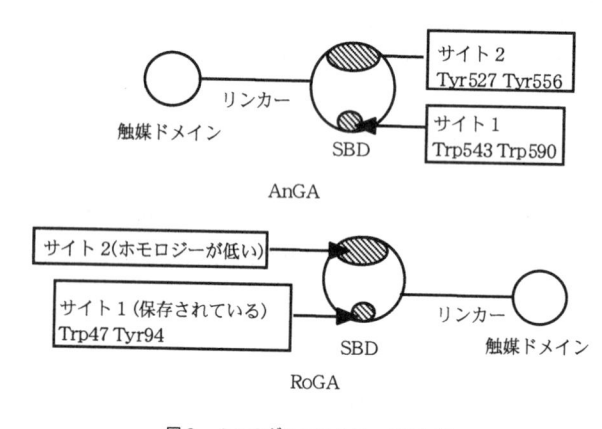

図3　2つのグルコアミラーゼの比較

```
RoGA-SBD     3 IPSSASVQLDSYNYDGST-FSGKIYV  27
AnGA-SBD   509 CTTPTAVAVTFDLT-ATTTYGENIYL 533

            45 DNWNNNGNTIAASYSAPISGSNYEYWIFSASING  78
           541 GDWETSDG-IALS--ADKYTSSDPLWYVTVTLPA 571

            79 IKEFYIKYEV---SGKTYYD  98
           572 GESFEYKFIRIESDDSVEWE 593
```

図4　SBDのホモロジー比較（▼：サイト1　▽：サイト2　＝：変異部位）

第4章 酵母ディスプレイ

表2 SBD部位変異体の比活性とアミノ酸配列

	アミノ酸配列			比活性
	63	71	73	
野生型ROL提示株	S	T	S	1.00
M-1	L	E	N	1.29
M-2	P	Q	E	1.46
M-3	M	H	Q	1.45
M-4	M	N	T	1.06
M-5	E	Q	R	1.15
M-6	L	T	A	1.02
M-7	D	E	E	1.25
M-8	R	D	H	1.25
M-9	Q	S	K	1.36
M-10	P	Q	R	1.20
M-11	V	E	Q	1.15
Y-1	Y	T	S	0.17
Y-2	S	Y	S	0.24
Y-3	S	T	Y	0.25
Y-4	Y	Y	Y	0.39

M1～M11：コンビナトリアル変異体，Y1～Y4：Tyrを導入した変異体

性を調べたところ，野生型のRoGAを提示した酵母と比べて70～150％の比活性を示した。この内100％以上の比活性を示した11の変異体についてはカルボニル基を持っているアミノ酸（Asn, Gln, Asp, Glu）への変異が多く見られた。これらの残基と基質との水素結合がSBDの結合能を上昇させRoGA変異体の活性を上昇させていると考えられる（表2）。また，ホモロジーから活性が上昇すると考えられていたAspの入った変異体は取得されたが，Tyrの入った変異体は得られなかったので，部位特異的変異によりTyrの入った変異体を作製したがやはり比活性は低かった。これは，このコンビナトリアルライブラリーのスクリーニングが網羅的に3アミノ酸の組み合わせを試し，活性の高い物だけを選んできていることも示唆している。

2.5 今後の展望

ROLのリド部位とRoGAのSBDに対して，それぞれコンビナトリアルライブラリーの作製とそのスクリーニングの結果について紹介した。ROLにおいてリド部位の機能は塩基性残基－極性残基－非極性残基の並びが重要であることが示唆され，リド部位への網羅的変異によって基質特異性の変化したリパーゼを取得できる可能性があることが示された。また，RoGAについてはSBD

の結合能を活性と結び付けて迅速にスクリーニングすることにより,活性の上昇した変異体を取得することができた。これらの成果は新しい2つの技術,酵母ディスプレイ法とコンビナトリアル変異法を組み合わせたスクリーニング法によって得られた結果である。酵母ディスプレイ法は従来のファージディスプレイ法や大腸菌ディスプレイ法と比べてその形質転換効率は劣るものの,プロセッシングや糖鎖の付加といった過程が必要な真核生物由来のタンパク質でも活性型でディスプレイさせることができる。よって,ROLやRoGAだけでなく産業上有用な様々な酵素についても酵母ディスプレイ法を用いることによりその機能改変を行うことが可能である。酵母ディスプレイ法はまた,細胞毒性を持つ酵素や高分子を基質とするような酵素でも迅速にその活性を評価することが可能であり,加水分解酵素をはじめとして,多種多様なタンパク質について応用可能な技術である。最近では,酵母細胞が直径5μmの大きさを持つことを利用し,従来のプレート上でのハロアッセイやマルチタイタープレートによるアッセイではなく,セルソーターや細胞チップを用いた,よりハイスループットなスクリーニング系が開発されてきており[15,16],今後その利用価値がますます高まっていくディスプレイ法であるといえる。

コンビナトリアル変異法は,タンパク質工学におけるDNAライブラリー作製法の1つを提供するとも言えよう。従来1つのアミノ酸残基に対し残りの19個のアミノ酸全てに変えてその効果を調べる手法はあったが[17],コンビナトリアル変異では一度に複数のアミノ酸に対して,全ての組み合わせが及ぼす効果について調べることが可能になる。酵母ディスプレイ法によって活性を指標として迅速にスクリーニングされたコンビナトリアルライブラリーからは,あるドメインの構造が酵素全体の機能に対しどのような影響を与えるかについて膨大な量の情報を得ることができる。これらの情報を変異体のコンピューターモデリングと組み合わせると構造と機能の詳細な相関関係が得られ,その情報を元にさらなるコンビナトリアルライブラリーを作っていくことができる。このように結晶構造やモデリングから得られる予測と,コンビナトリアルライブラリーのスクリーニングから得られる結果とをお互いに連携させてフィードバックすることにより,より精度の高いタンパク質工学としての道が開け,既存の酵素を望みの性質を持った物へと迅速に機能改変を行う酵素のオーダーメード化へと繋がっていくことが期待されている。

文　献

1) T. Murai, *et al.*, *Appl. Environ. Microbial.*, 63 (1997) 1362.
2) W. Zou, *et al.*, *Appl. Microbiol. Biotechnol.*, 58 (2002) 806.

第4章 酵母ディスプレイ

3) S. Shiraga, et al., *J. Mol. Cat. B : Enzyme*, 17 (2002) 167.
4) S. Shiraga, et al., *J. Mol. Cat. B : Enzyme*, 28 (2004) 229.
5) F. H. Arnold, et al., *Nature Biotechnol.*, 14 (1996) 458.
6) J. K. Song et al., *Appl. Environ. Microbial.*, 66 (2000) 890.
7) A. Svendsen, *Biochim. Biophys. Acta.*, 1543 (2000) 223.
8) M. Washida, et al., *Appl. Microbiol. Biotechnol.*, 58 (2001) 681.
9) M. Kohno, et al., *J. Biochem.*, 120 (1996) 505.
10) Y. Cajal, et al., *Biochemistry*, 39 (2000) 412.
11) F. Carriere, et al., *Biochim. Biophys. Acta.*, 1376 (1998) 417.
12) S. Janecek, et al., *FEBS Lett.*, 456 (1999) 119.
13) K. Sorimachi, et al., *J. Mol. Biol.*, 259 (1996) 970.
14) K. Sorimachi, et al., *Structure*, 5 (1997) 647.
15) M. J. Feldhaus, et al., *Nature Biotechnol.*, 21 (2003) 163.
16) T. Fukuda et al., submitted.
17) D.J.H. Gakin, et al., *Biotechnol. Bioeng.*, 73 (2001) 433.

3 環境浄化への新しい戦略

黒田浩一[*1], 植田充美[*2]

3.1 はじめに

　産業の発展に伴い，様々な環境汚染による公害が大きな社会問題となってきた。特に水圏においては工場，鉱山や金属精錬所の排水による重金属汚染が深刻な問題として挙げられてきた。このような問題を解決する手段として，物理化学的処理と生物学的処理の大きく分けて2つの排水処理法が行われている。近年，特に生物のもつ機能を利用して浄化を行うバイオレメディエーションが大きな可能性を秘めた技術として期待されており，中でも微生物を汚染物質の吸着剤として用いるバイオアドソーベントが注目を集めている。しかし環境保全を考えた際，汚染物質をいかに環境中に出さないかはもちろん，既に汚染してしまった環境汚染物質を生態系からいかに排除して浄化していくかが，解決すべき大きな課題であろう。そこで，筆者らが開拓してきた酵母細胞表層へのタンパク質ディスプレイ法（酵母の細胞表層工学）という新しいバイオ技術を用いて，酵母細胞が本来持たない環境浄化能を与えるよう細胞表層をデザインした。本稿では，この環境浄化酵母のもつ機能と性質，さらにはこの酵母を用いた環境浄化システムの可能性について紹介する。

3.2 微生物と重金属イオンとの関わり

　生体にとって金属イオンがどのように作用しているのか，という観点から金属イオンを分類すると，大きく分けて生体に必須なものと非必須なものの2つに分けることができる。生体に取り込まれた金属イオンは，様々な化学変化を受けながら一部は蓄積され，残りは排出されていく。しかし，必須な金属イオンであってもそれが過剰に存在すれば毒性を示し，有害金属と言われている金属イオンでも少量あるいは微量であれば毒性を示さず有害とはならない。例えば銅や亜鉛などは生体にとって多くの酵素反応に欠くことのできない必須金属であるが，これらを必要以上に取り込んでしまうと酵素の活性サイト近傍を構成するアミノ酸残基と無差別に結合し，機能阻害を引き起こしてしまう。そのため，生体内には外界の金属イオン量に関わらず細胞内の金属イオン濃度をある一定の範囲に保つシステムが存在する。微生物と重金属イオンとの相互作用には図1に示した様々なものが知られている[1]。過剰な重金属イオンのもたらす毒性に対しては，過剰な重金属イオンを取り込まない，取り込んでしまった重金属イオンを細胞外に排出する，重金属吸着タンパク質により無毒化する，といった3つの対処が考えられる。

---

*1　Kouichi Kuroda　京都大学大学院　農学研究科　応用生命科学専攻　教務補佐員
*2　Mitsuyoshi Ueda　京都大学大学院　農学研究科　応用生命科学専攻　教授

第4章 酵母ディスプレイ

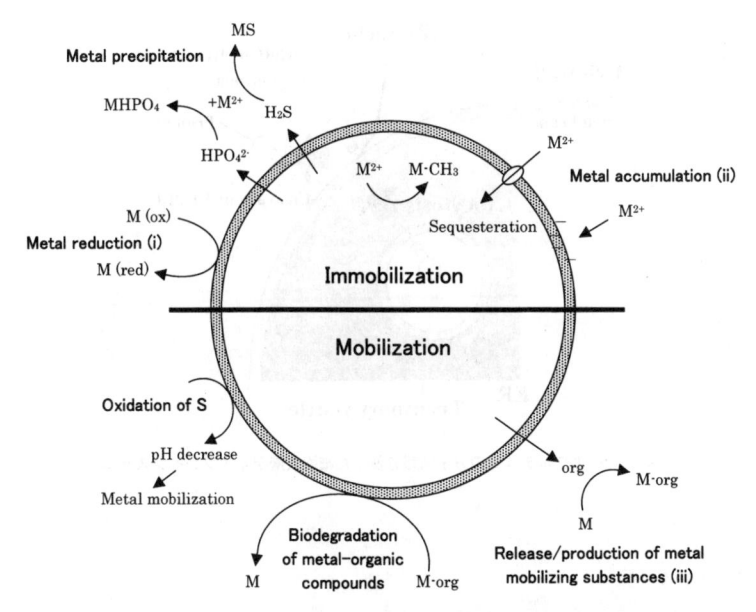

図1 微生物と重金属イオンとの相互作用
M：金属，M^{2+}：金属イオン

3.3 細胞表層工学－酵母ディスプレイ法－

　細胞表層は細胞の形態を形作る物理的な役割を担う一方，外部環境との接点でもあり，細胞外の物質とのやりとりを行うことで，様々な情報伝達においても重要な役割を果たしている。近年，この細胞表層を遺伝子工学的にデザインする「細胞表層工学」の確立により，酵母を含む様々な細胞の細胞表層にこれまでにない新たな機能を持たせることが可能となり，これらの創製された細胞は「アーミング」細胞と呼ばれている[1～3]。具体的に，酵母の場合を例にとると，酵母細胞表層のアンカリングタンパク質の生命分子情報を利用して，別の機能性タンパク質をディスプレイすることで表層に新たな機能を賦与することができるのである。酵母の細胞表層タンパク質にはこれまでに多くのものが見つかっているが，中でも性凝集に関わるα-アグルチニンはシグナル配列により細胞表層に輸送されたのち，C末端に付加されたGPI（Glycosylphosphatidylinositol）アンカーにより一旦細胞膜に固定され，さらにはPI-PLC（Phosphatidylinositol-specific phospholipase C）による切断を受け最終的には細胞壁に共有結合することが知られている（図2）。実際に様々な機能性タンパク質が細胞表層にディスプレイされたアーミング酵母が創製され世に送

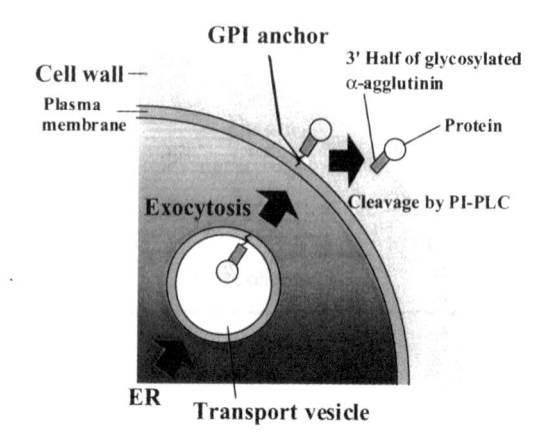

図2　α-アグルチニンの分子情報を使った細胞表層ディスプレイシステム

り出されている[4〜8]。

3.4　微生物細胞表層への重金属イオン吸着能の賦与

　微生物を使ったバイオレメディエーションではこれまでに様々な微生物をバイオアドソーベントとして用いた重金属イオン吸着の試みがなされている[9,10]。微生物における重金属イオンの吸着は，図1の (ii) で示したように最初に接触する細胞表層での吸着と，その後の細胞内への取り込みと無毒化，といった2つの機構に分けることができる。これまでのバイオアドソーベントの研究では後者に着目し，細胞内により多くの重金属イオンをため込ませる試みが中心となってきたため，吸着した重金属イオンを取り出すことが難しく連鎖生態系からの重金属イオンの排除は実質のところ不完全であった。一方，細胞表層は外部環境との接点として，また様々な情報や物質とのやりとりを行う反応の場でもあると考えられ，環境浄化への新しい戦略として前者の細胞表層吸着からのアプローチを試みた。微生物の細胞表層は，その表面積／体積比を考えると環境中の重金属イオンとの大きな接触面積が得られることから，細胞表層での吸着能を増大させることができれば，バイオアドソーベントとしての能力を向上させることが可能であり，さらに細胞表層で吸着した重金属イオンは，細胞内に取り込まれた重金属イオンと比較して容易に回収することが可能である。大腸菌などの微生物でこのようなアプローチがなされつつあるが[11〜13]，実用面を考えた場合パン酵母のような，安全で我々の生活になじみの深い微生物を用いることが望まれる。そこで図3に示したように酵母の細胞表層工学により細胞表層のデザインを行った。す

第4章　酵母ディスプレイ

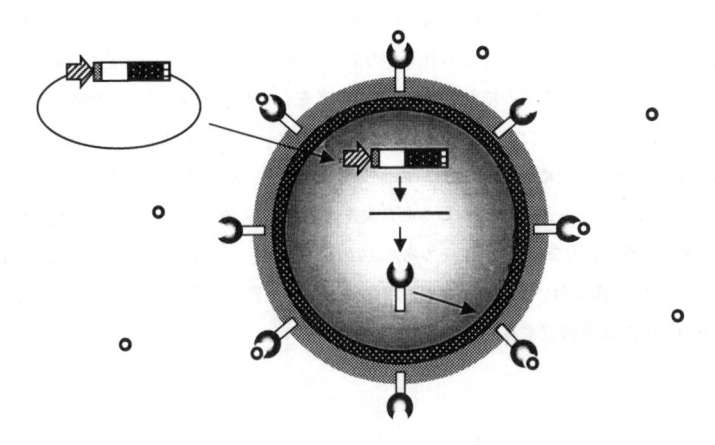

図3　細胞表層において重金属イオン吸着能を賦与した酵母のモデル図
　🌣 重金属イオン捕捉ペプチドやタンパク質
　◦ 重金属イオン

なわち，重金属イオン吸着能をもつペプチドやタンパク質をディスプレイすることで細胞表層に重金属イオン吸着能を賦与した環境浄化酵母が創製されつつある[14~16]。

3.5　重金属イオン吸着ペプチド及びタンパク質の細胞表層ディスプレイ

　重金属イオンと結合することのできるペプチドやタンパク質が幾つか知られている。その中で代表的なものとして，ペプチドではヒスチジンが6残基つながった6量体（$(His)_6$）が，タンパク質ではメタロチオネインがよく知られている[17]。$(His)_6$はタンパク質精製のためのタグとしてよく使われ，ニッケルなどの2価重金属イオンとのアフィニティーにより精製が行われている。また，メタロチオネインというタンパク質は，細胞内の重金属イオン濃度の恒常性維持において重要な役割を担っており，細胞内の過剰な重金属イオンを捕捉して封じ込めることにより重金属イオン毒性から細胞を守る役目を果たすタンパク質であり，真核生物（酵母では分子量6.6kDa）から原核生物にわたって広く存在することが知られている[18]。また，アミノ酸配列上の特徴としてシステイン含量が高いことが挙げられ，酵母においては20％，ヒトにおいては32％と高い割合を示し，このシステイン残基を介して，1分子当たり7～8等量の重金属イオンを吸着していると考えられている[19,20]。

　そこで，$(His)_6$や酵母由来のメタロチオネイン（以下　YMT）の細胞表層ディスプレイにつ

いて検討した。酵母の性凝集に関わるα-アグルチニンは，C末端にGPIアンカー付加シグナルをもつ細胞表層タンパク質として知られるもので，このα-アグルチニンの輸送・局在の分子情報を基にこれらのタンパク質の細胞表層ディスプレイを行った。そのための融合遺伝子として，図4に示したものを構築した。ディスプレイする目的のタンパク質をコードする塩基配列のN末端に分泌経路に乗せるためα-ファクターのシグナル配列を，そしてC末端には細胞壁アンカリング領域として機能するα-アグルチニンのC末端側320アミノ酸残基をコードする配列をつなぎ，これを解糖系で働く強力なプロモーターである*GAPDH*プロモーターを用い，酵母*Saccharomyces cerevisiae* MT8-1株において発現させた。目的のタンパク質の細胞表層ディスプレイは，細胞の蛍光抗体染色により確認することができた（写真1）。

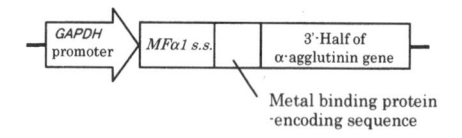

図4　重金属イオン吸着タンパク質をディスプレイするための融合遺伝子

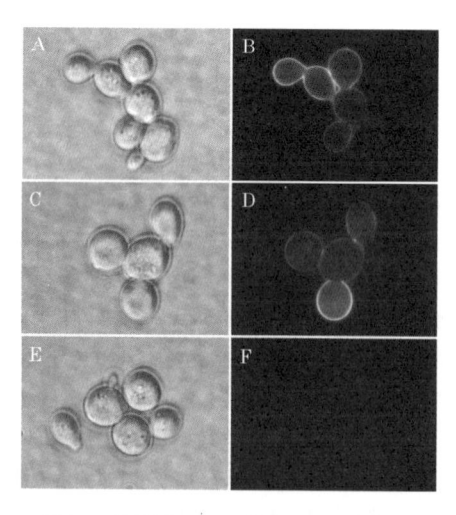

写真1　蛍光抗体染色によるディスプレイの確認
　　　A, C, E：位相差顕微鏡像；B, D, F：蛍光顕微鏡像
　　　A, B：YMT-(His)$_6$ディスプレイ酵母
　　　C, D：(His)$_6$ディスプレイ酵母
　　　E, F：コントロール酵母

第4章 酵母ディスプレイ

表1 重金属イオン吸着タンパク質の細胞表層における吸着増加への寄与

	提示したタンパク質	
	YMT	$(His)_6$
Cd^{2+} 吸着能 (nmol/mg dry weight)	27.1	16.6

YMTのみの吸着能の寄与はYMT-$(His)_6$ディスプレイ酵母の吸着能から$(His)_6$ディスプレイ酵母の値を差し引いたものである。$(His)_6$の寄与についてはコントロール酵母の値を差し引くことにより求めた。

このような細胞表層改変酵母を用いて実際に重金属イオンの吸着を行った後,EDTA処理により細胞表層で吸着した重金属イオンの脱着・回収を行うことにより,細胞表層における重金属イオン吸着能の評価を行った。$(His)_6$ディスプレイ酵母では銅やニッケルイオンに対して吸着能の大きな増加が見られ[14],カドミウムイオンに対してはYMTディスプレイ酵母がより多く吸着・回収できることが分かった(表1)[16]。また,このような細胞表層での重金属イオン吸着能の増加により,細胞内への重金属イオンの取り込み,ひいては重金属イオン耐性に影響を与えることも考えられたため,その可能性について検討した。野生型酵母では生育できないような高い濃度の重金属イオンを含んだ培地において生育を調べたところ,$(His)_6$ディスプレイ酵母では銅イオンに対して耐性を示し,YMTディスプレイ酵母ではさらにカドミウムイオン存在下においても生育できることが分かった(図5)。この結果は細胞表層での吸着が細胞の重金属イオン耐性機構の1つとして働くことを示し,これは大腸菌などでは見られない興味深い現象であった。さらに,このような現象は,多くのバイオレメディエーションにおいてそうであるように,生きた微生物をバイオアドソーベントとして用いなければならない場合,浄化の際に広い範囲の重金属イオン濃度に適用できる点でも重要であると考えられる。従って,このような細胞表層デザインは環境浄化能を示すことはもちろん,より厳しい環境に耐性を示す酵母の分子育種法としても有効であるといえよう。

3.6 環境浄化酵母の高機能化

上記のような環境浄化酵母をさらに有用性の高いものにするため,いくつかの点において改良を行った。1つはこれらの環境浄化酵母を用いて実際に汚染した水圏を浄化する際の,重金属イオンを吸着した酵母の水圏からの分離に着目したものであり,系から迅速かつ容易に回収できるように更なる機能を賦与した。すなわち,重金属イオンを吸着するだけでなく,その後これを検知して自ら凝集沈降する機能を新たに賦与することができれば系からの分離が容易となる[15]。そこで,我々は酵母細胞内の様々な情報伝達系のうち,過剰発現すると酵母が強い凝集性を示す

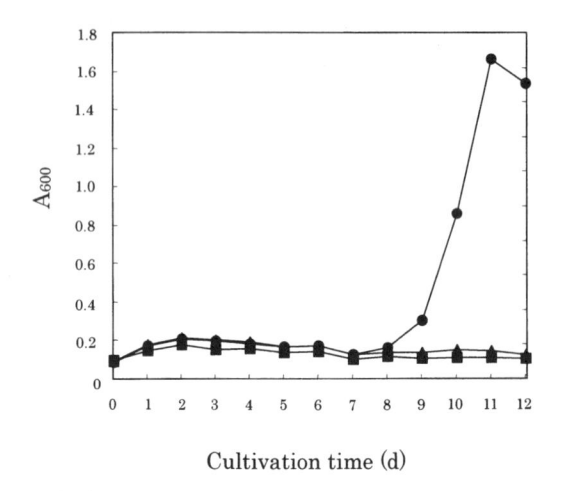

コンビナトリアル・バイオエンジニアリングの最前線

図5　カドミウムイオン (80μM) を含むSD-W+0.5%カザミノ酸培地での生育
● , YMT-(His)$_6$ ディスプレイ酵母
▲ , (His)$_6$ ディスプレイ酵母
■ , コントロール酵母

Gts1p[21]と環境中から細胞内に取り込まれた銅イオンにより転写がオンになる CUP1 遺伝子のプロモーター[22]の分子情報に着目し、これらを組み合わせた、CUP1プロモーター-GTS1のORFからなる融合遺伝子をもったマルチコピープラスミド (pMCG1) を構築した。このプラスミドを (His)$_6$ ディスプレイ酵母に導入したところ、この融合遺伝子の働きにより培地中の数μM程度のわずかな銅イオンを数時間のうちに検知して凝集沈降できる性質を新たに賦与することができた (図6)。これらの結果から細胞表層工学による表層デザインにより、酵母の細胞表層に重金属イオン吸着・回収能を賦与し、さらにはGTS1とCUP1のもつ生命分子情報を活用しこれらを組み合わせた情報伝達系を導入することにより、酵母は環境中の銅イオンを細胞自らが検知し自己凝集できる性質を賦与することができた。この酵母は銅イオンを吸着した後、細胞があたかも自らの意思をもって凝集を始めることから「インテリジェント」であり、バイオアドソーベントとしての有用性をさらに高めた環境浄化酵母として世界で初めて創製された。

　もう1つは、ディスプレイする重金属イオンの性質について着目したもので、重金属イオン吸着能をより増強するため、幾つものYMTをタンデムに並べて吸着サイトを増加させたYMTリピートの細胞表層ディスプレイが有効であると考えられる[23]。

第4章 酵母ディスプレイ

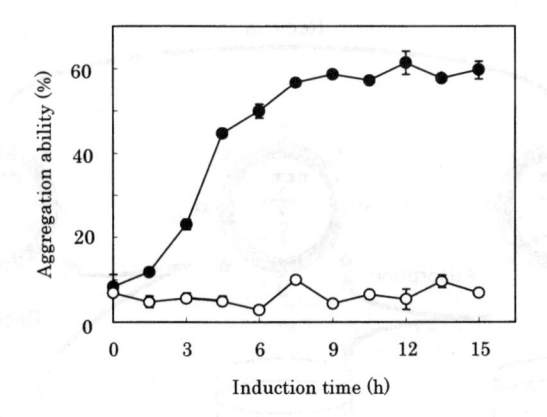

図6 銅イオン（100μM）による自己凝集の誘導
● , pMCG1導入酵母
○ , コントロール酵母

3.7 環境浄化システムの可能性

　これまでの細胞内蓄積型のバイオアドソーベントと比べて，今回紹介してきたような細胞表層を利用した吸着システムでは，吸着した後の重金属イオンの回収までを考えるとEDTA処理やpHの変化といった穏やかな化学的処理により容易に脱着し回収することが可能であるため，回収時に細胞を破壊する必要がないという点で大きな利点がある。このような利点のため，重金属イオンだけでなく一度吸着させた細胞もさらにリサイクルさせることが充分可能であり，細胞あたりの回収効率を向上させることも可能である。また酵母では様々な情報伝達経路を利用することができるため，既に吸着済みの酵母を効率よく分離することも可能であった。これらのことから図7に示したような，重金属イオン吸着・検知・回収リサイクリングシステムが新たな環境浄化システムとして期待できるであろう。

3.8 おわりに

　今回紹介したように，環境浄化への新しい戦略として，細胞表層での吸着に着目した細胞表層デザインを行うことにより創製した環境浄化酵母はこれまでの微生物バイオアドソーベントと比べて様々な点でより優れた性質を示した。また，酵母の利点として，酵母の本来有する機能の一つである凝集現象に関わる情報伝達系を遺伝子工学的に操作して制御することにより，吸着だけでなくその回収・再生までを視野に入れた新たな環境浄化システムを構築することができた。さ

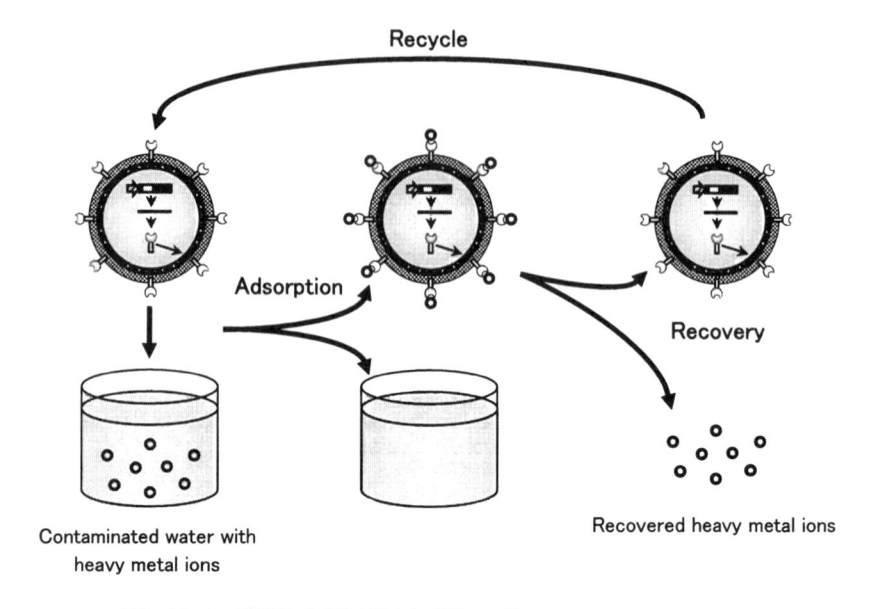

図7　アーミング酵母による重金属イオン検知・吸着・回収リサイクリングシステム

らに，今回のような重金属イオンだけでなく，近年注目を集めている環境ホルモンについても，これとの結合能をもつレセプターの一部を細胞表層にディスプレイすることにより環境ホルモン除去能を持つ環境浄化酵母も創製されつつあり[24]，重金属イオン以外の様々な汚染物質の吸着・回収システムも期待できる。また，この細胞表層ディスプレイシステムはこれまでにない新機能タンパク質を創製するコンビナトリアルな手法としても優れており[25, 26]，この細胞表層吸着システムをさらに応用すれば，目的とする汚染物質のみを特異的に吸着するような新しいタンパク質をコンビナトリアルなライブラリーから創製することも十分可能であり，これを細胞表層ディスプレイすることによって目的とする特定の重金属イオンのみを吸着・回収することができるような分子を表層に持つ細胞の構築も期待できる。さらには，環境問題だけでなく資源枯渇問題についても議論されている中で，自然界，特に様々な資源が豊富に存在すると考えられる海水などの水圏からの有用金属資源を回収していくことも近い将来，実現可能になると予測される。

第4章 酵母ディスプレイ

文　献

1) M. Ueda et al., *Biotechnol. Adv.*, **18**, 121-140 (2000)
2) A. Kondo et al., *Appl. Microbiol. Biotechnol.*, **64**, 28-40 (2004)
3) 植田充美ほか, 現代化学, **366**, 46-50 (2001)
4) T. Murai et al., *Appl. Environ. Microbiol.*, **63**, 1362-1366 (1997)
5) T. Murai et al., *Appl. Environ. Microbiol.*, **64**, 4857-4861 (1998)
6) T. Murai et al., *Appl. Microbiol. Biotechnol.*, **48**, 499-503 (1997)
7) K. Ye et al., *Appl. Microbiol. Biotechnol.*, **54**, 90-96 (2000)
8) M. Washida et al., *Appl. Microbiol. Biotechnol.*, **56**, 681-686 (2001)
9) G. M. Gadd, *Experientia*, **46**, 834-840 (1990)
10) M. Ledin, *Earth-Sci. Rev.*, **51**, 1-31 (2000)
11) C. Sousa et al., *Nat. Biotechnol.*, **14**, 1017-1020 (1996)
12) P. Samuelson et al., *Appl. Environ. Microbiol.*, **66**, 1243-1248 (2000)
13) M. Mejare et al., *Protein Eng.*, **11**, 489-494 (1998)
14) K. Kuroda et al., *Appl. Microbiol. Biotechnol.*, **57**, 697-701 (2001)
15) K. Kuroda et al., *Appl. Microbiol. Biotechnol.*, **59**, 259-264 (2002)
16) K. Kuroda et al., *Appl. Microbiol. Biotechnol.*, **63**, 182-186 (2003)
17) E. Hochuli et al., *J. Chromatography*, **411**, 177-184 (1987)
18) T. R. Butt et al., *Microbiol. Rev.*, **51**, 351-364 (1987)
19) A. R. Thrower et al., *J. Biol. Chem.*, **263**, 7037-7042 (1988)
20) D. R. Winge et al., *J. Biol. Chem.*, **260**, 14464-14470 (1985)
21) P. Bossier et al., *Yeast*, **13**, 717-725 (1997)
22) T. R. Butt et al., *Proc. Natl. Acad. Sci.*, **81**, 3332-3336 (1984)
23) K. Kuroda et al., *Appl. Environ. Microbiol.*, (投稿中)
24) M. Yasui et al., *Appl. Microbiol. Biotechnol.*, **59**, 329-331 (2002)
25) 植田充美ほか, 化学と生物, **40**, 251-257 (2002)
26) Z. Wen et al., *Appl. Microbiol. Biotechnol.*, **58**, 806-812 (2002)

4 表層蛍光シグナルを用いたバイオセンシングのコンビナトリアルな展開

芝崎誠司[*1]，植田充美[*2]

4.1 はじめに

人間は，他の動物が捉えた情報，特に嗅覚情報の取得においては鳥や犬を現在でも利用している。無論，それらが捉えた情報をセンサーに応用するには，人間が感知できる範囲よりも優れたものであることはいうまでもないが，人間に情報を伝達するためのインターフェイス，すなわち鳴声や吠えて伝えるといった「手段」が備わっていることが重要である。人間よりもはるかに優れた生物の特定の能力を利用したい場合，「出力」というシグナルが必要となってくる。

我々は，細胞表層提示系を導入することで，高等真核生物のみならず，微生物においてさえセンサーとしての価値を賦与し，利用できることを示してきた。微生物は発酵への利用，病原体としての研究対象から，分子生物学の発展に伴い，最近では遺伝子解析のための宿主，モデル生物として不可欠な存在となっている。酵母細胞表層ディスプレイ系でも大きくわけて，酵素をディスプレイした物質変換に重きをおいた展開例と，ライブラリーやタンパク質機能解析を目標とした展開例がある。今後，いずれの分野についても実用の可能性が大きく期待されているが，コンビナトリアル・バイオエンジニアリングのような両方の分野にまたがる領域では，蛍光シグナルを用いた酵母ディスプレイ系が構築され，センシング，モニタリングのツールの一つとして提案されつつある[1]。

本節では，これまでに創成されてきた蛍光タンパク質提示酵母の環境センサー，物質生産のモニタリング例についてまとめてみた。また，表層蛍光シグナルの定量方法については蛍光光度計によらず，1細胞ごとの定量化をレーザー顕微鏡画像により行えることを示した。今後さらにコンビナトリアルバイオ分野における有力なツールとして，蛍光タンパク質提示系の利用ができると予想され，現在進行中の研究内容についても紹介したい。

4.2 表層蛍光シグナルのコンビナトリアルな利用

我々の研究グループが表層提示系として利用している*Saccharomyces cerevisiae*では，外部環境変化に対して表現型の変化が見られる例が知られておりが，フェロモン（アルファファクター）や浸透圧変化によりシュムー（shmoo）という長い突起のようなものを形成する。細胞分裂時に見られる出芽とは明らかに異なり，顕微鏡下で区別することができるが環境の定量的変化という観点から見ると，やはり計測可能な出力素子が別途必要である。そこで，我々はオワンクラゲ

[*1] Seiji Shibasaki　神戸市立工業高等専門学校　応用化学科　講師
[*2] Mitsuyoshi Ueda　京都大学大学院　農学研究科　応用生命科学専攻　教授

第4章 酵母ディスプレイ

*Aquorea victoria*由来の蛍光タンパク質であるGFP (Green Fluorescent Protein) を表層に提示することで,外部環境の変化をセンシングすることを試みた。GFPは分子生物学の研究においてタンパク質の局在化や発現量・パターンの解析に汎用されているので,その背景や重要性についての説明は省略するが,利用可能な主な蛍光タンパク質について表1にまとめた[2,3]。EGFPは野生型のGFPよりも蛍光強度を35倍向上させたものであり,その変異体でECFP,EYFPなどは励起,蛍光波長をアミノ酸置換によりシフトさせ,シアンブルーや黄色の蛍光を発する。いずれのGFP誘導体も,発光にはコファクターを必要とせず,酸素の存在下で励起光により発色団を形成する。複数の異なる蛍光波長をもつタンパク質により情報を発信できるが,単にGFPを細胞質で発現させるだけでなく細胞表層に局在化させることにより,少ない分子数でも可視化するこ

表1 蛍光タンパク質の種類[3]

Protein	Excitation (nm)	Emission (nm)	Intensity
GFP	395	509	1
GFPuv	395	509	18
EGFP	488	509	35
EBFP	380	440	n.a.
ECFP	433	475	n.a.
EYFP	513	527	35

表2 *S. cerevieiae* で利用可能なプロモーターの種類

Gene	Encoded protein	
ADH1	Alcohol dehydrogenase 1	
PGK	Phosphoglycerate kinase	
GAPDH	Glyceraldehyde 3-phosphate dehydrogenase	
TPI	Triose phosphate isomerase	
PYK	Pyruvate kinase	
ENO	Enolase	
PHO5	Acid phosphatese	
MEP2	Ammonium transporter	
MET25	*O*-acetyl homoserine sulphydrylase	
ADH2	Alcohol dehydrogenase 2	
CUP1	Copper metallothionein	
HSE	Heat shock element	*(DNA modules)
GRE	Glucocorticoid response element	*(DNA modules)
ARE	Androgen response element	*(DNA modules)
ICL	Isocitrate lyase	

とができる。我々は情報の受け手として、プロモーターDNA配列に着目した。現在、酵母を利用した研究分野で利用可能なプロモーターを表2にまとめた。これらのプロモーターのうちのいくつかを用い、その下流に情報出力素子であるGFP変異体タンパク質の遺伝子配列を組込み、環境変化に応じて細胞表層から蛍光シグナルを発する酵母を創成した。表層での蛍光シグナルの局在下は、可視化に必要な分子数を最小化できるのみならず、細胞質発現に比べ代謝系に負担をかけないといったメリットがある。

4.3 センシングの例

グルコース濃度のセンシングを行うために表層提示ベクター中では、2つのプロモーター、*GAPDH*と*ICL*の各遺伝子の上流に存在する配列を用いた。*GAPDH*は解糖系において、D-グリセルアルデヒド3-リン酸から1,3ジホスホグリセリン酸を生じる反応を触媒する酵素、グリセルアルデヒド3リン酸デヒドロゲナーゼをコードし、グルコース存在下で強力に機能する。一方、*UPR-ICL*はアルカン資化性酵母*Candida tropicalis*のイソクエン酸リアーゼの上流に位置し、グルコース非存在下で脱抑制により転写が誘導される[4]。蛍光シグナル分子としてはGFPuvとBFPの遺伝子を各々のプロモーターの下流に配置した。*GAPDH-GFPuv*を組込んだ細胞における蛍光強度と、*UPR-ICL-BFP*を組込んだ細胞における蛍光強度を測定した[5]。各々、培地中のグルコース変化量に応じて蛍光強度の変化を捉えることが出来た。ここで構築した2つのプラスミドを栄養マーカーを変えることで、一つの細胞に導入し、グルコース濃度のセンシングを試みた。別個に発現した場合と同様、異なる蛍光波長により各々のシグナルの変化を計測することができた。一つの細胞においてプロモーター、マーカー、シグナル分子の異なる組合わせを作ることで、複数の情報センシングの可能性が示唆された。

次に、アンモニウムイオン濃度の減少を*MEP2-EYFP*の組み合わせによるセンシングを試みた[6]。*MEP2*は*S. cerevisiae*のアンモニウムイオントランスポーター遺伝子であり、アンモニウムイオンの濃度減少および、低濃度のプロリン・グルタミン酸存在下で誘導されることが知られている[7]。細胞内外のアンモニウムイオン濃度と、細胞表層EYFP蛍光シグナルの関係を図示したものが図1-Aである。蛍光シグナル値には時間当たりの蛍光強度の変化をプロットしている。リン酸イオンのセンシングもアンモニウムイオンの場合と同様のアイデアに基づき、リン酸濃度の減少により転写が引き起こされる*PHO5*プロモーターを用いた。*PHO5*は低リン酸イオン濃度で発現される分泌型の*S. cerevisiae*酸性ホスファターゼの遺伝子である[8]。*PHO5-ECFP*の組み合わせにより、培地中および細胞内のリン酸イオン濃度変化のセンシングを試みた（図1-B）。若干の時間のずれが見られるものの、*MEP2-EYFP*の場合より、*PHO5-ECFP*ではイオン濃度と蛍光シグナルの変化が対応している。今後、プロモーター-蛍光タンパク質遺伝子部分のタン

第4章 酵母ディスプレイ

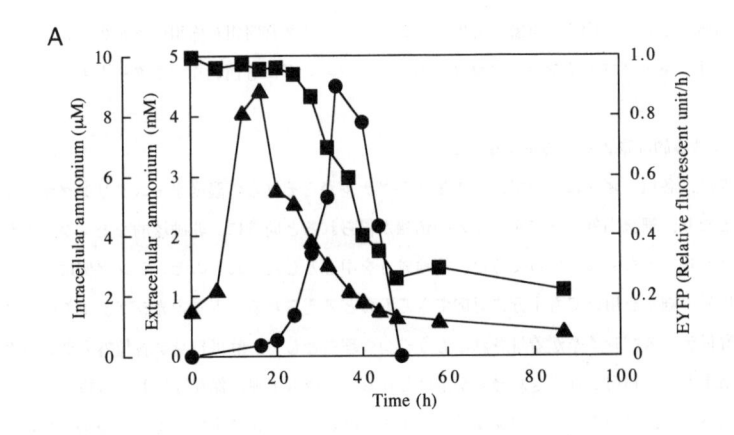

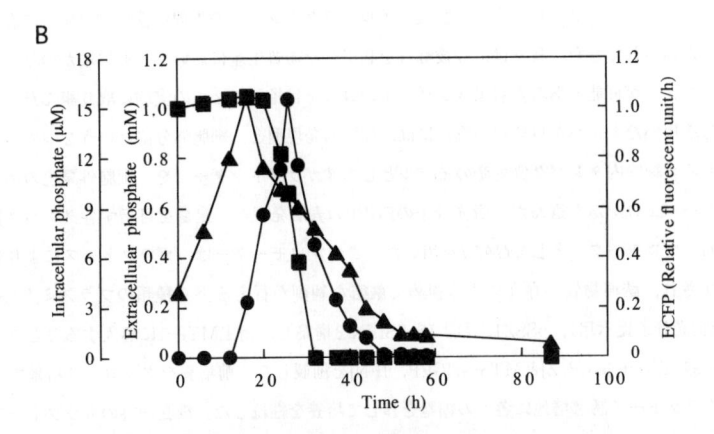

図1 細胞内外のイオン濃度と表層蛍光シグナルの変化
A）アンモニウムイオン濃度のセンシング，B）リン酸イオン濃度のセンシング
▲；細胞内イオン濃度，■細胞外イオン濃度，●蛍光シグナル（EYFPおよびECFP）

デムリピートの導入，あるいはプロモーターの部分欠失等の調整より，より厳密なセンシングが可能になるであろう。

その他，本研究で構築したプロモーターカセット型の蛍光分子提示ベクターに，表2のようなプロモータ配列を導入することで，各種イオンや培地成分のセンシングが可能である。加えて，そのマルチクローニングサイトを利用して，ゲノム遺伝子を断片化して導入することで，特定条件下で転写誘導を引き起こすDNA配列を表層蛍光シグナルによりスクリーニングすることが可

能である。さらに，FRET現象を利用することでタンパク質間相互作用の解析の道が開け，コンビナトリアル・プロテインライブラリーのスクリーニングにも便利なベクターともなる。

4.4 非破壊的な物質生産のモニタリング

　糖濃度，各種イオンについて，表層蛍光シグナルからそれらの濃度をモニタリングすることが可能となり，細胞内外のリアルタイムの情報が得られると同時に，非破壊的なセンシングがよりいっそう現実的なものとなってきた。培地成分を中心としたこれらのセンシング例については，酵母以外の細胞を用いても十分に対応できるものと考えられる。表層蛍光シグナルの研究において，酵母ディスプレイ系が着目されるもう一つの理由として，酵母自身が各種外来タンパク質生産の宿主として利用されてきた経緯が挙げられる。今後も培養，保存等における扱いやすさゆえに，真核生物由来のタンパク質発現系として重用されることは確実である。S. cerevisiaeはインターフェロン，インターロイキン，肝炎ウイルスワクチンなどの生理活性物質の生産に有効であることが示されてきた。我々は，今後酵母を利用した物質生産において，非破壊かつリアルタイムなモニターが可能である表層蛍光シグナルの導入を目指して2つの実験に取り組んだ[9]。

　酵母を用いたタンパク質発現の形式には，細胞内発現型と，細胞外分泌という2つのパターンがある。細胞内タンパク質生産のモデルとしてβガラクトシダーゼを，細胞外発現の例としてインターフェロンωを選んだ。蛍光分子のEGFPの表層発現と，定量を目指す各タンパク質の発現に同一プロモーターとして*GAL1*を用いた。このプロモーターは，ガラクトースにより転写が活性化され，誘導物質の存在による極めて厳密な制御が行える。3種類のプラスミドpSSGFP（表層蛍光分子提示用），pSSZ1，およびpSSIFNを構築し，宿主MT8-1に導入することで，2種類の細胞MT8-1/[GFP, Z]とMT8-1/[GFP, IFN]を創製した。前培養をグルコース培地で行った後，ガラクトース誘導培地に各々の細胞を移して培養を継続した。細胞内外のガラクトース濃度も測定し，蛍光量との関係を得るだけでなく，ガラクトースによる蛍光シグナル誘導の様子を，倒立型蛍光顕微鏡のCCDカメラによるTime-laps画像により取得することもできた（図2）。βガラクトシダーゼ濃度のモニタリングに関しては，細胞内発現量と蛍光シグナルの増加が同時に見られた。一方，INF-ωの細胞外発現では，ある程度のINF-ωの発現量が確認できたものの，誘導開始後10時間で発現量の増加が止まり，細胞増殖に影響を与えたと考えられる結果となった。モデルタンパク質としては細胞毒性の有無に関して十分な検討が必要という課題を残したが，これまで発現量の測定に抗体を必要としてきたELISAに対し，蛍光シグナルだけでINFの分泌生産量が測定できる技術の基盤となりうることが証明できた。

第4章 酵母ディスプレイ

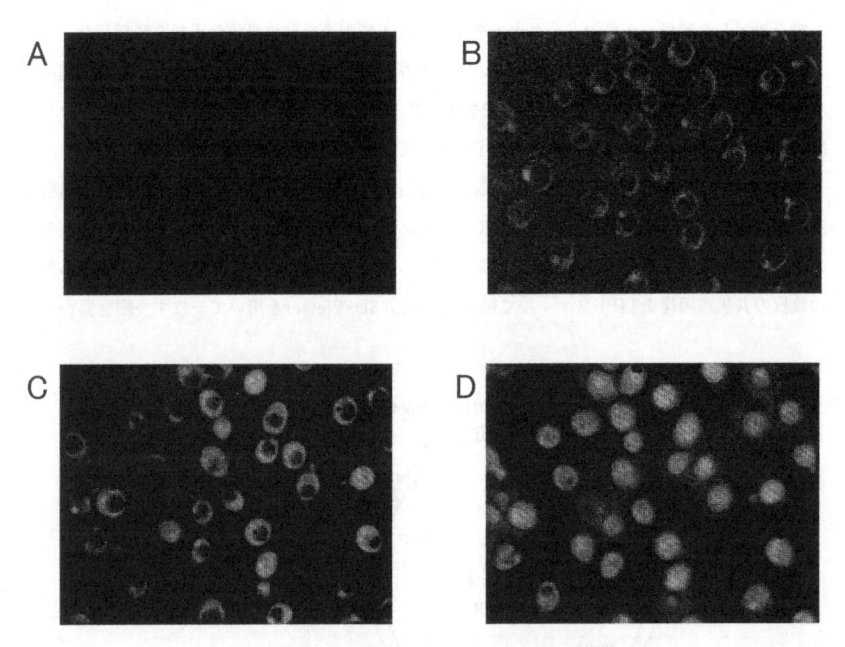

図2 ガラクトースによる誘導表層蛍光シグナルの変化
A) 誘導期, B) 対数増殖初期, C) 対数増殖後期, D) 定常期

4.5 蛍光定量手法－画像解析の試み

　酵母ディスプレイ系の研究において，その初期の頃から表層提示分子数に強い関心がもたれていた。外来タンパク質の土台部分となるアグルチニンの分子数が文献からある程度推察されていたが，融合タンパク質を*GAPDH*を用いて発現した場合についての情報は全くなかった。我々は，画像解析ソフトウエア「TRI 3D-Viewer」(ラトックシステム)により，蛍光タンパク質提示酵母の共焦点レーザー顕微鏡画像から，表層に提示されている蛍光分子だけを抽出し，細胞質における蛍光(自家蛍光や輸送途上の分子による蛍光)を除去し，正確な分子数測定にも成功した[10]。この3D-viewerでは臓器や器官の3次元画像を構築し，対象物の体積や表面積の計測が可能であり，多くの医学系研究者にも利用されている。酵母細胞表層に提示されているタンパク質の分子数については，酵素の場合その比活性より1細胞あたりの分子数が計算できる。しかしながら，酵素は融合タンパク質として発現，さらに表層に「固定化」されているため，nativeの酵素の比活性を適用することは活性部位への影響など多少の不安が持たれる。そこで我々は，蛍光タンパ

ク質を提示した酵母からの蛍光シグナルを定量し，1細胞あたりの提示分子数を解析した。

提示する蛍光タンパク質には物質生産のモニタリングと同様，最も安定でかつ，最大励起波長がレーザー光源の波長と同一であるEGFPを選んだ。染色体組込み型のプラスミドとマルチコピー型のプラスミド2種を用意し，同一の宿主を用いて各々の形質転換を行った（図3）。

共焦点レーザー顕微鏡にはTCS-SP（Leica Microsystems）を使用し，EGFP表層提示細胞の蛍光画像を取得した。励起光源にはAr-Kr イオンレーザー（488nm）を用い，500-530nmの蛍光シグナルを取得したが，この時点では細胞質からの蛍光も画像に含まれている。1細胞あたり10数枚の共焦点画像をTIFFファイルで保存し，TRI 3D-Viewerを用いて一枚ずつ細胞質からの

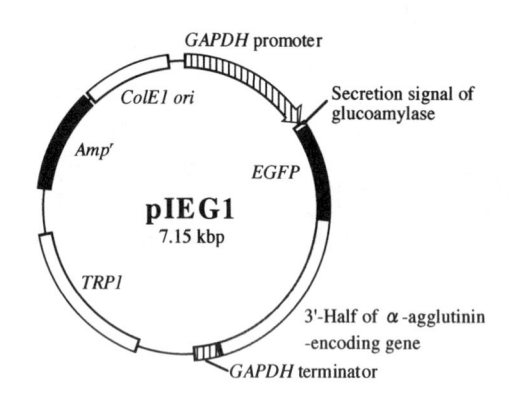

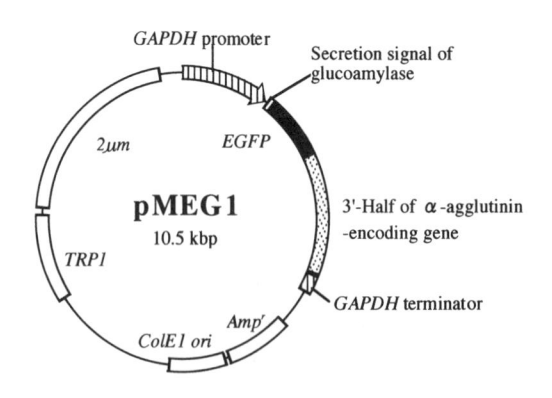

図3　EGFP表層提示ベクター
A）染色体組込み型pIEG1，B）マルチコピー型pMEG1

第4章 酵母ディスプレイ

蛍光シグナルを除去した後,細胞表層から発せられている蛍光シグナルのみを積算した(図4)。次に,精製標品として市販されている同じ蛍光タンパク質(recombinant EGFP;クロンテック)を用いて検量線を作成し,顕微鏡画像における蛍光強度と分子数の関係を求めた。球形,楕円形,出芽中の細胞など,いくつかタイプの細胞についてデータを取り,その平均値を求めると,マルチウェル蛍光光度計のアセント(Labsystem)で測定した場合とほぼ同じオーダーの約10^5 molecules/cellという結果が得られた。これらの結果は細胞表層での蛍光の寄与が,細胞質からの自家蛍光や輸送途上の蛍光分子由来のものに比べて格段に大きいことを示唆している。この実験では,共焦点画像を用いた新しい定量方法を提案しただけではなく,酵母ディスプレイ系によるハイスループットなスクリーニングにおいて,表層蛍光シグナルを用いる場合,アセントのような従来のマルチウェル蛍光光度計でも十分解析が可能であることを裏付けることになった。

今後開発が大きく期待されているマイクロチャンバーアレイなどで,一つ一つの細胞について,蛍光シグナルを用いた解析が進められているが,共焦点レーザー顕微鏡の画像処理技術によりさらに高速化,精密化されるであろう。この点においては,先行のFACSなども類似の機能を持ち,蛍光強度による細胞分離が可能である。前述のイオン濃度の定量化でECFPとEYFPを利用した

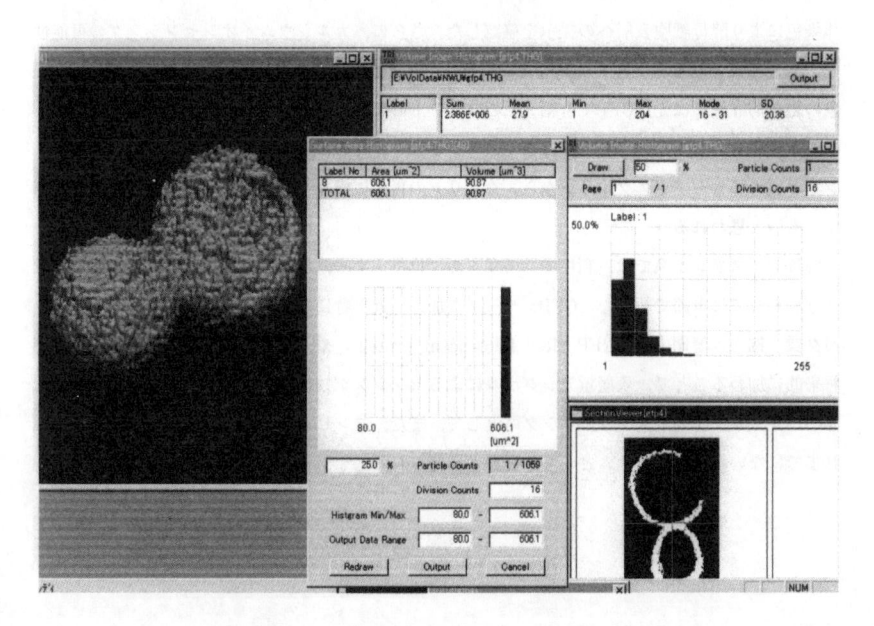

図4 TRI 3D-Viewerによる表層蛍光シグナルの抽出操作画面

実験では，FACSで表層蛍光シグナルの定量を行い，セルソーティング機能を用いて一定の蛍光量を基準に細胞を分離することにも成功している。蛍光シグナルの検出装置は多様化しているので，スクリーニング系の目的に応じた選択が必要となってくる。

4.6 おわりに

これまで，GFP誘導体の表層蛍光シグナルを中心に扱ってきたが，別の蛍光分子として，同じオワンクラゲ由来のエクオリン（Aeauorin）がある。エクオリンは，アポエクオリン，発光基質のセレンタラジン（coelenterazine）および酸素からなる複合体である。球状タンパク質であり，ヘリックス・ループ・ヘリックスで構成されるカルシウムイオン結合のための「EFハンド」と呼ばれる構造を4箇所持つ（1箇所は置換のため実際機能するのは3箇所）。カルシウムイオンがエクオリンに結合すると，アポエクオリンの高次構造変化を引き起こし，セレンタラジンはセレンタラミドとなる。セレンタラミドは発色団として機能し，466nmに極大を持つ青色に発光することで，エネルギーをGFPに移動させる。GFPの可視化にはエクオリンの励起エネルギーに代わる，光エネルギーの照射が必要であったが，アポエクオリン遺伝子をpSVAEQNよりクローニングし，染色体組込み提示用ベクターpICAS1のマルチクローニングサイトに挿入し，蛍光抗体染色により酵母細胞表層への提示を確認した。さらに，カルシウムイオンセンシングの可能性や，発光基質・カルシウムイオンによる発光のオン／オフ制御について検討を加えた[11]。発光現象の定量的評価には先にGFPでも紹介したアセントの発光モードで解析可能である。単なるカルシウムイオンのセンサーとしてではなく，エクオリン発光の未解明の部分，例えば発色団へのタンパク質の関与やアポエクオリンからエクオリンの再生機構などの研究にこの細胞が威力を発揮するものと思われる。

酵母ディスプレイ系では，利用できる多くのプロモーター，ならびに選択マーカーがある。蛍光分子としては本節で紹介したGFPシリーズに加え，近年特に増加している他生物種の蛍光タンパク質，例えば珊瑚由来のRFP（Red fluorescent protein）や，ウミシイタケ由来のGFPなどが将来的に加わることで，表層蛍光シグナルによるセンシング技術はゲノミクスやプロテオミクス等のハイスループットスクリーニング系として，また，コンビナトリアルな情報発信系としてこれまでにない新しいシステムとしての発展が期待される。

第4章 酵母ディスプレイ

文　　献

1) S. Shibasaki *et al.*, "Biological System Engineering", M.R. Marten *et al.* Ed., p234-247, Oxford University Press (2002)
2) 宮脇敦史, GFPとバイオイメージング, 羊土社　p17-37 (2000)
3) Clontech, Livin Colors User Manual, p16 (1998)
4) T. Kanai *et al.*, *Appl. Microbiol. Biotechnol.*, **44**, 759-765 (1996)
5) S. Shibasaki *et al.*, *Appl. Microbiol. Biotechnol.*, **57**, 528-533 (2001)
6) S. Shibasaki *et al.*, *Appl. Microbiol. Biotechnol.*, **57**, 702-707 (2001)
7) M.C. Lorenz *et al.*, *EMBO J.*, **17**, 1236-1247 (1998)
8) S. Harashima *et al.*, *Mol. Gen. Genet.*, **247**, 716 (1995)
9) S. Shibasaki *et al.*, *Biosens. Bioelectron.*, **9**, 123-30 (2003)
10) S. Shibasaki *et al.*, *Appl. Microbiol. Biotechnol.*, **55**, 471-475 (2001)
11) 安居将司ほか, 平成12年度日本生物工学会講演要旨集, p.270 (2000)

5 バイオマス変換への応用

近藤昭彦[*1]，片平悟史[*2]

5.1 はじめに

人類は19世紀の産業革命以降，石炭や石油などの化石資源を利用することで豊かな物質文明を実現してきた。しかし人類が繁栄を手にし，その恩恵を享受してきた裏では，化石資源の大量消費・廃棄による資源の枯渇と全地球規模の環境汚染が加速度的に進行している。このような状況の下，21世紀においては持続可能な未来社会を実現するために，化石資源の利用から再生可能なバイオマス資源の利用へとシフトしていく必要がある。

1997年にはEUで『再生可能エネルギーシェアを2010年には倍増』させることが総会の行動計画で採択され，また同年，先進国等に対し，温室効果ガスの一定数値の削減を義務づけた『京都議定書』の締結が行われた[1]。また1999年にはアメリカで当時のクリントン大統領による大統領令で『2010年までにバイオ製品・エネルギーを3倍』[2]とする方針を打ち出すなど，世界各国でバイオマスの積極的な利用が推し進められている。また，日本においても2002年には『バイオマス・ニッポン総合戦略』[3]が閣議決定され，エネルギーや製品としてバイオマスを総合的に活用することで持続的に発展可能な社会の実現を目指すことが提唱された。

バイオマスとは，日本工業規格では『地球生物圏の物質循環系に組み込まれた生物体または生物体から派生する有機物の集積』と規定されている。バイオマスは太陽エネルギーにより生物が生成した有機物であり，生命と太陽エネルギーがある限り持続的に再生可能な資源である。またバイオマスはライフサイクルの中では大気中のCO_2を増加させない『カーボンニュートラル』と呼ばれる特性を有しており，このため化石資源由来のエネルギーや製品をバイオマスで代替することで地球温暖化を引き起こす温室効果ガスのひとつであるCO_2の排出削減に大きく貢献することができる。

バイオマスの利用を推進するに当たって，バイオマスをエネルギーや製品に変換する際の変換効率の高い技術の開発・実用化が極めて重要である。近年では，熱・圧力や化学処理等の理化学的な変換技術に加えて，日本で古くから営まれてきた醸造業などを基礎として急速な発展を遂げているバイオテクノロジーを応用した微生物による変換技術を活用することで，高効率なバイオマス変換技術の開発が期待されている。

以前の節までにも詳しく述べられてきたように，古来より醸造の場でアルコール発酵に利用されてきた酵母は，極めて堅牢な細胞壁構造を持ち，酵母細胞表層ディスプレイにより各種のタン

[*1] Akihiko Kondo 神戸大学 工学部 応用化学科 教授
[*2] Satoshi Katahira 神戸大学大学院 自然科学研究科 博士後期課程

第4章 酵母ディスプレイ

パク質や酵素分子をディスプレイすることが可能である。細胞表層に酵素をディスプレイした酵母は培養により再生可能な固定化酵素とみなして利用できる。さらに細胞内代謝系や細胞内に発現させた別の酵素との反応を組み合わせることで，多段階の複雑な触媒反応を行うことも可能である。さらに酵母には凝集性を持つものが知られており（凝集性酵母），この凝集性酵母の細胞表層に目的の反応を触媒する酵素をディスプレイすることで，工業的に有用なバイオリアクターシステムを構築することも可能となる。

本稿では，現在筆者らが取り組んでいる酵母細胞表層ディスプレイ法を応用した新機能酵母によるバイオマスのエタノール変換において代表的な例を紹介する。

5.2 新機能酵母によるバイオマスからのエタノール生産

古来より醸造において発酵の主役となっている酵母は，グルコース等の糖質を効率よくエタノールに変換することが可能なため，バイオマスからのエタノール変換プロセスにおいても有力な候補となっている。穀物系バイオマスや森林系バイオマスの主要成分であるデンプンやセルロースは，グルコースがグリコシド結合を介して直鎖状に配列した高分子構造をとる。しかし酵母はデンプンやセルロース等の高分子構造の糖類を直接利用することはできないため，エタノール発酵の前段階で，アミラーゼやセルラーゼを用いてこれらをグルコース等の単糖に分解しなければならず，これらの前処理はエタノール変換において高コスト化の原因となる。そこで図1に示すように酵母細胞表層ディスプレイ法を用いてアミラーゼやセルラーゼなどのデンプンやセルロース分解酵素を酵母の細胞表層にディスプレイしてやれば，その酵母自体がデンプンやセルロースをグルコースに分解し，さらに細胞内の代謝によりエタノールを生産することで，酵母のみでデン

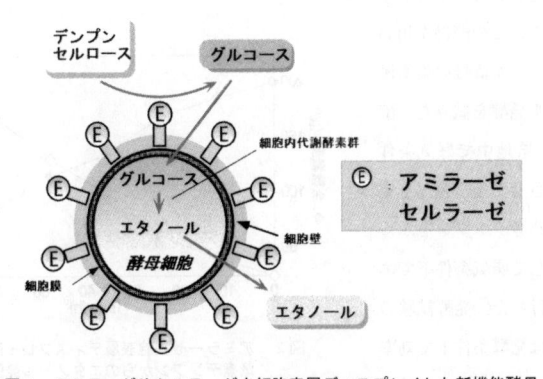

図1　アミラーゼやセルラーゼを細胞表層ディスプレイした新機能酵母

プンやセルロースを直接エタノールに変換することが可能となると考えられる。

5.2.1 デンプンからのエタノール生産

現在のデンプンからのエタノール発酵プロセスは，その行程にかかるコストのために経済的に効率が悪く，更なる改良が必要であると言われている。これは，エタノール発酵のために用いられる酵母 *Saccharomyces cerevisiae* はデンプンを直接発酵原料として利用できないため，デンプンをグルコースに分解するために多量のデンプン分解酵素，アミラーゼの添加が必要であることと，エタノールを高収率で獲得するためには高温蒸煮処理（140～180℃）が必要となることが主な原因であると言われている。そこで筆者らの研究では，これら発酵プロセスにおいて高コスト化につながる要因を改善するために，酵母細胞表層ディスプレイ法を用いて細胞表層に各種のアミラーゼを提示した新機能酵母を創製し，可溶性デンプンや低温蒸煮デンプンを原料としたエタノール発酵を行ってきた[4～6]。さらには，無蒸煮デンプンからの直接エタノール変換にも成功した[7]。以下では，このアミラーゼ表層提示酵母を用いて全く蒸煮処理を行っていない無蒸煮デンプンを炭素源としたエタノール生産を紹介する。

酵母解糖系プロモーターであるGAPDH（グリセルアルデヒド-3-リン酸デヒドロゲナーゼ）プロモーターを用いて，*Rhizopus oryzae* グルコアミラーゼをα-アグルチニンと融合させた形で発現させるプラスミド，*Streptococcus bovis* のα-アミラーゼをFlo1pと融合させた形で発現させるプラスミドをそれぞれ構築した。宿主酵母には，工業的な利用を目指して，細胞の分離・回収が容易な凝集性酵母を用いた。作成したプラスミドを凝集性酵母 *S. cerevisiae* YF207に形質転換し，α-アミラーゼ，グルコアミラーゼ表層共提示酵母を創製した。各酵素の活性を測定したところ，培養液には活性は確認できなったが，菌体自体にはグルコアミラーゼ，α-アミラーゼ共に活性が認められた。このことから，グルコアミラーゼとα-アミラーゼが共に酵母の細胞表層に提示・固定されていることが確認された。さらにこの酵母を用いて，無蒸煮デンプンを直接の炭素源としたエタノール発酵を試みた。酵母菌体はSD選択培地中で好気条件下において生育させた後，菌体を集菌し，新鮮な無蒸煮デンプンをふくむ培地中に懸濁して嫌気条件下でエタノール発酵を行った。発酵試験の結果，この酵母は発酵条件下で効率よく無蒸煮デンプンを分解し，分解

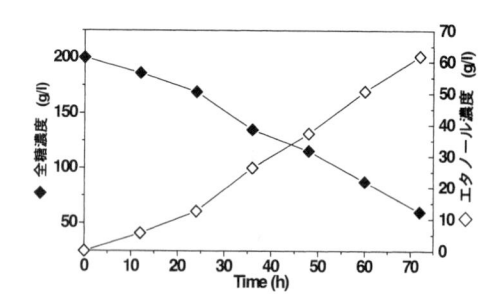

図2 アミラーゼ細胞表層ディスプレイ酵母による無蒸煮デンプンからのエタノール発酵

第4章 酵母ディスプレイ

により生じるグルコースを代謝してエタノールを生産していることが明らかとなった（図2）。このアミラーゼ表層提示酵母を用いることで，デンプンからのエタノール発酵においてコスト上昇の原因となっているデンプン分解酵素の添加やデンプンの蒸煮処理を省略することが可能となると考えられる。この結果は世界的に見ても前例の無い成果であり，高効率，低コストなデンプン資源からのエタノール生産プロセスの実用化が大きく前進するであろうと期待される。

5.2.2 木質系バイオマスからのエタノール生産

木質系バイオマスは穀物系バイオマスであるデンプンよりもはるかに豊富に存在し，穀物系バイオマスのように食料などの他の用途とぶつかることなく，また古紙や廃材，農産廃棄物など処理が問題化しているものを利用するため原料が安価であることなどから，将来の石油代替エネルギー資源として有望視されている。このような未利用もしくは廃棄セルロース資源を高効率でエネルギーや製品に変換することができれば，循環型社会の構築を目指すためのバイオマス変換技術の開発に大きな一助となるであろう。

（1）セルロースからのエタノール生産

セルロースは木質系バイオマスに含まれる最も主要な構成成分であり，グルコースがβ-1,4グリコシド結合により連結した直鎖状の高分子多糖である。セルロースはこの直鎖状高分子が水素結合で束ねられ，結晶領域と非結晶領域を有する構造のため，その分解には複数の酵素が必要である。セルロース分解の作用様式は，まずエンド型セルラーゼであるエンドグルカナーゼによる非結晶領域の分解が起こり，続いて生じた末端からエキソ型セルラーゼであるエキソセロビオヒドロラーゼによる結晶領域の分解が起こる。この両酵素の相乗作用により，セルロースはセロビ

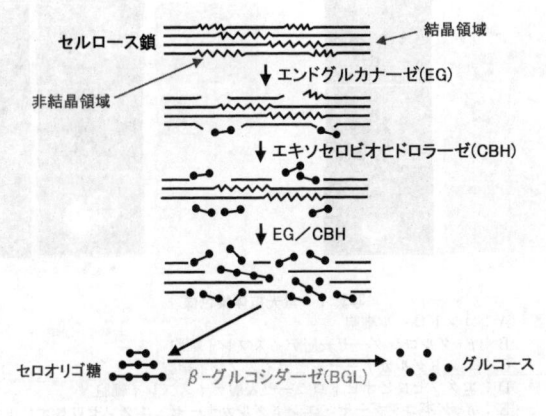

図3　セルロースの酵素による分解

コンビナトリアル・バイオエンジニアリングの最前線

オースを主生成物とする可溶性のセロオリゴ糖にまで分解された後，β-グルコシダーゼによってグルコースに変換される（図3）。そこで筆者らの研究では，これらセルロースの分解に必要な3種の酵素を酵母の細胞表層にディスプレイし，この酵母を用いてセルロースを直接エタノールに変換することを試みた[8,9]。各酵素の細胞表層ディスプレイ用プラスミドは前述のグルコアミラーゼと同様に，GAPDHプロモーターを用いて，*Trichoderma reesei*エンドグルカナーゼ及びエキソセロビオヒドロラーゼ，*Aspergillus aculeatus* β-グルコシダーゼの各酵素それぞれをα-アグルチニンと融合させた形で発現させるように構築した。これらのプラスミドを酵母 *S. cerevisiae* MT8-1に形質転換し，蛍光抗体染色による顕微鏡観察により，これら3種類の酵素の表層への局在を確認した（写真1）。また，酵母菌体において各酵素の活性も確認され，活性を有した状態で酵母の細胞表層にディスプレイされていることが確認された。さらに，この酵母を用いて非結晶領域の多いセルロースであるリン酸膨潤セルロースの分解反応を行ったところ，これら3種類の酵素を全てディスプレイしている酵母はセルロースの大部分を分解していることが確認された（図4）。そこで，この酵母を用いてリン酸膨潤セルロースを原料としたエタノー

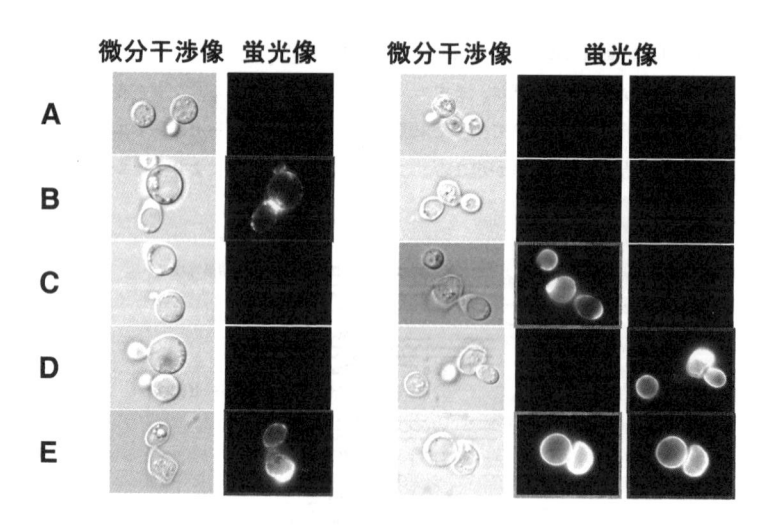

写真1　蛍光抗体染色像
A：コントロール細胞
B：β-グルコシダーゼ表層ディスプレイ細胞
C：エンドグルカナーゼ表層ディスプレイ細胞
D：エキソセロビオヒドロラーゼ表層ディスプレイ細胞
E：β-グルコシダーゼ・エンドグルカナーゼ・エキソセロビオヒドロラーゼ
　　表層共ディスプレイ細胞

第4章 酵母ディスプレイ

ル発酵を行ったところ，発酵条件下において効率よくセルロースを分解し，エタノール生産を行えることが明らかとなった（図5）。

（2）ヘミセルロースからのエタノール生産

木質系バイオマスにはセルロース以外にも様々な成分を含んでおり，中でもキシラン（キシロースが縮合した高分子多糖）を主成分とするヘミセルロースはセルロースに次いで多量に存在する（図6）。木質系バイオマスからのエタノール発酵をより高効率化するためには，このヘミセルロースの利用が不可欠であると言われている。ヘミセルロースからの発酵においては，前述したデンプンやセルロースの場合と同様に，酵母はキシランを分解する能力を持たないためにキシランをキシロースにまで分解する必要がある。また，酵母 S. cerevisiae は，キシロース

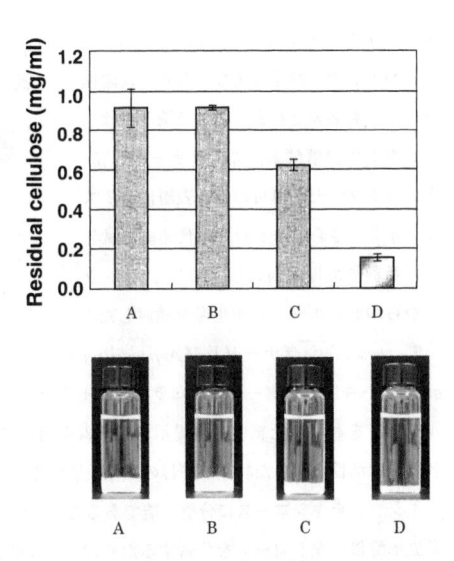

図4　セルラーゼ表層ディスプレイ酵母によるセルロースの分解
A：コントロール酵母
B：エクソセロビオヒドロラーゼ表層ディスプレイ酵母
C：エンドグルカナーゼ表層ディスプレイ酵母
D：β-グルコシダーゼ・エンドグルカナーゼ・エクソセロビオヒドロラーゼ表層共ディスプレイ酵母

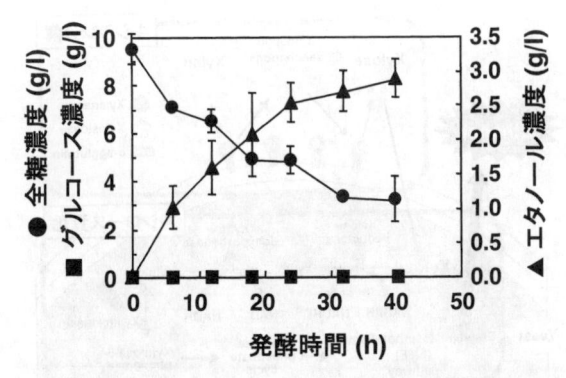

図5　β-グルコシダーゼ・エンドグルカナーゼ・エクソセロビオヒドロラーゼ表層共ディスプレイ酵母によるアモルファスセルロースからのエタノール発酵

を利用する代謝経路を持たず，キシロースを原料とした発酵を行えないため，代謝機能の賦与も必要となる。そこで筆者らは，キシランの分解酵素，キシラナーゼとβ-キシロシダーゼを酵母の細胞表層にディスプレイし，さらにキシロース代謝能を賦与した新機能酵母を創製し（図7），キシランからの直接エタノール生産を検討した[10]。

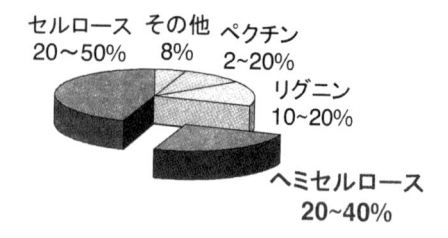

図6 木質系バイオマスに占める各成分の割合

セルロース 20～50%
その他 8%
ペクチン 2～20%
リグニン 10～20%
ヘミセルロース 20～40%

T. reesei キシラナーゼ及び Aspergillus oryzae β-キシロシダーゼはアミラーゼやセラーゼなどの表層ディスプレイと同様に，α-アグルチニンを利用した細胞表層提示システムを用いて酵母 S. cerevisiae の細胞表層に提示した。各酵素は活性を有した状態で酵母の細胞表層に提示されていることが確認され，さらにこの酵母がキシランをキシロースに分解可能であることが明らかとなった。さらに，このキシラン分解酵素提示酵母にキシロースを代謝するために必要な酵素，Pichia stipitis 由来のキシロースレダクターゼとキシリトールデヒドロゲナーゼを発現させ，さらに S. cerevisiae にキシロース発酵を行わせるために必要な酵素である S. cerevisiae 由来のキシルロキナーゼを過剰発現させた。これら3種類の酵素を発現させることでキシロースからの発酵が可能となる。以上のように創製した新機能酵母はキシロースを発酵原料として利用することが可能であったことから，この酵母を用いてキシランを原料としたエタノール発酵を行った。この酵母による同時糖化・発酵では，図7に

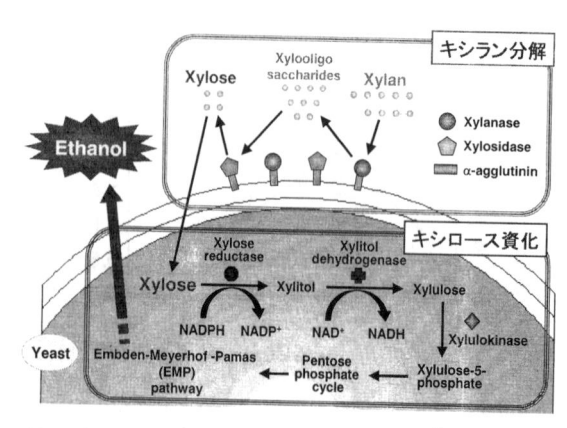

図7 キシラナーゼ表層ディスプレイ・キシロース代謝系組み込み新機能酵母

第4章　酵母ディスプレイ

示すように酵母の細胞表層に提示されたキシラン分解酵素がキシランをキシロースに分解し，次いでキシロースが酵母内に取り込まれ，酵母のペントースリン酸経路を経由してエタノールに変換されるというものである。発酵試験の結果，キシランを分解し，キシロースを炭素源としてエタノールを生産していることが明らかとなった（図8）。

5.3　おわりに

　バイオマス資源は再生産可能で炭素循環可能であり，将来的には石油資源に代替しうる資源として，世界各国がその利活用に乗り出している。微生物を利用したバイオマスからの有用物質生産は，急速に発展しているバイオテクノロジーを応用して今後さらに研究が進められるであろう。本稿でも紹介したように，バイオテクノロジーの新たな技術の一つである酵母の細胞表層ディスプレイシステムにより，細胞内部の代謝系を乱すことなく各種酵素を単独あるいは複数，細胞表層にディスプレイすることが可能であり，酵母に新たな機能を賦与することに成功してきた。各酵素が酵母の細胞表層に高密度にディスプレイされることにより，各酵素の連続的・相乗的な作用によりセルロースやデンプンが効率よく分解され，また細胞内部の代謝系と組み合わせることで，従来では多段階のプロセスで行わなければならなかったエタノール発酵が大幅に簡略化されることが期待される。また，このような複数の酵素の表層ディスプレイは，セルロース分解能の高い*Clostridium thermocellum*に代表される嫌気性微生物がセルロソームと呼ばれる高分子セ

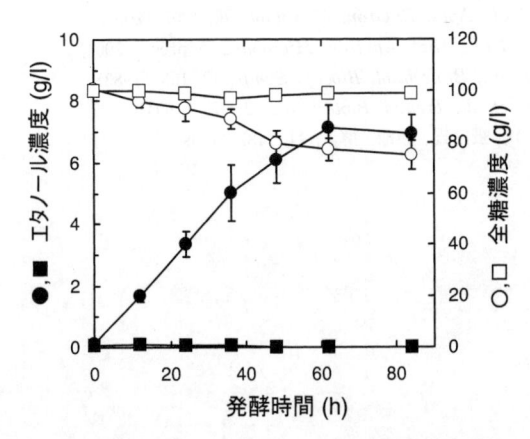

図8　キシラナーゼ表層ディスプレイ・キシロース代謝系組み込み新機能酵母による
　　　キシランからのエタノール発酵
　　　■□　コントロール酵母
　　　●○　キシラナーゼ表層ディスプレイ・キシロース代謝酵母

ルラーゼ複合体（14〜26種類のタンパク質で構成されている）[11〜13]を細胞表層にディスプレイする状況と類似している。今後，細胞表層ディスプレイ技術が発展し，酵母においてもセルロソームのように細胞表層に多種多様な酵素を集積化し，またその配置などをデザインすることが可能となれば，木質系バイオマスのような高度で複雑な構造を持ち，複数の分解反応が同時に要求されるような場合でも十分に対応できることが考えられ，バイオマス変換へのさらなる応用が期待できる。

文　　献

1) 外務省ホームページ，http://www.mofa.go.jp
2) The White House, Office of Press Secretary, "The President's New Executive Order on Bio-based Products and Bioenergy" (Aug. 12, 1999)
3) 農林水産省ホームページ，http://www.maff.go.jp
4) A. Kondo *et al.*, *Appl. Microbiol. Biotechnol.*, 58, 291 (2002)
5) H. Shigechi *et al.*, *J. Mol. Cat. B:Enzymatic.*, 17, 179 (2002)
6) H. Shigechi *et al.*, *Biochem. Eng. J.*, 18, 149 (2004)
7) H. Shigechi *et al.*, *Appl. Environ. Microbiol.*, 70, 5037 (2004)
8) Y. Fujita *et al.*, *Appl. Environ. Microbiol.*, 68, 5136 (2002)
9) Y. Fujita *et al.*, *Appl. Environ. Microbiol.*, 70, 1207 (2004)
10) S. Katahira *et al.*, *Appl. Environ. Microbiol.*, in press (2004)
11) R. Lamed *et al.*, *Biotechnol. Bioeng. Symp.*, 13, 163 (1983)
12) E. A. Bayer *et al.*, *Trends. Biotechnol.*, 12, 379 (1994)
13) 栗冠和郎ほか，蛋白質・核酸・酵素, 44, 1487 (1999)

6 ファインケミカル製造への応用

近藤昭彦[*1]，谷野孝徳[*2]

6.1 はじめに

ファインケミカルとは「大型設備で大量生産される化学物質に対し，少量生産で高付加価値の化学製品」と定義されているが，その内容は無機・有機材料，電子・電気用材料，インキ・塗料，プラスチック添加剤，染・顔料，香料，農・医薬品などといったものから，さらにはこれらの原料・中間体と多岐にわたる。したがってこれらの製造過程も多岐にわたり，様々な反応系を満たすことができる手法が必要とされる。また近年の環境問題・エネルギー問題の顕在化により，従来よりもさらに低環境負荷（環境調和型，環境循環型）・低エネルギーの反応系の使用が求められており，これはファインケミカルの更なる高付加価値化を図る上でも重要である。酵素は温和な条件（常温・常圧）で選択的に多様な反応を行うことが可能であるので，近年，酵素剤を用いたファインケミカル製造が注目を集めている。

ファインケミカルの代表的なものとして医薬中間体が上げられる。現在医薬品業界は世界的な再編の中にあり，これに加え医用費の抑制，薬価の引き下げなどにより製薬会社にとっては競争力の強化が急務となっている。このため製薬会社は医薬品製剤のみならずその原料および中間体の生産を他の化学系の会社に委託することにより，設備投資等を抑え創薬開発分野への資金の集中を図っている[1]。したがって医薬中間体合成法の迅速な確立，ならびに低コスト化が，今後必須となる。医薬品製造において光学分割反応は非常に重要な反応である。医薬品原料はラセミ混合物であることが多く，反応後の化合物において一方のエナンチオマーは薬理活性を有しているが，もう一方のエナンチオマーは薬理活性を有していない，あるいは毒性を有している場合すらあるということが広く知られている[2]。医薬品製造などにおけるエナンチオマーの一方だけを選択的に合成する光学分割反応は，従来の化学触媒の苦手とする反応の一つであり，酵素剤の高い基質特異性・立体特異性を利用した反応が盛んに研究されている[3〜5]。今後医薬品製造の多くの場面で酵素剤が重要な役割を果たすのは確実であり，酵母ディスプレイ法の適用が期待される。

本節ではファインケミカル製造過程における光学分割反応において，その研究・実用が現在最もなされている酵素の一つであるリパーゼについて，その酵母細胞表層ディスプレイ法の開発と，リパーゼ表層ディスプレイ酵母菌体触媒を用いた光学分割反応について紹介する。

[*1] Akihiko Kondo 神戸大学 工学部 応用化学科 教授
[*2] Takanori Tanino 神戸大学大学院 自然科学研究科 博士後期課程

コンビナトリアル・バイオエンジニアリングの最前線

6.2 ファインケミカル製造における酵母ディスプレイ法の有用性

　上述したように，酵素剤を用いたファインケミカル製造が注目されているが，その実用化に際し一番のネックとなっているのが酵素剤のコストである。この点を克服するための手法の一つとして酵母ディスプレイ法は非常に魅力的なツールである。一般的な酵素剤では微生物により生産された酵素の微生物自体，あるいは培養液からの分離，精製，固定化などといった複雑なプロセスが必要となるためどうしても酵素剤は高価なものとなっている。これに対して，酵母ディスプレイ法では目的タンパクを酵母細胞表層に自発的に固定化することができるため，酵素を酵母表層にディスプレイすることで，酵母自体を培養後，遠心等比較的簡便な方法で回収することでそのまま固定化酵素剤として利用することができ，大幅なプロセスの簡略化により酵素剤のコストダウンが可能となる（図1）。

一般的な酵素の調整法

培養 → 分離 → 精製 → 濃縮 → 固定化 → 使用

プロセスを省略

培養 → 回収 → 使用

酵母ディスプレイ法を用いた酵母菌体触媒

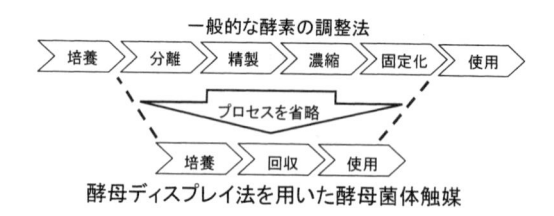

図1　酵母ディスプレイ法を用いた酵母菌体触媒の調整法

　また，一般的な菌体触媒を固定化酵素剤として用いた場合とは異なり，酵素が外界に提示されているため生体膜による拡散抵抗による影響を受けない。したがって，基質の性質として親水性／疎水性，高分子／低分子を問わず，高活性に触媒反応を行うことが可能な状態の酵素を菌体に保持させた菌体触媒−固定化酵素剤として用いることが可能である。

　また酵母自体の安全性は周知であり，ならびに遺伝子操作法も確立され様々な手法・キットが開発販売され簡易化されている。したがって反応系を触媒する酵素の遺伝子情報さえあれば，酵母菌体触媒を創製するに当たり必要な機器・施設・時間も最小限ですみ，ファインケミカル製造のように付加価値の高い化学物質を少量生産するための触媒開発法としては理想的である。現在まだ，酵母ディスプレイ法は数限りない多様性を有する酵素全てに対して適応可能であるという域には達していないが，ここ数年数々の新しい手法が開発され，その多様性・機能性はめざましく進歩している[6〜8]。

第4章　酵母ディスプレイ

6.3　リパーゼ表層ディスプレイにおいて開発された新規ディスプレイ法について

筆者らは*Rhizopus orezoe*IFO4697由来のリパーゼの細胞表層ディスプレイについて検討した。このリパーゼは従来のα-アグルチニン分子の一部分を用いたグリコシルフォスファチジルイノシトール（GPI）アンカーでは十分な活性を有したまま酵母細胞表層にディスプレイすることができなかった。これは，図2に示すように*R. orezoe*リパーゼ分子は，活性サイト（Thr83, Asp92, Ser145, Leu146, Asp204）をC末端付近に有しており，従来法では融合したアンカータンパク質の立体障害のため、その活性を十分に保持したまま酵母細胞表層にディスプレイすることは困難であった。

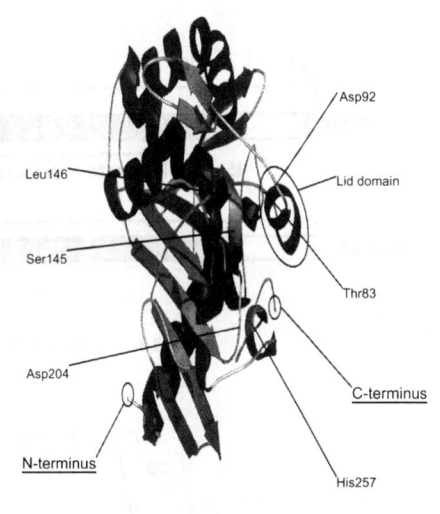

図2　ROLと99％以上の相同性を持つ*R. niveus*由来リパーゼII（M. Kohno *et al*., 1996）

そこで我々は酵母の凝集タンパク質の一つFlo1pに着目し，この一部分を用いた酵母ディスプレイ法の開発を試みた。図3に示すように，Flo1pは全長1356アミノ酸残基からなり，高度にN-およびO-グリコシル化されている[9]。N末端側より1087残基が凝集機能ドメイン領域（酵母の細胞表層グルカン層と相互作用するレクチン様タンパク質），1087〜1356残基がGPIアンアードメイン領域と考えられている。

従来の酵母ディスプレイ法で用いられてきたC末端側のGPI付着シグナルではなく，我々はN末端側に存在する凝集機能ドメインに着目し，これを用いた酵母ディスプレイ法の開発を行った[6]。凝集機能ドメインを含むN末端側から1099アミノ酸残基をコードする遺伝子とpro領域を含むROLをコードする遺伝子をその下流に融合した。このキメラタンパク質を酵母に発現させることで，Flo1pの凝集機能ドメインによって酵母細胞表層のグルカン層に非共有結合的に付着固定させる（図4）。

このシステムでは，前述のようにROLの活性サイトと反対側のN末端側を固定化しているため，ROLがアンカータンパク質による立体障害を受けることなく十分な活性を有したまま酵母細胞表層にディスプレイできたものと考えられる。このように，従来型から用いられてきたGPIアンカーを用いたC末端固定化型の表層ディスプレイ法に加えて，N末端固定化型のディスプレイ法が利用できるようになったため，極めて広範囲の酵素を活性を保持した状態で細胞表層ディ

スプレイ可能になったと言える。

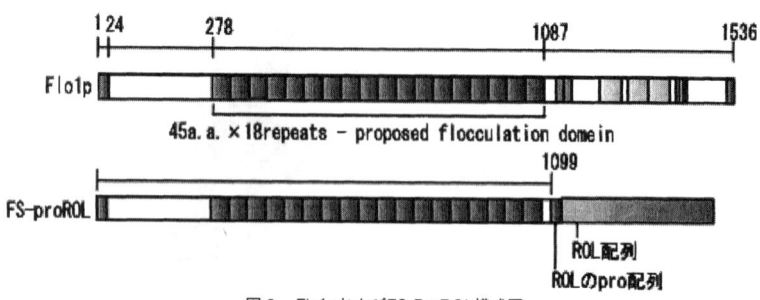

図3　Flo1pおよびFS-ProROL模式図

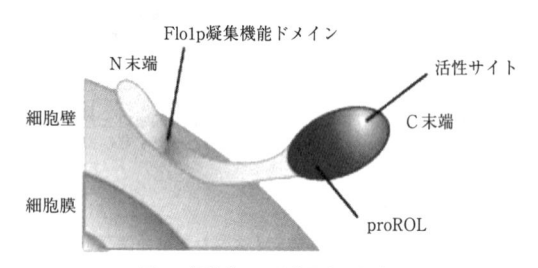

図4　細胞表への付着固定の概念図

6.4　リパーゼ表層ディスプレイ酵母を用いた光学分割反応

我々は新たに開発したFlo1pアンカーを用い，リパーゼ（ROL）を十分な活性を有したまま表層ディスプレイすることに成功したため，このリパーゼ表層ディスプレイ酵母菌体触媒を光学分割反応に用いた[10]。我々がモデル系として用いた光学分割反応は，酢酸ビニルをアシルドナーとした(R,S)-1-phneylethanolからの(R)-1-phenylethyl acetateの選択的合成である（図5）。反応は凍結乾燥処理をしたリパーゼ表層ディスプレイ酵母を用い，30℃，各種有機溶媒中（ヘキサン，ヘプタン，シクロヘキサン，オクタン）で行った。また有機溶媒中でのリパーゼによる反応では，系中にリパーゼの構造をたもつために必要とされる以上の水分が存在すると反応が阻害されることが知られており[11,12]，系中の水分除去のためにモレキュラージーブス4Aを用いた。

この反応系において粉末ROL酵素では反応を触媒することができなかったのに対し，リパーゼ表層ディスプレイ酵母は全ての有機溶媒中で高活性に(R)-1-phenylethyl acetate合成反応を

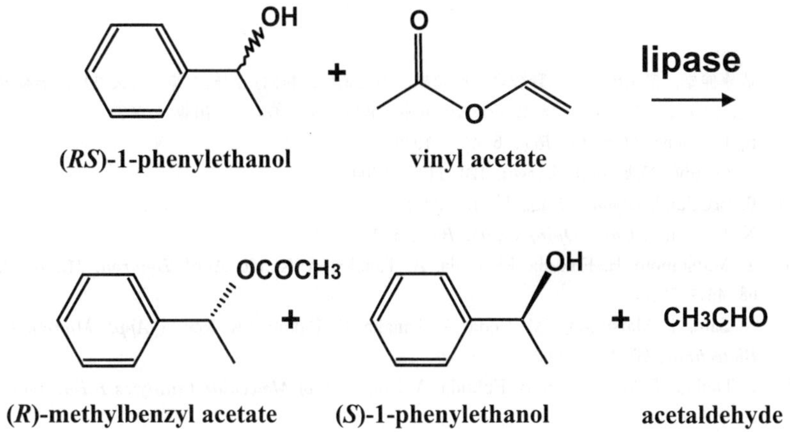

第4章 酵母ディスプレイ

(RS)-1-phenylethanol + **vinyl acetate** →(lipase)→ **(R)-methylbenzyl acetate** + **(S)-1-phenylethanol** + **acetaldehyde**

図5 リパーゼによる (R,S)-1-phneylethanolの光学分割反応スキーム

触媒することが可能であった。この差異はリパーゼ分子のN末端側にFlo1pの一部分を融合し酵母細胞表層にディスプレイすることで，有機溶媒中での分散性がよくなり，反応性が向上したのではないかと考えられる。また酵素自身の安定性が向上した可能性もある。ヘプタン中での反応において36時間後の (R)-1-phenylethyl acetateの収率は97.3％に達しエナンチオ過剰率は93.3％eeに達した。この結果は，リパーゼ細胞表層ディスプレイ酵母菌体触媒の光学分割反応における有用性を示すものと言える。

6.5 おわりに

以上のように本稿では，現在のファインケミカル製造における環境での酵母ディスプレイ法の有用性，ならびにファインケミカルの代名詞と言うべき医薬品製造において求められる光学分割反応への酵母ディスプレイ法の応用例を述べてきた。酵母ディスプレイ法により，酵素をその細胞表層にディスプレイした酵母菌体触媒を用いた有用物質生産はまだその産声を上げたばかりであり，これからの研究によるその可能性，多様性の開発は非常に心躍らされるものがある。酵母ディスプレイ法を用いた世界的規模のバイオコンバージョンプロセスの開発が期待される。

コンビナトリアル・バイオエンジニアリングの最前線

文　献

1) 武藤伸雄，栗山康秀，北野智之，南則雄，中村繁生，杉内正，松本伸一，矢納仁，岩崎厚夫，ファインケミカル受託ビジネスの実態と展望，シーエムシー出版（2003）
2) E. J. Ariens, *Med. Re. Rev.*, **6**, 451 (1986)
3) K. Otsubo, *Yakugaku Zasshi*, **120**, 1135 (2000)
4) P. Breglund, *Biomol. Eng.*, **18**, 13 (2001)
5) N. J. Turner, *Curr. Opin. Chem. Biol.*, **8**, 114 (2004)
6) T. Matsumoto, H. Fukuda, M. Ueda, A. Tanaka, A. Kondo, *Appl. Environ. Microbiol.*, **68**, 4517 (2002)
7) N. Sato, T. Matsumoto, M. Ueda, A. Tanaka, H. Fukuda, A. Kondo, *Appl. Microbiol. Biotechnol.*, **60**, 469 (2002)
8) T. Tanino, T. Mastumoto, H. Fukuda, A. Kondo, *J. of Molecular Catalysis B:Enzymatic*, **28**, 259 (2004)
9) J. Watari, Y. Takata, M. Ogawa, H. Sahara, S. Koshino, M. L. Onnela, U. Airaksinen, R. Jaatinen, M. Penttila, S. Keranen, *Yeast*, **10**, 211 (1994)
10) T. Matsumoto, M. Ito, M. Fukuda, A. Kondo, *Appl. Microbiol. Biotechnol.*, **64**, 481 (2004)
11) S. Kyotani, H. Fukuda, H. Morikawa, T. Yamane, *J. Ferment. Technol.*, **66**, 71 (1988)
12) S. Kyotani, H. Fukuda, Y. Nojima, T. Yamane, *J. Ferment. Technol.*, **66**, 567 (1988)

7 ハイスループットスクリーニング技術

近藤昭彦*

7.1 はじめに

コンビナトリアル・バイオエンジニアリングで，発生させた多様性のなかから，目的の機能を発揮する生体分子を提示するクローンをハイスループットで選択する (directed selection) 手法は，極めて重要である。ここでは，特に細胞表層ディスプレイライブラリーからの選択に焦点を絞って解説する。目的機能を持った生体分子を表層ディスプレイした細胞をハイスループットに選択する手法には大きくいって，（1）アレイ型チップを用いる方法，（2）フローサイトメーターを用いる方法，（3）磁性微粒子に代表される担体を利用する方法，があげられる。このうち，（1）に関しては，第9章などに詳しいので，ここでは他の二つの手法について解説する。

7.2 フローサイトメーターを用いる手法

フローサイトメーター (fluorecence activated cell sorter; FACSまたはflow cytometry;FCM) は，細胞表層ディスプレイライブラリーのなかからターゲット分子と相互作用する細胞（すなわち相互作用する分子をディスプレイする細胞）を選択するのに，最もよく用いられてきている手法である[1,2]。FACSは，細胞一つ一つについて，その光散乱強度（前方散乱：細胞の形態や内部構造に依存）や細胞表面にある分子の種類や量を蛍光標識分子を用いて蛍光染色することで計測できる優れた装置であるが，その原理は他書を参照されたい[3]。また，FACSを用いることで，目的の分子を細胞表面に持つ細胞のみを分離（セルソーティング）できる。FACSは高価な装置であることが欠点ではあるが，その目的細胞の選択や濃縮に関しては極めて優れており，1回の操作で，数百倍から千倍の濃縮が可能であることが多い。これは，分離に固相を使わないことから，非特異的な吸着といった問題がないためである。FACSにより，ターゲット分子と相互作用する細胞の濃縮操作は以下のようなステップからなる。

（1）蛍光標識したターゲット分子の調製
（2）ライブラリーディスプレイ細胞群と標識ターゲット分子をインキュベート
（3）FACSを用いたソーティング

この場合，細胞と標識ターゲット分子の結合は溶液中で起こるため，通常アビデティ効果は無視できる。図1に具体的なFACSチャート例を示すが，図1（A）では一つのドットが一つの細胞に対応する。この横軸は標識に用いた蛍光高強度で，縦軸は前方散乱強度である。また，図1（B）は，横軸に蛍光強度，縦軸に各蛍光強度を持つ細胞の数を示す。図における蛍光強度

---

* Akihiko Kondo 神戸大学 工学部 応用化学科 教授

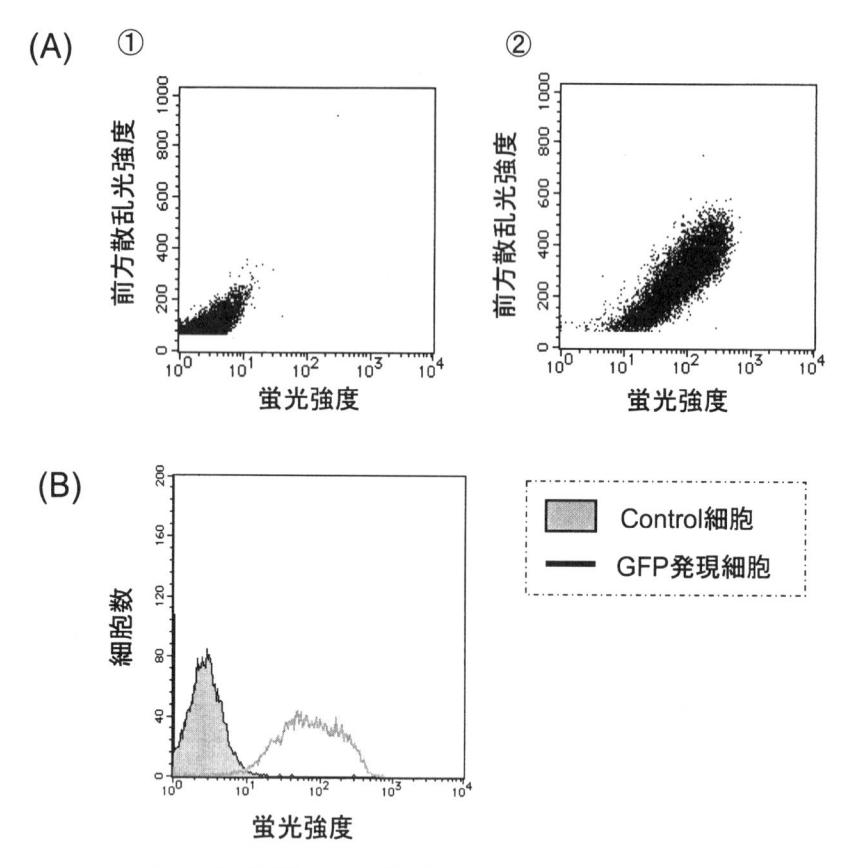

図1 (A) FACSデータ（二次元展開図）①Control細胞，②GFP発現細胞
(B) FACSデータ（ヒストグラム）

は，細胞表層にディスプレイされたタンパク質の標識ターゲット分子へのアフィニティに加え，ディスプレイされたタンパク質の量や細胞自身のサイズの影響を受ける。ここで，細胞のサイズは前方散乱の大きさからその効果を見積もることは可能である。また，発現タンパク質量はFlagやヘキサヒスチジンといったアフィニティタグをつけておき，別の蛍光色素で標識した抗体を用いて蛍光染色し，FACSでマルチカラー計測することでその量を推定することができる。このようにFACSが優れた手法であるのは，各細胞表層にディスプレイされた分子の標的細胞に対するアフィニティとその発現量を同時にモニターしながら，選択できる点にあると言える。最終的な

第4章 酵母ディスプレイ

利用を考えると，発現量が多く，ターゲットに対するアフィニティが高いものが優れていると言えることから，FACSを用いた手法は優れた選択法である。

この手法における分離の最適化の検討においては，最適な標識ターゲット分子の濃度（限定された標識分子量を用いることで，高いアフィニティ分子を提示する細胞をよりクリアーに標識するため）であるとか，非標識ターゲット分子との速度論的な競争反応を行わせる場合にはその時間といったことが上げられる。こうしたファクターをより厳密に設定することで，ディスプレイした分子のターゲット分子へのアフィニティの差での選択がより厳密になる。

細胞表層ディスプレイとFACSを組み合わせた手法は，簡便性という面からも，ファージディスプレイとパニングによる選択といった手法に比較して優れた点を持っていると言える。これは，溶出といった操作はいらないし，選択した細胞を再度培養するだけで増幅できるためである。数度の選択と培養を繰り返すだけで，極めて効率よく標的細胞を選択・回収することができる。

さらに，FACSを用いて酵素活性で選択する手法についても報告されている[4]。この手法では，（1）蛍光色素，（2）＋チャージを持った領域，（3）酵素分解を受けるサイト，（4）Fluoresence resonance energy transfer（FRET）を起こすパートナー分子，からなる合成基質を用いる。すなわち，細胞表層に目的酵素活性を持つものがディスプレイされている場合，FRETを起こすパートナーを酵素分解によって除かれた分子（蛍光を発する）が＋チャージを持った領域によって細胞（－チャージ）に結合するため，酵素活性を持つ細胞が蛍光標識されることになるため，これをFACSによってソーティングすればよいことになる。

7.3 磁性ナノ微粒子材料を用いた手法

細胞のような大きなターゲットを分離する上では，磁性微粒子材料を用いた磁気分離法は優れた手法である。磁性微粒子材料を使う方法は，特に高価な設備を必要としないことから，汎用性の高い手法ということができる。基本的には，目的分子と相互作用する分子を磁性微粒子材料表面に固定化した，アフィニティ磁性微粒子を用いて，標的細胞を高効率に選択していく手法である。近年，多様な磁性微粒子材料が市販されつつあるが，従来は，磁気分離の観点から（ナノ粒子の磁気分離は極めて困難なため）ミクロンサイズの粒子が用いられてきた。しかしながら，ナノ粒子材料は，表層ディスプレイする細胞のなかからターゲット細胞を分離する上で極めて有効である。ただし粒子径が1μm以下の磁性微粒子は通常の磁石で分離することが難しいため，特別の仕掛けが必要である。そこで，筆者らは，磁性ナノ粒子材料を合成する際に，微粒子に外部刺激（温度，光，電場，pH等）応答性を付与することを考えた。例えば磁性ナノ粒子材料を熱応答性高分子（温度変化によって，高分子が脱水和する，あるいはポリマー間の相互作用が変化する）で被服した熱応答性磁性ナノ粒子を合成できれば，磁性ナノ粒子を温度変化で凝集させる

ことにより,磁石によって迅速に集めることが可能となる。すなわちナノサイズの磁性粒子でありながら,極めて迅速な磁気分離が可能な革新的な材料となる[5,6]。

具体的には,N-アクリロイルグリシンアミド(NAGAm)とビオチン誘導体(N-メタクロイル-N'-ビオチニルプロピレンジアミン:MBPDA)との共重合体(NAGAm/MBPDA)を主成分とした高分子であり,低温側で高分子鎖間の水素結合により不溶化し,高温側で水素結合の解離により溶解する。この温度変化による,可溶⇔不溶の転移は完全に可逆的である。各モノマーの共重合比率を変えることにより,様々な転移温度を有するUCST高分子が合成可能であるが,例えばNAGAm:MBPDAを10:1としたものは20℃付近で転移する。これを用いて磁性ナノ粒子材料をコートすることで,図2に示したように,熱により凝集・分散の制御が可能な磁性ナノ粒子の合成が可能になった。

このNAGAm/MBPDA共重合体を,マグネタイトのナノ粒子(平均粒子径が10〜20nm程度)に固定化することにより,水溶液中でUCSTを持つ熱応答性を示すと共に,アビジンを介して各種の生体分子を特異的に結合できる磁性ナノ粒子が合成できる(平均粒子径70〜100nm程度,Therma-Max®)。この熱応答性磁性ナノ粒子は室温下の分散状態では磁性体に由来する茶色がかった透明な溶液のようであり,かなり強力な磁石でも全く磁気分離できない。また,長期保存においても,沈降することはない。これを氷浴に入れると瞬時に凝集を起こして容易に磁石分離ができ,凝集・磁気分離した粒子は温度を上げることで,元通り完全に分散させることが可能である。さらにNAGAm/MBPDA共重合体は,ビオチンを含むことから,アビジンを介して種々

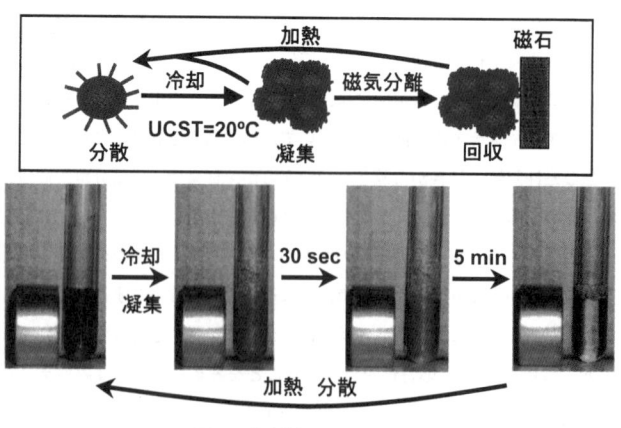

図2 熱応答性磁性ナノ粒子

第4章　酵母ディスプレイ

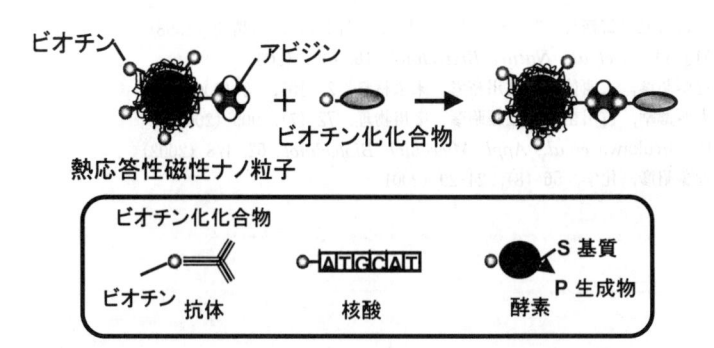

図3　アビジン-ビオチン相互作用による磁性ナノ微粒子への生体分子の固定化

のビオチン化タンパク質やDNA等の生体分子を特異的に結合できる（図3）。

この熱応答性磁性ナノ粒子は，細胞表層ディスプレイライブラリーのなかから目的分子をディスプレイする細胞を高効率に磁気分離するのに極めて有効であることが明らかにされている[7]。この磁性ナノ粒子を利用して目的細胞を選択していく場合も，粒子からの細胞の溶出は不要である。粒子の結合した細胞をそのまま培養によって増殖させることで，増幅できる。また，ファージのパニングで行われたように，酵素活性を持つものだけを粒子から溶出できれば酵素活性を持つものを選択することも可能であろう[8]。

7.4　おわりに

以上紹介した3つの流れのハイスループットスクリーニング手法に関しては，いずれも近年大きな注目を集めており，新しい手法，材料や装置が開発されており大きな進展を見せつつあると言える。細胞表層工学の進展と連動して，より高効率に新しい機能を持った生体分子や新しい機能をもった細胞の創出が可能になるものと期待される。

文　献

1) K.D. Wittrup, *Curr. Opinion Biotechnol.*, 12, 395 (2001)
2) G. Georgiou *et al.*, *Nature Biotechnol.*, 15, 29 (1997)

3) 中村啓光（監修），フローサイトメトリー自由自在，秀潤社（1998）
4) M.J. Olsen *et al., Nature Biotechnol.*, 18, 1071 (2000)
5) 近藤昭彦，大西徳幸，古川裕考，未来材料, 2 (10), 19 (2002)
6) 大西徳幸，古川裕考，近藤昭彦，応用物理, 72 (7), 909 (2003)
7) H. Furukawa *et al., Appl. Microbiol. Biotechnol.*, 62, 478 (2003)
8) 近藤昭彦，化学, 56 (8), 24-29 (2001)

第5章　Retrovirus Display of Peptides and Proteins

Kaiming Ye[*1]
日本語概要：植田充美[*2]

概要：「ペプチドやタンパク質のレトロウイルスディスプレイ」
　レトロウイルスの外被タンパク質へのディスプレイには，Meloney murine leukemiaウイルスが最も適合できる。このウイルスの表面タンパク質 (SU) のN末端とC末端の間にある外部露出ループPRR部位の可変領域にペプチドを挿入する手法が非常に効果的である。この領域に，単鎖scFv抗体や金属イオンを捕捉できるヒスチジンオリゴマーを挿入し，その活性発現に成功している。

1　Structure of retroviral envelope protein

　Retroviruses comprise a large and diverse family of enveloped RNA viruses, which are usually 80–100 nm in diameter[1]. The RNA genome is packaged by a capsid protein (CA) along with a virus-encoded reverse transcriptase (RT). The CA is enveloped by a cell-derived lipid bilayer, in which envelope proteins (Env) are inserted. Env mediates the absorption to and the penetration of host cells susceptible to infection. It consists of the transmembrane (TM) and the surface (SU) components linked together by disulfide bonds. SU and TM form an oligomeric knob or knobbed spike on the surface of the virion. During the infection, SU binds to a receptor molecule on the host cell, activating the membrane fusion-inducing potential of the TM and subsequent viral and cell membrane fusion. The specificity of the SU/receptor interaction determines the host range and tissue tropism of a retrovirus.

　Moloney murine leukemia virus (MoMuLV) is the best-characterized type C retrovirus. It encodes an Env precursor, Pr85^{env}, that is initially glycosylated in the endoplasmic

---

＊1　Kaiming Ye　University of Pittsburgh Center for Biotechnology and Bioengineering
＊2　Mitsuyoshi Ueda　京都大学大学院　農学研究科　応用生命科学専攻　教授

reticulum, further processed in the Golgi apparatus, and proteolytically cleaved to generate two subunits, SU (gp70) and the TM (p15E)[2~4]. The signal sequence of Env directs the Env to enter the secretion pathway and reach the cell surface, where it is incorporated into budding virions[5]. It has been well documented that the N-terminal portion of SU is responsible for the receptor recognition, which determines the virus host range[2,6]. Hypervariable regions within the receptor binding domain (BRD) have been identified and defined as VRA, VRB, and VRC[7], which contain most of the sequence differences among five different MuLV subtypes and are primarily responsible for the specificity of receptor interaction[8~10]. The C-terminal portion of SU is more conserved and is believed to associate with the TM protein and to be involved in the postbinding events that lead to fusion of the viral and cellular membranes[11,12]. A hypervariable proline-rich region (PRR) links the N- and C-terminal portions of the SU[13]. The N-termius of PRR is conserved among five subtypes of MuLVs, with a consensus sequence of GPR (I/V) PIGPNP[14], and is essential for viral infection[13,15], whereas the C-terminus of the PRR varies in length and sequence among five subtypes of MuLV (Figure 1). X-ray structural analyses of FeLV (Feline leukemia virus) revealed that PRR forms an exposed loop between the N-and C-terminal domains of SU[16]. Accordingly, the insertion of a small peptide in the hypervariable region of PRR will most likely lead to a surface exposure of the peptide. Mutagenesis studies demonstrate that truncation of up to 29 amino acids in the hypervariable region of PRR has very little effect on the viral titer[17].

		Proline-rich region (PRR)		
	N-terminus of SU	Conserved PRR	C-terminus of PRR (hypervariable region)	C-terminus of SU
Ecotropic (MoMuLV)	...GIRLRYQNL	GPRVPIGPNPVLADQ	QPLSKPKPVKSPSVTKPPSGTPLSPTQLPPA	GTENRLLNLVD...
Amphotropic (4070A)	...SLTRQVLNV	GPRVPIGPNPVLPDQ	RLPSSPIEIVPAPQPPSPLNTSYPPSTTSTPSTSPSVPQPPP	GTGDRLLALVK...
Polytropic (MCF247)	...SLTRQVLNI	GPRVPIGPNPVITDQ	LPPSRPVQIMLPRPPQPPPPGAASTVPETAPPSQQP	GTGDRLLNLVK...
Xenotropic (NZB)	...SLTRQVLNV	GPRVPIGPNPVLPDQ	LPPSQPVQIMLPRPPHPPPSGTVSMVPGAPPPSQQP	GTGDRLLALVE...

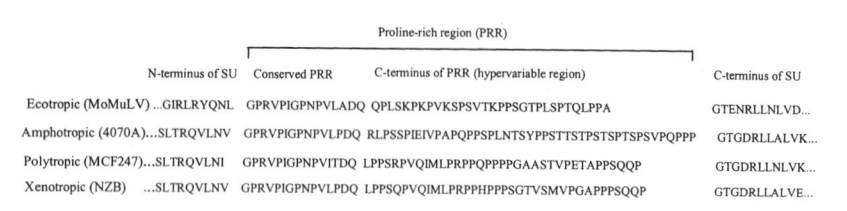

Figure 1 Alignment of amino acid sequence of the PRR from different subtypes of MuLVs.

第5章 Retrovirus Display of Peptides and Proteins

2 Display of peptides on the surface of retrovirus

As SU is localized on the surface of a retrovirus, it can be used to functionally display a peptide or a protein of interest. Nevertheless, the display of a peptide or a protein should not interfere with the SU function. Otherwise, the viruses will be no longer infectious. To diminish such effect, a protein or a peptide can be inserted in the hypervariable regions of SU such as the RBD region or the PRR region. For example, a single-chain antibody (scFV) has been inserted into SU by replacing part of the RBD sequence with scFV sequence, which allowed the virus to target host cells that originally could not be infected by the unmodified virus vectors[18~21]. However, the display of a protein may result in lower levels of the chimeric Env being incorporated into viral particles[10]. Moreover, the fusion capacity of chimeric Env is often dramatically impaired when a protein is inserted in SU, suggesting the difficulty in displaying a protein on the surface of viruses[20].

However, a number of studies have shown that the display of a small peptide on the surface of a retrovirus does not interfere with the virus integrity. Wu et al.[10] have displayed a 15-amino acid peptide on the surface of MoMuLV by inserting the small peptide into the RBD region of the SU. They demonstrated that the surface displayed peptide bound specifically to the vitronectin receptor, α_v/β_3. There are eight sites in the RBD domain of SU that are identified to tolerate the insertion of a small peptide, including the region between residues 6 and 7, two sites in VRA, a cluster of sites in VRC, and PRR. Nevertheless, a solid-binding assay suggested that the peptide displayed in different sites had different binding affinities for the α_v/β_3 receptor, which may reflect the effects of structural constraints from the surrounding Env protein scaffold on the accessibility and function of the targeting peptide.

In another study, Ye et al.[22] displayed a polyhistidine peptide on the surface of MoMuLV by inserting a HHHHHH sequence into the PRR region of SU as shown in Fig. 2. They demonstrated that the display of the polyhisitidine $(His)_6$ tag did not affect the integrity of the viruses. The engineered viruses retained a high titer as that of un-engineered viruses, and most important, the surface displayed $(His)_6$ tag was exposed for affinity binding to ligands. The surface displayed $(His)_6$ tag endowed the virus with an increased affinity for the immobilized metal ions such as Ni^{2+}. Accordingly, they developed a novel purification process to eliminate contaminated proteins and lipids from the virus supernatants

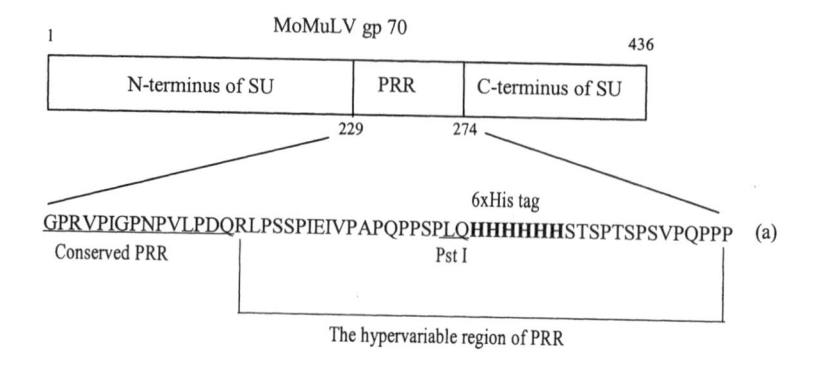

```
                          MoMuLV gp 70
  1                                                                  436
  ┌──────────────────────────┬───────┬──────────────────┐
  │    N-terminus of SU      │  PRR  │  C-terminus of SU │
  └──────────────────────────┴───────┴──────────────────┘
                             229     274
```

                                          6xHis tag
GPRVPIGPNPVLPDQRLPSSPIEIVPAPQPPSPLQ**HHHHHH**STSPTSPSVPQPPP   (a)
Conserved PRR
                                  Pst I

The hypervariable region of PRR

GPRVPIGPNPVLPDQRLPSSPIEIVPAPQPPSPL<u>NTSYPPSTTSTP</u>STSPTSPSVPQPPP (b)

Figure 2 Display of the (His)₆ on the surface of Env.

(a) The (His)₆ peptide was inserted in the hypervariable region of PRR followed directly in the downstream of Pst I site. The sequence between Pst I and Stu I in the PRR region encoded by E/A-PRR[13] were deleted and replaced by a sequence encoding the (His)₆ peptide. The Stu I site was removed as well to facilitate screening for positive mutants in the site-directed mutagenesis.
(b) The sequence of the PRR region encoded by E/A-PRR. The underlined sequence was replaced by the (His)₆ peptide sequence in (a).

by immobilized metal affinity chromatography (IMAC). Furthermore, they established that the purified viruses retained their capability of delivering genes into target cells. As retrovirus vectors produced from packaging cell lines are invariably contaminated by proteins, nucleic acids, as well as other substances introduced in the manufacturing process[23,24], elimination of these contaminants from retroviral vector preparations is helpful to reduce unwanted side effects, and purified vector preparations are desirable to improve reproducibility of therapeutic effect. Display of a small metal binding peptide on the surface of viruses opens up a new avenue for the production of high titer and highly-purified virus vectors for human gene therapy applications.

第5章 Retrovirus Display of Peptides and Proteins

References

1) J. M. Coffin, et al. Retroviruses, Cold Spring Harbor Laboratory Press, New York (1997)
2) R. A. Morgan, et al., J. Virol., 67, 4712-21 (1993)
3) A. Pinter, and W. J. Honnen, J. Virol., 62, 1016-21 (1988)
4) O. N. Witte, and D. F. Wirth, J. Virol., 29, 735-43 (1979)
5) J. W. Izard, and D. A. Kendall, Mol. Microbiol., 13, 765-73 (1994)
6) A. J. MacKrell, et al., J. Virol., 70, 1768-74 (1996)
7) L. O'Reilly, and Roth, M.J., J. Virol., 74, 899-913 (2000)
8) J. L. Battin, et al., J. Virol., 66, 1468-1475 (1992)
9) D. D. Fass, et al., Science, 277, 1662-1666 (1997)
10) B. W. Wu, et al., Virology, 269, 7-17 (2000)
11) A. Pinter, et al., J. Virol, 71, 8073-7 (1997)
12) T. F. Schilz, et al., AIDs Res. Hum. Retroviruses, 18, 1571-1580 (1992)
13) B. W. Wu, et al., J. Virol., 72, 5383-5391 (1998)
14) K. D. Gray, and M. J. Roth, J. Virol, 67, 3489-96 (1993)
15) S. M. Rothenberg, et al., J. Virol, 75, 11851-62 (2001)
16) J. D. Fontenot, et al., J. Biomol Struct Dyn, 11, 821-36 (1994)
17) B. Weimin Wu, et al., J. Virol., 72, 5383-91 (1998)
18) N. Kasahara, et al., Science, 266, 1373-6 (1994)
19) S. J. Russell, et al., Nucleinc Acids Res., 21, 1081-1085 (1993)
20) C. A. Benedict, et al., Hum. Gene Ther., 10, 545-557 (1999)
21) T. J. Gollan, and M. R. Green, J. Virol., 76, 3558-63 (2002)
22) K. Ye, et al., J. Virol., 78, In press (2004)
23) J. Chen, et al., Virology, 282, 186-97 (2001)
24) A. Lyddiatt, and D. A. O'Sullivan, Curr Opin Biotechnol, 9, 177-85 (1998)

第6章　無細胞合成系

1　SIMPLEX法の開発と進化分子工学への応用

今村千絵[*1]，中野秀雄[*2]

1.1　はじめに

　近年，タンパク質分子の機能改変を目的とした進化分子工学の様々な方法論や技術が開発されてきている。その中でも，大規模なタンパク質のコンビナトリアルライブラリーから，目的の機能を持つ分子を選択する，コンビナトリアル・バイオエンジニアリング的な手法が注目されている。このとき，効率的に目的タンパク質を得るために，立体構造・機能相関に基づく合理的な変異導入部位の選定と，迅速な大量スクリーニング系の確立が大きな課題として挙げられる。

　中野らは，迅速・大量スクリーニングを実現するために，タンパク質分子のコンビナトリアルライブラリーをマイクロプレート上に構築する手法—1分子PCRと無細胞タンパク質合成を組み合わせたSIMPLEX法（single-molecule-PCR-linked *in vitro* expression）—を開発した[1]。この系は生細胞を全く用いないことから，変異タンパク質ライブラリーを迅速・大量に作製することが可能である。その際，ターゲットとするタンパク質は，無細胞タンパク質合成系により活性型として発現されなければならない。本節では，S-S結合やヘムを持つタンパク質の無細胞系による活性型での生産例と，その大量スクリーニングの応用例を，SIMPLEX法の原理と特徴を交えて紹介したい。

1.2　無細胞系におけるタンパク質の生産

1.2.1　無細胞系の特徴

　無細胞タンパク質合成は，細胞抽出液中に存在するリボソームや翻訳因子，tRNAなどの諸因子の働きにより，DNAあるいはmRNAからその遺伝子産物を生合成させるシステムである。近年では，大腸菌，コムギ胚芽及びウサギ網状赤血球由来抽出液を用いたものが主に利用されている。中でも，転写と翻訳を同時に1本のチューブの中で行う（転写翻訳共役反応）大腸菌抽出液を用いたものが広く用いられている。転写翻訳共役系では，プラスミドDNAやPCR産物を直接無細胞合成の鋳型として用いることができるという利点がある。大腸菌抽出液（S30画分）に各

[*1]　Chie Imamura　㈱豊田中央研究所　バイオ研究室　研究員
[*2]　Hideo Nakano　名古屋大学　大学院生命農学研究科　助教授

第6章　無細胞合成系

種アミノ酸，ATP，GTP，CTP，UTP，tRNA，RNAポリメラーゼ及びATP再生系を添加したものと，上流にプロモーター配列を付加した鋳型DNAを反応させることにより，目的DNAをコードするタンパク質を反応液中に合成できる。更に，生細胞を用いないことから，①反応液に外来性因子を自由に添加することができ，各種シャペロンの添加や非天然アミノ酸の導入が可能，②細胞毒性のあるタンパク質の合成が可能，③増殖時間や形質転換等の手間がかからず，わずか数時間でタンパク質を合成できる迅速・小スケールな系である，などの利点がある。

変異ライブラリーからのスクリーニングを行う際，ターゲットとするタンパク質をいかに活性型で発現できるかは大きな課題である。大腸菌に真核生物由来のタンパク質を生産させる場合，正しい立体構造形成ができずに不活性型となる場合がある。無細胞系においても適切なフォールディングができない場合，翻訳産物は不溶化し軽い遠心でペレットに落ちてくる。しかし，無細胞系では外来性因子の添加ができるという利点を活かし，反応液の酸化還元状態の調製，分子シャペロンやS-S結合形成を助ける因子の添加，反応温度・反応条件の最適化などにより翻訳産物を可溶化し，活性型のタンパク質の割合を高めることができるといえる。

1.2.2　ジスルフィド結合の導入

S-S結合を持つタンパク質を一般的な無細胞系で合成すると，不溶化し不活性型となる。しかし，無細胞合成反応液から還元剤を除去して酸化的な条件下で合成することにより，正しいS-S結合を形成させ活性型のタンパク質を得ることが可能である。*Burkholderia cepacia* KWI-56 由来lipase[2]，phospholipase D[3] 及びFab触媒抗体6D9 Fab[4] は，活性型のタンパク質として合成されている。さらに，牛由来protein disulfide isomerase (PDI) を添加することによって，活性型の単鎖抗体の割合を増加させた報告もある[5]。

1.2.3　ヘムタンパク質のフォールディング

転写翻訳反応液組成を自由に変えられるメリットを生かし，ヘム及び各種シャペロンを添加し，ヘムタンパク質である*Phanerochaete chrysosporium*のマンガンペルオキシダーゼ (MnP) を活性型で発現させることに成功した。転写翻訳共役反応を最適化するために，反応温度，反応時間，酸化還元条件，各種シャペロン・PDIの添加条件について検討を行い，最終的には$1\mu l$の転写翻訳産物があれば活性が検出できるように，合成量とフォールディング効率を向上させた。まず，転写翻訳共役反応時の温度を通常より低くすることにより，可溶性のMnP合成量を促進できることがわかった（図1）。37℃で合成した場合では，合成産物はほとんどが不溶性（約73%）であるのに対し，反応温度を低くするにつれて可溶性画分の割合が増加し，25℃の場合では約78.4%が可溶性であった。また，転写翻訳反応時に，foldingを助ける因子であるシャペロンDnaK・DnaJ・GroEL・GroES・GrpEを添加しても，活性型酵素の増加は認められなかった（図2）。一方，正しいS-S結合形成を助ける因子であるカビPDIを添加した場合では，シャペロン等未添

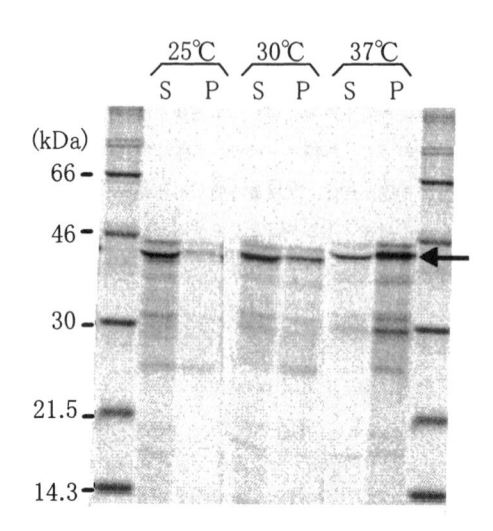

コンビナトリアル・バイオエンジニアリングの最前線

図1　大腸菌由来無細胞タンパク質合成系によるMnPの生産
各温度で合成した^{14}C-ラベル転写・翻訳産物の上清（S）と沈殿（P）画分のオートラジオグラフィー。
矢印はMnPの分子量を示す。

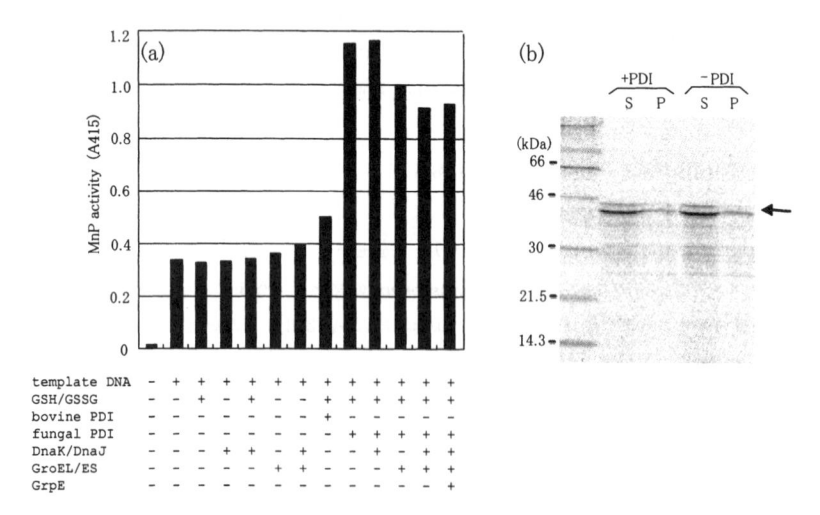

図2　各種シャペロン及びPDI共存下での転写・翻訳産物のMnP活性
(a) DnaK,1.0 μM；DnaJ,0.4 μM；GroE,1.25 μM；GrpE,0.4 μM；GSH,1.0mM；GSSG,0.1 mM；PDI,0.5 μM
（＋，添加；―，未添加）。転写・翻訳産物200 μlをHis-tag結合性ビーズで濃縮後にMnP活性を測定。
(b) PDI共存下（＋PDI）及び非共存下（―PDI）における^{14}C-ラベル転写・翻訳産物の上清（S）と沈殿
（P）画分のオートラジオグラフィー。
矢印はMnPの分子量を示す。

第6章 無細胞合成系

加の場合に比べると，可溶性タンパク質量は変化していなかったが，活性は顕著に増大した。従って正しくS-S結合がかけ直されることにより，活性型MnPが増加したと考えられた。これらのことから，当初MnPの活性が低かった原因は，これまで用いられてきた無細胞タンパク質合成系では，正しいS-S結合が形成されないことにあると考えられた。

 *in vivo*でチオール基の交換反応を触媒する酵素として，大腸菌では，チオレドキシンとグルタレドキシンによる還元反応が，DsbACではイソメラーゼ活性を持つことが報告されている[6,7]。DsbACのミスフォールドさせたinsulin-like growth factor-1に対するイソメラーゼ活性を牛由来PDIと比較したところ，DsbACのk_{cat}は牛PDIよりも顕著に低いことが報告されている。更に，スクランブル化したタンパク質に対するS-S結合の交換反応はPDIと比較して極端に弱いこともわかっている[8]。これらのことから，大腸菌由来のS30 extractにこれらのシャペロンが含まれているとしても正しいS-S結合を形成させるに充分量とはいえず，系外からの添加が必要であると考えられる。

 また，牛PDIを用いた場合では，シャペロン等未添加の場合よりもやや活性が高かったが，カビ由来を用いた時のような顕著な効果は認められなかった。カビPDIは，熱・変性剤（0.2Mグアニジン塩酸）に対する安定性が高く，また広範囲のpHで安定である。更に牛PDIよりも高濃度の還元剤存在下でスクランブル化RNAseの再活性化が可能である[9]。これらの理由から，酸化還元電位が異なっている可能性が推測され，大腸菌抽出液による転写翻訳反応系ではカビPDIの方が適していると考えられた。

1.3 SIMPLEX法によるライブラリー構築

1.3.1 SIMPLEX法の原理

 SIMPLEX (single-molecule-PCR-linked *in vitro* expression[1,10]) は，1分子PCRと無細胞系を組み合わせた新しい変異タンパク質ライブラリー構築法である。変異DNA集団を限界希釈し，マイクロプレート1ウェルあたりDNAが1分子となるように分注し，1分子PCR[11,12]を行うことにより，プレート上に変異DNAライブラリーを構築する。1分子PCRでは，プライマーダイマーの蓄積を抑えるために，ターゲット配列の両末端を同じ配列にしたホモプライマーを用いた。1分子PCR産物の一部を鋳型DNAとして，レプリカプレート上で無細胞タンパク質合成を行い，変異タンパク質ライブラリーを構築するものである。

 phage display法をはじめ，様々なコンビナトリアルライブラリーのスクリーニング法が開発されているが，これらのスクリーニング系で最も重要な点は，ライブラリー分子の遺伝子型と表現型をいかに対応づけるかにあるといえる。SIMPLEX法では，1分子PCRによりプレートの各ウェルに遺伝子ライブラリーを構築し，そのレプリカプレートの各ウェル中で1分子PCR産物を

鋳型とした転写翻訳共役反応を行う。合成されたタンパク質の評価（活性測定等）を行い，陽性ウェルをスクリーニングする。陽性ウェルに対応する位置の1分子PCRプレートのウェル中に陽性タンパク質をコードする遺伝子が含まれることとなり，このシステムでは，遺伝子型は1分子PCRプレート，表現型は無細胞タンパク質合成プレートであり，両者の対応づけはプレートのウェルNo.で行われるのである。このことにより，分子の結合活性を指標として選抜するのではなく，各ウェル中の酵素活性を指標としたスクリーニングが可能となった画期的な手法であるといえる。

1.3.2 SIMPLEX法の特徴

大腸菌等を用いたコロニーをベースとした*in vivo*スクリーニングと比較して，SIMPLEX法では無細胞系を用いることによる様々な利点が挙げられる。その一つとして，ライブラリーサイズを自由に設定できる点が挙げられる。*in vivo*スクリーニングでは，遺伝子変異ライブラリーを大腸菌へ形質転換する際の効率がライブラリーサイズに影響する。無細胞系では，PCR産物を直接鋳型として用いることから細胞への導入は必要なく，ライブラリーサイズを限定されることは原理的にはない。変異ライブラリー作製は，目的遺伝子の変異を導入したい部位にPCR法により変異導入し，その他の領域をさらにオーバーラップPCRにより連結し全長遺伝子を作製する。その上流にプロモーター領域をオーバーラップPCRにより付加し，無細胞系の鋳型を構築する。この方法により，好きなサイズの変異DNAライブラリーを，1日の作業で作製できるのである。

2つ目としては，スクリーニングの所要時間が極めて迅速かつ効率的である点が挙げられる。生細胞を使わないため，ライブラリー構築が迅速であることのみならず，タンパク質生産時も無細胞系を用いることにより，形質転換・培養等の操作が必要ない。また，合成されるタンパク質は反応溶液中に活性型で存在することから，その一部をそのまま酵素活性測定等に用いることができる。これらのことから，スクリーニングに要する時間は極めて短く，1分子PCR（4時間）から無細胞タンパク質合成（1〜3時間），タンパク質の評価（1時間）までで約8時間である。各ステップに要する液量は数μlと少量で済み，384もしくは1,536ウェルプレートへの分注器による操作が可能である。更に，遺伝子型となる1分子PCRプレートは，凍結することで長期保存が可能である。その他にも，非天然アミノ酸を含むタンパク質や，細胞毒性を持つタンパク質等のライブラリー構築とスクリーニングが可能である。

1.3.3 SIMPLEXライブラリーの均一性と拡張性

SIMPLEXにおけるライブラリーの均一性は，Green fluorescent protein（GFP）をレポータータンパク質として定量的に検討したところ，1分子PCRにより増幅したDNA量は電気泳動のバンドの濃さからほぼ同じであり，無細胞系で合成したGFP量も^{14}C-ロイシン取り込み量及び蛍光強度からほぼ同等であった[10]。

また，1分子PCRではライブラリー遺伝子を1分子／ウェルまで希釈してPCRを行うが，1分

第6章　無細胞合成系

子に希釈する際には，ポワソン分布に基づきその36%が空ウェルとなることになる。スクリーニングの際には，1プレート当たりの空ウェル分の処理数が減ることから，1分子PCRの代わりにmultiplex-PCRを提案した[13]。DNA 1分子/ウェルからPCR増幅する代わりに，DNA数分子/ウェルから増幅することにより，空ウェルをほとんど無くすことができ，SIMPLEXで構築できるライブラリーサイズを増加できる。この時，1つのウェルに含まれる数分子の鋳型DNAの増幅効率はほぼ同じであることを確認している。すなわち多分子同時に増幅してもバリエーションは失われないのである。このことは調査可能なライブラリーサイズを容易に拡大できることを意味している。しかし，multiplex-PCRでは，各ウェルに含まれる鋳型DNAの個々の濃度が低くなることから，合成される各タンパク質濃度も低くなる。従ってスクリーニング時のアッセイ法の感度により，何分子の鋳型を混合してPCRしてよいかが決定される。

1.4 SIMPLEX法の応用

　これまでにSIMPLEX法の応用例として，酵素や単鎖抗体の改変に用いている。まず単鎖抗体については，CDR3に標的を絞った変異ライブラリーを作製し，野生体より高い親和性を持つ変異体を取得した[14]。また，*Burkholderia cepacia* KWI-56由来lipaseでは，光学選択性の改変を試みた。野生型リパーゼでは，(S)体p-nitrophenyl 3-phenylbutyrateのみを選択的に加水分解することができる。活性中心近くの疎水ポケットの4ヶ所のアミノ酸残基（Leu17，Phe119，Leu167，Leu266）を7種類の疎水性アミノ酸残基（Gly, Ala, Val, Leu, Ile, Met, Phe）に，コンビナトリアルに置換した変異ライブラリーを構築した。野生型リパーゼではほとんど分解しない，(R)体に対する分解活性を指標としたスクリーニングの結果，(R)体に対して野生型よりも強い活性を示すクローンが多数得られ，そのうちのいくつかは野生体と同じ分子活性および安定性を有しながら，光学選択性が全く反転したいわば『ミラー酵素』であることがわかった[15]。ここでは，前述したヘムタンパク質であるマンガンペルオキシダーゼの過酸化水素耐性を向上させた例について詳しく述べたい。

1.4.1 マンガンペルオキシダーゼの改変

　ヘムタンパクであるマンガンペルオキシダーゼ（*Phanerochaete Chrysosporium*由来，以下MnP）は，過酸化水素によりMn^{2+}からMn^{3+}へと酸化され，有機酸と錯体を形成する。Mn^{3+}キレート錯体は，基質特異性のない高活性の酸化物であり，各種環境汚染物質を酸化分解できることが報告されている[16,17]。この強力な錯体は，ペルオキシダーゼの活性中心に入り込めないような大きな分子量の基質に対しても作用できるという特徴を持ち，パルプ産業・ポリマー分解・環境汚染物質分解へ応用が期待されている。しかし，MnPの過酸化水素に対する安定性は非常に低く，産業応用への問題点が残されている。MnPはヘムやS-S結合を有する立体構造が複雑な酵

コンビナトリアル・バイオエンジニアリングの最前線

素であるため，大腸菌等による活性型酵素の生産が難しく，改変を目的とした進化分子工学的大量スクリーニングには向かないとされてきた。前述したように，無細胞系で活性型MnPが生産できたことから，過酸化水素耐性を向上させたMnPを得ることを目的に，立体構造シミュレーションを行い改変部位の候補を絞り込み，SIMPLEX法での変異ライブラリーを作製とスクリーニングを行った[18]。MnPの過酸化水素結合部位（図3）は，2個のアミノ酸（Arg42・His46）から成ることが知られている。MnPの活性発現には過酸化水素が必要であるが，大過剰量の過酸化水素によりヘムブリーチングを起し不可逆的に失活することが報告されている[19,20]。一方，低濃度の過酸化水素存在下でも，アミノ酸の酸化・変性は立体構造に変化を生じさせ，MnPの失活につながる可能性があると考えられる。そこで，過酸化水素結合ポケット入り口上部にある3ヶ所のアミノ酸（Ala79・Asp81・Ile83）に着目し，それぞれ，20通りのアミノ酸にランダムに置換されるようにNNS変異を導入した変異ライブラリーを作製した（ライブラリーサイズ：$20 \times 20 \times 20$通り）。

約10^4ウェルについて，高過酸化水素存在下で活性を示すMnP変異体をスクリーニング（図4）した結果，4種類のタイプの過酸化水素安定化クローンが得られた（表1）。いずれのクローンもIle83がLeuへ，Ala79はGluかSerへ，Asp81はSerかLeuへ変換されていることがわかった。変換されていた個々のアミノ酸が過酸化水素安定性へどのような寄与をしているのかは明らかではないが，それぞれ20種類のアミノ酸へランダムに置換した8000通りのライブラリーから，数種類のアミノ酸へ収束していたことは，SIMPLEXによる大量スクリーニングが正しく機能している

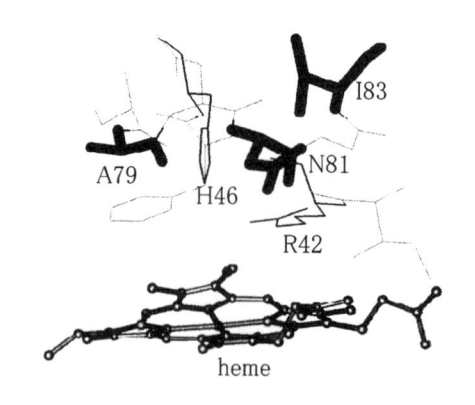

図3　MnPの過酸化水素結合部位の立体構造モデル
黒太線：変異導入アミノ酸（A79, N81 及びI83），黒細線：過酸化水素結合部位のアミノ酸（H42とR46），灰色線：ヘム。

第6章 無細胞合成系

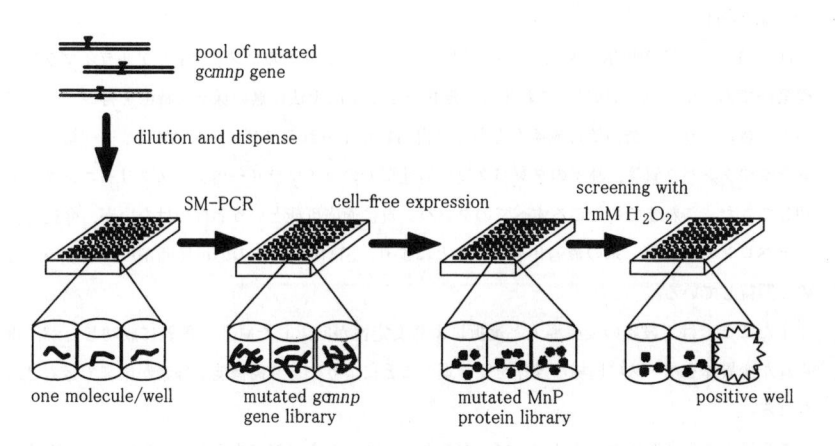

図4 SIMPLEX法によるMnPのコンビナトリアルハイスループットスクリーニング

変異DNAを384ウェルプレート上に1分子／ウェルとなるように希釈し，1分子PCRを行う。変異DNAライブラリーを無細胞合成の鋳型として用い，変異タンパク質ライブラリーを構築する。1mM過酸化水素存在下で活性を示すウェルを陽性ウェルとする。

表1　クローンの過酸化水素安定性

Clone	Amino acid No.[a]			H_2O_2 stability[b]		
	79	81	83	0.1mM H_2O_2	0.5mM H_2O_2	1.0mM H_2O_2
wild type	A	N	I	1.0	1.0	1.0
N81S	A	S	I	2.1	2.0	2.7
clone 1	E	S	L	9.0	6.6	3.9
clone 4	S	L	L	7.2	6.5	4.4
clone 6	S	S	L	5.3	4.6	3.2
clone 8	E	L	L	7.0	3.5	1.8

無細胞合成したMnP溶液を30℃で0.1, 0.5及び1.0mM過酸化水素存在下で放置後，0.1mMまで希釈し活性を測定。
a. 変異導入アミノ酸配列。
b. クローン／野生型の残存活性の半減期の比。

ことへの証明になると考えられた。また，各過酸化水素濃度安定性の半減期と，野生体に対する各クローンの半減期の比を比較すると，30℃，0.1mM過酸化水素に対する安定性は，clone 1で最も高く，野生体の約9倍であった。30℃，0.5mM及び1mM過酸化水素に対する安定性についても，いずれのクローンも野生体と比較して，数倍安定化されていることがわかった。

コンビナトリアル・バイオエンジニアリングの最前線

1.5 おわりに

　DNA 1分子からのPCRと無細胞系を利用したタンパク質分子のコンビナトリアルライブラリー構築法であるSIMPLEX法は，これまでの進化分子工学的手法に無い様々な特徴を持つ。ここで述べてきたように，蛋白質合成条件をかなり自由に変えられるメリットを活かし，S-S結合やヘムを持つタンパク質等，種々のタンパク質の活性型でのライブラリー構築―スクリーニングに成功してきた。これまでのところすべてのタンパク質に適応可能というわけではないが，今後各種シャペロンの添加等，系の最適化を行うことにより，SIMPLEX法の応用範囲が広がっていくものと期待している。

　またここでは1段階の変異導入と選択により安定性が向上したMnPの創製に成功したが，得られた変異体をベースに同様の操作を繰り返すことにより，より高機能な酵素が創製できると思われる。

　さらにより高密度でのハイスループットスクリーニングを可能にするため，1536ウェルやそれ以上の高密度プレートやアレイに対応した技術開発を進めている。

文　　献

1) 中野秀雄，生物工学会誌, 81, 71-76 (2003)
2) Yang, J. *et al., J. Bacteriol.*, 182, 295-302 (2000)
3) Iwasaki, Y. *et al., J. Biosci. Bioeng.*, 89, 506-508 (2000)
4) Jiang, X. *et al., FEBS Lett.*, 514, 290-294 (2002)
5) Ryabova, L.A. *et al., Nat. Biotechnol.*, 15, 79-84 (1997)
6) Ritz, D. and Beckwith, J., *Annu. Rev. Microbiol.*, 55, 21-48 (2001)
7) Joly, C.J. and Swartz, J.R. *Biochemistry*, 36, 10067-10072 (1997)
8) Pigiet, V.P. and Schuster, B.J., *Proc. Natl. Acad. Sci. U.S.A.*, 83, 7643-7647 (1986)
9) Kajino, T. *et al., Methods Enzymol.*, 290, 50-59 (1998)
10) Rungpragayphan, S. *et al., J. Mol. Biol.*, 318, 395-405 (2002)
11) Nakano, H. *et al., J. Biosci. Bioeng.*, 90, 456-458 (2000)
12) Ohuchi, S. *et al., Nucleic. Acids. Res.*, 26, 4339-4346 (1998)
13) Rungpragayphan, S. *et al., FEBS Lett.*, 540, 147-150 (2003)
14) Rungpragayphan, S. *et al., J. Mol. Catal. B, Enzymatic* 28, 223-228 (2004)
15) Koga, Y. *et al., J. Mol. Biol.*, 331, 585-592 (2003)
16) Hammel, K.E. *et al., Arch. Biochem. Biophys.*, 270, 404-409 (1989)
17) Popp, J.L. and Kirk, T.K., *Arch. Biochem. Biophys.*, 288, 145-148 (1991)

第6章 無細胞合成系

18) Miyazaki-Imamura, C. *et al.*, *Protein Eng.*, **16**, 423-428 (2003)
19) Wariishi, H. and Gold, M.H., *J. Biol. Chem.*, **265**, 2070-2077 (1990)
20) Timofeevski, S.L. *et al.*, *Arch. Biochem. Biophys.*, **356**, 287-295 (1998)

2 蛋白質をターゲットとした in vitro 選択系

松浦友亮*

2.1 はじめに

自然界が生物を創り出してきた原理（Darwinian Evolution）を模倣し，変異と選択のプロセスを繰り返し行うことにより，生体高分子の性質を改良，改変する手法は分子進化工学的手法（定方向進化，Directed evolutionとも言う）と呼ばれている。現在までに，進化工学的手法のターゲットとされてきたものには核酸[1]，蛋白質[2]，さらにはウイルス[3]，ゲノム[4]などがあるが，本節では蛋白質をターゲットする場合に主題を限定する。

蛋白質を例とした場合の分子進化工学的手法の概略図を図1に示す。図1にあるように，まずある蛋白質をコードする遺伝子に変異を導入し，変異型遺伝子ライブラリーを作成する。次にそれぞれの遺伝子から蛋白質を合成し，その機能を評価する。このときの評価基準としては合成された蛋白質のリガンド結合能，触媒活性，蛋白質の安定性などが挙げられる。高い評価を得た蛋白質を選択し，その遺伝子を増幅する。さらに，この遺伝子に変異を導入する。このようにして，変異と選択を繰り返し行うことにより蛋白質の機能改変を行うことができる。

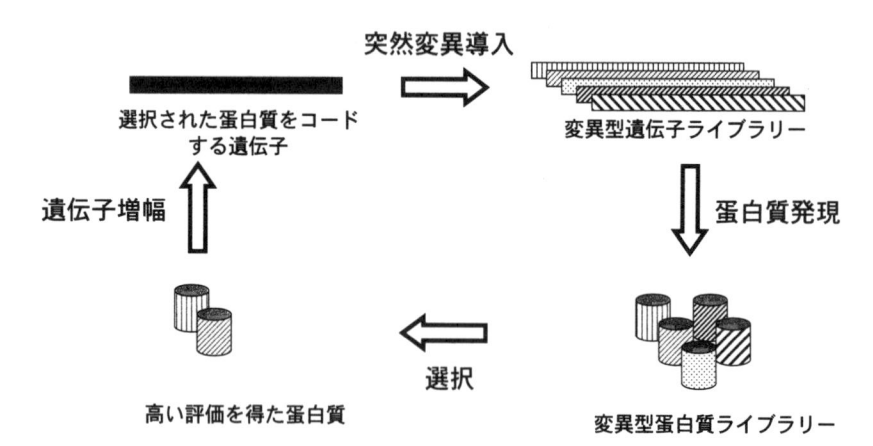

図1　分子進化工学的手法
変異と選択のステップを繰り返し行うことにより，目的にかなった性質を持つ蛋白質を取得することができる。

---

* Tomoaki Matsuura　大阪大学大学院　工学研究科　応用生物工学専攻　助手；
PRESTO・科学技術振興機構

第6章 無細胞合成系

 分子進化工学的手法を行うにあたり、不可欠な要素は遺伝型と表現型が対応付けされていることである。具体的には、遺伝型であるDNAもしくはRNAと、それがコードしている蛋白質配列が物理的にリンクされている必要がある。図1に示すように選択（評価）は表現型である蛋白質の性質に基づいて行われる。選択された蛋白質は、次の変異と選択のプロセスに移行されなければならない。そのためには増幅される必要があるが、蛋白質自体を増幅することはできない。そこで、選択された蛋白質をコードする遺伝子を増幅する必要がある。そのためには、選択された蛋白質（表現型）と、それをコードする情報（遺伝型）がリンクされていなければならない。このリンクが弱い場合には突然変異の効果（一般的にそのほとんどが、悪いものである）が平均化されてしまい、集団は死滅してしまう（リンクの重要性を実験的に示した一例としてはMatsuura et al.を参照[5]）。

 遺伝型と表現型間のリンクを形成するに当たって、大腸菌などの生細胞を用いる場合を*in vivo*選択系、また生細胞をいっさい用いない場合を*in vitro*選択系とここでは定義する。*In vivo*選択系に関しては第2編1章〜5章を参照をして頂きたい。本節では、*in vitro*選択系の代表的な手法と、それらの手法が*in vivo*選択系とどのように異なるのかに重点をおいて紹介してゆく。

2.2 *In vitro* 選択系

 ここで紹介する*in vitro*選択系は図2にあるような、遺伝子（mRNAもしくはDNA）とそれがコードする蛋白質との複合体を作り出せることに基づいている。最初に*in vitro*選択系のうちの1つである。リボソームディスプレイ法の原理及び、その利用法を、引き続きその他の選択系について解説する。

2.2.1 リボソームディスプレイ

 リボソームディスプレイ法[6,7]は生細胞を全く用いず、完全に*in vitro*で図2aのような、リボソームを介して遺伝型であるmRNAと表現型であるそれにコードされている蛋白質が結合した複合体を作り出せることに基づいている。ここでは、このようなリボソーム、mRNAとそれがコードする蛋白質の複合体をリボソーム複合体と呼ぶ。リボソーム複合体を作るためには、まず図3のように二本鎖DNA（一般にはPCR産物）から*in vitro*転写によりmRNAをつくり、次にこれを無細胞翻訳系を用いて翻訳させる。無細胞翻訳系は生細胞から転写翻訳に必要な要素を取り出し、これを用いることで試験管内で蛋白質を合成する系を言う。本節で紹介する*in vitro*選択系のいずれにとっても無細胞翻訳系は不可欠なツールであるが、これについては本書の第2編6章1節を参照して頂きたい。リボソーム複合体を作成するのに用いられている無細胞翻訳系は、大腸菌[8]、ウサギ網状赤血球[9]、小麦胚芽由来[10]のものがあるが、いずれの場合も原理は同じであるので、本節では大腸菌由来のものを用いた場合について解説する。その他の翻訳系を用

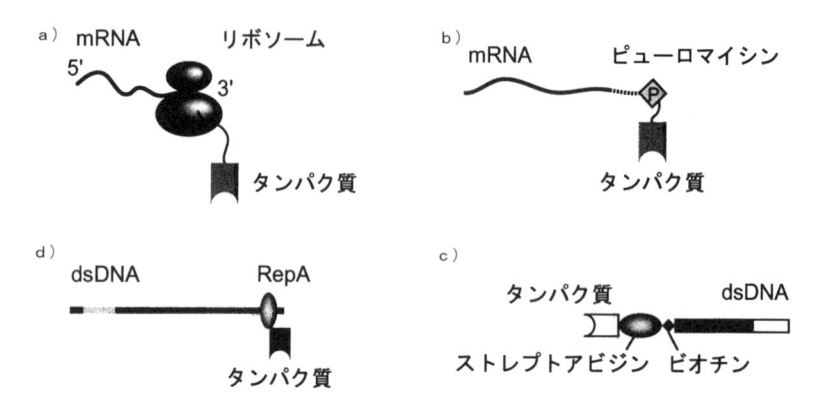

コンビナトリアル・バイオエンジニアリングの最前線

図2　*in vitro* 選択系における遺伝子型と表現型の対応付け
(a) リボソームディスプレイ法, (b) mRNAディスプレイ法&*in vitro* virus法, (c) STABLE法, (d) CISディスプレイ法。(a & b) ではmRNAと蛋白質をそれぞれリボソーム、ピューロマイシンによりリンクしている。(c & d) では二本鎖DNAと蛋白質をそれぞれ、ストレプトアビジン―ビオチン, RepA-CIS配列間の相互作用によりリンクしている。

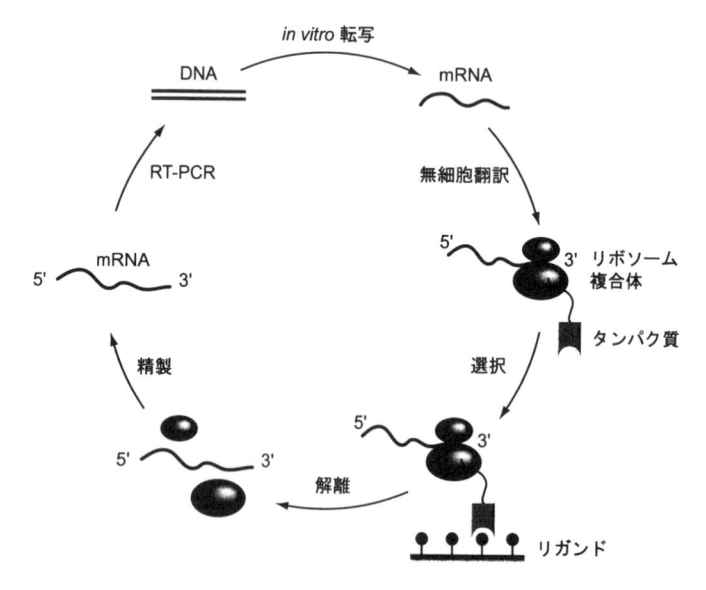

図3　リボソームディスプレイ法
提示したい蛋白質をコードした2本鎖DNAから*in vitro*転写によりmRNAを合成する。次に、mRNAから無細胞翻訳系によりリボソーム、mRNA、及びこれにコードされている蛋白質の複合体を作る。このとき、遺伝子上から終止コドンを取り除いておく必要がある。このリボソーム複合体はそのまま選択実験に用いることができる。

第6章　無細胞合成系

いる場合，また詳細なプロトコールについては参考文献[8,11]を参照して頂きたい。

　リボソーム複合体を形成させる上で重要な因子は（1）mRNA上に終止コドンがないこと，（2）短時間（7～10分）の翻訳反応後直ちに高濃度のMgイオンを含む溶液で希釈し4℃で保存することである。この条件が満たされていれば少なくとも2週間はリボソーム複合体は安定に存在することが知られている。通常リボソームが終止コドンを認識すると解離因子によりmRNA及び，蛋白質配列はリボソームから離れてしまう。ところが遺伝子上から終止コドンを取り除くと，この解離が起こりにくくなることが知られている。一方で，Mgイオンがどのように，リボソーム複合体を安定化しているのかは明らかではない。しかし，リボソームはそのほとんどがRNAから構成されており，またMgのような2価のイオンがRNAの構造安定性には重要であることを考えると，Mgイオンがリボソームに結合することで安定化に寄与していると考えるのが妥当であろう。

　次に，リボソーム複合体を用いて蛋白質進化工学を行う方法について解説する（これは以降に解説する選択系においても原理は同様である）。リボソームディスプレイ法は，図3のようにステップ（1）～（4）を繰り返すことにより，固相上に固定化されたリガンドに結合する分子を取得する手法である。（1）ライブラリーをコードするmRNAからリボソーム複合体を作る。（2）リボソーム上に提示された蛋白質のうちリガンドに対する親和性があるものは結合する。結合しないものを取り除く。（3）結合した蛋白質をコードするmRNAを抽出し，RT-PCRにより増幅する。このステップで変異を導入できる。（4）最初のステップに戻り（1）～（3）を繰り返す。このように変異と選択のプロセスを繰り返し行うことにより，様々な異なるリガンドに対して，特異的かつ非常に高い親和性で結合する抗体分子が得られている（詳細は後述）。

　先にも述べたが，リボソーム複合体を安定に保っておくためには，遺伝子上に終止コドンがない，高濃度のMgイオンが存在する，4℃に保っておくなどの条件が満たされている必要がある。このような制約は実験上不都合になる場合がある。例えば，4℃では安定だが，常温では不安定で正しくフォールディングしない蛋白質が得られたり，Mgイオン存在下でしか機能を有さない分子が得られる可能性がある（あくまで可能性であり，現在までにこのような例は報告されていない）。そのために，多比良らのグループは植物由来の毒素であるRicin（蛋白質）がrRNAと反応してリボソームを不活化することを利用し，リボソーム複合体が先に説明した条件下でなくても安定化できる方法を報告した[12]。また，最近ではMS2 coat-proteinとそれが認識するRNA配列との相互作用により同様なことが可能であることも報告されている[13]。

　リボソームディスプレイ法を含む*in vitro*選択系は大きく分けて二つの異なる実験系で用いることが可能である。一つは，選択実験である。選択実験とは与えられたレパートリーの内から最も適した分子を選ぶことを言う。二つ目は進化実験であり，これは変異と選択実験を繰り返し行

うことを言う。例えるならば選択実験は,つぼに入っているたくさんの種類の品から最も目的にかなった物をとりだすのに対し,進化実験では,とりだしたものを改変したのをたくさん作成し,より良い品にしてゆくことに対応する。具体例を挙げてみよう。リボソームディスプレイ法の場合,最初の二本鎖DNAをCDR（complimentarity determining region）にレパートリーを持つ抗体遺伝子ライブラリーとしたとする。RT-PCRのステップにおいて変異を導入しない場合,固相上に固定化されたリガンドに結合する抗体分子を最初に与えられた抗体分子のレパートリーから選ぶことになり,これが選択実験に対応する（例えば,文献(14)）。一方で,単一の蛋白質をコードする二本鎖DNAからスタートして固相上に固定化されたリガンドに結合する蛋白質をRT-PCRのステップで変異を導入しながら繰り返し行うと,最初に与えられた配列から,よりリガンドに強く結合する分子が進化してくる（例えば,文献(15)）。このような場合を進化実験という。もちろん,選択実験と進化実験を組み合わせて,レパートリーをもつプールから目的分子を進化,選択してくることも可能である[16,17]。

2.2.2 mRNAディスプレイ法&*in vitro* virus法

mRNAディスプレイ法もしくは*in vitro* virus法は,図2bのように遺伝情報であるmRNAとそれがコードする蛋白質を共有結合で直接つなげた複合体を作り出せることに基づいている[18,19]。この複合体を作り出すためには図4のようにmRNAとピューロマイシンが結合した鋳型をまず合成する。次に無細胞翻訳系を用いて蛋白質を合成する。ピューロマイシンはtRNAのアナログであり,蛋白質合成を阻害する抗生物質である。mRNA-ピューロマイシンがリボソームにより翻訳されてゆきRNAの3´末端に到達すると,ピューロマイシンがリボソームのPサイトにあるペプチジルtRNAと反応する。その結果mRNAと蛋白質配列がピューロマイシンを介して結合した複合体が形成される（図4）。この複合体は先に述べたリボソーム複合体と同様に次の選択実験に用いられる（図4）。詳細なプロトコールはLiu *et al*[20]. を参照して頂きたい。

mRNAディスプレイはリボソームディスプレイと違い,図4でのmRNAとDNA-ピューロマイシンを結合させる煩雑な操作がある。一方で,mRNAと蛋白質を直接共有結合でリンクできる。その結果,リボソームディスプレイの時のような実験条件の制約（高濃度のMgイオン,低温条件,終止コドンの欠失）が少なくなり変性剤存在下でも壊れることはない。

2.2.3 その他の*In vitro* 選択系（STABLE法,CIS display法）

先の2つの選択系はmRNAと蛋白質をリンクさせる系であるが,mRNAは非常に分解されやすく実験的には取り扱いに注意をはらわなければならない。そこで,より安定な二本鎖DNAを*in vitro*でそれがコードする蛋白質とリンクさせる方法が開発されている（図2c&d）[21,22]。

一つは,STABLE（Streptavidin-biotin linkage in emulsions）と呼ばれるもので,図2cのようにしてストレプトアビジンとビオチンの結合を利用したものである[21]。この場合は,まず図

第6章　無細胞合成系

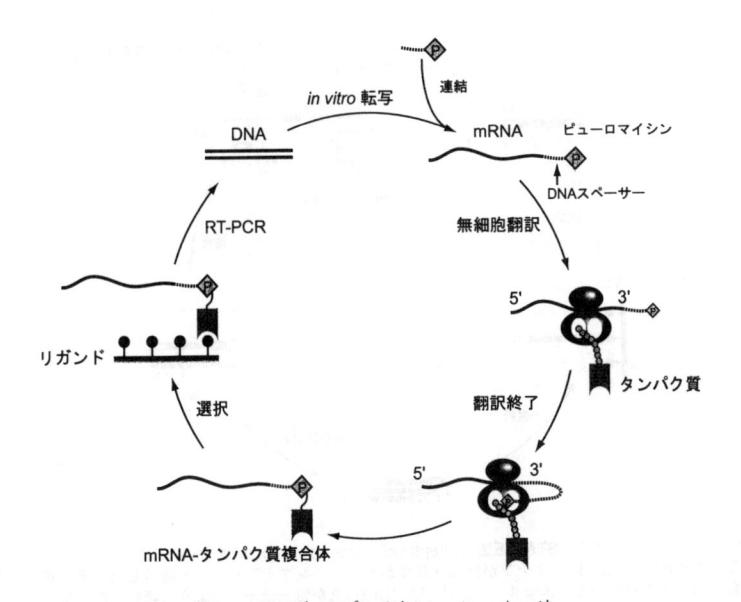

図4　mRNAディスプレイ法&_in vitro_ virus法
提示したい蛋白質をコードした2本鎖DNAから_in vitro_転写によりmRNAを合成する。次に，これをDNA-ピューロマイシン複合体と連結し，これを鋳型として蛋白質を無細胞翻訳系により合成する。リボソームがDNAスペーサーの手前に到達するとピューロマイシンがペプチド鎖と反応し，mRNAとそれがコードする蛋白質との複合体が完成する。この複合体はリボソームディスプレイの場合と同様に選択実験に用いられる。

5のようにビオチンラベルされた二本鎖DNAをPCRにより調製する。次に，これをエマルジョン内（周囲を界面活性剤で囲われた水滴）で無細胞翻訳系を用いて蛋白質を合成する。二本鎖DNAには提示したい蛋白質とストレプトアビジンの融合蛋白質がコードされており，これが翻訳後にDNA末端にあるビオチンに結合する。これにより，二本鎖DNAと蛋白質が結合した複合体が形成される。このエマルジョンを用いて遺伝子と蛋白質を対応づける方法はTawfik and Griffiths[23]によって開発されたもので，酵素の進化[24, 25]に特化したものである。これについての詳細は本書の第2編6章4節を参照頂きたい。

もう一つの方法は，CISディスプレイと呼ばれるもので，図2dのようにバクテリアプラスミドの複製開始蛋白質であるRepA蛋白質とプラスミドDNAの複製起点である_ori_配列との結合を利用したものである[22]。この方法はまず，図6のように提示する蛋白質とRepAの融合蛋白質をコードした二本鎖DNAを作る。次に，無細胞転写翻訳系を用いて蛋白質を合成する。始めにRNAポリメラーゼが転写を開始しCISエレメントを認識して停止する。それまでに合成されたmRNAがリボソームにより翻訳され，提示する蛋白質とRepA蛋白質の融合蛋白質が合成される。

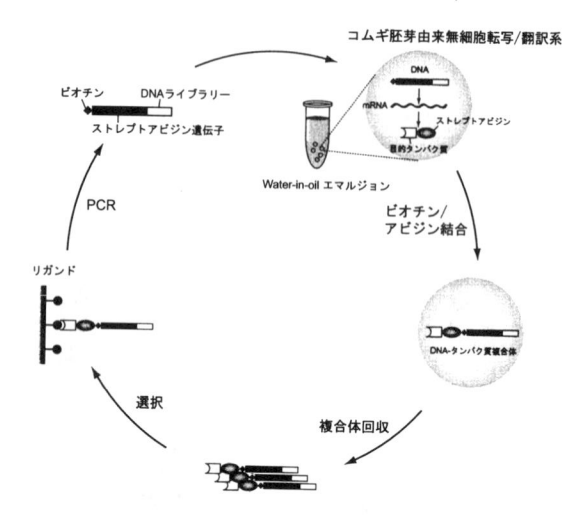

コンビナトリアル・バイオエンジニアリングの最前線

図5 STABLE法 (Streptavidin-biotin linkage in emulsions)
用いる2本鎖DNAは末端にビオチンが付加されており、ストレプトアビジンと提示したい蛋白質との融合蛋白質がコードされている。エマルジョン内で二本鎖DNAが約一分子入るように無細胞転写翻訳系と共に封入する。二本鎖DNAから蛋白質が合成されると、これが末端のビオチンと結合して、提示したい蛋白質がビオチン—ストレプトアビジンを介して二本鎖DNAと結合した複合体が完成する。

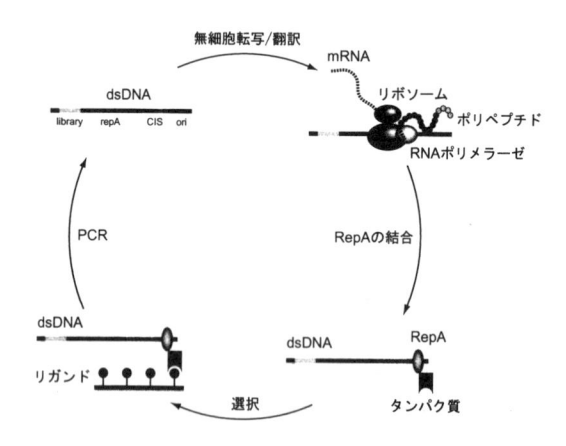

図6 CIS-display法
用いる2本鎖DNAは翻訳された場合の翻訳開始コドンから、提示する蛋白質、RepA蛋白質をコードするDNA、CIS配列、ori配列の順にコードされている。これから無細胞転写翻訳系を用いて蛋白質を合成すると、まずRNAポリメラーゼがCIS配列の位置で停止する。それまでに転写された領域が翻訳され提示したい蛋白質とRepA蛋白質の融合蛋白質が合成される。合成されたRepA蛋白質はDNA上のori配列に結合し、結果としてRepA蛋白質—ori配列の相互作用を介して、提示したい蛋白質とそれをコードする二本鎖DNAとの複合体が完成する。

第6章　無細胞合成系

RepA蛋白質はDNA上の*ori*配列を認識し結合する。これにより，二本鎖DNAと蛋白質が結合した複合体が形成される。

これら二つの選択系では今のところ短いペプチド配列を用いた実験例[22,26]があるのみだが今後の進展が期待される。

2.3　*In vivo* vs *In vitro* 選択系

In vivo 選択系は遺伝子を用いて生細胞を形質転換するところから始まる。例えば，ファージディスプレイではプラスミドDNAを用いて大腸菌を形質転換するところから始まる。ところがその際の形質転換効率は10^8程度が上限であり，大腸菌以外の細胞を用いる場合は形質転換効率はさらに低い。形質転換の際，プラスミド1種類が1大腸菌に入るので，得られる形質転換体数（コロニー数）が，すなわちスクリーンされる（機能を評価する）蛋白質分子種の数になる。つまり，形質転換効率によりスクリーンできる分子の多様性が決まり，これが生細胞を用いた*in vivo*選択系の場合には10^8程度が上限である。一方で，*in vitro*選択系の場合，紹介したいずれの方法においても形質転換というステップがない。よって，図2に示す各選択系において遺伝子と蛋白質をリンクした複合体の数がスクリーンできる分子の多様性となる。例えば，mRNAディスプレイ法の場合，10^{13}分子以上の複合体が作り出せることが報告されている[27]。その他の場合でも正確な数字が報告されていないものがあるが，原理的にはmRNAディスプレイ法の場合と同様の数の分子がスクリーンできる。ゆえに，*in vitro*選択系は*in vivo*選択系と比べてより極めて多種類の分子を取り扱うことができる。

無細胞蛋白質合成系は通常の細胞で発現が困難な蛋白質を作ることができる。例えば，毒性のある蛋白質，分解されやすい蛋白質などは生細胞では発現されにくい。よって，細胞内での蛋白質発現が必須条件である*in vivo*選択法と比べると*in vitro*選択系では適用できる蛋白質の種類が多いことがその利点として挙げられる。

また，変異と選択のプロセスが短時間で容易に繰り返し行える点が上げられる。例えば，STABLEでは，遺伝子を細胞から取り出す操作がないので，わずか2日で変異と選択のプロセスを行える[26]。一方で，*in vivo*選択法の代表的な方法であるファージディスプレイ法では選択のプロセスの後に遺伝子を取り出し，変異を導入しさらに大腸菌を形質転換するというプロセスを繰り返さなければならず，変異と選択のプロセスを行うのに1週間程度は必要である。

*In vitro*選択系は蛋白質を進化，選択するのに非常に有効な方法であり，多様性の大きい分子群，生細胞で発現困難な蛋白質を取り扱う場合，また変異と選択のプロセスを繰り返し行わなければならない場合には非常に有効であろう。一方で，蛋白質1分子での結合能が非常に弱い場合に複数の蛋白質を提示する（多価にする）必要がある場合など，*in vivo*では容易に可能なこと

コンビナトリアル・バイオエンジニアリングの最前線

がin vitro選択系では困難である。また、やはり大腸菌、酵母またはファージは非常に頑丈である。よって、保存や安定性の面ではin vivo選択系は非常に優れている。結論としては、目的に応じてin vivoとin vitro選択系を使い分けることが重要であろう。

2.4 In vitro選択系の応用例

　ファージディスプレイ、リボソームディスプレイなどの表現型である蛋白質を提示させるディスプレイテクノロジーでは、提示された蛋白質の固相上に固定化されたリガンドへの結合の有無でしか実験ができない。これは、必要な分子と不要な分子が混在している場合、不要な分子だけを選択的に取り除くために必要な分子を固相上に固定化させるからである。よって、ディスプレイテクノロジーを用いた実験では、"提示された蛋白質がリガンドに結合する"という大前提を満たす必要がある。

　一方で、リガンド結合という機能しかターゲットできないのかと言えばそうではなく蛋白質の触媒活性、安定性などを改変することもできる。例えば、高橋らは、リボソームディスプレイ法を用いてDHFR（dihydrofolate reductase）の基質アナログである、MTX（methotrexate）への結合に基づいて野生型と同等の触媒活性を有するDHFR変異体を取得できることを示した[10]。また、Amstutzらはβ-lactamaseの自殺基質を用いてこれへの結合により、触媒活性をターゲットして活性のある分子を選択することが可能であることを示した[28]。より詳細な、酵素活性に基づくin vitro選択系に関しては本書第2編6章4節を参照して頂きたい。蛋白質の構造安定性をターゲットとした例も報告されている。抗体は正しく折り畳まれ機能を発現する上でジスルフィド結合を必要とする。そこで、Jermutusら[15]無細胞翻訳系によりリボソーム複合体を作成する際に還元剤を入れておくことにより、ジスルフィド結合の形成を阻害し、その条件下でもなおリガンドに結合できる抗体分子を進化、選択してきた。それにより、構造安定性の向上した変異体が取得できたことが示された。また、松浦らも[29]プロテアーゼ耐性や表面の疎水性などの蛋白質の構造特性をターゲットとすることができることを示した。

　過去10年の間に、In vitro選択系を用いた実験例は数多く報告されているが、実際に蛋白質を進化、選択してきたというよりは原理的に可能であることを示すモデル実験が多い。本節では、新規蛋白質の創出という視点でin vitro選択系を用いた実験例を2つ紹介する。その他の例については、良い総説が発表されており、それらを参照して頂きたい[27,30]。

　Keefe and Szostak[31]はmRNAディスプレイを用いて約80アミノ酸からなるランダムポリペプチドライブラリーからATPに結合する配列を選択できることを報告した。さらに、彼らはこの結果から蛋白質配列空間には10^{11}種類のなかに少なくとも1つは機能を有する蛋白質が存在するのではないかと推定している。選択されたATP結合蛋白質の結晶構造も明らかになった[32]。その

第6章 無細胞合成系

結果,既知の蛋白質とは異なる構造(フォールド)を有していることが明らかになった。この結果は, in vitro選択系が新しい構造, 機能を有する配列を探し出せることを示すものである。

バイオテクノロジー・医薬の業界で標的分子に結合する分子として最も良く用いられているのは抗体である。しかし,抗体は安定性,生産量などに問題があり,それに変わる分子の必要性は以前から議論されてきた[33]。Binzらは[16]最近,リボソームディスプレイ法を用いて様々な蛋白質に非常に高い親和性及び特異性で結合する蛋白質を作り出せることを示した。また,選択された蛋白質は大腸菌で1Lの培地当たり200 mgも発現し,非常に高い構造安定性を有していた。この結果はin vitro選択系がバイオテクノロジー及び医薬の業界において有用な分子を作り出せる可能性があることを示すものである。

2.5 おわりに

In vitro選択系は蛋白質の機能改変及び,目的機能の獲得という目的に用いられ成功を収めてきた。しかし,一方でin vivo選択系ではなく, in vitro選択系でしか行えない実験例というのは数少ない。今後, in vitro選択系の利点を生かした研究が展開してゆけば, in vitro選択系の可能性がさらに広がってゆくと考えている。例えば,無細胞翻訳系を用いた非天然アミノ酸を導入した蛋白質合成(第2編6章3節参照)とin vitro選択系を組み合わせることで既存のアミノ酸のセットに制限されない新たな蛋白質が造り出せるかもしれない。また,大腸菌などで発現困難な膜蛋白質などを用いた進化実験なども興味深い。非常に発現困難な膜蛋白質をタンパク質工学的に大腸菌で発現可能なように改変する試みがなされている[34,35]。これをin vitro選択系で行うことができれば,ポストゲノムに重要な蛋白質の構造解析などに大きな役割を果たすことができるかもしれない。

<謝辞>

図を作成して頂いた柳田勇人氏,本文に関して多くのコメントを頂いた伊藤洋一郎氏に感謝します。

文献

1) Wilson, D. S.; Szostak, J. W. *Annu. Rev. Biochem.* 1999, 68, 611-647.
2) Arnold, F. H.; Volkov, A. A. *Curr. Opin. Chem. Biol.* 1999, 3, 54-9.

3) Soong, N. W.; Nomura, L.; Pekrun, K.; Reed, M.; Sheppard, L.; Dawes, G.; Stemmer, W. P. *Nat. Genet.* 2000, 25, 436-9.
4) Ness, J. E.; Welch, M.; Giver, L.; Bueno, M.; Cherry, J. R.; Borchert, T. V.; Stemmer, W. P.; Minshull, J. *Nat. Biotechnol.* 1999, 17, 893-6.
5) Matsuura, T.; Yamaguchi, M.; Ko-Mitamura, E. P.; Shima, Y.; Urabe, I.; Yomo, T. *Proc. Natl. Acad. Sci. USA* 2002, 99, 7514-7.
6) Mattheakis, L. C.; Bhatt, R. R.; Dower, W. J. *Proc. Natl. Acad. Sci. USA* 1994, 91, 9022-6.
7) Hanes, J.; Plückthun, A. *Proc. Natl. Acad. Sci. USA* 1997, 94, 4937-42.
8) Hanes, J.; Jermutus, L.; Plückthun, A. *Methods Enzymol.* 2000, 328, 404-30.
9) He, M.; Cooley, N.; Jackson, A.; Taussig, M. J. *Methods Mol. Biol.* 2004, 248, 177-89.
10) Takahashi, F.; Ebihara, T.; Mie, M.; Yanagida, Y.; Endo, Y.; Kobatake, E.; Aizawa, M. *FEBS Lett.* 2002, 514, 106-10.
11) Plückthun, A.; Schaffitzel, C.; Hanes, J.; Jermutus, L. *Adv. Protein Chem.* 2000, 55, 367-403.
12) Zhou, J. M.; Fujita, S.; Warashina, M.; Baba, T.; Taira, K. *J. Am. Chem. Soc.* 2002, 124, 538-543.
13) Sawata, S. Y.; Taira, K. *Protein Eng.* 2003, 16, 1115-24.
14) He, M.; Menges, M.; Groves, M. A.; Corps, E.; Liu, H.; Bruggemann, M.; Taussig, M. J. *J. Immunol. Methods* 1999, 231, 105-17.
15) Jermutus, L.; Honegger, A.; Schwesinger, F.; Hanes, J.; Plückthun, A. *Proc. Natl. Acad. Sci. USA* 2001, 98, 75-80.
16) Binz, H. K.; Amstutz, P.; Kohl, A.; Stumpp, M. T.; Briand, C.; Forrer, P.; Grutter, M. G.; Plückthun, A. *Nat. Biotechnol.* 2004, 22, 575-82.
17) Schaffitzel, C.; Berger, I.; Postberg, J.; Hanes, J.; Lipps, H. J.; Plückthun, A. *Proc. Natl. Acad. Sci. USA* 2001, 3, 3.
18) Roberts, R. W.; Szostak, J. W. *Proc. Natl. Acad. Sci. USA* 1997, 94, 12297-302.
19) Nemoto, N.; Miyamoto-Sato, E.; Husimi, Y.; Yanagawa, H. *FEBS Lett.* 1997, 414, 405-8.
20) Liu, R.; Barrick, J. E.; Szostak, J. W.; Roberts, R. W. *Methods Enzymol.* 2000, 318, 268-93.
21) Doi, N.; Yanagawa, H. *FEBS Lett.* 1999, 457, 227-30.
22) Odegrip, R.; Coomber, D.; Eldridge, B.; Hederer, R.; Kuhlman, P. A.; Ullman, C.; Fitz Gerald, K.; McGregor, D. *Proc. Natl. Acad. Sci. USA* 2004, 101, 2806-10.
23) Tawfik, D. S.; Griffiths, A. D. *Nat. Biotechnol.* 1998, 16, 652-6.
24) Griffiths, A. D.; Tawfik, D. S. *Embo J.* 2003, 22, 24-35.
25) Bernath, K.; Hai, M.; Mastrobattista, E.; Griffiths, A. D.; Magdassi, S.; Tawfik, D. S. *Anal. Biochem.* 2004, 325, 151-7.
26) Yonezawa, M.; Doi, N.; Kawahashi, Y.; Higashinakagawa, T.; Yanagawa, H. *Nucleic Acids Res.* 2003, 31, e118.
27) Takahashi, T. T.; Austin, R. J.; Roberts, R. W. *Trends Biochem. Sci.* 2003, 28, 159-65.

第6章 無細胞合成系

28) Amstutz, P.; Pelletier, J. N.; Guggisberg, A.; Jermutus, L.; Cesaro-Tadic, S.; Zahnd, C.; Plückthun, A. *J. Am. Chem. Soc.* 2002, **124**, 9396-403.
29) Matsuura, T.; Plückthun, A. *FEBS Lett.* 2003, **539**, 24-8.
30) Amstutz, P.; Forrer, P.; Zahnd, C.; Plückthun, A. *Curr. Opin. Biotechnol.* 2001, **12**, 400-5.
31) Keefe, A. D.; Szostak, J. W. *Nature* 2001, **410**, 715-8.
32) Lo Surdo, P.; Walsh, M. A.; Sollazzo, M. *Nat. Struct. Mol. Biol.* 2004, **11**, 382-3.
33) Skerra, A. *J. Mol. Recognit.* 2000, **13**, 167-87.
34) Bowie, J. U. *Curr. Opin. Struct. Biol.* 2001, **11**, 397-402.
35) Mitra, K.; Steitz, T. A.; Engelman, D. M. *Protein Eng.* 2002, **15**, 485-92.

3 非天然アミノ酸の導入

芳坂貴弘[*]

3.1 はじめに

タンパク質は，20種類のアミノ酸がペプチド結合によって連結されて合成されている。これはあらゆる生物に共通した基本原理である。そして，アミノ酸の並び方により特定の立体構造に折り畳まれて，細胞の内外で高度かつ多様な生物機能を発揮している。

このようなタンパク質の持つ機能は，バイオエンジニアリングのためにも大いに活用することができる。また，天然のタンパク質をそのまま使うのではなく，部位特異的変異導入によってタンパク質中の特定のアミノ酸を別のアミノ酸に置き換えることや，遺伝子操作によって2種類のタンパク質を融合発現させたりタンパク質から不要な部分を削除したりすることによって，その機能を向上させることも可能である。そのような遺伝子レベルでの改変によって，実際に様々なタンパク質の機能が改変されて利用されている。

しかしながら，タンパク質は20種類という限られた種類のアミノ酸によって合成されているために，その改変には限界がある。化学修飾によって様々な機能基をタンパク質へ導入することも可能ではあるが，この方法では特定の部位へ定量的に機能基を導入することは困難であり，タンパク質を狙った通りに改変することはできない。そこで，天然の20種類以外のアミノ酸「非天然アミノ酸」を導入したタンパク質を合成することによって，タンパク質改変の限界を越える試みがなされている。本節では，非天然アミノ酸導入技術の概要と，この技術の応用例について紹介する。

3.2 非天然アミノ酸導入のための遺伝暗号の拡張

タンパク質のアミノ酸配列の情報は，DNAの核酸塩基配列としてコードされている。このDNAの塩基配列は一旦メッセンジャーRNA（mRNA）に転写され，続いてmRNAはリボソームにおいてタンパク質に翻訳されている。このとき，mRNAの塩基配列は3文字の並び「コドン」が1つのアミノ酸として読み取られている。実際には，これはトランスファーRNA（tRNA）によって行なわれている。すなわち，コドンに相補的な3文字の並び「アンチコドン」を持ちかつ対応するアミノ酸が付加されたtRNAがコドンを認識して，付加されていたアミノ酸を伸長中のペプチド鎖に取り込ませる。コドンとアミノ酸の対応は遺伝暗号表としてまとめられており，64種類のコドンが20種類のアミノ酸，および3個の翻訳停止シグナルに対応付けられている。

ここで，20種類以外の非天然アミノ酸をタンパク質へ導入するためには，それを何らかのコド

---

[*] Takahiro Hohsaka　北陸先端科学技術大学院大学　材料科学研究科　助教授

第6章 無細胞合成系

ンに割り当てる必要がある。しかし，遺伝暗号表では64種類のコドン全てがすでに使われており，空きは存在しない。そのために，非天然アミノ酸用に遺伝暗号を拡張する必要があり，これには現在までに，以下の3種類の方法が開発されている（図1）。

3.2.1 終止コドン

終止コドンは，本来タンパク質合成を停止させるために使われているが，アミノ酸に翻訳させることも可能である。実際に，終止コドンのうちの1つアンバーコドンUAGは，これに相補的なアンチコドンCUAを持ったtRNAによって，非天然アミノ酸に翻訳することができる[1]。この

(1) 終止コドン

(2) 4塩基コドン

(3) 非天然塩基コドン

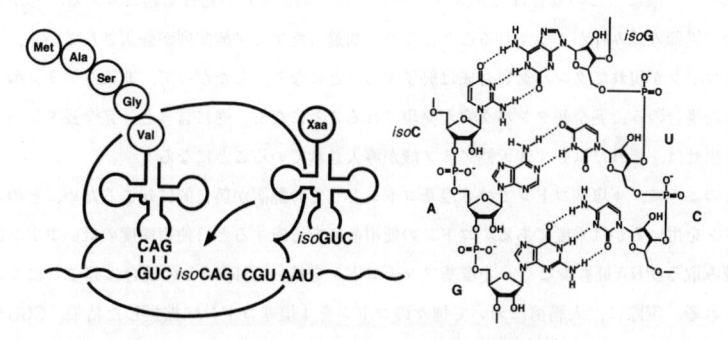

図1　遺伝暗号の拡張による非天然アミノ酸のタンパク質への導入

コンビナトリアル・バイオエンジニアリングの最前線

ためにはまず，発現させる遺伝子上で非天然アミノ酸を導入したい部位のコドンをアンバーコドンUAGに変異させておく。また，本来の終止コドンにアンバーコドンが使われている場合は，これを他の終止コドンに置換しておく。一方，アンバーコドンUAGに相補的なアンチコドンとしてCUAを持ち，かつ，非天然アミノ酸を結合させたtRNAを後述する方法によって合成しておく。そして，このtRNAを発現遺伝子とともに無細胞翻訳系に加えることで，アンバーコドンに対して非天然アミノ酸を導入することができる。

ただし，UAGは本来終止コドンであり，終結因子タンパク質がこれを読み取ってタンパク質合成を停止させる過程が競合する。終結因子の量や活性を低下させた細胞由来の無細胞翻訳系を使用するなどの改善がされているものの，そのために非天然アミノ酸が導入されるタンパク質の合成量は一般に低くなってしまう。また，アンバーコドン以外の終止コドン，オーカーコドンUGA，オパールコドンUAAでは，別の終結因子が強く働くために，非天然アミノ酸の導入はさらに低効率である。

3.2.2　4塩基コドン

通常，コドンは3つの核酸塩基の並びであるが，これに1塩基付加して新たに「4塩基コドン」を用意し，これに対し非天然アミノ酸を割り当てることが可能である[2]。この原理を，4塩基コドンAGGUを例に挙げて説明する（図2）。まず，発現遺伝子上の非天然アミノ酸を導入したい部位のコドンを，4塩基コドンAGGUに置換しておく。また，非天然アミノ酸の導入に使用するtRNAのアンチコドン部分を，AGGUに相補的な4塩基アンチコドンACCUに置換し，非天然アミノ酸を結合させておく。これらを用いて，無細胞翻訳系においてタンパク質合成を行なうと，リボソーム上で4塩基コドンが4塩基アンチコドンを持ったtRNAによって認識され，非天然アミノ酸が導入される。ただし，4塩基コドンのうちの最初の3塩基部分は，通常のコドンとして天然アミノ酸に（この場合はAGGがアルギニンに）翻訳される過程も起こりえる。しかしその場合，以降の読み枠が1つずれることになり，間違ったアミノ酸配列が翻訳されていき，いずれ終止コドンが現れてタンパク質合成は終了することになる。したがって，非天然アミノ酸が導入された場合のみ，完全長タンパク質が発現されることになる。逆に言うと，完全長タンパク質を取り出せば，それには必ず非天然アミノ酸が導入されていることになる。

このように，4塩基コドンでは3塩基コドンとしての翻訳が競合的に起こるため，どのようなコドンを用いるかは重要である。コドンの使用頻度を考慮すると，使用頻度の低いコドンはそれを読み取るtRNA量も少なく，4塩基アンチコドンを持ったtRNAとの競合は起こりにくいと予想される。実際に，大腸菌において種々のコドンを4塩基コドンへ拡張した結果，CGGやGGGなどの使用頻度の低いコドンに1塩基付加した4塩基コドンでは，非常に効率良く非天然アミノ酸の導入を行なうことができた[3]。それに加えて，4塩基コドン・アンチコドンの対合の強さも

第6章　無細胞合成系

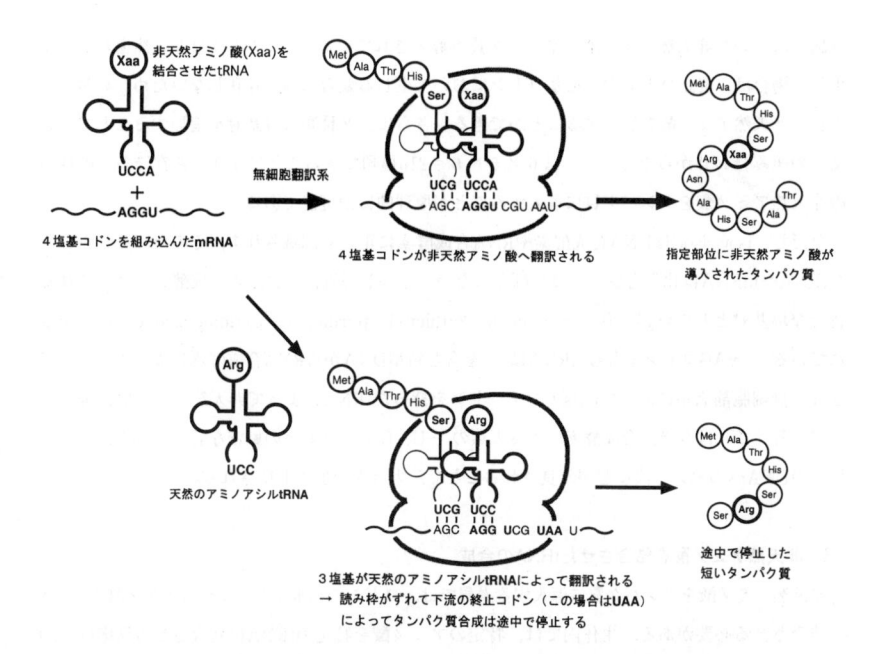

図2　4塩基コドンを用いた非天然アミノ酸のタンパク質への導入の原理

重要な要素であると考えられ，CG含量の高い4塩基コドンのほうが非天然アミノ酸の導入効率が高い傾向が見られた。

4塩基コドンはアンバーコドンに比べて，導入効率が高いだけでなく導入できる非天然アミノ酸の数においても有利である。すなわち，アンバーコドンでは1つのタンパク質に導入できる非天然アミノ酸は1種類に限られるが，4塩基コドンでは複数種類の4塩基コドンを用いることで，2種類以上の非天然アミノ酸を同時に1つのタンパク質へ導入することができる[4]。これにより，蛍光共鳴エネルギー移動（FRET）など，2つの分子が必要な過程をタンパク質内で行なうことが可能になっている。

3.2.3　非天然塩基コドン

コドン・アンチコドンの対合には，AとU，CとGの塩基対が使用されているが，この2つの組み合わせ以外の塩基対を利用することで，非天然アミノ酸のための新たなコドンを作り出すことも可能である。実際に，isoC-isoGという非天然塩基対を用いて，非天然塩基コドンisoCAGがそれに相補的なアンチコドンCUisoGを持ったtRNAによって読み取られ，その結果，このtRNAに

付加されていた非天然アミノ酸がタンパク質へ導入されている[5]。このような非天然塩基対を使用した場合は，終止コドンや4塩基コドンにおいて生じる競合過程が存在しないため，非常に効率良く非天然アミノ酸を導入することができる。さらに，2種類の塩基対を追加することで，3文字の組み合わせからなるコドンは$6 \times 6 \times 6 = 216$種類できることになり，非常に多くの種類の非天然アミノ酸をタンパク質に導入することが原理的には可能である。

ただし，isoC-isoGはDNA合成酵素やRNA合成酵素に正しく認識されず，そのためこれらを含むtRNAやmRNAは化学合成しなければならない。しかし最近，これらの合成酵素に認識される新たな塩基対としてs-y対（s：2-amino-6-(2-thienyl) purine, y：pyridine-2-one）が開発されている[6]。yAGコドンを含むmRNAは，sを含む鋳型DNAからRNA合成酵素により正しく転写され，無細胞翻訳系においてCUsアンチコドンを持ったtRNAによって非天然アミノ酸に翻訳されている。これは今後，合成酵素による天然のA-U，G-C塩基対との厳密な読み分けや，非天然塩基のDNAへの導入方法などが改良されることで，大きな発展が期待される。

3.3 非天然アミノ酸を結合させたtRNAの合成

非天然アミノ酸をタンパク質に導入する過程では，コドンの拡張とともにそのアミノ酸をtRNAに結合させる必要がある。生体内では，特定のアミノ酸を特定のtRNAに結合させる反応は，20種類のアミノ酸それぞれについて存在するアミノアシルtRNA合成酵素が行なっている。この酵素はアミノ酸とtRNAを非常に厳密に識別しており，翻訳系の正確さを支えている。したがって，この酵素をそのまま用いて非天然アミノ酸をtRNAに結合させることは，20種類の天然アミノ酸に極めて類似したものを除いて，ほとんど不可能である。

そこでこれを回避する方法として，化学的アミノアシル化という方法が開発されている[7]（図3）。ただし，tRNAの3′末端に選択的にアミノ酸を付加することは困難であるために，まずtRNAの3′末端のジヌクレオチド部分を合成してこれにアミノ酸を結合させておく。続いて，3′末端のジヌクレオチドを欠損させたtRNAを用意し，これにアミノ酸を結合させたジヌクレオチドをRNAリガーゼにより連結させる。この方法によれば，基本的にどのような非天然アミノ酸であってもtRNAに結合させることができる。

一方，tRNAに非天然アミノ酸を直接付加することのできるRNA酵素（リボザイム）も開発されている。実際に，ランダムなRNAの混合物からアミノアシル化を行なうことのできるリボザイムを選択し，それを溶液中，あるいは固定化カラムを用いて，非天然アミノ酸でアミノアシル化されたtRNAを得ることが可能である[8]。この場合，特定のアミノ酸のみを基質とさせることや，逆に広範囲のアミノ酸を基質とすることのできるリボザイムを作製することも可能である。

さらに，天然のアミノアシルtRNA合成酵素を改変して，非天然アミノ酸を認識させることも

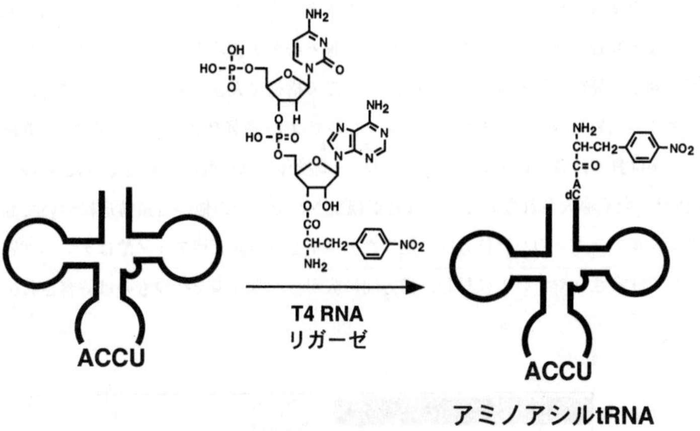

第6章 無細胞合成系

図3 化学的アミノアシル化による非天然アミノ酸を結合させたtRNAの合成

可能になりつつある。化学的アミノアシル化法では，アミノ酸を付加したtRNAは，リボソームで一度アミノ酸を放出してしまえば，再びアミノ酸が付加されることはない，言わば「使い捨て」である。一方，アミノアシルtRNA合成酵素を用いて非天然アミノ酸をtRNAに結合させることができれば，tRNAにアミノ酸を繰り返し付加することが可能になる。その結果，非天然アミノ酸の導入の効率化，さらには無細胞翻訳系だけでなく細胞内での非天然アミノ酸の導入も可能になる。

実際に，メタン産生細菌由来のチロシン―tRNA合成酵素にランダム変異を与えることで，特定の非天然アミノ酸を選択的に基質とすることのできる変異酵素が作製されている[9]。この変異酵素と，アンバーコドンに相補的なアンチコドンCUAを持つtRNAを用いることで，大腸菌内において非天然アミノ酸の導入されたタンパク質を発現させることに成功している。無細胞翻訳系を使用した場合は，収量の低さが問題点として挙げられるが，この方法ではそれが克服され，非天然アミノ酸を導入したタンパク質の大量発現が可能である。ただし，利用できるアミノ酸の種類はまだ限られており，これは今後の課題となっている。

3.4 非天然アミノ酸に対するタンパク質合成系の基質特異性

上記の方法，特に化学的アミノアシル化によってtRNAに結合させた非天然アミノ酸は，実は必ずしもタンパク質へ導入できるとは限らない。それは，タンパク質合成系は本来20種類の天然

アミノ酸のみを基質としているために，それらと構造の大きく異なる非天然アミノ酸が基質として許容されない場合もあるからである．実際に，種々の芳香族非天然アミノ酸についてタンパク質への導入効率を算出したところ，その効率は側鎖の構造に大きく依存していることが見出されている（図4）．特に，同じナフチル基を持つものでは2-置換体のもののほうが1-置換体のものよりも効率は良く，さらにアントラセンでは2-置換体では比較的効率良く導入されるものの，9-置換体では全く導入されないということが観察された．その他の側鎖構造についても考慮すると，フェニルアラニンのパラ位方向に延びた置換基を持つ非天然アミノ酸はタンパク質合成系に基質として許容されやすいのに対し，横方向に広がった芳香環を持つものは許容されにくいと

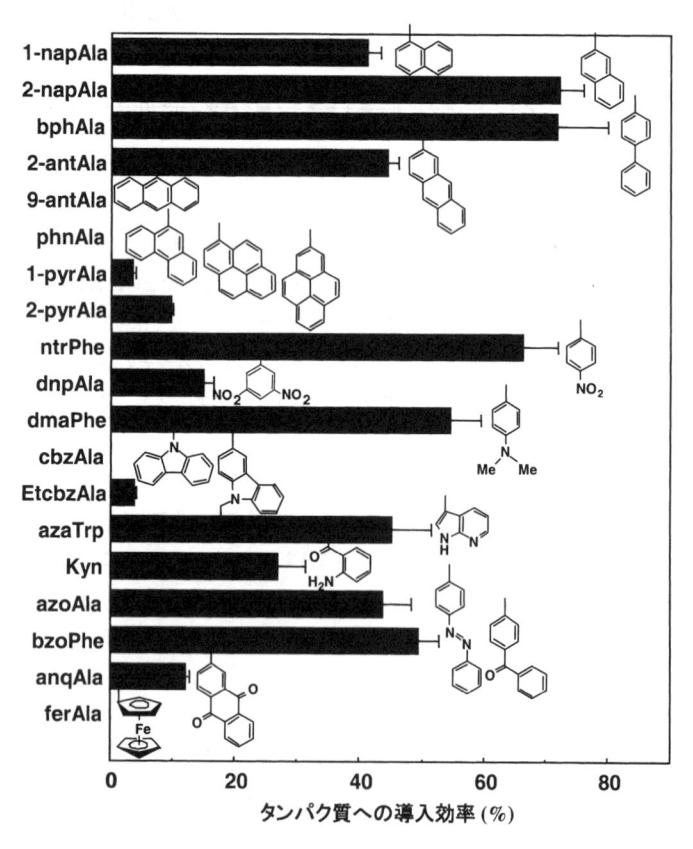

図4 非天然アミノ酸の側鎖構造とタンパク質への導入効率

第6章 無細胞合成系

言える。これはおそらくリボソームのアミノ酸結合ポケットの特性であると考えられるが，これらの知見は，タンパク質合成系の基質として受入れられやすい非天然アミノ酸の構造を設計するうえで，非常に有用となるだろう。

3.5 非天然アミノ酸導入によるタンパク質の改変

非天然アミノ酸の導入技術を使用すると，タンパク質の様々な改変が可能となる。ここでは，これまでに行なわれてきた研究の一部について紹介する。

3.5.1 天然アミノ酸類似体の導入による構造機能相関解析

タンパク質中のある部位のアミノ酸残基の影響を調べるために，それを別のアミノ酸に置換することが一般的に行なわれている。例えば，グルタミン酸をグルタミンやアスパラギン酸に置換することで，その残基の役割を調べることができる。しかし，非天然アミノ酸の導入技術を用いることでより幅広い類似アミノ酸に置換することが可能である。例えば，炭素鎖の1つ長いホモグルタミン酸（図5，1）や，構造的には類似しているものの電荷が異なるアミノ酸，4-ニトロ-2-アミノブタン酸2などへも置換することができる[10]。また，チロシンをそのフッ素置換体3，4に置き換えることも行なわれている。これにより，特定のアミノ酸残基の役割をより詳細に調べることが可能である。

3.5.2 蛍光プローブの導入

蛍光プローブの導入は，タンパク質の局所的な構造やその変化を調べるために非常に有効である。通常，これは化学修飾により行なわれているが，タンパク質中の特定部位に蛍光プローブを定量的に導入することは容易なことではない。しかし，あらかじめ蛍光プローブを側鎖に結合させた非天然アミノ酸を用いることで，タンパク質の特定部位へ蛍光プローブを導入することが可能である。実際に，ビオチン結合タンパク質であるストレプトアビジンに，蛍光性アミノ酸5や6を導入することで，ビオチンの結合にともなって特定のアミノ酸の周辺環境が大きく変化する様子を観察することができた[11,12]。これは，タンパク質の局所的な環境変化を調べることができるだけでなく，特定の分子の結合を読み出すことのできるタンパク質センサーとしての応用も可能である。

3.5.3 人工機能の付与

様々な有機機能分子と比べると，20種類のアミノ酸自体の持つ機能は非常に限られている。そのために，多くの機能性タンパク質は補酵素あるいは補因子として様々な機能性分子を利用している。一方，非天然アミノ酸導入技術を用いると，様々な人工機能基を側鎖に持った非天然アミノ酸を導入することができ，直接的にタンパク質に人工機能を付与することができる。

例えば，光によって構造変化を起こすアゾベンゼンを側鎖として持った非天然アミノ酸7を合

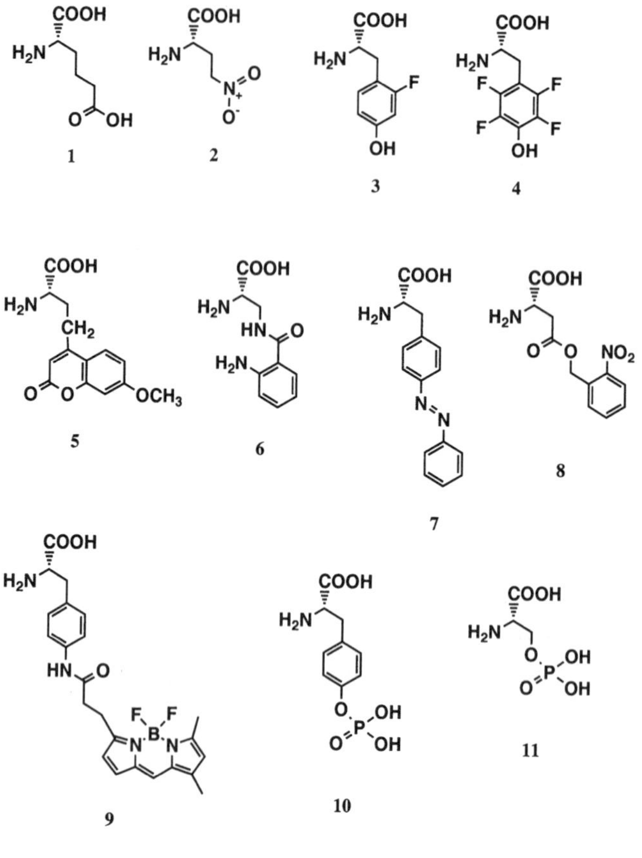

図5 各種非天然アミノ酸の構造

成し,タンパク質の活性に関与する部位へ導入することで,タンパク質の活性を光で可逆的に制御することができる[13]。また,光分解する非天然アミノ酸8を用いることで,タンパク質の活性を光でオンあるいはオフにすることもできる。このようなタンパク質の機能化は,導入する機能性分子の設計次第で,実に様々な展開が可能になると期待される。

3.5.4 タンパク質の蛍光標識法

蛍光標識はタンパク質研究において非常に強力な手法である。例えば,タンパク質を直接的に,あるいはそのタンパク質に特異的に結合する抗体を介して間接的に蛍光標識することで,細胞内

第6章 無細胞合成系

でのタンパク質の存在を容易に蛍光顕微鏡観察することができる。また，タンパク質の活性評価や微量なタンパク質の検出にも，蛍光標識されたタンパク質が用いられている。さらに究極的には，1分子の蛍光標識タンパク質を解析することも可能になっている。

現在，タンパク質の蛍光標識に使用されているのは化学修飾法であり，多くの場合，タンパク質表面のリジンあるいはシステインに対して蛍光分子を結合させている。しかし，ほとんどのタンパク質ではリジンなどは表面に複数存在することもあり，蛍光分子を結合させる位置や量を制御することは困難である。そのために，蛍光分子の結合位置あるいは結合量によっては，タンパク質の活性が低下あるいは消失することもある。また，特定のタンパク質を蛍光標識するためにはタンパク質をあらかじめ精製しておく必要があり，多種類のタンパク質を発現・精製して蛍光標識するには多くの労力が必要となる。

これに対しても，非天然アミノ酸導入技術を利用してあらかじめ蛍光標識された非天然アミノ酸をタンパク質へ導入することで，指定した部位へ定量的にかつ迅速に蛍光標識を行なうことが可能になる。特に，タンパク質の活性に影響を与えにくい部位（タンパク質の末端領域など）へ導入することで，活性を保持したまま蛍光標識することができる。ただし，可視域に蛍光を発する分子は比較的大きく，タンパク質合成系の基質とはなりにくい。しかしタンパク質合成系の基質特異性を考慮して設計されたBODIPY標識アミノフェニルアラニン9は，効率良くタンパク質へ導入することが見出されている[14]。さらに様々な波長の蛍光を発する標識アミノ酸を利用することにより，複数のタンパク質の相互作用解析や単一タンパク質の動的構造解析などへの応用も可能になるだろう。

3.5.5 タンパク質の特異的修飾

タンパク質は20種類のアミノ酸によって合成されるものの，実際に機能する際には様々な修飾を受けていることが知られている。特に，細胞内情報伝達過程では，リン酸化やアセチル化，メチル化などの翻訳後修飾が非常に重要な働きをしている。しかし，組み換えタンパク質として大腸菌等で発現させた場合，これらの修飾は通常行なわれない。一方，特定の修飾状態にあるタンパク質のみを細胞内から抽出することも容易ではない。

しかし，非天然アミノ酸の導入技術を利用することで，タンパク質の特定部位に修飾化アミノ酸を導入することが可能である。リン酸化アミノ酸10, 11などをタンパク質へ導入することにより，情報伝達機構の解明や，特定の修飾状態のタンパク質に対する構造機能解析，特異的阻害剤の開発などが今後可能になるだろう。

3.6 おわりに

非天然アミノ酸の導入技術は，従来のタンパク質改変技術の限界を大きく打ち破るものであり，

その応用範囲は非常に広い。現在までに,そのための基礎的な手法は確立されているが,非天然アミノ酸のレパートリーの拡張や,非天然アミノ酸を導入したタンパク質の収量などについては,まだまだ改良の余地がある。また,実際にどのような非天然アミノ酸を使うと何ができるかを示すことで,この技術の有用性を具体的に示していく必要がある。そのためには,タンパク質研究者に加えて,有機合成化学者,分子生物学者のさらなる連携が不可欠であろう。

文　　献

1) C. J. Noren *et al.*, *Science*, 244, 182 (1989)
2) T. Hohsaka *et al.*, *J. Am. Chem. Soc.*, 118, 9778 (1996)
3) T. Hohsaka *et al.*, *Biochemistry*, 40, 11060 (2001)
4) T. Hohsaka *et al.*, *J. Am. Chem. Soc.*, 121, 12194 (1999)
5) J.D.Bain *et al.*, *Nature*, 356, 537 (1992)
6) I. Hirao *et al.*, *Nat Biotechnol.*, 20, 177 (2002)
7) T. G. Heckler *et al.*, *J. Biol. Chem.*, 258, 4492 (1983)
8) Y. Bessho *et al.*, *Nat Biotechnol*, 20, 723 (2002)
9) L. Wang *et al.*, *Science*, 292, 806 (1993)
10) H. Chung *et al.*, *Science*, 259, 498 (2001)
11) H. Murakami *et al.*, *Biomacromolecules*, 1, 118 (2000)
12) M. Taki *et al.*, *FEBS Lett.*, 507, 35 (2001)
13) N. Muranaka *et al.*, *FEBS Lett.*, 510, 10 (2002)
14) T. Hohsaka and M. Sisido, *Curr. Opin. Chem. Biol.*, 6, 809 (2002)

4 無細胞タンパク質合成に基づいた酵素選択法

高橋史生[*1]，小畠英理[*2]

4.1 はじめに

コンビナトリアル・バイオエンジニアリングにおいては，生細胞を利用した様々なタンパク質ディスプレイ技術が開発されており，これらの技術を利用して機能的な新規タンパク質を創出することが次第に可能となってきている。しかし，生細胞の翻訳機能を利用するこのようなタンパク質ディスプレイ技術においては，発現させることのできるタンパク質の種類がある程度制限されてくる。例えば，生細胞に毒性を示すタンパク質をディスプレイすることは非常に困難である。しかし無細胞タンパク質合成系を利用することにより，毒性タンパク質でも翻訳することが可能であることから，この無細胞発現システムを用いた新たなタンパク質のディスプレイ法も開発されている。

無細胞タンパク質合成系を利用したディスプレイ法では，主に単鎖抗体（scFv：single-chain Fv）に代表されるような結合性タンパク質の選択が行われている（これら結合性タンパク質選択の詳細については第2編6章2節を参照して頂きたい）。しかしタンパク質は結合活性以外にも多様な機能を発揮できる分子であり，そのような他の機能性タンパク質の選択法を開発することも，タンパク質工学の発展に不可欠な要素であると考えられる。そこで，タンパク質進化分子工学の手法を利用して，結合活性以外の機能を有するタンパク質，特に化学反応の触媒能を有する酵素を選択する試みも最近行われはじめている。本節においては無細胞タンパク質合成を利用したタンパク質選択法のなかでも，結合性タンパク質ではなく酵素を選択する方法について注目し，近年の動向について述べる。

4.2 無細胞ディスプレイ技術を利用した酵素の選択

4.2.1 基質との親和性を指標に選択する手法

リボソームディスプレイ法によるもっとも単純な酵素の選択法としては，固定された基質に対しての酵素の親和性を利用する方法が報告されている（図1）。Bieberichらは，マイクロタイタープレートに固定したGM3ガングリオシドを用いて，リボソームディスプレイ法によりsialyltransferase II（ST-II）酵素を選択することに成功している[1]。また著者らは，アガロースビーズに固定したメトトレキセートを用いてリボソームディスプレイ法を行うことにより，活性を有するdihydrofolate reductase（DHFR）酵素の変異体を選択できることを示している[2]。しかし，単

[*1] Fumio Takahashi　愛媛大学　ベンチャービジネスラボラトリー　研究員
[*2] Eiry Kobatake　東京工業大学大学院　生命理工学研究科　助教授

コンビナトリアル・バイオエンジニアリングの最前線

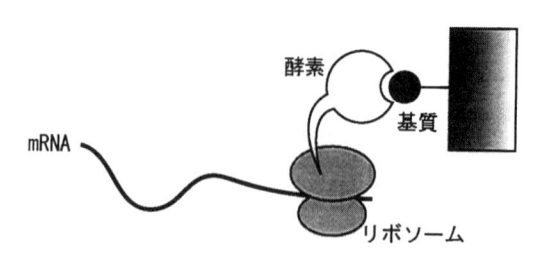

図1 リボソームディスプレイ法による酵素のアフィニティー選択
担体に固定された基質もしくは阻害剤と，ディスプレイされた酵素の親和性を利用して選択を行う。

純に基質との結合力向上を図ったこの選択アプローチによって，酵素の機能進化を達成したという報告は現段階においては成されていない。

4.2.2 酵素の触媒機能を指標に選択する手法

機能進化した酵素を効率良く選択するためには，酵素が行う触媒反応を利用して選択を行う，すなわち酵素活性を指標とした選択（activity-based selection）が必要であるという概念が近年浸透してきた。リボソームディスプレイ法の開発を精力的に行ってきたPlückthunらのグループは，リボソーム表面にディスプレイされたβ-Lactamaseを，その自殺阻害剤（suicide inhibitor, mechanism-based inhibitor）であるアンピシリンスルホンによって選択する方法[3]を報告している（図2）。自殺阻害剤とは，酵素反応によってその酵素の活性部位に共有的に結合して触媒能を阻害するものである。アンピシリンスルホンにビオチン分子を修飾しておくことにより，酵素反応を行ったβ-Lactamaseがビオチン化され，ストレプトアビジン固定ビーズによってこのβ-Lactamaseを提示している「mRNA-リボソーム-酵素」複合体を回収できる。したがって，ビオチン修飾した自殺阻害剤を作製し，複合体が維持される条件において自殺阻害剤が提示され

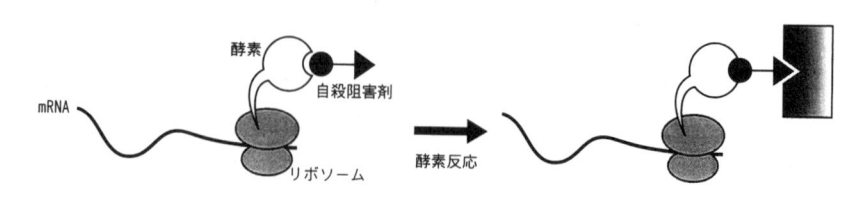

図2 自殺阻害剤を利用した触媒反応による選択
自殺阻害剤はディスプレイされた酵素の活性部位と共有結合して酵素反応を阻害する。この自殺阻害剤をあらかじめビオチン修飾しておくことにより，反応を行った酵素の複合体を選択することが出来る。

第6章 無細胞合成系

た酵素と反応することができれば，酵素反応を指標にした選択が可能となる。

4.3 エマルジョン法による酵素の人工進化
4.3.1 エマルジョン法の選択原理

　無細胞系を用いた酵素の選択に関しては，ディスプレイ法とは異なる選択系も開発されている。Griffithsらのグループは，エマルジョン法（*in vitro* compartmentalization法；IVC法）という選択法[4, 5]を開発して酵素の選択を行った（図3）。エマルジョン法では，無細胞転写翻訳反応液に対してオイル層を添加して撹拌することにより，オイル層に囲まれた直径数μmの微小なエマルジョンを作製する。この際，1個のエマルジョン内には多くとも1分子のDNAしか含まないようにエマルジョンの大きさを調節しておく。エマルジョン内における転写翻訳反応によって，酵素の遺伝子をコードするDNAから酵素タンパク質が発現する。DNAや酵素は他のエマルジョンへと移動することができないため，遺伝情報とそこから発現するタンパク質が同一のエマルジョンという区画内に収納されることにより，遺伝子型と表現型が対応づけられている。このとき，発現した酵素がDNAを修飾する活性を有している場合にはその酵素自身のDNAが修飾されるため，修飾されたDNAのみを選択することにより，活性を有する酵素の遺伝子を選択することができる。

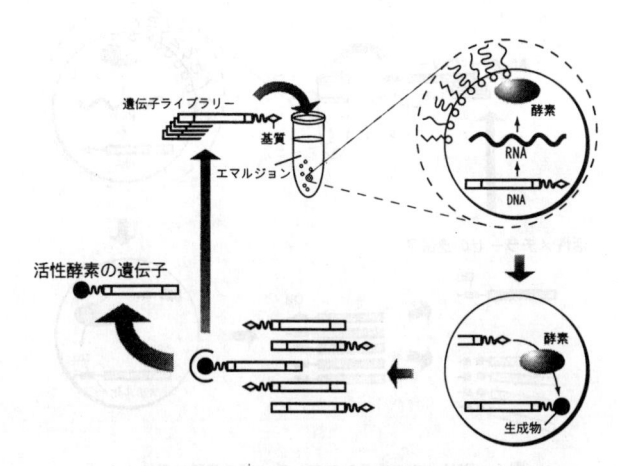

図3　エマルジョン法による酵素選択の概念
エマルジョン内において遺伝子から発現した酵素が自分自身のDNAを修飾する酵素であった場合，その修飾されたDNAのみを取り出すことにより，活性酵素の遺伝子を選択することができる。

4.3.2 エマルジョン法による基質特異性の改変

このエマルジョン法により，M. Hae III DNA メチルトランスフェラーゼのDNA配列特異性を改変する試み[6]が行われた（図4）。M. Hae IIIの酵素反応に関わっていると考えられている部位にアミノ酸残基の変異を導入した遺伝子ライブラリーが作製された。この遺伝子の末端には，制限酵素Nhe Iの認識配列を有する切断―メチル化部位が連結されている。エマルジョンの内部で個々のライブラリー遺伝子が転写翻訳されると，Nhe Iの認識配列をメチル化するようなM. Hae III変異体の遺伝子のみがメチル化修飾を受ける。その後遺伝子の末端に修飾されたビオチンを利用してストレプトアビジン固定ビーズの表面に遺伝子を回収し，これを制限酵素Nhe Iで処理してメチル化されていない遺伝子を除去する。その後PCRによって残った遺伝子を増幅することにより，制限酵素Nhe Iの認識配列をメチル化するようなM. Hae III変異体の遺伝子のみが選択的に増幅されることになる。

本来M. Hae III DNA メチルトランスフェラーゼはGGCCというDNA配列を特異的に認識してメチル化する酵素であるが，この選択を行うことにより，本来メチル化すべき配列と比較して他の配列を効率よくメチル化するM. Hae III変異体を取得することに成功している。この選択方法においては，Nhe I以外の制限酵素の認識配列をメチル化の標的配列として設定することも可能であり，今後様々な配列を特異的に認識してメチル化するような人工変異体酵素の創出も可

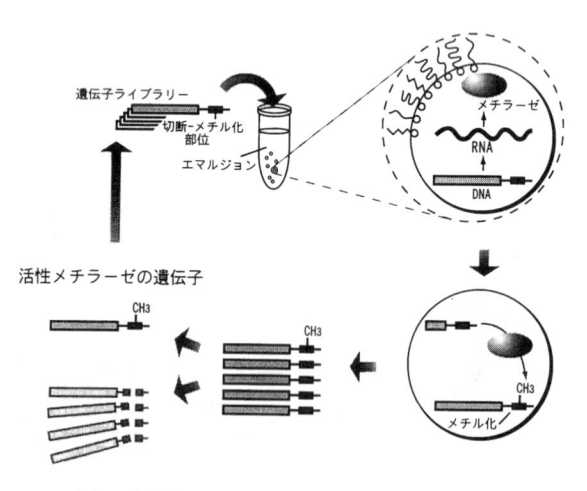

図4　DNAメチルトランスフェラーゼの基質特異性改変
M. Hae III DNA メチルトランスフェラーゼの変異体ライブラリーの中に制限酵素Nhe Iの認識配列をメチル化するものが存在した場合，その変異体の遺伝子はNhe Iによる切断を回避して回収することができる。

第6章　無細胞合成系

能になるかもしれない。

4.3.3　エマルジョン法によるターンオーバー効率の改変

　酵素の触媒反応のターンオーバー効率を向上させるような人工進化も，このエマルジョン法により成し遂げられている（図5）。酵素の変異体遺伝子ライブラリーをコードするDNAをストレプトアビジン修飾ビーズに固定する。このとき酵素がタグ配列ペプチドと融合した形で発現するように遺伝子配列に細工をしておく。また1個のビーズ表面には多くとも1分子のDNAしか固定されないように調節しておく。さらにこのペプチドタグに対する抗体を同じビーズに固定しておく。このビーズを無細胞転写翻訳反応液に懸濁し，さらにオイル層を添加して攪拌することにより，ビーズを含むエマルジョンが作製される。この際，1個のエマルジョン内には多くとも1個のビーズしか含まないようにエマルジョンの大きさを調節する。このエマルジョン内において

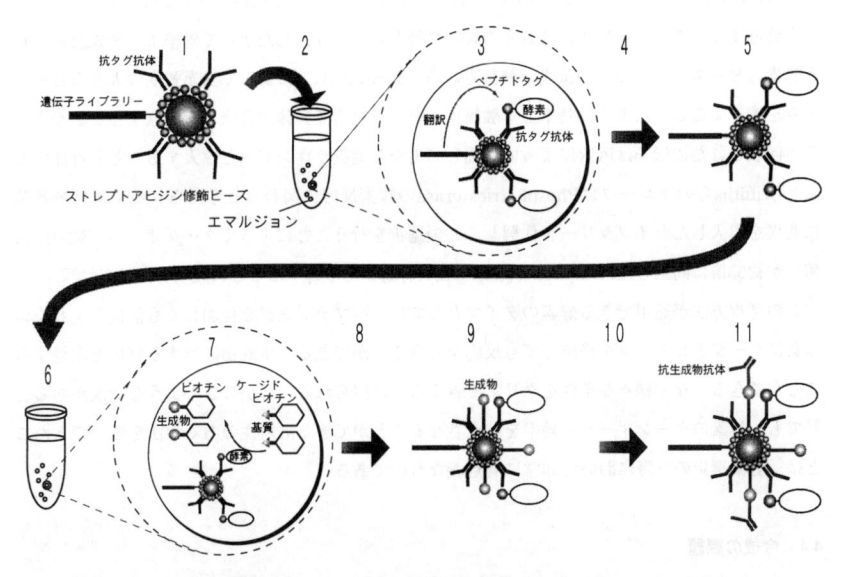

図5　エマルジョン法による酵素の反応効率の向上
（1）ビーズにライブラリー遺伝子を固定し，さらに発現したタンパク質に結合する抗体を固定しておく。（2）オイルを添加して攪拌することにより，エマルジョンを作製する。（3）エマルジョン内において転写翻訳反応が行われ，発現した酵素が抗体を介してビーズに固定される。（4）エマルジョンを融合させて（5）転写翻訳反応液を除去する。（6）ビーズを酵素反応溶液に懸濁して再びエマルジョンを作製する。（7）ビーズに固定された酵素が基質と反応する。（8）UV照射によりビオチンのケージングを外すと（9）生成物がビーズに固定される。（10）再びエマルジョンを融合させてビーズを回収し，（11）蛍光修飾抗体を用いて生成物をラベルする。その後FACSを用いて蛍光強度の大きなビーズのみを選択することにより，ターンオーバー効率が向上した酵素変異体の遺伝子を選択することができる。

転写翻訳反応によって発現した酵素タンパク質は，融合したタグ配列と抗体との結合を介してビーズ表面に固定される。このとき発現した酵素は他のエマルジョンへと移動することができないため，酵素は自身の遺伝子が固定されたビーズと同一のビーズにのみ固定されることになる。

次に遠心によりこのエマルジョンを融合させてビーズを回収し，無細胞転写翻訳反応液を除去した後に，固定された酵素が触媒反応を行うための溶液にこのビーズを懸濁し，再度オイル層を添加して攪拌しエマルジョンを作製する。この酵素反応溶液には，固定された酵素の基質にケージドビオチンが修飾されたものが含まれている。エマルジョン内における酵素反応により，基質が生成物へと変換される。その後，UV照射によりケージングを外してビオチンを露呈させることにより，生成物がストレプトアビジンビーズに固定される。このとき生成物は他のエマルジョンへと移動することができないため，効率的に触媒反応を行った酵素のビーズにより多くの生成物が固定されることになる。

その後，再度ビーズを回収して酵素反応溶液を除去した後に，生成物に対する抗体を用いてビーズを修飾する。このとき抗体には蛍光物質が修飾されており，したがって効率よく触媒反応を行う酵素のビーズにより多くの蛍光が修飾される。最後にFACSによって蛍光強度の大きなビーズのみを選択することにより，効率よく触媒反応を行う酵素変異体の遺伝子を回収することができる。回収された遺伝子はPCRによって増幅して更なる選択ラウンドへと投入することも可能である。GriffithsらのグループはPhosphotriesteraseの酵素反応に関わると考えられるアミノ酸残基に変異を導入したライブラリーを作製し，この選択を行うことによってターンオーバー数（kcat値）が約63倍に向上したPhosphotriesterase変異体酵素を取得することに成功している[7]。

この選択方法が適用できる酵素のタイプとしては，ペプチドタグを付加しても活性を失わない，基質にケージドビオチンを修飾しても反応を行うことができる。生成物に対する抗体を取得することができる，など様々な条件をクリアできるものに限られる。しかしこのような制限があるとしても，酵素のターンオーバー効率を向上させることができる汎用性のある手法を開発できたことは，酵素選択の分野において非常に有意義なものである。

4.4 今後の課題

タンパク質工学においては，望みの機能を有する人工タンパク質を自在に創出することが究極の目的であるといえる。近年，多様なタンパク質の解析が盛んに行われており，その立体構造や作用機構に関する知見が蓄積されつつある。これらの知見を利用して，アミノ酸残基を置換したり，機能性ドメインを組み合わせたりしたコンビナトリアルライブラリーを作製することにより，さらに効率的な酵素の人工改変が行える可能性を有している。

本節では無細胞タンパク質合成を利用したコンビナトリアル・バイオエンジニアリングによる

第6章 無細胞合成系

酵素の選択法を紹介してきた。無細胞タンパク質合成の問題点の1つとして，そのタンパク質合成効率の低さが従来から指摘されている。このことは無細胞系のコンビナトリアル・バイオエンジニアリングにおける選択効率の低さとして影響が現れている。従って，高効率な無細胞系を利用した選択系を開発することにより，さらに効率的な酵素の人工改変へと応用することが今後期待されている。また無細胞タンパク質合成の利点をうまく利用した酵素選択法を開発することも重要であると考えられる。

　一言に酵素といっても，その機能は極めて多様性に富んでおり，様々な機能を有する全ての酵素の選択において普遍的に適用できるような統一的な選択手法を開発することは，困難であると考えられる。従って現実的な研究の方向性としては，各酵素機能に特化した様々な選択方法を開発していくことにより，選択できる酵素機能の範囲を徐々に拡大していくことが重要であると考えられる。筆者らもこのような視点から今後様々な手法を提示し，タンパク質のコンビナトリアル・バイオエンジニアリングに貢献していければと考えている。

文　献

1) Bieberich E., Kapitonov D., Tencomnao T., Yu RK. (2000) Protein-ribosome-mRNA display: affinity isolation of enzyme-ribosome-mRNA complexes and cDNA cloning in a single-tube reaction, *Anal. Biochem.*, 287, 294-298
2) Takahashi F., Ebihara T., Mie M., Yanagida Y., Endo Y., Kobatake E., Aizawa M. (2002) Ribosome display for selection of active dihydrofolate reductase mutants using immobilized methotrexate on agarose beads, *FEBS Lett.*, 514, 106-110
3) Amstutz P., Pelletier JN., Guggisberg A., Jermutus L., Cesaro-Tadic S., Zahnd C., Plückthun A. (2002) *In vitro* selection for catalytic activity with ribosome display, *J. Am. Chem. Soc.*, 124, 9396-9403
4) Tawfik DS., Griffiths AD. (1998) Man-made cell like compartments for molecular evolution, *Nature Biotechnology*, 16, 652-656
5) Griffiths AD., Tawfik DS. (2000) Man-made enzymes-from design to *in vitro* compartmentalization, *Curr. Opin. Biotechnol.*, 11, 338-353
6) Cohen H. M., Tawfik D. S., Griffiths A. D. (2004) Altering the sequence specificity of *Hae*III methyltransferase by directed evolution using *in vitro* compartmentalization, *Protein Eng. Des. Sel.* 17, 3-11
7) Griffiths AD., Tawfik DS. (2003) Directed evolution of an extremely fast phosphotriesterase by *in vitro* compartmentalization, *EMBO J.*, 22, 24-35

第7章　人工遺伝子系

1　RNAiの分子機構と植物のポストゲノム研究への応用

福崎英一郎[*1], 安　忠一[*2], 小林昭雄[*3]

1.1　はじめに

ヒトや植物を含む様々なモデル生物におけるゲノムプロジェクトの終了に伴い，ゲノムDNAの膨大な塩基配列が明らかとなった。コンピューターを用いた大規模な解析から，タンパク質をコードすると思われる数多くの遺伝子の存在が推定されたが，その多くは配列からは機能が全く推定できない機能未知遺伝子である。たとえば，2000年にゲノムの全塩基配列が報告されたシロイヌナズナの場合，25,000以上の遺伝子の存在が推定されたが，そのうちの約30％の遺伝子は機能が未知である[1]。そのような，配列は既知であるが機能が分からない遺伝子の機能や役割を明らかにするためのアプローチとして，遺伝子機能の人為的な抑制は有効な手段の一つである。

これまで植物においては，トランスポゾンやT-DNAの挿入によって標的遺伝子の機能が欠損した変異体の作製と解析が盛んに行われてきた。しかしながら，これらの方法は標的遺伝子が破壊された変異株を得るのに多大な時間と労力を必要とする。また，目的とする遺伝子が破壊されるかどうかは運任せであるため，目的とする遺伝子破壊株が得られない場合もある。一方，ヒトやマウスなどの哺乳類細胞においては，標的遺伝子を特異的に破壊するジーンターゲッティングの手法が確立しており，逆遺伝学の強力な手法として広く利用されているが，植物では相同組換えを介したジーンターゲッティングは現時点では実用的なレベルで利用できないため，標的遺伝子を狙い撃ちで破壊することは事実上不可能である。

ところが最近，状況が一変しつつある。きっかけは，線虫におけるRNAi（RNA interference：RNA干渉）の発見[2]である。RNAiとは，細胞内に二本鎖RNA（double-stranded RNA：dsRNA）を導入すると，dsRNAと同じ配列を持つ遺伝子の発現が特異的に抑制される現象であり，その機構からPTGS（post-transcriptional gene silencing）の一つに分類される。本稿では，基礎科学のみならず，医学や工学といった応用分野からも注目されているRNAiおよびその関連現象の

[*1]　Ei-ichiro Fukusaki　大阪大学大学院　工学研究科　応用生物工学専攻　助教授
[*2]　Chung-Il An　大阪大学大学院　工学研究科　応用生物工学専攻；日本学術振興会
　　　未来開拓学術研究推進事業　リサーチアソシエイト
[*3]　Akio Kobayashi　大阪大学大学院　工学研究科　応用生物工学専攻　教授

第7章 人工遺伝子系

分子機構と,植物のポストゲノム研究への応用について,筆者らの研究も交えて,最近の状況を解説する。

1.2 動物におけるRNAiの分子機構

RNAiは,線虫をモデルとして胚発生に関する研究を行っていた研究者によって発見された。ワシントン・カーネギー研究所(現スタンフォード大学)のFireらは,発生において重要な役割を担っていると推測される遺伝子の働きを調べるために,アンチセンス法による標的遺伝子の発現抑制を試みていた。彼らはその試みの過程で,アンチセンス鎖RNAのみならず,センス鎖をコードするRNA(標的mRNAと同じ配列をコードするRNA)も,弱いながら発現抑制効果を示すことを見出していた。彼らは,センス鎖RNAも発現抑制効果を示すのは,バクテリオファージ由来のRNAポリメラーゼを用いて調製したセンス鎖RNAサンプル中に,非特異的な転写によって生じた微量のアンチセンス鎖RNAが混入していたためであることに気づいた。この結果から彼らは,dsRNAが発現抑制に関わっているのではないかと考え,センス鎖とアンチセンス鎖をコードするRNAを別々に調製したのち,それらを混合してdsRNAとし,線虫にマイクロインジェクションしてみた。その結果,dsRNAはセンス鎖やアンチセンス鎖を単独で導入した場合に比べて,二桁以上の強力かつ遺伝子特異的な発現抑制効果を示すことを発見した[2]。現在RNAiと呼ばれているこの現象は,線虫のみならずヒトや植物を含む様々な真核生物に広く保存されていることが,その後の研究から明らかとなった。

RNAiはdsRNAというあまり馴染みのない物質が引き金となって起こるため,多くの研究者がその分子機構に興味を持ち,その解明に取り組んだ。RNAiの分子機構は,主としてショウジョウバエの胚や培養細胞の抽出液を用いた$in\ vitro$における実験により急速に解明が進んだ。MIT・ホワイトヘッド研究所(現ロックフェラー大学)のTuschlと同研究所(現マサチューセッツ大学)のZamoreらは,ショウジョウバエの胚の抽出液を用いた$in\ vitro$のRNAiアッセイ系を開発した[3]。彼らはこの実験系を用いて,長いdsRNAはRNAiの過程で21〜23塩基の短いRNAに切断されることを見出した[4]。この短いRNAは,後にTuschlらによってsiRNA (small interfering RNA) と命名された[5]。この結果から,siRNAがRNAiにおいて重要な役割を担っているのではないかと考えられた。一方,コールドスプリングハーバー研究所のHannonらは,ショウジョウバエ培養細胞の抽出液を用いた実験から,RISC (RNA-induced silencing complex) と呼ばれるRNAiの最終段階でmRNAを切断するタンパク質とsiRNAの複合体が存在することを明らかにした[6]。さらに彼らは,長いdsRNAをsiRNAに切断する酵素がdsRNAに特異的なヌクレアーゼであるRNase IIIファミリーに属するのではないかと考え,ショウジョウバエに存在するすべてのRNase IIIファミリーの酵素をショウジョウバエの培養細胞で発現させて精製し,その活性を

調べた。その結果,二つのRNase IIIドメインに加え,dsRNA結合モチーフとヘリカーゼドメイン,そして機能未知のPAZドメインを持つ酵素が長いdsRNAのsiRNAへのプロセッシングに関与していることを明らかとし,この酵素をDicerと命名した[7]。

以上の結果から,細胞に導入された長いdsRNAはまずDicerによって21〜23塩基の長さのsiRNAに切断され,このsiRNAがRISCに取り込まれた後,siRNAと相補的な配列を持つmRNAが切断されるというRNAiの大まかな流れが明らかとなり(図1),逆遺伝学の強力なツールとして線虫やショウジョウバエで広く利用されるようになった。しかしながら,ヒトを含む哺乳類においては,30bpよりも長いdsRNAを細胞内に導入するとインターフェロン応答が誘導され,その結果,非特異的な翻訳の停止やmRNAの分解が起こってしまう。そのため,当初は哺乳類細胞への適用は無理かと思われたが,TuschlらはながいdsRNAの代わりにsiRNAでRNAiを誘導することができれば,この問題を回避できるのではないかと考え,siRNAをヒトの培養細胞に導入してみた。その結果,インターフェロン応答を誘導することなく,RNAiのみを特異的に起こすことができることが明らかとなった[5]。この報告は,RNAiの医療への応用の可能性を示した最初の報告として,非常に重要である。この報告を受け,多くの研究者がsiRNA発現ベクターの開発やsiRNAの設計方法に関する研究を行ってきたが,siRNA発現ベクターを使用した際にインターフェロン応答が誘導される場合があることや[8],siRNAのoff-targetの問題[9]が残っており,まだすぐには医療に応用できない状況である。

RNAiの分子機構の解明に向けては,その後も多くの研究者によって様々なアプローチから研究が進められ,siRNAによるmRNAの切断部位はsiRNAの5′側から10塩基目と11塩基目の間に相当する部分であることが明らかとなった[10]。また,線虫においては,RNA-dependent RNA polymerase(RdRP)がRNAi効果の増幅や標的領域の拡大に関与していることや[11](後述),局所的に誘導したRNAiが全身に広がる現象(systemic RNAi)に重要な役割を担っていると考えられるdsRNAのトランスポーターの存在も明らかとなっている[12,13]。一方で,RISCを構成するタンパクの実体もヒトやショウジョウバエで明らかになってきており[14〜16],動物におけるRNAiの詳細な分子機構が徐々に明らかになりつつある。

1.3 植物におけるRNAiの分子機構

これまで述べてきたように,RNAiの分子機構は主に線虫やショウジョウバエといった動物で調べられてきたが,植物においては*in vitro*の実験系の開発が遅れたこともあり,あまり進んでいない。しかし,RNAiと密接に関連した現象が最初に見つかった生物は,実は植物である。線虫におけるRNAiの最初の報告[2]に先立つこと8年前,植物ではある奇妙な現象が報告されていた。DNA Plant Technology Corporation(現アリゾナ大学)のJorgensenらは,ペチュニアの

第 7 章　人工遺伝子系

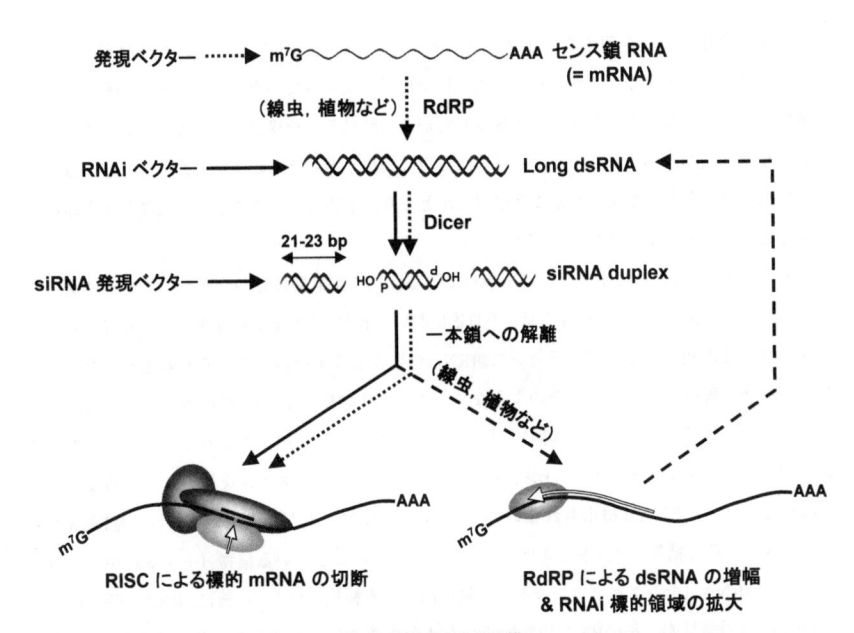

図1　PTGSの分子機構

RNAiの経路を実線で，コサプレッションの経路を点線で示した。RNAiは，細胞内に導入，またはベクターから発現された長いdsRNAが引き金となって起こる。長いdsRNAはDicerの働きによって21-23bpのsiRNA duplexに切断される。siRNA duplexは，それぞれの鎖の3′末端が2塩基突出しており，5′末端にはリン酸基が付加している。siRNA duplexは恐らくRNAヘリカーゼの働きにより一本鎖に解離したのちRISCに取り込まれ，siRNA-mRNA二重鎖のsiRNAの5′側から10塩基目と11塩基目の間で標的mRNAが切断される（白矢印）。RNAiはsiRNAの導入，または発現によっても誘導可能である。一方コサプレッションは，発現ベクターから生じたセンス鎖RNAから，RdRPの働きによってdsRNAが生じ，これがRNAiの経路に入り，標的遺伝子の発現抑制が誘導されると考えられる。線虫や植物においては，この経路に加え，RdRPがmRNAを鋳型としてdsRNAを*de novo*合成し，このdsRNAが再びRNAiの経路に入る現象が知られている（transitive RNAi：破線の経路）。線虫では，RdRPによるdsRNAの増幅は標的mRNAの5′側への拡大のみが報告されているが，植物では5′側と3′側の両方への拡大が報告されている。この違いは，線虫および植物のRdRPの性質（プライマー要求性の有無）に起因するものと考えられる。すなわち，RdRPの活性にプライマーが必須の場合（線虫の場合），標的mRNAの5′方向にのみdsRNAの合成が起こるが，RdRPがプライマーを必要としない場合（植物の場合），標的mRNAのどの場所からでもdsRNAの合成が起こりうるため，結果的に5′側と3′側の両方へのdsRNAの合成が起こると考えられる。

花の色を濃くすることを目的として，花色の主な原因成分であるアントシアニンの生合成に関わる酵素（chalcone synthase：CHS）の遺伝子を強力なプロモーターの下流に連結し，ペチュニアに導入した。その結果，当初の期待とは異なり，多くの形質転換体では花色が変化しなかったばかりか，残りの形質転換体では逆に花色が薄くなるか真っ白になってしまった[17]。同様の結果は，van der Krolらによっても報告された[18]。Jorgensenらは，花色が薄くなった形質転換体では，導入したCHS遺伝子と元から存在していた内在性のCHS遺伝子の発現が共に抑制されてい

ることを突き止め、この現象をコサプレッション（cosuppression）と名づけた。発現抑制は、導入した遺伝子、および、それと相同な内在性遺伝子に限られていたため、何らかの配列特異的な遺伝子発現抑制機構が存在すると予想されたが、当時はその機構は全く分からなかった。この奇妙な現象は当初、ペチュニアだけに見られる特異な現象と考えられていたが、その後、他の植物や線虫、カビなどでも見られることが明らかとなり、生物種を超えた普遍的な遺伝子発現抑制現象として知られるようになった。

一方で、RNAiにおいて重要な役割を担っているsiRNAが最初に見つかったのも植物である。John Innes CentreのBaulcombeらは、PTGSにおいて標的mRNAは配列特異的に分解されるというそれまでの知見から、アンチセンス鎖RNAが重要な役割を担っていると考えていた。しかし、ノーザン解析を行っても、そのようなアンチセンス鎖RNAは全く検出されなかった。彼らは、ノーザン解析でアンチセンス鎖RNAが検出できないのは、検出しようとするアンチセンス鎖RNAが非常に短いためではないかと考え（低濃度のアガロースゲルを用いる一般的なノーザン解析では、短いRNAは検出されない）、ポリアクリルアミドゲルを用いて低分子量RNAの検出を試みた。その結果、PTGS（コサプレッション）を起こしている植物（トマト）から、約25塩基の短いRNA（センス鎖とアンチセンス鎖の両方）が検出された[19]。後にsiRNAと呼ばれるこの短いRNAの発見が、後のRNAi機構解明のための重要な足がかりとなった（前項参照）。彼らはその後、植物には約21塩基と約25塩基の長さが異なる二種類のsiRNAが存在することを見出し、21塩基の方はmRNAの切断に、25塩基の方は全身的なジーンサイレンシングとDNAのメチル化に関与していると報告している[20]。

植物においては、前述のようにセンス鎖RNAを発現させることでジーンサイレンシングを誘導する方法（コサプレッションの誘導）が頻繁に行われていたこともあり、dsRNAが直接の引き金となるRNAiも含めて、PTGSまたはRNAサイレンシングと呼ばれることが多い。植物の場合、動物と比べて*in vitro*の実験系の開発が難しかったこともあり、主に遺伝学的なアプローチから機構解明が進められた。その結果、PTGSに必要な遺伝子がいくつか同定されたが、その中にRdRPの相同遺伝子が含まれていた。前述のBaulcombeらのグループとフランス国立農業研究所（INRA）のVaucheretらのグループは、RdRPの相同遺伝子をコードしているシロイヌナズナの*SDE1/SGS2*がPTGS（具体的にはコサプレッション）に必要であることを同時に報告した[21,22]。Vaucheretらはその後、この遺伝子は逆向き反復配列（inverted repeat：IR）発現ベクターを用いたPTGSの誘導（＝RNAiの誘導）には不必要であることを明らかとした[23]。これらの結果から、植物細胞内でセンス鎖RNAを発現させた場合（コサプレッションの場合）、RdRPによってセンス鎖RNAからdsRNAが作られ、このdsRNAがRNAiの経路を経て標的遺伝子の発現が抑制されると考えられる（図1）。

第7章 人工遺伝子系

　RdRPに関しては,もう一つ重要な現象との関連が報告されている。前述のFireらとオランダHubrecht LaboratoryのPlasterkらは,siRNAが標的mRNAの分解に関与するだけでなく,RdRPのプライマーとなってmRNAを鋳型としたdsRNAの新たな合成を誘導し,その結果,dsRNAが増幅されると同時にRNAiの標的領域が標的mRNAの5´側に拡大することを,線虫を用いた実験により示した[11]。彼らがtransitive RNAiと命名したこの現象は,植物においても報告されている(図1)[24～27]。しかし線虫とは異なり,RNAiの標的領域がmRNAの3´側に拡大するケースも植物では報告されている[28]。この場合,RdRPはプライマーなしでdsRNAを合成したと推測されるが,実際,トマトから精製されたRdRPはプライマーの有無にかかわらずdsRNAを合成可能であることが示されている[29]。同様の活性は,コムギの胚芽抽出液にも存在することが最近報告され[30],線虫と植物ではtransitive RNAiの中身が若干異なるようである。植物にはRdRP遺伝子が複数存在し,その役割がそれぞれ異なることがシロイヌナズナで明らかとなってきている。シロイヌナズナのゲノム上には,RdRPの相同遺伝子が6個見つかっており(*RDR1-6*),そのうちの*RDR6*は前述の*SDE1/SGS2*に相当する。残りの遺伝子についても解析が行われており,*RDR2*がトランスポゾンなどに由来する内在性のsiRNAの生成に必要であることが最近報告された[31]。

　RdRPと同様,Dcierの相同遺伝子も植物には複数存在する。シロイヌナズナの場合,4つの相同遺伝子が存在し,Dicer-like（DCL）1-4と命名されている[32]。このうち,最初に見つかった*DCL1*（=*CARPEL FACTORY*）はmicroRNA（後述）と呼ばれる内在性の遺伝子の発現を負に調節している短いRNAの前駆体のプロセッシングに[33],*DCL2*と*DCL3*はウィルス由来のdsRNA,およびトランスポゾンなどに由来するdsRNAのプロセッシングにそれぞれ関与している[31]。このように,シロイヌナズナにおいては各*DCL*遺伝子がそれぞれ異なる役割を担っていることが,最近の研究から明らかとなってきている。

　前項で述べたように,動物では*in vitro*の実験系がRNAiの機構解明に多大な貢献をしてきたが,植物で*in vitro*の実験系が報告されたのはつい最近になってからである。前述のZamoreらのグループは,ショウジョウバエの胚の抽出液を用いたRNAiアッセイ系に引き続き,コムギの胚芽の抽出液を用いた*in vitro*の実験系の開発に成功した[30]。彼らはこの実験系を用いて,長いdsRNAのsiRNAへの切断（Dcierの活性）,RdRPの活性,そして内在性microRNAによる標的配列の切断（RISCの活性）をそれぞれ検出した。ただし,動物の*in vitro*のアッセイ系で見られたような長いdsRNAや二本鎖のsiRNA（siRNA duplex）の添加による標的RNAの切断はこの系では見られなかった。彼らはこの続報として,一本鎖のsiRNAを用いた場合は標的RNAの切断が確認されることや,コムギ胚芽抽出液にショウジョウバエの胚の抽出液を少量添加するとsiRNA duplexでも標的RNAの切断が起こるようになることから,コムギ胚芽抽出液にはsiRNA duplexからRNAiを起こすのに必要なコンポーネントが欠けていることを,2004年4月にアメリカのコ

コンビナトリアル・バイオエンジニアリングの最前線

ロラド州で開催されたKeystone symposia meetingで報告している。このように，彼らが開発したin vitroの実験系ではRNAiの部分的な側面が再現されたに過ぎないが，植物におけるRNAiの分子機構を解明するためのツールとしては重要である。

このように，植物においてもRNAiを含むPTGSの分子機構が，部分的にではあるが明らかになりつつある（図1）。本稿では紙面の都合上触れなかったが，植物ではRNAによるDNAのメチル化（RNA-directed DNA methylation：RdDM）とそれに伴うTGS（transcriptional gene silencing）の誘導が以前から知られており，動物と比べてより複雑な遺伝子発現制御機構が存在すると考えられている。

1.4 植物におけるRNAiの誘導

前述のように，植物科学の分野においては，センス鎖RNAによるPTGS（コサプレッション）が標的遺伝子の人為的な発現抑制のための手段として用いられてきた。しかし，その効率はあまり高くなかったこともあり，線虫におけるRNAiの発見以降はRNAi誘導法の開発が行われてきた。植物でRNAiを誘導する方法は，大きく分けてベクターを用いる方法とdsRNAを用いる方法がある（図2）。ベクターを用いる方法は，プラスミドベクターを用いる方法とウイルスベクターを用いる方法に大別され，それぞれ用途や植物種に応じて使い分けられる。プラスミドベクターを用いる方法では，RNAiの標的領域を含むIR配列をCaMV35Sプロモーターなどの強力なプロモーターの下流に連結し植物に導入するのが一般的な手順である。このとき，IR配列間に挿入するループ配列をイントロンに置き換えると，RNAiの効果が上昇すると報告されている[34]。最近では，この形のベクターの改良型として，Gatewayテクノロジーを応用することでベクターの作製に要する時間と労力を大幅に軽減したものや[35,36]，Creリコンビナーゼを応用した発現誘導可能なRNAiベクター[37]，エタノールで誘導可能なプロモーターを利用したRNAiベクターなども報告されている[38]。一方のウイルスベクターを用いる方法は，ウイルスベクターに標的配列を挿入（この場合，IR配列は不必要）して植物に導入することで，ウイルスが増殖する際，標的配列を含むdsRNAが生じ，これがトリガーとなって一過性のRNAiが誘導される仕組みである。このウイルスベクターを用いたジーンサイレンシングの誘導は，VIGS（virus-induced gene silencing）と呼ばれている。これまでに，potato virus X[39]やtobacco rattle virus[40]，satellite tobacco mosaic virus[41]などを利用したベクターが開発されている。VIGSはウイルスの宿主特異性や病原性の問題があるものの，簡便かつ効率よくRNAiを誘導できるため，主にタバコ（特にNicotiana benthamiana）で頻繁に利用されている。これらRNAiベクターの植物への導入法としては，Agrobacteriumを用いて植物に導入し形質転換体を得るのが一般的であるが，他にもパーティクルボンバードメントを用いる方法[42,43]やAgroinfiltrationと呼ばれるRNAiベクターを

第7章　人工遺伝子系

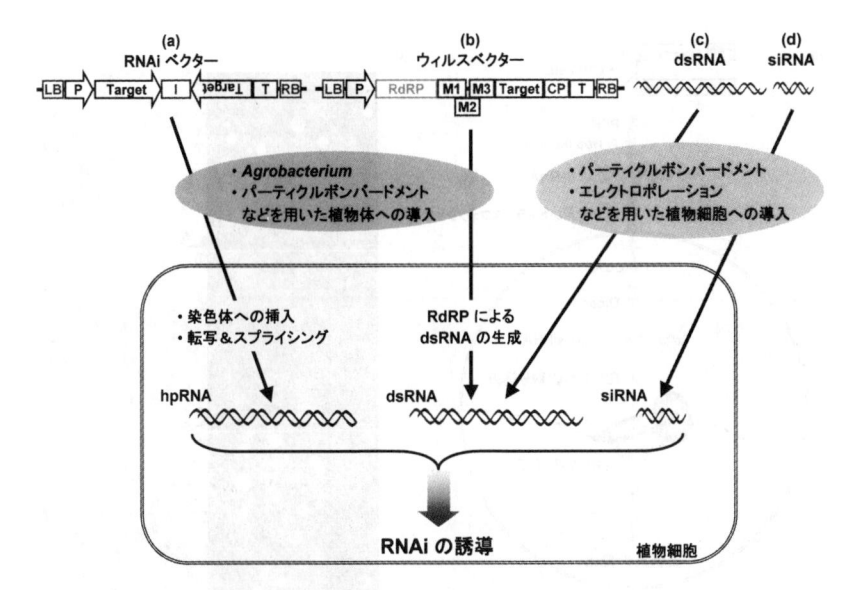

図2　植物におけるRNAi誘導法の概略

RNAiベクターを用いる方法（a）では，適当なプロモーター（P）の下流に，標的遺伝子の配列（Target）を含むinverted repeat配列をイントロン（I）を挟んだ形で挿入するのが一般的である。このベクターを Agrobacterium やパーティクルボンバードメントなどを用いて植物細胞に導入すると，プロモーターから転写が起こり，スプライシングを経たのちdsRNAが生成する。一方，ウィルスベクターを用いる方法（b）では，ウィルスゲノムの配列を持つベクターに標的遺伝子の配列を挿入し，これをRNAiベクターと同様の方法で植物体に導入する。ベクターが細胞内に導入されると，ウィルスのRdRPが自分自身のゲノム（ウィルスRNA）を複製するが，その際，標的配列を含むdsRNAが生じる。他にも，in vitroで調製したdsRNA（c）や化学合成したsiRNA（d）を，パーティクルボンバードメントやエレクトロポレーションなどの方法を用いて植物細胞，あるいはプロトプラストに直接導入することで，RNAiを誘導することも可能である。LB, left border; RB, right border; T, Transcription termination sequence; M1-M3, movement proteins; CP, coat protein; hpRNA, hairpin RNA.

もつAgrobacteriumを葉の裏から注射器で直接導入する方法[44]，エレクトロポレーション法を用いてプロトプラストに導入する方法[45]などが報告されている。一方，in vitroで調製した長いdsRNAやsiRNAをパーティクルボンバードメント法やエレクトロポレーション法で植物体やプロトプラストに直接導入する方法も報告されている[42,43,46]。我々も，シロイヌナズナのプロトプラストにdsRNAをポリエチレングリコール（PEG）を用いて直接導入することで，簡便かつ効率的に一過性RNAiを誘導可能な系を構築した（図3(a)）。これまでに我々は，この系を用いて外来遺伝子（図3(b)）[47]および内在性遺伝子（未発表）に対して効率よくRNAiを誘導可能なことを確認している。dsRNAはT7 RNAポリメラーゼのプロモーターを付加したプライマーを用いて標的配列をPCRにより増幅し，得られたPCR産物を鋳型としてT7 RNAポリメラーゼを用い

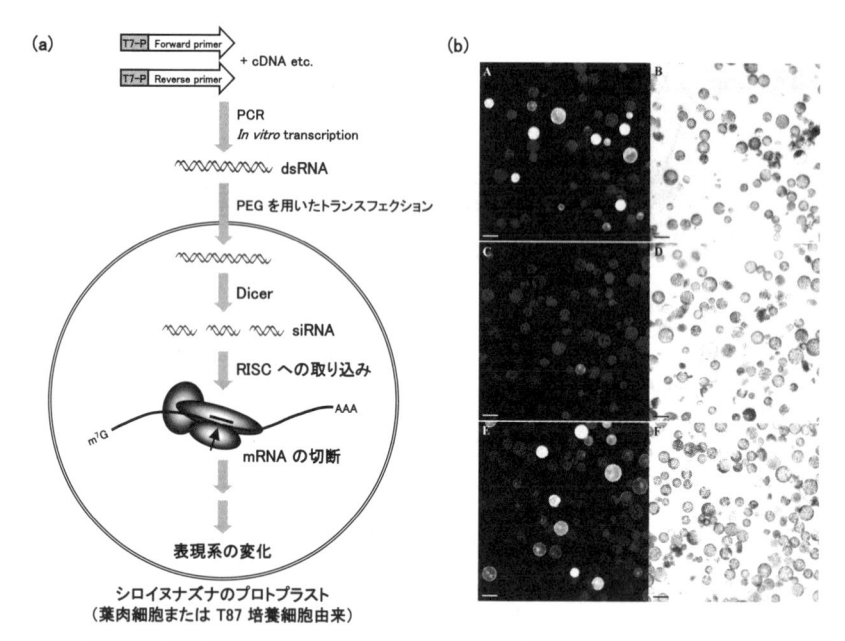

コンビナトリアル・バイオエンジニアリングの最前線

図3 (a) シロイヌナズナのプロトプラストへのdsRNAの直接導入による一過性RNAi誘導法
この方法ではまず，T7プロモーター（T7-P）を付加したプライマーを用いて標的配列をPCRにより増幅したのち，T7 RNAポリメラーゼを用いた in vitro 転写により，dsRNAを調製する。このようにして調製したdsRNAを，ポリエチレングリコール（PEG）を用いてシロイヌナズナのプロトプラストに直接導入する。
　(b) 実施例
ここでは，GFP（緑色蛍光蛋白質）に対する一過性RNAi[47]を一例として示した。GFPの部分配列を持つ約100bpのdsRNAを，GFP発現ベクターと共にシロイヌナズナの葉肉細胞のプロトプラストに導入した。A，C，E：蛍光像（この写真では，白く見える細胞がGFPを発現している細胞に相当する），B，D，F：明光野像。A，B：dsRNAを導入していないプロトプラスト（コントロール），C，D：GFPの配列を持つdsRNAを導入したプロトプラスト，E，F：ホタルルシフェラーゼの配列を持つdsRNAを導入したプロトプラスト（コントロール）。スケールバー：40μm。

て簡単に調製できるため，ベクターを用いる場合に比べて迅速にRNAiの誘導を行うことが可能である。そのため，機能未知遺伝子の初期のスクリーニングなどに応用可能であると考えられる。

このように，植物においてRNAiを誘導する様々な方法がこれまでに開発されてきたが，いずれの方法も一長一短があるため，目的に応じてそれらをうまく使い分けることが重要である。

1.5　microRNAによる遺伝子発現制御

siRNAはRNAiにおいて鍵となる重要なRNA分子であるが，これと類似した短いRNAによる遺伝子発現制御機構の存在を示唆する論文が，1993年にハーバード大学（現ダートマス医科大学）

第7章 人工遺伝子系

のAmbrosらによって報告されていた[48]。彼らは，線虫において発生異常を示す突然変異体の原因遺伝子の一つ (*lin-4*) が，22ntの短いRNAをコードしていることを発見した。*lin-4*は，*lin-14*と呼ばれる別の遺伝子の3′UTR（非翻訳領域）と部分的に相補的な配列を有していたことから，*lin-4*は*lin-14*の発現をアンチセンス効果によって負に制御していると考えられた。その後，*lin-4*と同様の短いRNAをコードする遺伝子 (*let-7*) が，ハーバード大学のRuvkunらによっても報告された[49]。

一方，RNAiの分子機構に関する研究を行っていた前述のTuschlらは，長いdsRNAのどの位置からsiRNAが生じるか調べるために，ショウジョウバエの胚抽出液にルシフェラーゼをコードするdsRNAを加えて一定時間インキュベーションしたのち，短いRNAをゲル回収しクローニングを行った。その結果，ルシフェラーゼの配列を持つsiRNAの他に，siRNAとほぼ同じ長さの別の配列を持つRNAが多数存在することを明らかにした[50]。これらのRNAは，いずれもショウジョウバエのゲノムにコードされていたが，どの既知遺伝子上にも位置していなかったことから，mRNAやrRNAの分解産物ではないことが推測された。彼らは同様の手法で，ヒトのHeLa細胞からも21種類の短いRNAをクローニングした。これと時期を同じくして，他の2つのグループからも線虫由来の短いRNAが多数報告され[51,52]，これらの短いRNAはmicroRNA（miRNA）と命名された。興味深いことに，HeLa細胞からクローニングされたmiRNAの中には，以前線虫で発見されていた*let-7*と同じ配列のものが含まれていた。

RNAiでは，siRNAは長いdsRNAからDicerの働きによって生成するが，miRNAにも長いdsRNAのような前駆体が存在するのであろうか？答えはYesである。線虫で最初に報告された*lin-4*の場合，ノーザン解析を行うと22ntのRNAに加え，61ntのRNAも検出された[48]。Primer extensionなどによる解析から，61ntのRNAが22ntのRNAの前駆体であることが示唆された。その後，*let-7*においても約70ntの前駆体と思われるRNAが見つかった[53]。これら前駆体の共通点として，ステムループ様の二次構造をとることが予想された。ちょうどその頃（2000年），RNAiにおいてdsRNAはmiRNAとほぼ同じ長さの約21-23bpに切断されることが報告され[4]，その翌年には，dsRNAを切断するDicerと呼ばれるRNase IIIファミリーの酵素が同定された[7]。これらRNAiに関する知見から，miRNAの前駆体からの切り出しにもDicerが関与しているのではないかと推測されたが，予想通り，*lin-4*や*let-7*の生成にDicerなどのRNAiに必須のコンポーネントが関与していることが，その後の報告[54,55]で示された。miRNAの生成機構についてはその後も精力的に研究が進められ，ヒトなどではmiRNAがポリシストロニックあるいはモノシストロニックに転写されてpri-miRNAが生成し，これがDroshaと呼ばれるRNase IIIファミリーの酵素によって切断されてpre-miRNAとなり，これがDicerによってさらにプロセッシングを受けて成熟したmiRNAになることが明らかとなった（図4）[56,57]。また，pre-miRNAはExportin-5によって核内から細胞

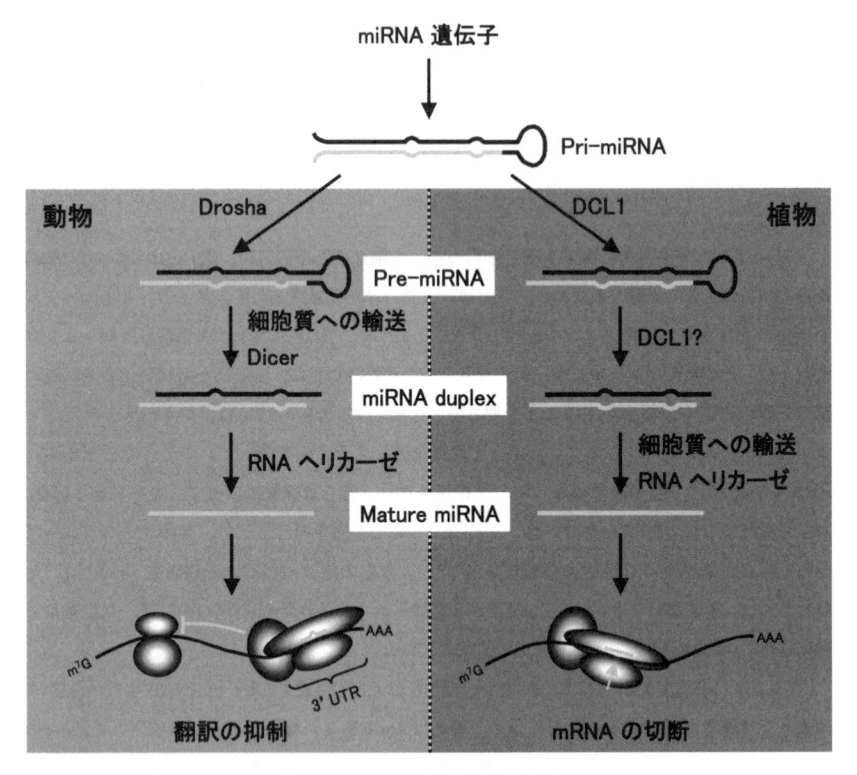

コンビナトリアル・バイオエンジニアリングの最前線

図4　miRNAによる遺伝子発現制御機構
最初の転写産物であるPri-miRNAは，ヒトなどの動物ではDrosha，植物（シロイヌナズナ）ではDicer（DCL1）によって核内でプロセッシングを受け，Pre-miRNAとなる。動物ではこのPre-miRNAが，植物ではさらにDicer（DCL1?）によってプロセッシングを受けて生成したmiRNA duplexが，それぞれExportin-5（シロイヌナズナではHASTYと推定）の働きで細胞質へ輸送される。動物では，Pre-miRNAが細胞質でDicerによってプロセッシングを受けてmiRNA duplexとなる。miRNA duplexはその後，恐らくRNAヘリカーゼの働きによって一本鎖に解離したのちRISCに取り込まれ，miRNA-mRNA二重鎖の中央付近のミスマッチの有無に応じて，翻訳の抑制（ほとんどの動物のmiRNA），またはmRNAの切断（植物のmiRNAと一部の動物のmiRNA）が起こる。

質に輸送されることも明らかとなった[58]。一方植物では，Droshaに相当する酵素はなく，代わりにDicer（シロイヌナズナの場合，DCL1）がpri-miRNAおよびpre-miRNAの両方のプロセッシングに関与していると推測されている（図4）[59]。

線虫で最初に見つかったlin-4やlet-7は，ショウジョウバエやヒトにホモログが存在する。このことから，miRNAの起源は古く，生物全般の発生に関与している可能性が考えられた。とこ

第7章 人工遺伝子系

ろが，植物からはこれらmiRNAのホモログは全く見つからなかった。しかし，植物にもDicerのホモログが存在することや[32]，Dicerホモログの突然変異体は発生異常を示す[60]ことなどから，植物にもmiRNAが存在するのではないかと推測された。2002年になって，この予想が正しかったことが示された。シロイヌナズナのmiRNAに関する報告が，アメリカの3つのグループによって独立になされた[33,61,62]。シロイヌナズナでは2004年5月現在，19種類（miR156-173，miR319）のmiRNAが報告されている[63]。シロイヌナズナでは，*DCL1*（=*CARPEL FACTORY*）を欠損した変異体でmiRNAが検出されないことから[31,33,62,64,65]，シロイヌナズナではDCL1がmiRNAの生成に関与していることが明らかとなった（図4）。

動物で見つかったmiRNAは，*lin-4*や*let-7*の例で見られるように，標的遺伝子の3′UTRと数塩基のミスマッチを含んだ形で塩基対を形成し（ミスマッチはmiRNA-mRNA二重鎖の中央付近に存在する），翻訳を抑制することで標的遺伝子の発現を負に制御している（図4）。miRNAの標的遺伝子の探索においてはこのミスマッチが障害となり，動物におけるmiRNAの標的遺伝子の探索は困難を極めている[59]。一方，シロイヌナズナで見つかったmiRNAは，標的遺伝子とほぼ完全な相補配列をもっていたため，比較的容易に標的遺伝子がリストアップされた[62,66]。その結果，動物の場合とは異なり，標的部位のほとんどは3′UTRではなく，コード領域に存在することが明らかとなった。シロイヌナズナのmiRNAのように，miRNAが標的配列とほぼ完全な相補配列を持つ場合，miRNAはsiRNAと同様に標的RNAを切断するのではないかと推測されたが，Zamoreらはこの予想が正しいことをヒトの培養細胞の抽出液を用いた実験で証明した[67]。彼らは，miRNAと標的mRNAの間にミスマッチが無い場合，標的mRNAは切断されるが，miRNA-mRNA二重鎖の中央付近にミスマッチが存在する場合，標的mRNAは切断されないことを示した（動物のほとんどのmiRNAは，標的mRNAとの間にミスマッチが存在する）。このことから，シロイヌナズナで見つかったmiRNAは，それまで動物で見つかっていたmiRNAとは異なり，標的mRNAの切断を引き起こすのではないかと推測されたが，オレゴン州立大学のCarringtonらのグループは*Scarecrow-like*（*SCL*）ファミリーのmRNAがmiR171によって実際に切断されることを示した（図4参照）[68]。その後，miR160やmiR319など，多くのmiRNAが標的遺伝子の標的mRNAを切断することが明らかとなった[65,69~71]。ごく最近になって，ヒトにおいても標的mRNAを切断するmiRNAが存在することが，MIT・ホワイトヘッド研究所のBartelらによって報告され[72]，miRNAによるmRNAの切断が植物だけで特異的に見られる現象ではないことが明らかとなった。

このように，miRNAによる遺伝子発現制御機構は，多くの点でRNAiと共通していることが明らかとなってきた。しかし，miRNAについては，まだ数多くの謎が残されている。例えば，動物と植物ではmiRNAの作用機構がなぜ異なるのかは何も分かっていない。ヒトでは全遺伝子の

コンビナトリアル・バイオエンジニアリングの最前線

1％近くをmiRNAが占めていると考えられており，今後のポストゲノム研究において重要な遺伝子であることには間違いない．今後は，引き続き新たなmiRNAの探索が行われると同時に，miRNAの機能解析に焦点が移っていくものと思われる．

1.6 おわりに

本稿では，RNAiの発見の経緯からその応用，そしてmiRNAによる遺伝子発現制御機構について，特に植物に焦点を当てて最近の状況を解説してきた．siRNAやmiRNAは，そのサイズから，これまではほとんど無視されてきたRNA分子である．しかし，最近の数多くの論文で見られるように，miRNAは細胞の分化や形態形成において重要な役割を果たしていると考えられており，発生学などの基礎分野から特に注目されている．しかし，miRNAの特性を解析することでsiRNAの設計方法についても重要な知見が得られており[73]，応用面からも注目すべき重要な分子である．本稿では紙面の都合上ほとんど触れなかったが，植物や分裂酵母などで明らかとなっているdsRNAによる転写制御も，エピジェネティックスの問題と絡む重要な現象である．今後もRNAiやmiRNAに関する研究がさらに進み，基礎および応用の両分野に重要な知見をもたらすことが期待される．

文　献

1) The Arabidopsis Genome Initiative, *Nature*, **408**, 796-815 (2000)
2) A. Fire, *et al.*, *Nature*, **391**, 806-811 (1998)
3) T. Tuschl, *et al.*, *Genes Dev*, **13**, 3191-7 (1999)
4) P. D. Zamore, *et al.*, *Cell*, **101**, 25-33 (2000)
5) S. M. Elbashir, *et al.*, *Nature*, **411**, 494-8 (2001)
6) S. M. Hammond, *et al.*, *Nature*, **404**, 293-6 (2000)
7) E. Bernstein, *et al.*, *Nature*, **409**, 363-6 (2001)
8) A. J. Bridge, *et al.*, *Nat Genet*, **34**, 263-4 (2003)
9) A. L. Jackson, *et al.*, *Nat Biotechnol*, **21**, 635-7 (2003)
10) S. M. Elbashir, *et al.*, *EMBO J.*, **20**, 6877-88 (2001)
11) T. Sijen, *et al.*, *Cell*, **107**, 465-76 (2001)
12) E. H. Feinberg and C. P. Hunter, *Science*, **301**, 1545-7 (2003)
13) W. M. Winston, *et al.*, *Science*, **295**, 2456-9 (2002)
14) A. M. Denli and G. J. Hannon, *Trends Biochem. Sci.*, **28**, 196-201 (2003)
15) E. P. Murchison and G. J. Hannon, *Curr. Opin. Cell Biol.*, **16**, 223-9 (2004)
16) H. Siomi, *et al.*, *Ment. Retard. Dev. Disabil. Res. Rev.*, **10**, 68-74 (2004)

第7章 人工遺伝子系

17) C. Napoli, et al., *Plant Cell*, 2, 279-289 (1990)
18) A. R. van der Krol, et al., *Plant Cell*, 2, 291-9 (1990)
19) A. J. Hamilton and D. C. Baulcombe, *Science*, 286, 950-2 (1999)
20) A. Hamilton, et al., *Embo J*, 21, 4671-9 (2002)
21) T. Dalmay, et al., *Cell*, 101, 543-53 (2000)
22) P. Mourrain, et al., *Cell*, 101, 533-42 (2000)
23) C. Beclin, et al., *Curr. Biol.*, 12, 684-688 (2002)
24) H. Van Houdt, et al., *Plant Physiol*, 131, 245-53 (2003)
25) D. A. Brummell, et al., *Plant J.*, 33, 793-800 (2003)
26) T. H. Braunstein, et al., *Rna*, 8, 1034-44 (2002)
27) F. E. Vaistij, et al., *Plant Cell*, 14, 857-67 (2002)
28) A. J. Hamilton, et al., *Plant J.*, 15, 737-746 (1998)
29) W. Schiebel, et al., *J Biol Chem*, 268, 11858-67 (1993)
30) G. Tang, et al., *Genes Dev*, 17, 49-63 (2003)
31) Z. Xie, et al., *PLoS Biol.*, 2, 642-652 (2004)
32) S. E. Schauer, et al., *Trends Plant Sci*, 7, 487-91 (2002)
33) B. J. Reinhart, et al., *Genes Dev*, 16, 1616-26 (2002)
34) N. A. Smith, et al., *Nature*, 407, 319-20 (2000)
35) S. V. Wesley, et al., *Plant J*, 27, 581-90 (2001)
36) P. M. Waterhouse and C. A. Helliwell, *Nat. Rev. Genet.*, 4, 29-38 (2003)
37) H. S. Guo, et al., *Plant J.*, 34, 383-392 (2003)
38) S. Chen, et al., *Plant J*, 36, 731-40 (2003)
39) M. T. Ruiz, et al., *Plant Cell*, 10, 937-946 (1998)
40) F. Ratcliff, et al., *Plant J.*, 25, 237-245 (2001)
41) V. Gossele, et al., *Plant J*, 32, 859-866 (2002)
42) U. Klahre, et al., *Proc Natl Acad Sci USA*, 99, 11981-11986 (2002)
43) P. Schweizer, et al., *Plant J.*, 24, 895-903 (2000)
44) L. K. Johansen and J. C. Carrington, *Plant Physiol*, 126, 930-938 (2001)
45) H. Akashi, et al., *Antisense Nucleic Acid Drug Dev*, 11, 359-367 (2001)
46) R. Vanitharani, et al., *Proc Natl Acad Sci USA*, 100, 9632-6 (2003)
47) C.-I. An, et al., *Biosci. Biotechnol. Biochem.*, 67, 2674-7 (2003)
48) R. C. Lee, et al., *Cell*, 75, 843-54 (1993)
49) B. J. Reinhart, et al., *Nature*, 403, 901-6 (2000)
50) M. Lagos-Quintana, et al., *Science*, 294, 853-8 (2001)
51) N. C. Lau, et al., *Science*, 294, 858-62 (2001)
52) R. C. Lee and V. Ambros, *Science*, 294, 862-4 (2001)
53) A. E. Pasquinelli, et al., *Nature*, 408, 86-9 (2000)
54) A. Grishok, et al., *Cell*, 106, 23-34 (2001)
55) G. Hutvagner, et al., *Science*, 293, 834-8 (2001)
56) Y. Lee, et al., *EMBO J.*, 21, 4663-70 (2002)

57) Y. Lee, et al., *Nature*, **425**, 415-9 (2003)
58) R. Yi, et al., *Genes Dev*, **17**, 3011-6 (2003)
59) D. P. Bartel, *Cell*, **116**, 281-97 (2004)
60) S. E. Jacobsen, et al., *Development*, **126**, 5231-43 (1999)
61) C. Llave, et al., *Plant Cell*, **14**, 1605-19 (2002)
62) W. Park, et al., *Curr. Biol.*, **12**, 1484 (2002)
63) S. Griffiths-Jones, *Nucleic Acids Res*, **32** Database issue, D109-11 (2004)
64) I. Papp, et al., *Plant Physiol.*, **132**, 1382-90 (2003)
65) Z. Xie, et al., *Curr. Biol.*, **13**, 784-9 (2003)
66) M. Rhoades, et al., *Cell*, **110**, 513 (2002)
67) G. Hutvagner and P. D. Zamore, *Science*, **297**, 2056-2060 (2002)
68) C. Llave, et al., *Science*, **297**, 2053-6 (2002)
69) K. D. Kasschau, et al., *Dev Cell*, **4**, 205-17 (2003)
70) J. F. Palatnik, et al., *Nature*, **425**, 257-63 (2003)
71) F. Vazquez, et al., *Curr Biol*, **14**, 346-51 (2004)
72) S. Yekta, et al., *Science*, **304**, 594-6 (2004)
73) A. Khvorova, et al., *Cell*, **115**, 209-16 (2003)

2 RNA Interference and siRNA Library

Kaiming Ye[*1]
日本語概要：植田充美[*2]

概要：「RNA干渉とsiRNAライブラリー」
　RNA干渉（RNAi）は，転写後の遺伝子サイレンスプロセスで，小さな二重鎖RNA（dsRNA）分子がその相同性のある遺伝子の配列特異的分解を誘導する。この現象は植物を始め，線虫，昆虫やヒトにも存在し，狙った遺伝子の発現をノックダウン（ノックアウトではない）するのに，有効な手法となる。この現象の分子機構の詳細の説明とsiRNA（ここでは，ヘアピン構造をもったsiRNA）のコンビナトリアルライブラリーの作成法についての幾つかの実例の紹介がされている。コンビナトリアルな手法により，基礎的にも応用的にもこのRNA干渉の汎用性が増すことが強調されている。

2.1 Introduction to RNA interference

　RNA interference (RNAi) is a posttranscriptional gene silencing process, in which small double-stranded RNA (dsRNA) molecules induce sequence-specific degradation of a gene that is homologous in sequence to the dsRNA. It was first discovered in *Caenorhobditis elegans* by Fire, *et al.* in 1998[2]. To date, RNAi has been observed in a wide range of species, including plants, nematodes, protozoa, insects, mammals, and fungi[1]. Gene silencing by dsRNA has a number of remarkable properties. For instance, RNAi can be provoked by transfection or microinjection of dsRNA into cells, or by infecting the cells with viruses engineered to express it. Furthermore, exposure of a parental animal to only a few molecules of dsRNA per cell can trigger gene silencing throughout the treated animal and in its progeny. As a result, RNAi has been widely used to knock down specific genes for a variety of purposes such as evaluation of the function of a particular gene.

　To study the mechanism of RNAi, Sharp and his colleagues conducted an experiment to determine the activity of dsRNA in *Drosophila* embryo extracts[3]. They observed that the addition of dsRNA to the cell-free extracts significantly reduced their ability to

---

* 1　Kaiming Ye University of Pittsburgh Center for Biotechnology and Bioengineering
* 2　Mitsuyoshi Ueda　京都大学大学院　農学研究科　応用生命科学専攻　教授

synthesize luciferase from a synthetic mRNA, suggesting that dsRNA might bring about silencing by triggering the assembly of a nuclease complex that targets homologous RNAs for degradation. This protein-RNA effector nuclease was later isolated from extracts of *Drosophila* S2 cells and termed RNA-induced silencing complex (RISC)[4].

In 2000, Zamore and his colleagues detected the production of small RNAs from dsRNAs in *Drosophila* embryo extracts[5]. Partial purification of the RISC complex revealed that these small RNAs co-fractionated with nuclease activity, implying that initiation of silencing occurs upon recognition of dsRNA by a machinery that converts the silencing trigger to small RNAs. These small interfering RNAs (siRNAs) join an effective complex RISC, guiding that complex to homologous substrates. Further studies confirm that dsRNA is first processed to siRNAs which triggers the specific degradation of homologous RNAs only within the region of identity with dsRNA. The cloning and sequencing of these RNAs revealed that siRNA has a very specific structure. It is double-stranded and 21-23-nt in length with 2-nt 3'-end overhangs and 5'-phosphate termini (Fig. 1)[6].

RNAi involves multiple steps as outlined in Fig. 2. The first step involves the generation of a sequence-specific silencing agent: 21-23-nt siRNA by Dicer enzyme. Dicer is one of the members of RNase III enzymes. It contains two RNase III motifs, an RNA helicase domain and a dsRNA-binding domain[7]. Although structural analysis indicates that Dicer's motifs on a dsRNA substrate can produce four compound active sites, the central two of these are inactive. As a result, cleavage occurs at ~22-base intervals. Subtle alternations in Dicer structure could alter the spacing of these catalytic centers. The length of siRNA, therefore, varies in different species[8]. The second step in the pathway of RNAi involves the forming of RISC. The inactive form of RISC has a approximately molecular weight of ~250 kDa. It is activated upon addition of ATP, forming a ~100 kDa complex

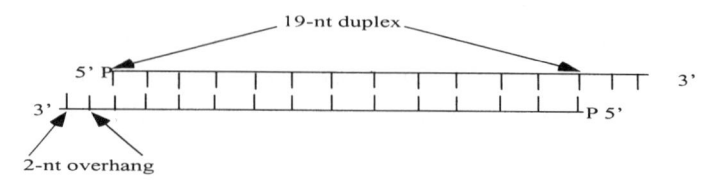

Figure 1　Molecular structure of siRNA, consisting of two 21-nucleotide (nt) single-stranded RNAs that form a 19-nt duplex with 2-nt 3'overhangs.

第7章　人工遺伝子系

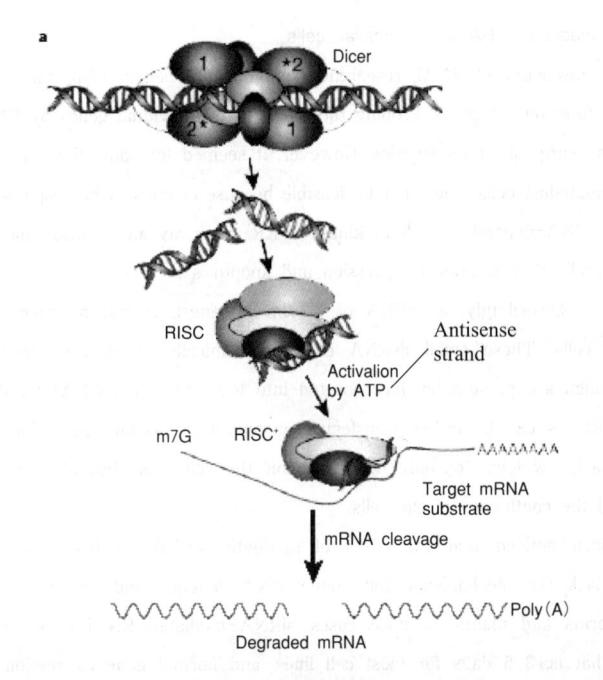

Figure 2　RNA interference involves multiple step[1].
RNAi is initiated by Dicer (two Dicer molecules with five domains each are shown), which processes dsRNA into 21-23-nt siRNA. Based upon the known mechanisms for the RNase III family of enzymes, Dicer is thought to work as a dimeric enzyme. Cleavage into precisely sized fragments is determined by the fact that one of the active sites in each Dicer protein is defective (indicated by an asterisk), shifting the periodicity of cleavage from ～9-11 necleotides for bacterial RNase III to ～22 nucleotides for Dicer family members. The siRNAs are incorporated into a multicomponent nuclease, RISC.

that cleaves target mRNAs as guided by unwound siRNA[9]. Cleavage is apparently endonucleolytic, and occurs only within the region homologous to the siRNA. *In vitro* studies suggest that the siRNA-mRNA hybrid is cleaved near the middle of the duplex. However, RISC formed *in vivo* may have additional exonuclease activities. For example, genetic evidence suggests a link between RNAi and nonsense-mediated decay, raising the possibility that the RNAi machinery may be important in destruction of improper processed mRNAs in the general regulation of mRNA stability.

2.2 siRNA-mediated RNAi in mammalian cells

After the discovery of RNAi, researchers immediately began using this technology to analyze the functions of genes. Probing the functions of individual genes by RNAi has now extended to nearly all of the species. However, it seemed for some times that developing RNAi in mammalian cells would not be feasible because of nonspecific responses to dsRNA through the RNA-dependent protein kinase (PKR) pathway and RNaseL pathway, which trigger generalized translational repression and apoptosis in response to dsRNA of >30bp in length[10~12]. Accordingly, a dsRNA of <30bp in length should be used for RNAi in mammalian cells. These small dsRNA can be chemically synthesized to mimic Dicer products, which are presumably incorporated into RISC to target RNAs for degradation. Synthetic siRNAs can be either transfected or microinjected into cells. The transfection efficiency varies widely, not only depending on the cell type, but also on the passage number and the confluency of the cells.

It has been noticed that the effect of synthetic siRNAs is transient, as mammals apparently lack the mechanisms that confer RNAi potency and longevity in organisms such as worms and plants. In most cases, siRNA-mediated RNAi lasts for ∼3-5 cell doublings, that is, 3-5 days for most cell lines, and normal gene expression resumes in ∼7-10 cell doublings[13]. Most likely, the loss of siRNA effectiveness is due to the dilution below an effective level, rather than the degradation of the siRNAs. To this end, expression of siRNA *in vivo* is essential for long-term suppression of a target gene by RNAi. A variety of siRNA expression vectors have been developed so far. To prevent the small RNAs from degrading by RNase H, a hairpin structure was adopted (Fig. 3). Both RNA polymerase III H1 and U6 promoters have been used to drive the expression of small hairpin RNA (shRNAs)[14,15] because both promoters have a well-defined start of transcription and a termination signal consisting of five thymidines in a row. They produce a small RNA transcript lacking a polyadenosine tail, and most importantly, the cleavage of the transcript at the termination site is after the second uridine, yielding two 3' overhanging T or U nucleotide, which makes the cleaved dsRNAs very similar to the structure of siRNAs. To induce the sequence-specific RNAi, sense strand must exactly match the sequence of target mRNA. It has been shown that even a single nucleotide differs between a siRNA and its target, the effect could be greatly diminished, or even eliminated entirely[16]. The loop structure of DNA temperate ensures the forming of a hairpin structure of siRNA.

第7章 人工遺伝子系

```
       Sense        Sense strand              Loop          Antisense strand       RNA poly III terminator
Sense  ┌─┐  ┌──────────────────────┐  ┌──────────┐  ┌──────────────────────┐  ┌─────────┐
    5' GATCCCGCAAGCTGACCCTGAAGTTCATTTCAAGAGAATGAACTTCAGGGTCAGCTTGC TTTTTTGGAAA 3'

Antisense
    5'- AGCTTTTCCAAAAAAGCAAGCTGACCCTGAAGTTCATTCTCTTGAAATGAACTTCAGGGTCAGCTTGC GG -3'
```

↓ Expression of siRNA from RNA poly III promoter

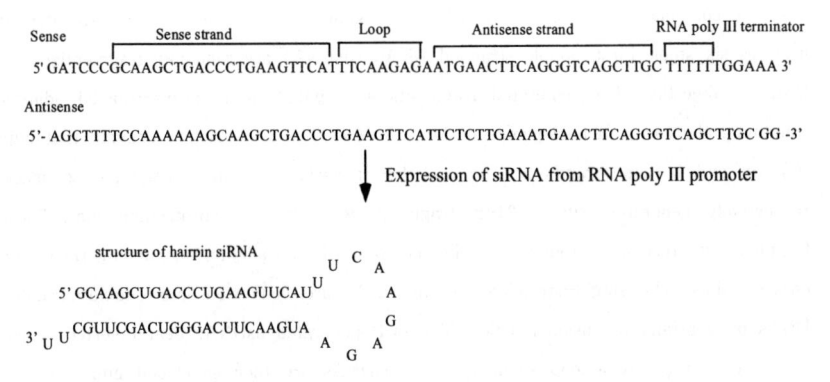

```
       structure of hairpin siRNA
                                    U  C  A
        5' GCAAGCUGACCCUGAAGUUCAU U      A
     3' U U CGUUCGACUGGGACUUCAAGUA      G
                                    A  A
                                      G
```

Figure 3　Expression of hairpin structured siRNA from RNA poly III promoter.

Studies suggested that siRNA-mediated RNAi is restricted to the cytoplasm[17]. siRNAs are produced within the cell nucleus from longer precursors. The precursors are typically dsRNAs that can fold back on themselves by base-pairing to form 'hairpin' structures, which are cleaved to generate siRNAs containing 21-23-nt that are then exported to the cytoplasm. In the cytoplasm, the siRNAs assemble with proteins into RISC[17,18]. Targets that perfectly match one strand of the siRNA are cleaved and destroyed by RISC-induced RNase enzyme digestion.

2.3　Construction of a siRNA combinatorial library

Transfection of synthetic or expression of a hairpin siRNA can trigger a sequence-specific gene silencing through the RNAi pathway. It is now known that the siRNA-mediated RNAi does not induce detectable secondary changes in the global gene expression profile because of the high specificity of siRNA for the target mRNA[19]. As aforementioned, even if a single nucleotide differs between the siRNA and its target mRNA, the RNAi can be dramatically abolished[5,6,9,20]. This unique specificity of siRNA ensures a sequence-specific gene silencing, allowing to systematically study or discover the function of a particular gene in a global genetic profile. This can be accomplished by the construction of a siRNA combinatorial library and a lost-of-function screening[21]. Shirane, et al. have developed a technique called EPRIL (enzymatic production of RNAi libraries) for the construction of

コンビナトリアル・バイオエンジニアリングの最前線

a siRNA combinatorial library from cDNA of a gene[22]. Fig. 4 presents their strategy. It involves six steps. First, double-stranded DNAs (dsDNA) are randomly fragmentized by DNase I digestion. The generated fragments are ligated to a hairpin-shaped adaptor containing the recognition sequence of Mme I. Mme I is a restriction enzyme that cuts the top and bottom strands at 20- and 18-nt away from the recognition sequence, respectively, generating 20- or 21-nt fragments with short 3'-protruding ends. These fragments are recovered from gel and ligated to subcloning adaptors containing restriction enzyme sites. The single-stranded hairpin DNAs are converted into double-stranded DNAs by a primer extension reaction. The PCR generated dsDNAs bear inverted repeat sequences jointed by a loop sequence. The dsDNAs are then subcloned into a siRNA expression plasmid. The expression of these dsDNAs from either H1 or U6 promoter generates a siRNA combinatorial library[23].

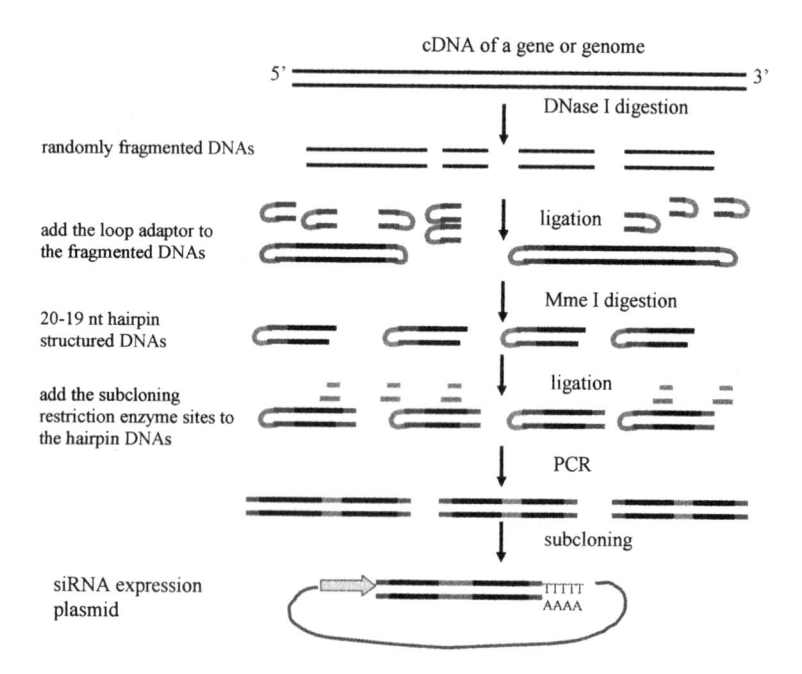

Figure 4 Generation of a siRNA combinatorial library from cDNA of a gene or genome.

第7章 人工遺伝子系

They adopted this strategy to construct a siRNA library from cDNA of GFP. The DNA sequencing of individual clones selected from the library revealed that 290 out of 343 clones have inverted repeat sequences. 251 clones had 19-nt or longer inverted repeats. Most were either 20- or 21-nt long. About 96.3% coverage was achieved across the entire 720-nt GFP-coding sequence, indicating that high-throughput screening can be conducted using the siRNA library. Actually, they were able to select siRNA constructs from the library, which could reduce expression of GFP by 8-fold or more. Estimated library size

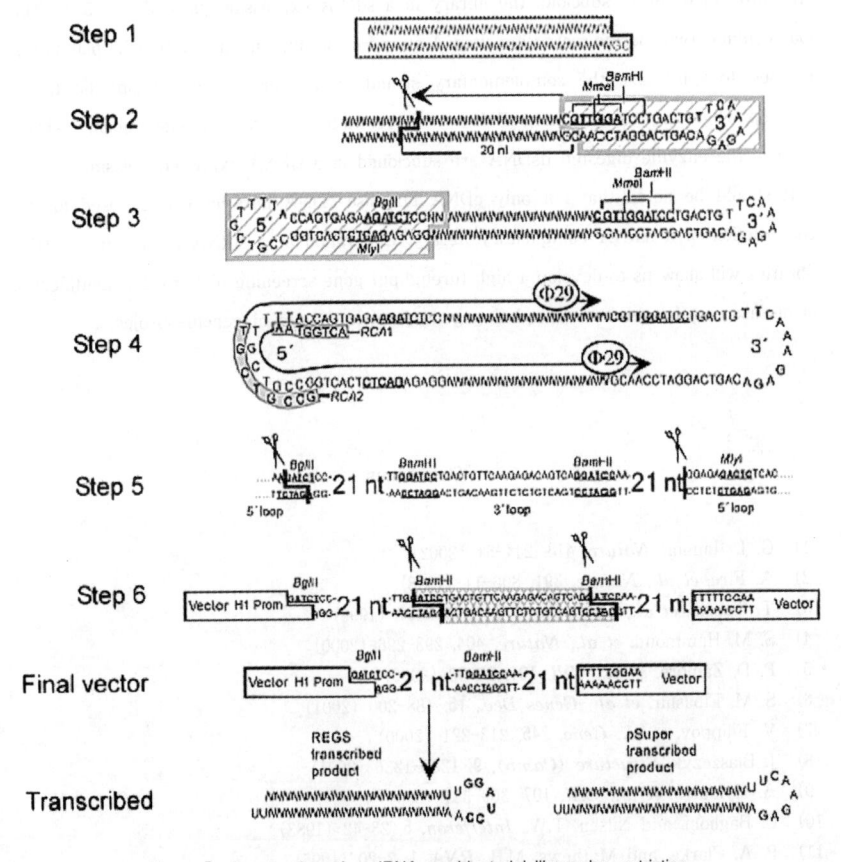

Figure 5 Construction of a siRNA combinatorial library by restriction enzyme-generated siRNA (REGS) approach[24].

コンビナトリアル・バイオエンジニアリングの最前線

was about 3〜40 ×10^5 independent cDNA derived siRNA constructs.

Sen, et al. have developed a similar approach for the construction of a siRNA combinatorial library (Fig. 5)[24]. In their approach, the genes are fragmentized with restriction enzymes (Hinp I, BsaH I, Aci I, HpaI I, HpyCHI V and Taq α I) and ligated to a hairpin-shaped adaptor containing Mme I recognition sequence. A BamH I restriction site is also included in the sequence of the adaptor for subcloning. Digesting the resulting DNA with Mme I generates 20-nt fragments containing a 3' hairpin loop sequence. Ligation of 5' hairpin loop to the Mme I digested fragment yields a single-stranded closed circular dumbbell structure. In order to subclone the library in a siRNA expression plasmid, the 5' hairpin loop contains two specific restriction sites. A strand-displacing enzyme, Φ29 DNA polymerase is used to synthesize the complementary strand with a primer that is specific to the 5' loop. Digesting the resulting DNAs with restriction enzymes creates linear dsDNA. Finally, the enzyme digested dsDNA are subcloned in a siRNA expression plasmid.

It should be noted that not only cDNA but also cDNA libraries can be used for the construction of a siRNA combinatory library. Generation of a siRNA library from cDNA libraries will allow us to develop a high throughput gene screening platform for identification of disease-specific genes or elucidating gene function in human genome projects.

References

1) G. J. Hannon, *Nature*, 418, 244-51 (2002)
2) A. Fire, *et al.*, *Nature*, 391, 806-11 (1998)
3) T. Tuschl, *et al.*, *Gene Dev.*, 13, 3191-3197 (1999)
4) S. M. Hammond, *et al.*, *Nature*, 404, 293-296 (2000)
5) P. D. Zamore, *et al.*, *Cell*, 101, 25-33 (2000)
6) S. M. Elbashir, *et al.*, *Genes Dev.*, 15, 188-200 (2001)
7) V. Filippov, *et al.*, *Gene*, 245, 213-221 (2000)
8) J. Blaszczyk, *Structure (Camb)*, 9, 1225-1236 (2001)
9) A. Nykanen, *et al.*, *Cell*, 107, 309-321 (2001)
10) C. Baglioni, and Nilsen, T.W., *Interferon*, 5, 23-42 (1983)
11) P. A. Clarke, and Mathews, M.B., *RNA*, 1, 7-20 (1995)
12) J. Gil, *et al.*, *Apoptosis*, 5, 107-114 (2000)

第7章 人工遺伝子系

13) M. T. McManus, *et al.*, *Nat Rev Genet*, 3, 737-47 (2002)
14) D. A. Rubinson, *et al.*, *Nat Genet*, 33, 401-6 (2003)
15) S. A. Stewart, *et al.*, *RNA*, 9, 493-501 (2003)
16) M. A. Martinez, *et al.*, *Trends Immunol*, 23, 559-61 (2002)
17) Y. Zeng, *et al.*, *RNA*, 8, 855-60 (2002)
18) G. G. Carmichael, *Nature*, 418, 379-80 (2002)
19) J. T. Chi, *et al.*, *Proc. Natl. Acad. Sci. USA*, 100, 6343-6346 (2003)
20) S. Parrish, *et al.*, *Mol Cell*, 6, 1077-87 (2000)
21) J. C. Morris, *et al.*, *The EMBO J.*, 21, 4429-4438 (2002)
22) D. Shirane, *et al.*, *Nature Genetics*, 36, 190-196 (2004)
23) P. J. Paddison, *et al.*, *Cancer Cell*, 2, 17-23 (2002)
24) G. Sen, *et al.*, *Nat. Genetics.*, 36, 183-189 (2004)

第 3 編

コンビナトリアル・バイオエンジニアリング研究の応用と展開

第8章　ライブラリー創製

1　コンビナトリアルライブラリーの階層性

芝　清隆*

1.1　はじめに

　人工タンパク質をコードするDNAのコンビナトリアルライブラリーを作製する場合，どのような大きさのブロック単位を用いるか——すなわち，塩基をブロック単位とするのか，あるいはある程度の大きさをもったマイクロ遺伝子をブロック単位として用いるのか——によって，得られるライブラリーの性質・使用目的が大きく異なってくる．ここでは，タンパク質進化の階層性に焦点をあてながら，「コンビナトリアルライブラリーの階層性」について考えてみたい．

1.2　タンパク質を構築する構造単位

　現存するタンパク質の構造を観察してみると，ある大きさの「ブロック単位」を読み取ることができる．具体例をあげて説明してみよう．図1Aに示すタンパク質の立体構造をみていただきたい．お互いに独立したタンパク質の「ひとまとまり」が最低3つは見いだすことができると思う．コンセンサスのとれた定義があるわけではないが，このような独立性の高い構造単位はしばしば「ドメイン」と呼ばれる[1]．ドメインの中に，さらにドメインを構成するサブドメイン構造ともよぶべき単位を見いだせる場合もある．図1Bで示すタンパク質は7つのサブドメインが寄り集まって1つのドメインを形成しているように見える．見た目の感覚的判断ではなく，なんらかの明示的なルールから構成単位を定義しようとする試みも少なくない．有名な例では郷通子博士らによって提唱された「モジュール」単位がある[2]．これは空間座標上互いにある距離関係にある連続する$C^α$鎖を1つの単位，モジュールとして定義する手法である（図1C）．

　このような構造ブロック単位は立体構造のみならず一次構造からも抽出できる．一次構造からのブロック単位の同定には，まず複数のタンパク質配列を比較する操作が必要となる（内部に繰り返しをもつ配列は例外的にそれ自身からブロックが同定できる）．配列比較から同定される，「いろいろなタンパク質に繰り返し出現するブロック単位」が，「モジュール」「ドメイン」「モチーフ」といったいろいろな名称で呼ばれることになる．これらは，その単位の大きさも数残基から数百残基と幅をもち，配列の類似性も全体にわたり類似性が高い場合もあれば，いくつかのアミ

---

*　Kiyotaka Shiba　㈶癌研究会　癌研究所　蛋白創製研究部　部長；CREST/JST

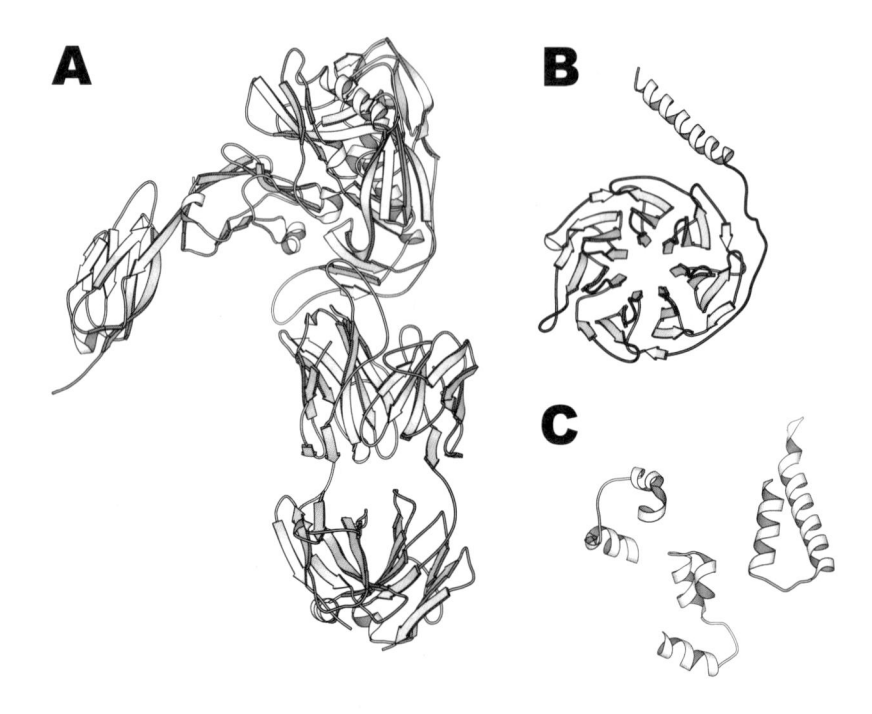

コンビナトリアル・バイオエンジニアリングの最前線

図1 タンパク質に観察されるブロック構造
A, タイプⅠインシュリン様成長因子受容体の部分構造[1IGR]に観察されるドメイン構造。
B, Gタンパク質サブユニット[1GP2] に観察されるサブドメイン構造。
C, 郷モジュールに分解されたヘモグロビン[2DHB]。

ノ酸があるパターンで出現する，といった正規表現でのみ表わされる類似性もある。

このように，現存するタンパク質の構造を，立体構造レベル，一次構造レベルで分析的に観察することにより，タンパク質構造を形成する小さな構造単位をいろいろな観点で捉えることが可能である。

1.3 「構造上のブロック単位」と「進化のブロック単位」

現存するタンパク質の構造を観察してみると，ある大きさの「ブロック単位」を読み取ることができることを述べた。いわば，タンパク質の構造はこれらブロック単位の積み木細工として形成されていると捉えることが可能である。タンパク質は進化の産物であるわけだから，当然の興味として，これら「構造上のブロック単位」が，歴史をたどっていくと，「進化のブロック単位」

として用いられていたのではないか,といった可能性である。すなわち,ドメイン,モジュール,モチーフなどをブロック単位として,その組み合せの中からいろいろなタンパク質が進化してきた,とする考え方である。

　最初から結論を述べておくと,「構造上のブロック単位」=「進化のブロック単位」であると結論する実験は存在しない。例えば,構造上のブロック単位とは全く別の単位で進化が進むとする。結果としてまず誕生した祖先タンパク質が,アミノ酸の欠失や挿入変異を通して構造の最適化を進めたとする。適応進化した現在の構造の中から構造上のブロック単位が読み取れるかもしれないが,これは進化のブロック単位とは別物である。しかしながら,過去の遺伝子の化石でも見つからない限り,われわれは過去にどのような進化のブロック単位が使われたかを知る術はない。「構造上のブロック単位」=「進化のブロック単位」と想像することはできても,その関係を実験的に証明することはできない。この限界を念頭において以下の議論を進めたい。

　いずれにせよ,上の議論自体も,タンパク質がある大きさをもったブロック単位を基本として,そのコンビナトリアルな重合から進化してきたとするシナリオを前提としている。このような「ある程度の大きさをもったブロック単位」によるタンパク質進化は,多くの研究者に受け入れられている考え方といってよいであろう。一方で,コンビナトリアル・バイオエンジニアリングの研究分野では,「アミノ酸」をブロック単位とした重合体,すなわちランダム配列からのタンパク質の人工進化系が主流である。天然タンパク質がランダム配列から進化したのか,あるいはブロック単位から進化したのかを,階層性の問題ともからめながら以下に考えてみたい。

1.4 エクソンシャッフリングによるタンパク質の進化

　ある程度の大きさを持った遺伝的ブロック単位の組み合せが遺伝子進化の原動力になっていることを比較的初期に提唱したのが,W. Gilbertの「遺伝子のエクソン説」である[3]。真核生物の遺伝子は,イントロンと呼ばれる介在配列によりいくつかのエクソンに分断されているが,このエクソンが単位となって,そのコンビナトリアルな組み合せから新しい遺伝子ができたとする説である。前述の「構造上のブロック単位」である「郷モジュール」が,いくつかのタンパク質において,エクソン単位とよく一致したため,「エクソン単位」=「モジュール単位」がブロック単位となり,このコンビナトリアルな重合の中からタンパク質が進化してきたのではないかとされた[4]。ただし,その後の研究から,エクソンの境界部位が生物種によってずれること[5](すなわちエクソンも「構造上のブロック単位」であって,「進化のブロック単位」を必ずしも意味しないこと),イントロンが後からエクソンの中に入り込むことができること[6,7],などの事実が明らかになり,当初考えられていたほど単純なものではないことも分かってきた。

　生物進化の初期に存在したと予想される原始遺伝子群の誕生に際して,エクソン単位がどのよ

うな貢献をしていたのかは現在のところ不明である。そもそも初期の生物のゲノムにイントロンがあったのかどうかということに関しても議論が延々と続いている[8,9]。このように，遺伝子誕生の初期段階に，どの程度「遺伝子のエクソン説」が適用できるのかはいまだもってよくわからない。しかしながら，生物進化の後期に目を移してみると，明らかにエクソンのコンビナトリアルな重合の中から新しい遺伝子が生まれたと結論して問題のないタンパク質が数多く存在する。特に，真核生物の多細胞化と相まって多様化したと思われる，細胞外接着タンパク質や信号伝達に関わるタンパク質因子などでその傾向は顕著である[10,11]。

1.5 ブロック単位の進化とフォールディングの問題

タンパク質は配列構造上では離れた位置に存在するいくつかのアミノ酸同士が，立体構造上では近接し，水素結合や疎水性結合などによる相互作用をもつのが普通である。そしてこのような配列構造上離れた位置での相互作用がタンパク質全体の立体構造の形成（フォールディング）に大きく寄与している場合が少なくない。これを逆に考えると，本来特異的な相互作用のもたないブロック単位をいくら寄せ集めてみたところで，ブロック間での特異的な相互作用は望むべくもない。事実，進化上姉妹関係にある1組みのタンパク質間で，キメラタンパク質を作ってみたところ，それらはフォールディング能力を大きく失っていることが観察された[12,13]。姉妹関係にあるブロック間でさえこの調子である。互いに関連のないブロックを組み合わせていても，フォールディング能力の高いタンパク質が出現する確率は極めて少ないであろう。したがって，ブロック単位のコンビナトリアルな重合体から，いきなり天然タンパク質のようなしっかりとしたフォールディングをもつ人工タンパク質が生まれてくるとは期待できない。

もちろん，ブロック間の相互作用からタンパク質がフォールディングするのではなく，それぞれのブロックが単独でそれなりのフォールディング能力をもっていれば，その重合体もそれなりのフォールディング能力をもつものと期待される。したがって，ドメインなどの，それだけでフォールディングする能力を持った大きな構造をブロック単位に用いるか，あるいはZincフィンガーモチーフなどの，小さくても比較的構造の独立性の高いモチーフを選んでブロック単位に用いるなどの工夫が必要となるかもしれない。

1.6 機能の進化とフォールディングの進化の問題

さて，互いの相互作用を考慮に入れていないブロックをいくら寄せ集めても，天然タンパク質のようなしっかりとしたフォールディングをもつ人工タンパク質が生まれてくるとは期待できないことを述べた。この「しっかりとした」とは曖昧な表現であるが，別の表現に置き換えるのなら「構造特異性が高い」，すなわち「1つの立体構造に収束しやすい」となるであろう[14]。逆に

第8章 ライブラリー創製

言うならば，ブロック単位を寄せ集めて創る人工タンパク質は，構造特異性が低く，いくつもの構造をふらふらと渡り歩くことが予想される。事実，de novoデザインで創製された人工タンパク質の多くや，後述する繰り返しを原理として作製した人工タンパク質も，構造特異性が低いことを示す性質をもっている。

それでは，構造特異性が低いことは人工タンパク質の創製にとって致命的なことであろうか？人工タンパク質の創製研究の目的は新しい機能をもった人工タンパク質の創製であるわけだから，質問を言い換えるならば，「機能の誕生に必要とされる構造条件は何か？」となる。いうまでもなく「構造」と「機能」の問題はタンパク質科学の大きなテーマの1つである。この大きなテーマに関してもコンビナトリアル・バイオエンジニアリングの研究から，既にいくつかの面白い解答が得られているので，以下にそれらを紹介してみたい。

1.6.1 機能と構造とどちらが先か？

しばしば「『構造』と『機能』とどちらが先か？」といった議論を耳にするが，これは議論するまでもなく「機能」が先である。進化の選択圧は「機能」に対してのみかかるのであって，「構造はもつが機能はもたない」タンパク質が一瞬出現したとしても，それは進化の選択圧下に入らないためにすぐに消え去るであろう。ただし，ここでいうところの「構造」とは，離れた位置での相互作用を含むしっかりとしたフォールディングを意味しており，ローカルで単純な構造形成が「機能」の誕生の前提になっているかどうかは分からない。少なくともCDでは二次構造の存在が観測できないような人工タンパク質にも，弱い触媒活性が存在している報告があるので[15]，例え機能の誕生の前提として構造が必要だとしても，それほどしっかりとした構造は必要ないであろう。

最初に「機能」があるとして，それでは天然タンパク質がもつしっかりとした「構造」はなぜ進化の過程で獲得されてきたのであろうか？　当然考えられるシナリオは機能が強まるにともないしっかりとした構造が形成される，といった可能性である。四方らは，シミュレーションによりタンパク質のある特定部分領域が担う機能を高めるような進化圧を与えた場合，その特定部分のみならず，タンパク質の全体の構造がしっかりとしてくる，といった注目すべき研究を発表している[16]。また，Szostakらが80残基からなるランダムペプチド配列のプールから出発し，試験管内進化サイクルを繰り返し，ATPに結合する人工タンパク質の単離に成功した[17]。別のグループがこの人工ATP結合タンパク質の構造を調べたところ，しっかりとした構造をもっていることがわかった（ちなみに，この構造は，天然タンパク質からはこれまで見つかっていないトポロジーをもつ)[18]。このSzostakらの実験を素直に考えれば，最初構造をもっていない弱いATP結合ペプチド配列が，試験管内進化の過程で，ATP結合能力を高めつつしっかりとした構造を獲得していったことになる。ただし，厳密に言うならば，スタート地点と進化途中の人工タンパク質

の構造解析が無いために,最初のライブラリーに構造を持つものがあった可能性を排除できない。

四方らは,構造はなく,しかも弱い触媒活性をもつポリペプチドからスタートし,試験管内進化で徐々に活性を上げていきながら,それにともない構造がどう進化していくのかを観察しようといった息の長い実験を進めている[19]。まだ,活性の上昇も穏やかなもので,構造の進化も観察されていない進化初期段階ではあるが,今後どのような結果が得られるか楽しみな実験である。

1.6.2 構造は機能にとってどの程度重要か?

天然のタンパク質はしっかりとした構造をもっているので,構造は機能発現のために必須の条件のように思いがちであるが本当であろうか? なんらかの選択圧がかかり,しっかりとした構造が進化してきているのは事実であるが,その選択圧がほんとうに機能の上昇だけにかかっているのか,あるいは他の可能性もあるのかについては,今後慎重に検討していく必要があるであろう。また,天然のタンパク質がしっかりとした構造をとっているという認識も,「しっかりとした構造をもっているタンパク質から立体構造が決まりつつある」現実からバイアスがかかっているかもしれない。一説には,真核生物のタンパク質の30％以上が,50残基以上の連続した構造をもたない領域をもつと予測されている[20]。少なくとも,いくつかのタンパク質では,単独では構造がしっかりしていないことが機能発現に重要であることが提唱されている[21,22]。前述したように,ある程度の大きさをもったブロック単位を利用して人工タンパク質を創ろうとした場合,一次ライブラリーの中にはしっかりとした構造をもったタンパク質が含まれている可能性は低い。進化サイクルの途中段階で積極的に点変異を導入して,フォールドが進化しやすい状態にするか,あるいは最初からしっかりとした構造を必要としないような機能を創出目標とする,といった工夫が必要だと思われる。

1.7 タンパク質進化のペプチドネットワークモデル

階層的な人工タンパク質を考える上でのガイドになるよう,ここでタンパク質の初期進化に関する筆者なりの空想図をまとめておこう。特に目新しいアイデアが入っているわけではなく,いろいろ提唱されているモデルの都合の良いところだけを寄せ集めたものではあるが,原始ペプチドのネットワークの進化をタンパク質進化の原動力としている点はユニークな主張ではないかと思っている。「タンパク質進化のペプチドネットワークモデル」とも呼んでおこう。

進化サイクルが動き出すためには,何よりもまず核酸→ポリペプチドの遺伝情報翻訳系が確立されていなければならない。現存する翻訳系には複雑な構造と機能をもったタンパク質が多数関わっているので,最初の翻訳系がどのようなものであったかは想像が難しいところである。リボザイムだけで翻訳が進んでいたのかもしれないし,最初から20種のアミノ酸が使われていたかどうかも定かではない[23]。とにかく翻訳系が確立した時点をタンパク質進化の起点とし,それ以降のこ

第8章　ライブラリー創製

図2　タンパク質進化のペプチドネットワークモデル

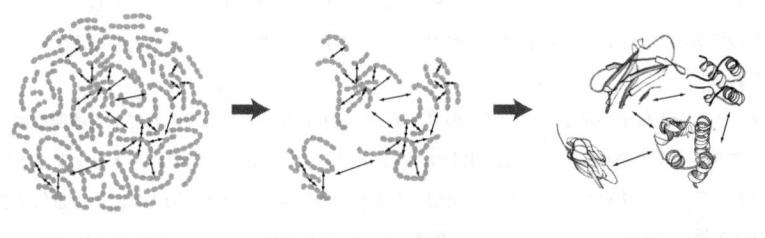

（無数のペプチドの誕生／ペプチドのネットワークから機能が生まれ進化経路に乗る／互いにネットワークをもつタンパク質集団へとして成長していく）

とを考えてみよう（図2）。

（1a）無数の短いペプチドが翻訳される：これらは遺伝子産物とはまだいえない。原始地球上に漂うオリゴヌクレオチドの配列がただ単に翻訳されたペプチド集団である。これらのペプチドはランダムな配列をもった集団だったのかもしれない。あるいは大野乾が指摘したように[24]，オリゴヌクレオチドは複製過程で繰り返しを生み出す性質をもつために，繰り返し構造に富んだペプチド集団であった可能性も考えられる（図2左）。

（1b）ペプチドは最初から機能をもつ：機能を意識しないで適当に作製した人工ポリペプチドに既に弱いながらもある種の酵素活性があること[15]，あるいは天然タンパク質の中からも，本来のその天然タンパク質とは関係のない触媒活性が，測ってみれば意外と見つかること[25,26]，さらに，弱い色々な活性をもつ正体不明の天然酵素があること[27]，などの状況を考えると，アミノ酸が重合してペプチドになった時点で，いろいろな初歩的な活性を既にもっていると考えて良いであろう。それがポリマーの本来的な性質なのである。

（1c）ペプチドは集団として活性を示す：初期のペプチド化学分野の実験で，合成したペプチド集団からいろいろな活性が測定できたとする報告がある[28]。よく制御された実験系とは言えないが，示唆に富む実験である。（1b）で考えたペプチドが潜在的に内包する活性は何も単独のペプチドが発揮すると考える必要はない。むしろ，複数のペプチドの相互作用＝ネットワークから生み出されるものと考えた方が素直であろう（図2左の矢印）。

（1d）ネットワークに組み込まれたペプチドが固定される：ペプチド集団が潜在的に内包するいろいろな活性の中で，オリゴヌクレオチドの複製や翻訳などの遺伝情報処理系，あるいはそのためのエネルギー獲得系に有利に働くペプチドの一群は進化経路に乗る。他のペプチドは消え去る（図2中央）。（1a）から（1d）まで段階的に説明したが，これは翻訳系の確立と同時に

瞬時に起こった遺伝子誕生のビックバン（S. Brennerが80年代の講演で使用した表現）のような現象なのであろう。生命発生に必要な一群のペプチド集団がこのビックバンで同時に誕生したと想像される。

（2）大きな遺伝子の誕生：ばらばらのペプチドの相互作用から生み出されていた機能であるが，スプライシング機構の誕生と染色体DNAの安定化にしたがい，しだいに大きなタンパク質へと成長していく。すなわち，物理的に連結した方が効率のよいペプチド同士は，その遺伝子を染色体上の近くに配置し，スプライシング機構で1つのタンパク質としてしまうわけだ（図2右）。この段階でタンパク質の構造が獲得されてきたのかもしれない。全体として機能をもっていた渾沌としたペプチド配列の海から次第に1つの機能に対応したタンパク質が分節化されて誕生してくるイメージだ。ペプチド間の相互作用はタンパク質内部の分子内相互作用に収束する場合もあるであろうし，タンパク質間のネットワークとして維持される場合もあるであろう（図2右矢印）。連結する前のペプチド単位をコードする遺伝的単位がエクソンに相当するのかもしれない。エクソンがコードするペプチドが非共有結合的に集合して1つのタンパク質を形成するとするシナリオは好んで提唱する人が多い[29]。現存タンパク質も，酵素活性を失うことなくいくつかの断片の集合へと改変できる事実もこのシナリオに合致する[30,31]。

（3）タンパク質の多様化：染色体の相同領域，あるいは非相同領域での組み換え，転移因子やウイルスを用いたDNA再編，塩基置換や挿入など，あらゆる可能性を総動員してタンパク質は現在の姿へと多様化していく。教科書などにのっている，比較的コンセンサスのとれたタンパク質進化の形式である。

1.8 階層的な人工タンパク質創出システム

ペプチド提示ファージなどの，ランダムなペプチド配列集団から新規ペプチドを創出するコンビナトリアルエンジニアリング手法は，90年代初期に誕生し[32]，すでにキットが市販されるまでの汎用性を獲得している。結合標的も当初のタンパク質などの生体高分子から，無機マテリアルへと広がっており，ナノテクノロジー分野での活躍も注目されている[33,34]。この「ランダムペプチド配列集団からの機能体の選択」は，前項で述べたタンパク質進化モデルで考えると，タンパク質進化の最初の段階に相当するのかもしれない。

ペプチドのコンビナトリアルエンジニアリングからは，今のところ「結合」活性しか生み出されていない。そもそもペプチド化学の分野を含めて，触媒活性をもつペプチドの存在の報告が1つもないのも気になる点である[35]。図2のタンパク質進化のペプチドネットワークモデルで提唱したように，初歩的な触媒活性を得るためには複数のペプチドのネットワークの存在が必要なのかもしれない。あるいはアミノ酸以外の補酵素的な分子の存在が必須だったのかもしれない。現

第8章　ライブラリー創製

在，非天然アミノ酸を導入したペプチドレベルのコンビナトリアルエンジニアリングが開発されつつある[36]。さらにはネットワークを考慮したコンビナトリアルエンジニアリング手法が将来開発されることも期待でき，これらの新しい研究から触媒活性をもったペプチドが創製されるかもしれない。

　ランダム配列からの機能体の創製をペプチドレベルからタンパク質へと拡張したのが，前述のSzostakのグループ[17]や四方のグループ[19]の仕事である。既に，ATP結合タンパク質などの創出が完了しているので，この戦略で他の新規機能性タンパク質が創出できることは間違いない。ただし，終止コドンのないランダム配列タンパク質のためのDNAプールを調製するのが一苦労であり，汎用性の獲得のためにはもう一工夫が必要となるかもしれない。

　図2の「タンパク質進化のペプチドネットワークモデル」では，無作為につくられたペプチド集団の中から，何らかの機能を担うペプチドネットワークのみが選択圧下で生き残り，次にこれらのペプチドが連結してタンパク質へと成長していく。さらには，エクソンシャッフリングやキメラ形成などで多様性を増していく。組み合せのブロック単位が，塩基レベル（アミノ酸レベル）からある程度の大きさをもったDNA断片（以下，マイクロ遺伝子と呼ぶ）（ペプチド）レベルに変化していくのに注目していただきたい。これがいわゆるタンパク質進化の階層性を表わしている。

　階層性といっても，第1階層は塩基レベル（アミノ酸レベル）であることはわかるが，それでは第2階層はどのような大きさのブロックが使われており，現在までに第何階層まで進んできたのか，と問われても困ってしまう。そもそもDNA配列やタンパク質の構造にはフラクタル性が観察されるわけだから[37,38]，第何階層といった考え方は適当でないのかもしれない。何にせよ，階層的な人工タンパク質創製システムを構築するには，「ブロック単位に何を用いるか」が鍵を握ると断言できる。図2のモデルでは，タンパク質のしっかりとした構造の獲得は，進化の後半で起こるとしている。ある意味では，現存タンパク質は，相互作用する相手との最適化が終わってしまった融通性のないタンパク質になっている。現存タンパク質から抽出される構造単位をブロックとして用いるよりは，「機能はもつが，構造の最適化がまだ進んでいない」といった，より原始的段階のペプチドをブロック単位として用いた方がよいのかもしれない。もちろん，この「機能はもつが，構造の最適化がまだ進んでいない」ペプチドがどのようなものかについては，われわれの知識はまだ不十分である。

　「ブロック単位に何を用いるか」とともに「ブロック単位をいかにコンビナトリアルに重合させるか」もおおきな問題である。重合方法については，すでにいくつかの研究室からいろいろな形式が提案されている。ここではそれらを紹介する余裕はないので興味のある方は総説[39]をあたっていただきたい。

1.9 繰り返しを原理とした階層的人工タンパク質創製システム，**MolCraft**

最後に，筆者らが開発している階層的な人工タンパク質創製手法の1つである，**MolCraft**を紹介しておきたい[39,40]。**MolCraft**では，複数のマイクロ遺伝子ブロックをコンビナトリアルに重合するのではなく，たった1つのマイクロ遺伝子ブロックをタンデムに重合するだけである（図3）。したがって，DNAとしては，1種類のブロックが連結しただけの単調な構造をもつ。しかしながら，このマイクロ遺伝子の連結時に，MPR法と呼ぶ特殊な反応条件を用い，積極的にマイクロ遺伝子連結部にランダムな塩基の挿入，欠失を導入している[41]。したがって，翻訳読み枠が連結部でランダムに乗り変わることになり，マイクロ遺伝子重合体の翻訳産物は，3つの翻訳読み枠のコンビナトリアルな重合体となる。

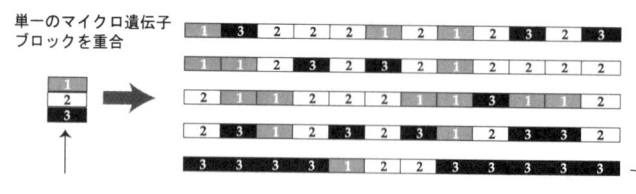

コンビナトリアルな重合体といっても，ブロック単位は3種類に抑えられているので，全体としての「繰り返し性」は高い。この「繰り返し性」を利用するのが**MolCraft**の特徴でもある。前述したように，本来特異的な相互作用のもたないブロック単位をいくら寄せ集めてみたところで，ブロック間での特異的な相互作用は望めず，タンパク質としての構造をどう与えるかが難しくなる。実際問題として，ブロック単位で連結した人工タンパク質の多くが細胞内で凝集体を形成してしまったり，速やかに分解されてしまうことが多い。

「繰り返し性」の重要性を古くから指摘しているのは大野乾であるが，その理由の1つに，繰り返し性の高いペプチドは高次構造をとりやすいと考えられることをあげている[24]。天然のタンパク質の中にも単純な繰り返しからなるものも多数存在しているのも事実である[42]。また，適当に選んだマイクロ遺伝子から出発して，**MolCraft**で繰り返し性に富んだ人工タンパク質を作

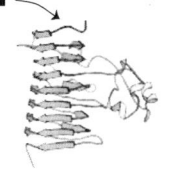

図3 **MolCraft**による人工タンパク質創製の概略

第8章　ライブラリー創製

製してみたところ，高い割合で可溶性タンパク質を含み，また二次構造をもつものも多く含まれていた[43,44]。もちろん，天然タンパク質のようにはしっかりとフォールディングしているわけではないが，繰り返し性からそこそこの構造を与えることが可能であることがわかる。

MolCraftでは，「構造ブロック単位」の組み合せから何か新しいフォールドをもった人工タンパク質を創製しようとするのではない。むしろ，「構造」は繰り返し性から生じる，そこそこの甲構造でよしとし，むしろ「機能」をマイクロ遺伝子に積極的に埋め込むことに専念している。図2の「タンパク質進化のペプチドネットワークモデル」でいうなら，中央に示した，「機能はもつが，構造はまだ進化していない」原始的なタンパク質の創製を狙っている。1つの興味は，このようなそこそこの構造しか期待できない人工タンパク質にどの程度まで機能を付与することができるかである。

繰り返しの単位となるマイクロ遺伝子は創出目的に応じて合理的にデザインできる。例えば，マイクロ遺伝子にアポトーシス誘導活性をもったモチーフと，細胞移入活性をもったモチーフを埋め込むことにより，細胞内に自動侵入して，アポトーシスを強く誘導する人工シグナル分子の創製に成功している[45,46]。したがって，信号伝達系に何らかの働きをもつような機能は，この程度のいいかげんな構造の上で立派に再構成できるわけだ。

マイクロ遺伝子に埋め込むモチーフは上述のような天然タンパク質から抽出されるモチーフのみならず，ランダムペプチド配列から創製される，第1階層の人工ペプチドを利用することもできる。これまでに生物が利用してなかった無機マテリアルに働きかける人工ペプチド[32]を利用することによって，無機マテリアルワールドと生物ワールドの橋渡しをする新しい人工タンパク質の利用方法が拓けるものと期待している[34]。

1.10 おわりに

人工タンパク質のコンビナトリアル・バイオエンジニアリング研究は，タンパク質の構築原理を探るといった基礎科学としての重要な問題を含むと同時に，バイオテクノロジー，ナノテクノロジーの応用展開にも直結しており，基礎・応用の両面をあわせ持つといった面白みがある。タンパク質の進化に興味ある，あるいは人工タンパク質を用いたテクノロジーに興味があるといった幅広い領域からの若い人の参加を期待したい。

文　献

1) S. Veretnik et al., *J. Mol. Biol.*, 339, 647 (2004)
2) M. Go, *Nature*, 291, 90 (1981)
3) W. Gilbert, *Cold Spring Harbor Symp. Quant. Biol.*, 52, 901 (1987)
4) R. L. Dorit et al., *Science*, 250, 1377 (1990)
5) A. Stoltzfus et al., *Proc. Natl. Acad. Sci. U. S. A.*, 94, 10739 (1997)
6) T. Cavalier-Smith, *Nature*, 315, 283 (1985)
7) R. J. O'Neill et al., *Proc. Natl. Acad. Sci. U. S. A.*, 95, 1653 (1998)
8) S. W. Roy et al., *Trends Genet*, 17, 496 (2001)
9) Y. I. Wolf et al., *Trends Genet*, 17, 499 (2001)
10) L. Patthy, *Gene*, 238, 103 (1999)
11) M. Long, *Curr. Opin. Genet. Dev.*, 11, 673 (2001)
12) K. Kashiwagi et al., *J. Biochem.*, 133, 371 (2003)
13) K. Kashiwagi et al., *Biosci. Biotechnol. Biochem.*, 68, 808 (2004)
14) 磯貝泰弘, 太田元規, 生体ナノマシンの分子設計（城所俊一編），共立出版株式会社，p.102（2001）
15) A. Yamauchi et al., *FEBS lett.*, 421, 147 (1998)
16) T. Yomo et al., *Nat. Struct. Biol.*, 6, 743 (1999)
17) A. D. Keefe & J. W. Szostak, *Nature*, 410, 715 (2001)
18) P. Lo Surdo et al., *Nat. Struct. Mol. Biol.*, 11, 382 (2004)
19) A. Yamauchi et al., *Protein Engng.*, 15, 619 (2002)
20) A. K. Dunker et al., *J. Mol. Graph. Model*, 19, 26 (2001)
21) S. J. Demarest et al., *Nature*, 415, 549 (2002)
22) B. Zhang et al., *Biopolymers*, 54, 464 (2000)
23) 芝 清隆, 生命の起源と進化の物理学（伏見譲編），共立出版株式会社，p.143（2002）
24) S. Ohno, *J. Mol. Evol.*, 25, 325 (1987)
25) E. Breslow & F. R. N. Gurd, *J. Biol. Chem.*, 237, 371 (1962)
26) F. Hollfelder et al., *Nature*, 383, 60 (1996)
27) A. Aharoni et al., *Proc. Natl. Acad. Sci. U. S. A.*, 101, 482 (2004)
28) D. L. Rohlfing & S. W. Fox, *Adv. Catal.*, 20, 373 (1969)
29) H. M. Seidel et al., *Science*, 257, 1489 (1992)
30) K. Shiba & P. Schimmel, *Proc. Natl. Acad. Sci. U. S. A.*, 89, 1880 (1992)
31) K. Shiba & P. Schimmel, *J. Biol. Chem.*, 267, 22703 (1992)
32) 芝 清隆, 科学, 67, 938 (1997)
33) 佐野健一, 芝 清隆, コンビナトリアル・バイオエンジニアリングの最前線（植田充美編），シーエムシー出版, p34 (2004)
34) 芝 清隆, 未来材料, 4, 8 (2004)
35) M. J. Corey & E. Corey, *Proc. Natl. Acad. Sci. U. S. A.*, 93, 11428 (1996)
36) A. Frankel et al., *Chem. Biol.*, 10, 1043 (2003)

第8章　ライブラリー創製

37) V. V. Solovyev, *BioSystems*, 30, 137 (1993)
38) E. V. Koonin *et al.*, *Nature*, 420, 218 (2002)
39) 芝 清隆, 蛋白質核酸酵素, 48, 1503 (2003)
40) K. Shiba, *J. Mol. Catal. C*, 28, 145 (2004)
41) K. Shiba *et al.*, *Proc. Natl. Acad. Sci. U. S. A.*, 94, 3805 (1997)
42) 芝 清隆, 蛋白質核酸酵素, 46, 16 (2001)
43) K. Shiba *et al.*, *J. Mol. Biol.*, 320, 833 (2002)
44) K. Shiba *et al.*, *Protein Engng.*, 16, 57 (2003)
45) H. Saito *et al.*, *Chem. Biol.*, 11, 765-773 (2004)
46) 齋藤博英, 芝 清隆, コンビナトリアル・バイオエンジニアリングの最前線（植田充美編), シーエムシー出版, p324 (2004)

2　Random Mutagenesis and Combinatorial Libraries

Kaiming　Ye[*1]
日本語概要：植田充美[*2]

概要：「ランダム変異とコンビナトリアルライブラリー」
　コンビナトリアル・バイオエンジニアリングで使われるDNAシャッフリングやエラープローンPCR法の原理と実用例がまとめられている。特に，DNAシャッフリング法では，GFPの蛍光変異体やエステラーゼの熱安定変異体の取得例が，エラープローンPCR法では，ヘムペルオキシダーゼの熱安定性変異やホスホリパーゼA_1の活性変異の例が取り上げられている。

2.1　Introduction

　The functions and properties of a protein can be improved by directed molecular evolution. In general, one can create new functions or improve the properties of a given protein by site-directed mutagenesis if the X-ray structure of the protein is well determined[1]. Nevertheless, random mutagenesis can be effectively used to evolve the protein for new functions and properties if the X-ray structural data of the protein is not available[2~5]. Starting with natural protein, multiple rounds of random mutagenesis, functional screening, and amplification, desired properties or functions of a protein can be created if the mutation rate, library size, and selection pressures are well balanced.

　A variety of random mutagenesis approaches have been developed and successfully used for directed molecular evolution of a natural protein. Among these approaches, the DNA shuffling[5] and the error-prone PCR[6,7] are two of the most widely used methods for protein evolution.

2.2　DNA shuffling

　DNA shuffling is a molecular evolution technique that provides homologous recombination of genes *in vitro*. To achieve the homologous recombination of genes, the genes are first fragmented into random pieces and reassembled into full-length genes from the fragments

---

　　*1　Kaiming Ye　University of Pittsburgh Center for Biotechnology and Bioengineering
　　*2　Mitsuyoshi Ueda　京都大学大学院　農学研究科　応用生命科学専攻　教授

by PCR through self-priming. The PCR reassembly yields crossovers between related sequences due to temperate switching. When coupled with effective screening or selection, DNA shuffling allows rapid combination of positive-acting mutations and simultaneously flushes out negative-acting mutations from the randomly fragmented gene pool.

Figure 1 presents a basic strategy used for DNA shuffling. DNase I is usually employed to randomly fragmentize the gene because of its endonuclease activity that catalyzes the degradation of both single- and double-stranded DNA randomly, and produces 5'-phosphated terminal oligonucleotides. DNase I digestion yields a pool of randomly fragmented genes, and these fragments are then resolved onto an agarose gel by electrophresis (Fig. 2). Depending on the desired mutation rate, different sizes of the fragments can be purified from the gel by gel extraction. In general, the smaller the fragments used for reassembly, the higher the mutation rate will be. For a high mutation rate, 10- to 50-bp fragments are usually collected and purified from the gel[5]. Purified fragments are reassembled into a full-length gene at a high fragment concentration by PCR in the absence of primers. Because the crossover between the related genes, different point mutations will be

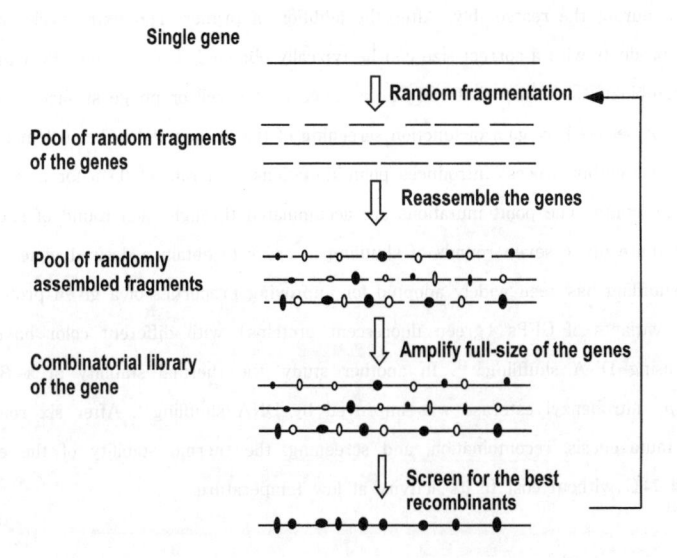

Figure 1 The schematic illustration of DNA shuffling.
Symbols. ○:negative mutation; ●: positive mutation.

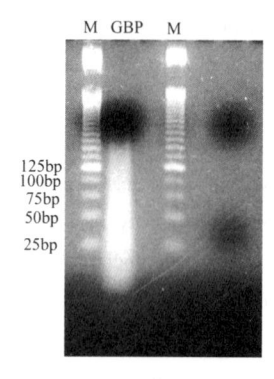

Figure 2a Random fragmentation of a glucose binding protein (GBP) gene with DNase I.

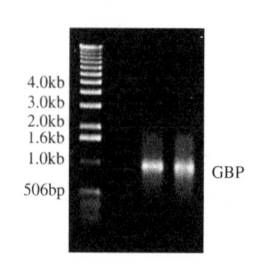

Figure 2b PCR amplified full-length GBP gene from a reassembled gene pool.

GBP was digested by 0.25 U of DNase I at 25℃ for 10 min. The digestion was stopped by addition of 2 mM of EDTA and heated for 10 min at 65℃. After digeston, 10-50 bp fragments were purified from the gel and used for reassembling the gene by PCR without addition of any primers.

generated during the reassembly. After the addition of primers and extra cycles of PCR, the PCR products with a correct size can be typically obtained. The resultant PCR products form a combinatorial library that can be displayed on the cell or phage surface. A desired gene can be selected by gain-of-function screening of the library. It has been demonstrated that the reassembly process introduces point mutations at a rate of 0.7% for a gene with 4437 bp in length. The point mutations are accumulated through each round of shuffling. It may require up to seven rounds of shuffling in order to obtain a desired gene.

DNA shuffling has been widely adopted for improving properties of a given protein. For example, variants of GFPs (green fluorescent proteins) with different color have been created using DNA shuffling[3,4]. In another study, the thermal stability of a *Bacillus subtilis* p- nitrobenzyl esterase was improved by DNA shuffling[8]. After six rounds of random mutagenesis, recombination, and screening, the thermo stability of the enzyme increased 14℃ without cost to its activity at low temperature.

2.3 Error-prone PCR

PCR produces an abundance of amplified DNA products via primer extension of a region

第8章 ライブラリー創製

of nucleic acid by DNA polymerase. Studies have demonstrated that different DNA polymerases have distinct characteristics that significantly affect the fidelity of PCR. For example, *Taq* polymerase does not have the 3'→5' exonuclease proofreading function. It, therefore, can not edit mispaired 3' ends, leading to a relatively high error rate in PCR. For replication of 1 kb of DNA fragment by *Taq* polymerase, the mismatch rate is about 20[9]. On the other hand, the inability to correct mismatched 3' ends can be used to generate a combinatorial library for molecular evolution of a given protein. This technique is called error-prone PCR random mutagenesis[6,7], which introduces random point mutations in the PCR amplified DNA products by performing a PCR under conditions (i.e. *Taq* polymerase) that reduce the fidelity of nucleotide incorporation. The procedure generally involves error-prone PCR, the cloning of the resulting PCR products, and the screening of the library for mutants that have new or improved function/properties The fraction of PCR-induced mutants can be predicted by[10,11]

$$F = 1 - e^{-bfd} \quad (1)$$

Where b is the length of the target DNA sequence, f is the error rate of polymerase, and d is the number of doublings. For example, if *Taq* has an error frequency of 20 per 1 kb DNA, the PCR will induce mismatches as much as 55% of the 200bp amplified products after 10^6-fold amplification.

A number of factors affect the fidelity of PCR, thereby changing the efficiency of error-prone PCR random mutagenesis. For example, the fidelity of *Taq* polymerase is sensitive to the divalent cations in the PCR buffer[12]. The error rate significantly increases if Mn^{2+} is used for constitution of a PCR buffer. To increase point mutations in the PCR amplified DNA products, Mn^{2+} not Mg^{2+} is usually employed in the error-prone PCR. The balance among dATP, dGTP, dCTP, and dTTP is another factor affecting the efficiency of error-prone PCR. As shown in Figure 3, the mutation rate varies with the concentration of dGTP in the mixture of dNTPs (2'-deoxynucleoside 5'-triphosphates). The number of cycle also influences the mutation rate in error-prone PCR. The mutation rate becomes higher with the increase in the PCR cycles since the mutations accumulate in each cycle of the PCR. Thus, the number of cycles is another parameter that needs to be optimized in error-prone PCR.

Since the error-prone PCR provides point mutagenesis, the mutation rate is an important factor on evolving the protein for a desired phonotype. As a general rule, mutagenesis

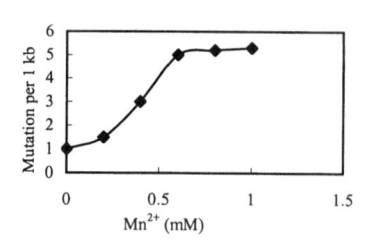

Figure 3a Effect of Mn^{2+} on mutation rate of error-prone PCR.
The concentration of dGTP was 0.06 mM and others were 0.2 mM in dNTPs mixture. *Taq* polymerase was used.

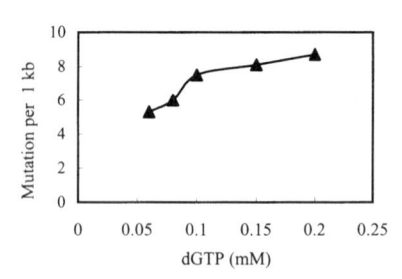

Figure 3b Effect of dGTP on mutation rate of error-prone PCR.
The Mn^{2+} concentration was 0.6 mM and other nucleotides were 0.2 mM in dNTPs mixture. *Taq* polymerase was used.

rates that average of 2 to 6 mutations per gene are regarded as most effective for improving the functions or properties of a protein by error-prone PCR random mutagenesis[13], as it has been shown that high than 6 amino acids substitution per gene could result in a complete loss of activity of a protein[14]. Theoretically, a single amino acid substitution per protein corresponds to approximately 1.5 mutations per gene[15]. Figure 3 provides a guideline for optimizing the conditions for error-prone PCR random mutagenesis in order to achieve a desired mutation rate.

In addition to the error rate, the kinds of mutations that are introduced during PCR are dependent upon both DNA polymerase and reaction conditions. For example, *Taq* polymerase tends to introduce AT to GC transitions, whereas T7 polymerase usually introduces GC to AT transitions. Moreover, *Taq* polymerase is highly prone to generate deletion mutations if the temperate DNA has the potential to form secondary structures[16]. Also, the buffer conditions such as the concentration of Mn^{2+} and the unbalance of dATP, dGTP, dCTP, and dTTP in the mixture of dNTPs can favor one type of mutation over another. The mutation bias can be measured by calculating the ratio of transitions to transversions (Ts/Tv). Transition mutations comprise the mutations of A↔G or T↔C, and transversion are A↔C or T↔A or G↔T or G↔C mutations. Another method is to consider the ratio of the extent to which A or T bases are converted into G or C bases and vice versa (AT→GC/GC→AT). These two ratios can be determined by sequencing the clones picked from the library. The mutation rate and the mutation bias are two important parameters

第8章 ライブラリー創製

that need to be well weighed when conducting error-prone PCR random mutagenesis. For example, a higher mutation rate with minimal mutation bias can be achieved by performing additional rounds of PCR at a condition corresponding to minimal mutation bias[13].

Error-prone PCR random mutagenesis have been widely used for molecular evolution or analyzing the function of a nature protein. For example, Cherry, et al.[17] have adopted the error-prone PCR random mutagenesis to successfully improved the thermal stability of the *Coprinus cinereus* heme peroxidase. The mutant has 174 times of the thermal stability and 100 times of oxidative stability of the wild-type enzyme. Similarly, Song and Rhee[18] improved the thermal stability and catalytic activity of Phospholipase A_1 by error-prone PCR. All these studies demonstrate that error-prone PCR is an effective and efficient evolutionary approach for improving the properties of a given protein.

References

1) J. Braman, et al., Sited-directed mutagenesis using double-strand plasmid DNA templates, Human Press, Totowa, NJ (1996)
2) J.-H. Zhang, et al., Proc. Natl. Acad. Sci. USA, 94, 4504-4509 (1997)
3) A. Crameri, et al., Natl. Biotechnol., 14, 315-320 (1996)
4) R. Heim, et al., Proc. Natl. Acad. Sci. USA, 91, 12501-12504 (1994)
5) W. P. C. Stemmer, Proc. Natl. Acad. Sci. USA, 91, 10747-10751 (1994)
6) D. W. Leung, et al., Technique, 1, 11-15 (1989)
7) R. C. Caldwell, and Joyce, G.F., PCR Methods Applic., 2, 28-33 (1992)
8) L. Giver, et al., Proc. Natl. Acad. Sci. USA, 95, 12809-12813 (1998)
9) A. M. Dunning, et al., Nucleic Acids Res., 16, 10393 (1988)
10) C. R. Newton, et al., Nucleic Acids Res., 17, (1989)
11) C. W. Dieffenbach, et al., PCR Primer: A Laboratory Manual, Cold Spring Harbor Laboratory Press, New York (1995)
12) A. Chien, et al., J. Bacteriol., 127, 1550 (1976)
13) S. Shafikhani, et al., Bio Techniques, 23, 304-310 (1997)
14) M. Suzuki, et al., Mol. Divers., 2, 111-118 (1996)
15) J. P. Vertanian, et al., Nucleic Acids Res., 24, 2627-2631 (1996)
16) N. F. Cariello, et al., Gene, 99, 105-108 (1991)
17) J. R. Cherry, et al., Natl. Biotechnol., 17, 379-384 (1999)
18) J. K. Song, et al., Appl. Enviromental Microbio., 66, 890-894 (2000)

3 遺伝子のキメラ化によるライブラリ創製

河原崎泰昌[*1], 池内暁紀[*2], 新畑智也[*3], 山根恒夫[*4]

　生物進化(多様性の発生と選別・淘汰)を模倣した酵素・蛋白質の機能改変技術(コンビナトリアル・バイオエンジニアリング)が広く用いられるようになってきた。本稿では,このコンビナトリアル・バイオエンジニアリングを構成する技術要素のうち,多様性発生法—情報分子(遺伝子,DNA)への変異導入—について,特に遺伝子のキメラ化による多様性発生法を中心に最近の知見を紹介する。

3.1 はじめに

　酵素は,一般的な有機化学反応と比較して温和(常温・常圧下)な条件下で特定の反応を触媒する。酵素の中でも優れた安定性や反応特性を持つものは,医療や食品・飼料加工,化成品合成・加工などの産業で用いられ,利用範囲・量ともに年々拡大している。天然型の酵素及びその産生菌がそのままの形で使われる事もあるが,利用形態に完全に合致する理想的な酵素が自然界から得られることはまれであり,何らかの改良が望まれることが多い。この改良には,酵素自身の安定性・反応特性の他に,組換え菌等を用いてより安価・大量に生産されるような変異体の取得,といった生産効率の改良も含まれる。

　近年,この酵素機能の改良に用いられているのが,コンビナトリアル・バイオエンジニアリングの手法を用いた蛋白質の定方向進化(Directed evolution)である[1]。その原理は,①コンビナトリアルな変異を導入した変異体ライブラリから,②用途に適した変異体(群)を選択し,さらにそれらに変異を加えて機能向上がみられた変異体を選択する,というプロセスを繰り返すことにより,目的とする用途に最も適合した変異体分子を取得する,というものである。

　可能な全ての変異体を作成し,それらの特性を網羅的に探査できるなら,戦略としては非常にシンプルである。全てのアッセイの結果,ベストな配列を選べばよいからである。上述した繰り返しのプロセスも不要である。しかしながら,例えば100アミノ残基程度の酵素でも,可能な全ての変異体の総数は$20^{100} \fallingdotseq 10^{130}$であって,「ほぼ無限」といってよい。実際に探索可能な変異体

[*1] Yasuaki Kawarasaki 名古屋大学大学院 生命農学研究科 助手
[*2] Akinori Ikeuchi 名古屋大学大学院 生命農学研究科 博士課程
[*3] Tomoya Shinbata 日本製粉㈱
[*4] Tsuneo Yamane 名古屋大学大学院 生命農学研究科 教授

第8章 ライブラリー創製

の総数は有限，それもせいぜい$10^{9 \sim 12}$程度である。従って，なるべく広い配列空間をカバーできるように配列多様性を与えつつ，かつ有効な変異体をなるべく多く含むような質の高いライブラリをどうやって作るか，という変異体ライブラリ作成の戦略が非常に重要になる。

3.2 キメラ遺伝子ライブラリの特性

　定方向進化による蛋白質・酵素の機能改変は，山登りによく例えられる。この山は便宜上，一つのアミノ酸配列を平面上の点，そのアミノ酸配列が発揮する有効特性の度合（適応度）を高さで表現した「地図」のイメージとして示されることが多い（適応度地形）。酵素の定方向進化は，野生型酵素の配列の座標を出発点として，適応度地形の中のより海抜が高い点に向かって歩む登山（適応歩行）である（図1）。適応度地形と適応歩行についての詳細は，他の優れた総説[2]を参照されたい。

　定方向進化の登山が普通の登山と全く異質であるのは，①地形に関する情報が全くない（頂上

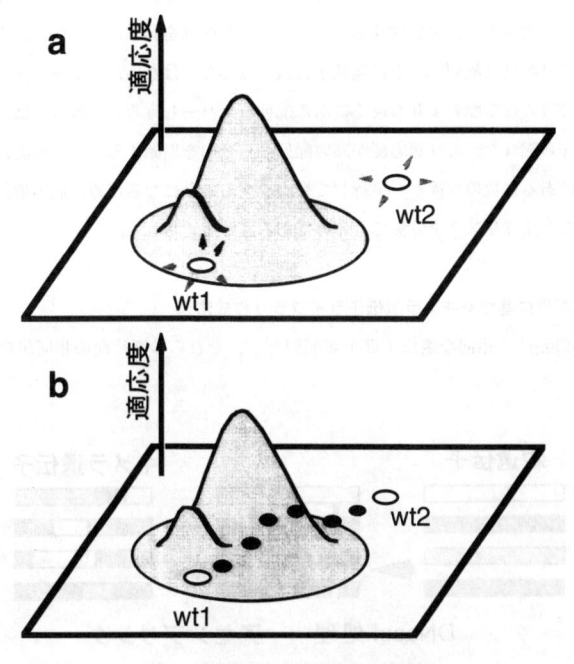

図1　適応度地形と適応歩行の模式図

の位置・標高どころか出発点付近の地形さえ予測不可能），②変異体ライブラリでカバーできる領域の適応度しか見えない，という点である．これはつまり，「杖が触れる範囲の高低差だけを頼りに，目隠しで見知らぬ山の山頂を目指す」ような登山である．杖の届く範囲（ライブラリサイズ）はごく限られているため，一度で山頂を探りあてることは困難であり，通常は変異導入，有効変異体選択を複数回行って山頂へと近づくのである．もっと重要なことは，起点となる配列が斜面に位置していれば山を登っていける（図１a，wt1）が，周囲に上に向かう勾配が全く検出できなければ適応歩行できない（図１a，wt2）という点である．この「適応歩行不能」な状態は，最初の一歩目にも起こるが，適応歩行の途中で最高峰の手前にある小高い丘に登ってしまった時にも発生しうる．適応歩行して首尾よく山頂に至るかどうかは「運次第」と言っても良いのだが，それでも「適応歩行不能」という不運な状況に陥るリスクを少しでも下げられる技術はないだろうか？

相同遺伝子のキメラ化とは，簡単に言えばABCDEFGHとabcdefghからなる２つの配列を親配列とし，ここからABcDEfghのような配列をもった変異体群を作ることである．この例では，親配列も含めて$2^8=256$通りの文字列の組み合わせが期待できる．これらのキメラ配列は２つの親配列の中間的な配列をもち，適応度地形上では二つの親配列を結ぶ線分上に位置する（図１b）．この様に，キメラ配列は配列空間上に無秩序に散らばるのではないが，単一の親分子にランダム変異を導入して得られる配列よりも遠くにある配列をカバーしうる．このことは，親配列及びその近傍の配列から離れた，より適応度が高い配列から登山を開始することを可能にする．また，同程度の標高にある複数の位置から平行して登山をすることになるため，適応歩行が局所的な丘の上で停滞してしまうリスクを分散できるのであろうと考えられる．

3.3 配列間相同性に基づくキメラ遺伝子ライブラリ作成法

Family shuffling[3]は相同な遺伝子群を親配列とし，それらの断片間の相同組換えによりキメ

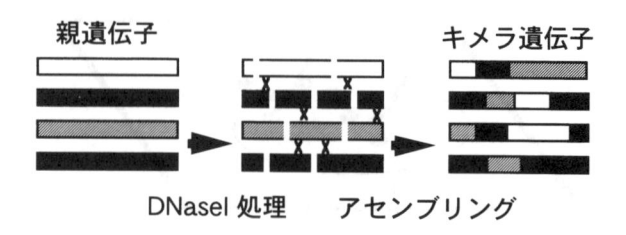

図２　Family shuffling法によるキメラ遺伝子ライブラリの構築

第8章　ライブラリー創製

ラ遺伝子ライブラリを作る方法である（図2）。この方法による酵素機能改良はStemmerらのグループによって最初に行われた。彼らは4種類のセファロスポリナーゼ遺伝子（DNA配列一致度58-82％）のキメラ遺伝子ライブラリを作成し，抗生物質であるモキサラクタムに対する耐性が向上したクローンの選択を試みた。その結果，各野生型クローンの270-540倍の耐性を示す変異体が一度の試行で選択された[3]。このキメラ遺伝子ライブラリ作成法は，ビフェニルジオキシゲナーゼ[4]，ズブチリシン[5]（プロテアーゼ）等，種々の有用酵素の機能改良に用いられ，いずれの場合も良好な変異体の取得に至っている。

　Family shuffling法は非常に強力な変異体ライブラリ作成法であるが，多くの成功例とともに幾つかの技術的な課題も指摘されている。なかでも最重要なものは，キメラ遺伝子の形成効率である。Family shuffling法におけるキメラ遺伝子の形成は，異なる親配列に由来するヘテロな断片の会合・伸長に依存する。このため，親配列間で相同性が局所的に高い領域で組換えが起こりやすい。実際にCrameriらは，組み換えは親配列間で14から37塩基連続してほぼ一致する領域で起こっていることを示している[3]。Joernらは，Family shufflingによって作られた多数のキメラ遺伝子の組換え点を詳細に解析し，連続一致塩基が6塩基以下の部位で組換えが起こっていたのは，キメラ遺伝子中に見つかった全組換え点の21％に過ぎず，組換え点の半数以上（62％）は連続して10塩基以上完全に一致する部位に偏在することを報告している[6]。またStemmerの初期の報告では，局所的な連続一致配列が乏しい（＝ミスマッチが遺伝子全領域に渡って遍在する）相同遺伝子間では，キメラ配列が全く生じずに元の親配列が再構築されて増幅されることが述べられている[7]。著者らも，これに類似した配列一致パターンをもった親配列間（野生型GFPとEYFP，配列一致度72％）ではキメラ配列の出現頻度が非常に低いことを確認しており[8]，大西らも配列一致度が84％ある2種類のカテコール2,3-ジオキシゲナーゼ遺伝子間でキメラ遺伝子の形成効率が極端に低く（1％以下），得られたシャフリング産物のほとんどが親配列であったことを報告している[9]。

　キメラ遺伝子の形成効率を改善する方法が幾つか報告されている。大西らが開発した方法[9,10]は巧妙，簡便である。彼らの方法のうち，一つ目は二本鎖DNAの代わりに一本鎖DNAを調製し，Family shufflingに供するものである。彼らの別のもう一つの方法[10]は，もっと強力である。対立する二つの親遺伝子（または親遺伝子群にも適応可）を，それぞれ別の制限酵素で完全消化し，いくつかの断片にする。この制限酵素断片をDNase Iランダム消化断片の代わりにFamily shufflingに用いる。同じ親遺伝子に由来する断片同士は系内で再会合はするが，末端が揃っているため伸長反応が起こらない。ヘテロな断片同士が会合し，3′端が陥没末端である場合にのみ相補鎖合成がおこって組換えが成立する。問題は，DNase Iによるランダム消化断片と異なり，利用できる制限酵素サイトの制約があるため親配列当たりの断片の種類が限られる点である。が，幾つか

の制限酵素を混合して切断すれば，親配列あたりの断片数を増やすことは可能である。また，一方の親遺伝子（geneX）を各種の制限酵素（a, b, c, etc.）でそれぞれ切断し，他方の親遺伝子（geneY）も別の制限酵素（i, j, k, etc.）で切断し，それぞれの制限酵素断片を組み合わせ（例；geneX/aとgeneY/i, geneX/aとgeneY/j, 以下同様にgeneX/cとgeneY/j, geneX/cとgeneY/k），個別に会合・伸長反応を部分的に行い，最終的にそれぞれを一つのチューブに加えてキメラ遺伝子ライブラリを作成することもできる[10]。煩雑にはなるが，この方法では組換え点の位置の多様性が増大するだけでなく，キメラ遺伝子当たりの組換え点の数も多様化する。

著者らが開発した方法[8]（図3）は，Family shuffling及びその改良法に比べて非常に簡便で，かつ作成したライブラリ中の親配列出現頻度はゼロである（ただし後述するように欠点もある）。著者らはこの方法を「組換え依存的PCR増幅 (Recombination-Dependent exponential Amplification PCR, RDA-PCR) によるキメラ遺伝子ライブラリ作成法」と命名した。この方法ではまず，親配列間の相同性などを参考に二つのグループに分ける。次に個々の配列を通常のPCRで増幅する。この際，グループに固有なタグ配列（図中a, b, c, dで表記）を各親配列に付け加える。2つのグループを混合し，2つの反応系に分け，組換え依存的PCR増幅を行う。この際，導入したタグ配列に特異的で，互いに「ねじれ」の関係にあるプライマーを使用する（例；aとd，またはbとcの組み合わせ）。このPCRの前半では，比較的低温（40-45℃）で極端に短い（5秒以下）会合・伸長反応からなるサイクルを繰り返し（20-40サイクル）行う。この系では，鋳型鎖に会合したプライマーは1サイクル内で伸長反応を完結できず，複数サイクルに渡って鋳型鎖を複製する。この際，伸長途上のプライマーが他グループに由来する鋳型鎖に会合し，伸長反応を再開することによって組換えが起きる。組換えを奇数回起こした伸長鎖は，もう一方のプライマーが結合するためのタグ配列を読み込んで伸長反応を完結するが，偶数回の組換えや，組換えを全く起こさず反応を完結した伸長鎖は次の複製のためのプライマー結合部位を失う。最後に，同一チューブ内で通常のPCRを行うことによって奇数回の組換え点をもったキメラ配列のみを指数関数的に増幅する。実験操作としては親配列の増幅（通常のPCR），混合，再PCR（RDA-PCR）だけで済み，Family shufflingで必要なDNaseI処理や，ゲルからのランダム断片精製の様な手間のかかるステップは全くない。またキメラ遺伝子しか反応系内で指数増幅されないため，反応終了後に電気泳動を行うだけでライブラリ作成に成功したかどうか判断できる。組換えの発生機構が伸長鎖のヘテロな鋳型へのミスアニールである点から，shufflingの改良法というよりも，Zhaoらの StEP[11]の拡張版と言える方法である。

Family shufflingで起こりうる組換えと比較して，RDA-PCRでは①連続一致領域に組換え点が偏るのではなく，連続一致塩基数が少ない（平均5.3bp，最小2 bp）場所でも組換えがおこり，組換え点の多様性は大きいが，②遺伝子領域のどちらか一方の端に近いところに組換え点がやや

第8章 ライブラリー創製

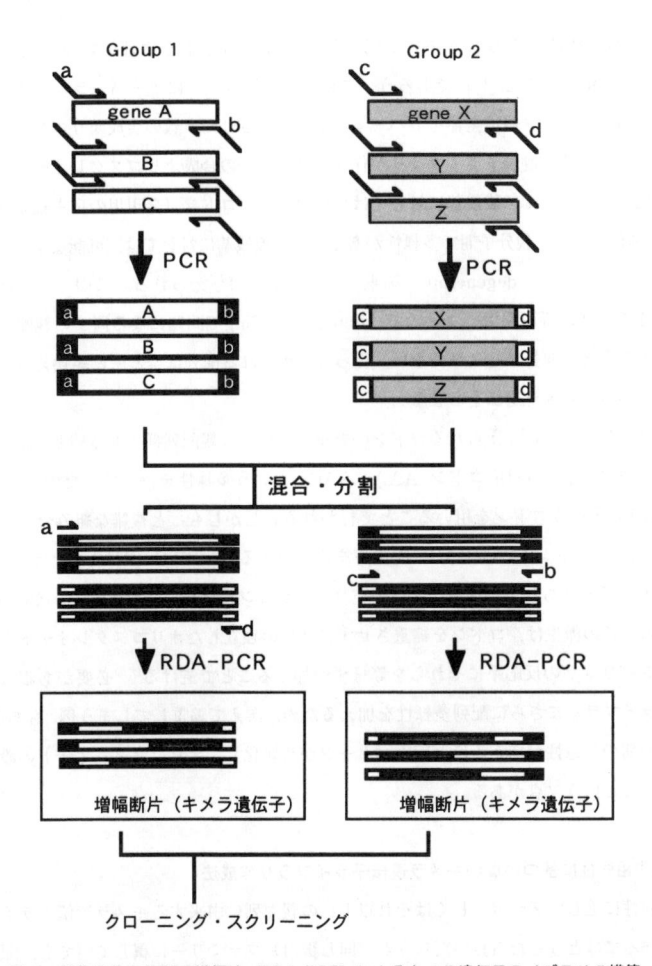

図3 組換え依存的PCR増幅法（RDA-PCR）によるキメラ遺伝子ライブラリの構築

偏る傾向にある，ことがわかっている．これはFamily shufflingで得られる組換え点の特性とは傾向が異なる．ただし，1キメラ配列あたりの組換え点の数は大多数のクローンで1であり，得られる配列多様性は期待するほど大きくない．これを大きくするためには，RDA-PCR産物をFamily shufflingに供する，あるいは親配列を複数の区間に分割してRDA-PCRを行い，1キメラ配列あたりの組換え点を増やした後Family shufflingを行うなどの工夫が必要である．

親分子アミノ酸配列の相同性が比較的高く（70-80%以上），かつ配列長も長くない場合，現時

点で最も配列多様性が得られるキメラ配列作成法は,親分子を物理的に全く使わない方法(Synthetic shuffling[12]など[13,14])であろう。この方法では,互いにオーバーラップする領域を持ち,目的蛋白質のコード領域全体をカバーするよう設計された多数の合成オリゴヌクレオチドをアセンブルしてキメラ遺伝子ライブラリが作成される。この合成オリゴヌクレオチドには,親分子間で一致しているアミノ酸残基に対しては特定の1つのコドン(発現用の宿主細胞が頻繁に使うコドンが好ましい),親分子間で多様性があるアミノ酸残基に対しては,可能な全てのバリエーションを持ちうるよう,degenerate(縮重)したコドンが与えられる。この方法では,親分子に由来するランダム断片を用いないので,Family shufflingで問題になる同一の親配列に由来する断片同士の会合・伸長は起こりえない。従って,得られる配列は至る所に組換え点をもつ,非常に複雑性の高いキメラ遺伝子となる。

オリゴヌクレオチドに与えられるコドンの縮重は,例えば親配列群のある残基がMet(対応コドンATG)またはLys(対応コドン AAA,AAG)という多様性を持っていた場合,AWG(WはAまたはT)というコドンを用いることで行われる。しかしもっと複雑な組み合わせ,例えばMetとGlu(対応コドンGAA,GAG)の両方をカバーするにはRWG(RはAまたはG)というコドンの縮重が必要であるが,本来親配列のバリエーションには無いAAG(Lys)やGTG(Val)も派生する。この派生は,コドンを縮重させずに2つの独立したオリゴヌクレオチドとして合成し,アセンブリングの反応系にそれらを等量ずつ加えることで避ける[12,13]必要がある(が,キメラ遺伝子ライブラリにさらに配列多様性を加えるため,あえて縮重してしまう例[14]もある)。従って,親配列間の多様性が増えるほど縮重パターンが複雑化し,オリゴヌクレオチドの設計が非常に面倒になるという欠点がある。

3.4 配列間相同性に基づかないキメラ遺伝子ライブラリ作成法

配列相同性に乏しい2つ(もしくはそれ以上)の親配列に由来するキメラ遺伝子ライブラリを効率よく作るにはどうしたら良いだろうか。同じ蛋白質ファミリーに属していても,配列一致度が50%台もしくはそれ以下の場合であることも多い。また適応度地形上,親配列が遠くに離れているほどそれらのキメラ配列は広い範囲に分散するため,ライブラリでカバーできる領域が広くなるというメリットもある。このため,これまでに述べてきた「配列相同性に基づく」キメラ遺伝子ライブラリ作成ではなく,全く別のアプローチによるキメラ遺伝子ライブラリの構築法も開発されてきた。

ITCHY(Incremental Truncation for Creation of HYbrid enzymes)[15]はBenkovicのグループにより開発された,配列間の非相同組換えによるキメラ遺伝子ライブラリ作成法である。この方法では,DNA sequencingの際のデリーションクローンの作成と同じ要領で,Exonuclease III

第8章 ライブラリー創製

とMungbean nucleaseを用い，プラスミドにそれぞれクローニングされた相同な二つの遺伝子XとYを部分消化する。この際，例えばXをN末端側から，YをC末端側から消化する。ついで，部分消化されたXを持つプラスミドを適当な制限酵素で切断して得られた断片群を，もう一方の部分消化されたYをもつプラスミドに連結する。この操作により，遺伝子の前半部分がY，後半部分がXの，ランダムな部位に連結点をもつキメラ遺伝子群が作成される。後に発表されたArnoldのグループのSHIPREC[16]もこれに類するもので，二つのプラスミドの代わりにXとYをリンカー配列を介してタンデムに連結した断片を調製し，これをDNaseIでランダム加水分解して得られる断片を自己閉環させることにより相同性非依存的に組換え点を発生させるというものである。自己閉環した断片は，リンカー配列内の制限酵素サイトで切断されて直鎖状にされ，適当な発現ベクターに挿入してキメラ遺伝子ライブラリが作成される。

　これらの方法では，XY間の相同性に影響されず，全くランダムな場所で組換え（非相同組換え）が起こる。このため，実際のメリットがあるかどうかは別として，全く無関係な遺伝子間でさえもキメラ配列が作れるのが特徴である。また両者に共通する特徴として，組換え点付近で配列の欠失や重複が起こる。先述の例を用いると，ABCDEFGHとabcdefghの配列から，ABCfghやABCDcdefghのようなキメラ配列が生じるのである。これは相同組換えに基づくキメラ遺伝子作成法では発生しない変異である。こういった変異の大部分は蛋白質のフォールディング・機能に対して不利に働く。が，天然に存在する蛋白質のファミリーにも配列の一部が欠失したり挿入配列を含んだ蛋白質が頻繁に見られることから，人為的に発生した欠失挿入でも，適応歩行の過程で中立あるいは有利な効果をもたらすことがあるかもしれない。

　さて，これらの方法で作成される配列は，配列中の何処かにたった一カ所の組換え点を持ち，前半部分がX，後半がYという，構造的には単調なキメラ配列である。組換え点で起こる配列の重複・欠失を加味しても，配列多様性はそれほど豊かではない。この欠点を補うためBenkovicのグループはSCRATCHYと呼ばれる方法を開発した[17]。これはITCHYで作成されたキメラ配列ライブラリをshufflingすることによって相同組換えを起こさせるものである。この時，shufflingで新たに形成される相同組換え点の他に，ITCHYで導入された非相同組換えによる組換え点を含んだ断片もシャッフルされるので，非相同組換え点の組み合わせによる配列多様性も獲得できる。ただし，親配列間の一致度が低い場合には相同組換えは起こらず，非相同組換え点の再分配のみが起こる。この再分配は概ねポアソン分布に従う。つまり，ITCHYライブラリ中の1キメラ配列当たりの組換え点は1であるので，SCRATCHYを行った後のクローンのもつ組換え点の数も，1を平均値として分布する。従って組換え点の数が0（＝親配列）というクローンも多数出現してしまう。

　この問題を解決したのが，Enhanced crossover SCRATCHY[18]（図4）である。2つの相補

249

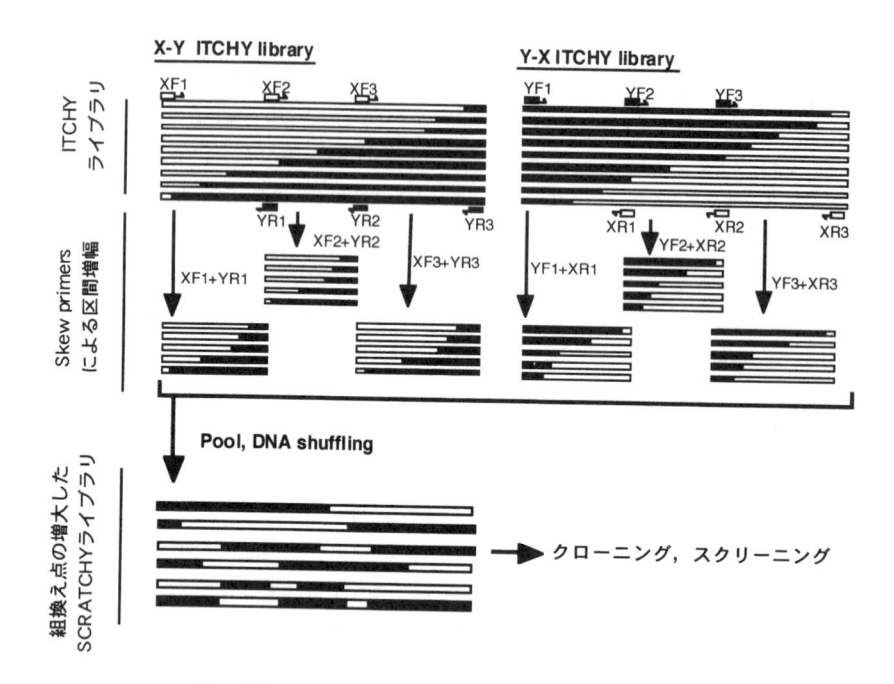

図4 Enhanced crossover SCRATCHYによる配列多様化（概略）

的なITCHYライブラリを任意の複数の区間に分け，それぞれを一方の親配列に特異的なForwardプライマー，他方の親配列に特異的なReverseプライマー（Skew primers）で増幅することにより，その区間に組換え点を持つキメラ配列のみを選択的に増幅する。この操作により，1キメラ配列当たりの組換え点数が見かけ上増大する（図の例では3になる）。この増幅断片を混合し，シャッフリングすることにより，多数の非相同組換え点をもったキメラ遺伝子ライブラリが作成できるのである。1配列当たりの非相同組換え点の数は，ITCHYライブラリの増幅の際の区間数に依存（つまり任意に設定可能）し，この値を平均値とするポアソン分布に概ね従う。また，区間の位置も任意に設定できるので，「特定の領域に重点的に組換え点をもったキメラ配列からなるライブラリ」といった，これまでの技術では不可能であったライブラリ構築も可能になっている。

3.5 おわりに

　我々はアミノ酸配列が作りうる世界の，ほんのごく一部を窺うことしか許されない。このごく

第8章　ライブラリー創製

一部に，探索候補として相応しい配列群をどれだけ用意できるかが勝負の分かれ目である。Family shuffling法に代表される変異導入法が多くの成功例を納めており，単一の遺伝子へのランダムな変異導入よりも，「蛋白質ファミリー内に既にある変異」のランダムな組み合わせでできたライブラリの方が，勝算が高いことを示している。蛋白質ファミリー内にある変異，とは既に自然界で評価済（少なくともその変異は蛋白質機能にとって有害ではない）の変異，と解釈可能である。それらの組み合わせ，というのは実は変異導入による「機能喪失」のリスクを最小化し，かつ配列多様性を最大にする最も良い方法なのかもしれない。一方，非相同組換えに基づいた配列のキメラ化は，研究の歴史が浅く，操作も比較的煩雑であることから，酵素改良の報告例が少ない。技術的な課題も多く残されている。3種以上の親配列からなるキメラ遺伝子ライブラリの構築なども，その課題の一つである。今後の研究の展開に注目したい。

文献

1) 植田充美・近藤昭彦編「コンビナトリアル・バイオエンジニアリング」化学同人
2) 相田拓洋，中島元夫，化学と生物，37, 815-820（1999）
3) Crameri A. et al., Nature, 391, 288-291（1998）
4) Kumamaru T. et al., Nat. Biotechnol., 16, 663-666（1999）
5) Ness J.E. et al., Nat. Biotechnol., 17, 893-896（1999）
6) Joern J.M. et al., J. Mol. Biol., 316, 643-656（2002）
7) Stemmer W.P., Proc. Natl. Acad. Sci. USA, 91, 10747-10751（1994）
8) Ikeuchi A. et al., Biotechnol. Prog. 19, 1460-1467（2003）
9) 大西浩平ほか，化学と生物，38, 41-46（2000）
10) Kikuchi M. et al., Gene, 236, 159-167（1999）
11) Zhao H. et al., Nat. Biotechnol., 16, 258-261（1998）
12) Ness J.E. et al., Nat. Biotechnol., 20, 1251-1255（2002）
13) Coco W.M. et al., Nat. Biotechnol., 20, 1246-1250（2002）
14) Zha D. et al., Chembiochem, 4, 34-39（2003）
15) Ostermeier M. et al., Nat. Biotechnol., 17, 1205-1209（1999）
16) Sieber V. et al., Nat. Biotechnol., 19, 456-460（2001）
17) Lutz S. et al., Proc. Natl. Acad. Sci. USA, 98, 11248-11253（2001）
18) Kawarasaki Y. et al., Nucleic Acids Res., 31, e216（2003）

第9章　アレイ系

1　マイクロアレイ概説

伊藤嘉浩[*]

コンビナトリアル・バイオエンジニアリングは，様々な分子をdisplayして，そのなかから機能性分子を探し出す手法である。マイクロアレイ法は，displayの重要な方法論の一つである。一方で，displayというよりは，マイクロアレイしたものをプローブとして用いて様々な解析を行う方法が，ここ10年の間に非常に重要になってきた。ポストゲノムシークエンス時代を迎え，プロテオミクス，グリコミクス，セロミクス，メタボロミクスでは解析しなければならない情報量がますます増加している。マイクロアレイしたプローブを用いて様々な相互作用を調べることは学術上，さらには応用上も非常に重要な技術となっている。9-1節では，最初にマイクロアレイを概説し，9-2節でその一般的な作成法について述べ，特に有機合成的手法について9-3節にまとめる。

1.1　はじめに

マイクロアレイ・チップの歴史は，Fodor（現Affymetrix社会長）らが，1991年に光保護基を用いて光リソグラフィによりペプチドのマイクロアレイを報告したことに始まる。当時はコンビナトリアル化学の勃興期で，数々のライブラリー作成法が考案されており，その一つであった。その後，1993年には同様の方法でDNAチップの作成法が報告され，これが現在のAffymetrix社のジーンチップあるいは「アフィメトリクス型」となっている。固相法による逐次合成法で，塩基数にして数十の長さのオリゴヌクレオチドが，網羅的にスライドガラス上に配列されている。「1 cm^2に400種類以上のプローブを固定化したもの」というチップの密度を規定した特許は，Affymetrix社が保有しており，現在販売されているジーンチップには，数万種以上もの遺伝子と遺伝子断片がアレイされている。

そのような中，1995年に，スタンフォード大学のBrownらが，長いDNAをそのまま正電荷を

---

[*] Yoshihiro Ito　㈱理化学研究所　中央研究所　伊藤ナノ医工学研究室　主任研究員；
　　㈶神奈川科学技術アカデミー　伊藤「再生医療バイオリアクター」
　　プロジェクト　研究室長

第9章　アレイ系

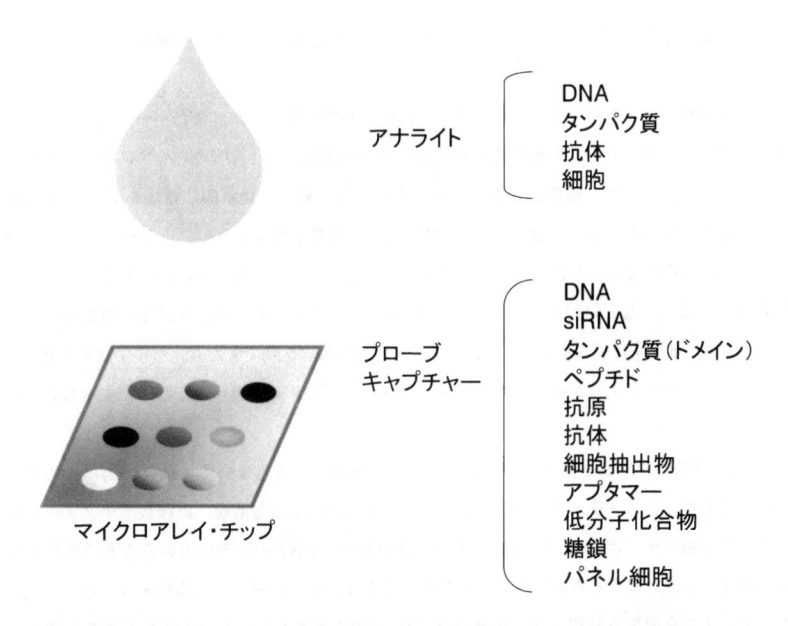

図1　これまでに開発されているマイクロアレイ・チップ

もつ膜上にスポット状に貼り付ける方法を考案して，この時は45遺伝子が一度に分析が可能であることを報告した。この方法は，ゲノム解析の急激な進展ともあいまって非常に発展した。このシステムを特にDNAマイクロアレイあるいは「スタンフォード型」と呼び，Affymetrix社以外は全てこの方法で，DNAマイクロアレイが作成されるようになっている。

近年，固定化する分子が，DNAから，抗体，タンパク質，糖へと代えられ，マイクロアレイ・チップは発展してきた[1]。これらの製造法については次節で詳しく述べるとして，本節では，これまで研究されてきた様々なマイクロアレイ・チップを列挙（図1）し，その応用について解説する。

1.2 DNAチップ（マイクロアレイ）

1.2.1 ハードウエア

上述の「アフィメトリックス型」は，オリゴヌクレオチドを用いているため遺伝子発現解析のほか，点突然変異の検出や，ハイブリダイゼーションによる塩基配列決定（sequencing by hybridization；SBH）などに応用することができる。一方，「スタンフォード型」は，点突然変

コンビナトリアル・バイオエンジニアリングの最前線

異の検出には不向きであるが，比較的長いDNA鎖を固定化して，遺伝子発現などを調べる目的で使用される。

すでに生物学の多くの分野ではルーチン的に使われている[2〜5]が，まだハード的には改良すべき点は多い[6]。その中で，解析時間の短縮は大きな課題である。DNAマイクロアレイのハイブリダイゼーションには，時間がかかる。それを減らすために，局所的に電場を架けたり（DNAの運動性を高めるために）[7]，超音波を照射したり，音響学的マイクロストリーミングをかけたり[8]，誘電効果を利用すること[9]で，マイクロアレイの読み取り速度を高められることが報告されている。また，温度勾配DNAチップにより，ハイブリダイゼーション温度の局所的（サイトからサイト）制御を可能にすることで，ミスマッチを明確に区別できたり，ハイブリダイゼーションをスピードアップするための多孔質アレイをフローシステムで用いるなどの工夫も報告されている[10,11]。

一方，DNAの分離能を高めるためにも多くの工夫がこらされている。最近，馬場らのグループは，従来のポリアクリルアミドゲルを用いた電気泳動による分離を，直径数十ナノメートルの球状の化合物（ナノボール）を用いたものに置き換え，DNAの解析に用いることに成功した。この場合，マイクロチャネルのポリマーゲルと異なり，ナノボールを詰め替えることによりマイクロチャネルを何度も使用でき，分離できるDNAの大きさも広いという特徴があると報告されている[12]。

また，普遍的マイクロアレイ・システム（Universal micro-array system，UMAS）が最近報告された[13]。短鎖プローブを用いるUMASの有効性は既に理論的には証明されていたが，実際には成功していなかった。Rothら[13]は，臓器や組織特異的なプローブをいちいち必要としないマイクロアレイを，DNAヘキサマーを4,906（4^6）種類マイクロアレイすることにより作製し，発現解析ができることを示した。

また，新しい使用方法もいくつか報告されている。例えば，染色体免疫沈降法（Chromatin Immuno-precipitation；ChIP法）とDNAチップを組み合わせたChIP-chip法では，DNA複製関連タンパク質の染色体上での配置情報を得るために，染色体免疫複合体を作製した後，DNA断片を精製してからPCR増幅を行いDNAチップで分析が行われる[14]。その他に，mRNAの結合したままのタンパク質を作製し，これをDNAマイクロアレイ上のDNAを使うことでタンパク質を固定化しマイクロアレイする手法なども報告されるようになってきている[15]。

1.2.2 ソフトウエア

DNAマイクロアレイについては，一昔前とは違いデータ解析ソフトウエアの重要性が増し，最近になってデータを公的に管理・保存するシステムが整備されるようになってきている[16]。マイクロアレイ遺伝子発現データ協会（Microarray Gene Expression Data（MGED）Society）

では，マイクロアレイデータのための共通基準，データ管理と転送のシステム，およびデータの保存とマイニングのための公共データベースの構築を目指している。この他にもMicroArray Gene Expression Markup Langage（MAGE-ML）では，容易なデータ共有を実現するための共通フォーマットの作成を目指しており，Minimum Information About a Microarray Experiment（MIAME）は研究者が提供すべきマイクロアレイデータの方法論と生物学上の目的に関する情報の説明を目指し，MIGED Society Ontology Working Groupは，生物試料と実験操作を説明するための統制語彙とオントロジーを整備している。これらの計画により，情報の共有化を拡大し，その中から新たな発見が生まれることも期待したい。

マイクロアレイ実験が標準化されると，研究者はデータをとるとMIAME指針に沿って情報を記録するようになる。データの分析に外部データが必要な場合，研究者は，必要な外部データを含むMAGE-ML文書をダウンロードし，研究室のデータベースに取り込むだけですむようになる。MIAME対応の論文投稿は既に多くの論文誌で推奨されるようになっている。これは，DNA解析に限らず，マイクロアレイ法の今後の発展には欠くべからざる要件であり，各方面で推奨されるべきであろう。

1.2.3 応用例

(1) 遺伝子発現解析

ハードもソフトも充実しつつある現在，実際的な臨床応用へ向けた研究も大掛かりに行われるようになってきている。「スタンフォード型」が得意とする遺伝子発現解析では既に多くの研究例が報告されている。例えば，原発性乳がん患者117名の遺伝子がDNAマイクロアレイで解析された[17]。その結果，BRCA1による発ガンに関わる遺伝子発現パターンと，細胞周期，浸潤，転移，血管形成誘導等の予後不良に関する発現パターンの相関を見つけることが出来た。現在がんの予後予測に使われているいかなる臨床所見より，将来，この遺伝子発現解析による癌の解析は優れたものになるであろうと結論している。肺がんでもDNAマイクロアレイを使ったがんの予後予測の研究結果が報告されている[18]。70遺伝子を使い300検体の癌組織標本を分析した発現解析の結果から，明らかな二つのパターン，予後の良いもの，悪いもの，を区別することができた。遺伝子発現解析による癌の予後予測結果は，実際の予後と良く相関し，従来の，生化学的および臨床的に重要な指標になっているリンパ節への転移の有無とは無関係であることが分かった。

しかし，一方で，脳腫瘍を対象に，疾患組織で特異的に発現が変動しているタンパク質群をプロテオーム解析によって同定し，その結果を同じ組織で行ったDNAチップの結果と比較したところ，重複する分子が非常に少ないとの報告もある。例えば，タンパク質レベルでは発現が大きく上昇しているのに，mRNAでは逆に発現が減少している遺伝子も多数見つかった。遺伝子とタンパク質の発現と分解に"時差"があることがその原因のひとつではないかと考えられている。

この結果から考えると，プロテオーム解析によって得られたデータをマイニングする際に，DNAチップ解析のデータを参照することは難しいと言える。プロテオーム解析やあるいはトランスクリプトーム解析によって，疾患組織で発現が変動している分子を同定するには，"細胞の時間"も含めどんな組織と差分するかを慎重に検討すべきと考えられ，結論は今後の研究の展開を待たざるを得ない。しかし，このような応用は，癌以外の疾患の特徴づけや発生生物学，作用経路のマッピング，機能分析，毒物学にまで広がっている。

(2) SNP解析

「アフィメトリックス型」は，塩基配列まで正確に調べることができる。そこで，一塩基多型(Single Nucleotide Polymorphsm, SNP)が調べられ，患者一人一人にあわせた個人（テイラーメイドあるいはオーダーメイド）医療や疾患の分子レベルでの診断，薬物の効果や毒性についての個人差の予想に使用されようとしている。これまでにも，腎移植をする際，投与される免疫抑制剤に対する心臓機能障害を引き起こす副作用について，患者遺伝子のSNPを解析したところ，特定パターンで副作用の発現率が91％と高率であることがわかってきている。

その他に薬物効果の個人差の予測のターゲットとして注目されているのが，2002年に日本で世界に先駆けて発売された経口肺ガン治療薬「イレッサ」（アストラゼネカ）である。もともと「イレッサ」の臨床試験では，日本人患者では有効率27.5％であったのに対して，欧州の患者では10.4％しか効果がないという人種差が観察され，欧米の認可がわが国に遅れた一つの原因となった。しかし，他の薬との併用が難しく日本では社会問題にまでなった。これに対し，最近，アメリカの二つの研究グループが，肺ガン細胞の上皮細胞成長因子受容体の突然変異が，「イレッサ」の効果判定のマーカーになるという発表をした。これは，個人ごとの遺伝型に基づく，テイラーメイド医療に極めて有力な根拠を与える発見といえる。日本での研究も含めてその関係の解明が待たれる。

また，現在ハプロタイプの国際的な地図作成プロジェクトが進行中である。ヒトのSNP総数は，ゲノム中の0.1％ではあるものの，数百万と推定され，これら全てを対象として解析を進めることは，テイラーメイド医療実現のために効率的ではない。そこで，SNPについては，ゲノム上で近傍に位置するものは一つのブロック（ハプロタイプ）で受け継がれていくことが明らかにされているので，個々のSNPを解析するのではなく，ブロック単位で遺伝子型を解析していくことにより全体の遺伝子型を効率的に把握することを目指す。2004年末までに欧州人，アジア人，アフリカ人などヒト染色体の90％以上をカバーするハプロタイプの地図作成を目標として，現在SNP 557,000箇所の解析結果が，約5万の遺伝子型データとして公開されている。

第9章 アレイ系

1.3 プロテイン・マイクロアレイ

　ポストゲノムシークエンスはプロテオーム解析ということでプロテイン・マイクロアレイ（チップ）の開発研究が近年盛んに行われるようになってきている。しかし，DNAと異なり，タンパク質は複雑な構造をしており，種類も豊富なため，様々な工夫が必要であり，一筋縄ではいかない[1,19~24]。

　Snyderのグループは，酵母タンパク質にニッケル結合性をもつオリゴヒスチジンを導入し，ニッケル被覆スライドガラスに5,000種以上をマイクロアレイし，タンパク質間相互作用を調べ，カルモデュリンに結合する33の新たなタンパク質を発見し，フォスファチジルイノシチドに結合する52のタンパク質を見出した[21]。最近開催された，BIO2004では，Invtrogen社がプロテオーム・アレイ（高密度タンパク質マイクロアレイ，4,200種のタンパク質が1万2,000スポットの中に搭載）を，2004年には日本市場を含む全世界で発売することを発表した。

　タンパク質全てではなく，タンパク質ドメインをマイクロアレイする例が報告されている。Espejoら[25]は，グルタチオンS-トランスフェラーゼ（GST）と種々のタンパク質相互作用ドメインを融合し，ニトロセルロース膜被覆ガラススライドにマイクロアレイし，蛍光ラベル化ペプチドとの相互作用を調べ，予想通りの結合パターンを得た。翻訳後修飾の有無も判定できた。NewmanとKeating[26]は，タンパク質マイクロアレイを使って，ヒトのロイシンジッパー転写因子からの49種のコイルドコイル・ストランドの相互作用を調べた。強い相互作用は6％ほどで，いくつかこれまでに知られていなかった相互作用も発見された。

　膜タンパク質マイクロアレイについてもいくつか報告がある[27]。膜タンパク質は，分離が困難な上に，活性を維持するのも難しい。Fangら[28]やGroversとBoxer[29]は，側方拡散で脂質が混ざり合わないような「囲い」を作ることで，二分子膜を二次元上に維持でき，膜タンパク質を組み込むことができることを示している。このように細胞膜を忠実にチップ上に再現できるような系は，膜タンパク質の機能発現のために重要な手法と考えられる。

　また，ゲノム解析とは異なり，複雑なプロテオーム解析のために新しい検出法と組み合わせたチップの開発も行われている[30]。Applied Biosystemsは，400ターゲットを同時に表面プラズモン共鳴（SPR）イメージングによって解析できる8,500 Affinity Chip Analyzerの販売を行っている。一方，Biacoreは，Brucker Daltonsと共同で，SPR-MSを開発している。これはBiacore 3,000のSPRシステムとMALDI-ToF，MALDIToF/ToF MS/MSやLC-ESI MS/MSなどの質量スペクトロスコピー（MS）を組み合わせたものである。また，Ciphergen Biosystemsは，SELDI-TOF-MSの応用性を高めたSEND ProteinChip Arraysの新しいラインナップを提供している。

　次項目で述べる抗体マイクロアレイの逆，リバース・アレイの研究が，タンパク質相互作用を調べるために行われている。これは，細胞抽出液をマイクロアレイし，この上に多種類の抗体を

作用させるもので，ZeptoSens社では，384の異なる細胞抽出物のタンパク質をアレイしたチップを開発している[30]。一方，Michaudらは抗体の特異性を評価するためのプロテインマイクロアレイ[31]を報告している。約5,000の酵母タンパク質をガラススライド上に載せ，その上に11種類のポリクローナルあるいはモノクローナル抗体を作用させた。その結果，どの抗体も交差性がはっきりわかった。これは，抗体選別やデザインに有用な方法と考えられる。

1.4 抗体マイクロアレイ

プロテオーム解析用に，多くの企業が抗体マイクロアレイの製品化を計画して盛んに研究開発が進められている[30,32]。現在のところ，BD Bioscience Clontech Antibody Microarray 500が，500以上のモノクローナル抗体をマイクロアレイし，特異的なタンパク質をアッセイできるものとして最大である。これは，細胞質および膜タンパク質と広い範囲で検出でき，情報伝達系，細胞周期調節，遺伝子転写系，アポトーシス研究に用いることができる。分析は，DNAマイクロアレイのCGH解析と同様，2つのサンプルの比較として行われ，タンパク質量の多寡としてデータが得られる。

このような定性的な抗体マイクロアレイに対し，Schleicher & Schuell Bioscienceは，FAST® Quant TH1/TH2を定量的な抗体マイクロアレイを売りだしている。マイクロプレートELISAに比べて迅速で低価格なアッセイが可能となる。ニトロセルロース被覆ガラススライド上で56サンプル各々について9つのサイトカインの定量が可能となっており，解析用のソフトウエアもある。

この他に，EMD Biosciencesは，ProteoPlex™ 16-Well Human Cytokine Array Kitを，Novagennoブランドで販売し始めた。これは，15サンプルについて同時平行で，12種類のヒト・サイトカインを定量できるものである。

1.5 アプタマー・マイクロアレイ

アプタマーは，ラテン語のaptus（適合する）から派生した造語で，試験内進化法（in vitro selection）あるいはSystematic Evolution of Ligands by EXponential enrichmentの下線部をとってSELEXと呼ばれる方法で作成される抗体と類似の分子認識機能をもつ核酸である[33]。コロラド大学のGoldとTuerk，ハーバード大学のSzostakとEllingtonによって1990年に独立に発見された。Goldは，現在はSomalogic社となる会社を興し，アプタマーを用いたタンパク質解析チップを提案している。彼らは特にフォトアプタマーと呼ばれるアプタマーを調製し，それらをマイクロアレイし，その上に血液やタンパク質溶液を接触させた後，Antibody-Linked OligoNucleotide Assay（ALONA），あるいはアプタマーには結合せず，タンパク質のリシン残基にだけ反応する染料でタンパク質だけを染める方法での検出を目論んでいる[34]。また，北京の中国科学院の

第9章　アレイ系

Fangらは，DNAにインターカレートするルテニウム錯体の結合状態が，アプタマーがタンパク質を相互作用するか否かで変化することを利用した検出法を提案している[34]。FangやEllingtonらは原子間力顕微鏡（AFM）を用いた検出法も研究中である[34]。

まだ，決定的な方法論が見出されていないものの，アプタマーは抗体とは違う特徴をいろいろ備えている。今後大きく展開されるものと期待される。

1.6　低分子マイクロアレイ

低分子化合物をアレイしたチップは，解析の手段ではなく，医薬のハイ・スループット・スクリーニングのために研究されている[35]。チップ上で様々な有機化合物を合成し，その中から医薬として有望な化合物をスクリーニングしてゆく方法は，コンビナトリアル・ケミストリーとして進展してきており，Schreiberらの研究が注目を集めている[36]。最近では，この他にも有機化学的な側面からのマイクロアレイ研究は多くなされており，詳しくは9-3節で述べる。

1.7　抗原マイクロアレイ

ほとんどの自己免疫応答の抗原特異性の機構はまだ解明されていない。そこで，自己抗体応答を測定するための自己抗原マイクロアレイがRobinsonら[37]によって報告されている。8つの異なる自己免疫疾患に対応する196種類のタンパク質，ペプチド，その他の生体分子をポリリジン被覆ガラススライドに1,152個マイクロアレイした。自己免疫疾患の患者の血清タンパク質を蛍光標識して，抗原認識パターンを調べたところ，自己抗体は，各々の疾患に正確に一致していた。さらに，このマイクロアレイを自己抗体のエピトープ・マッピングに使うことを考え，髄索プロテオームをマイクロアレイし，自己免疫脳脊髄炎の自己抗体のエピトープ解析をすることができた[38]。未知の自己免疫疾患の解明にも繋がることが期待される。Lueckingら[39]はヒト・タンパク質マイクロアレイを使って自己免疫疾患血清の解析を行い，興味深い結果を得ている。最近，サルHIVの430のペプチド・タンパク質のマイクロアレイを用いて，ワクチン接種に対する免疫応答が調べられ，生存率との関係が予測できる結果となった[40]。

また，環境のアレルゲンをマイクロアレイした研究は，Whiltshireら[41]，Kimら[42]，Fallら[43]によって報告されている。ただし，様々な抗原を同一の方法で固定化するのは困難で，Fallら[43]は，アレルゲンによっては基板上に固定化できないものがあったことを認めている。9-2節で述べる光固定化法は，これを解決する有望な手段である。

1.8　ペプチド・マイクロアレイ

ペプチド・マイクロアレイは前述のようにFodorらによって最初に実現されたものであるが，

コンビナトリアル・バイオエンジニアリングの最前線

光マスクが高価であること，合成に時間がかかること高レベルのクリーンルームが必要などの問題があった。そこで，新しい固定化法がいくつか報告されている[44,45]。Pelloisら[45]は，デジタル光リソグラフィと脱保護時の光生成酸を用いることでペプチドの効率的で応用範囲の広いパラレル合成を報告している。詳しくは9-3節で述べる。

最近ではready-to-useの製品も多く出回るようになってきており，タンパク質キナーゼと基質との相互作用のようなタンパク質相互作用の検出用などに用いられるようになってきている[30]。オランダのPepscan Systemsは，タンパク質キナーゼの同定とアッセイ用に1,200個のペプチドをアレイしたPepChipを提供している。ドイツのJerini Peptide Technologiesは，20,000個まで可能なPepStarペプチドチップを提供するとともに，キナーゼ基質のリン酸化部位を同定するためのPhosphoSite-Detectorマイクロアレイキットも販売している。読み取り（検出）は，リン酸転移を放射性同位元素あるいはリン酸化チロシン特異的抗体で行う。SigmaのPEPscreenプラットホームはエピトープ，タンパク質—タンパク質相互作用あるいはタンパク質—リガンド相互作用のマッピングに使用されている。

1.9 糖鎖マイクロアレイ

「第三の生体分子」といわれる糖鎖のマイクロアレイも最近作成されるようになってきた。これまでに分子量20万以上の多糖のマイクロアレイ[46]，オリゴ糖のマイクロアレイ[47]，単糖のマイクロアレイ[48]が報告されている。詳しくは9-3節で述べる。

1.10 組織マイクロアレイ

プローブを固定化してターゲット分子を検出する通常のマイクロアレイとは異なるタイプの組織マイクロアレイも近年盛んに用いられるようになってきた[49〜53]。異なる癌組織からの数百の組織切片を1枚のスライドガラス上にアレイした組織マイクロアレイを用いることによって，これまでの病理学者による評価よりも定量的で詳しくできることが，Campら[54]によって報告されている。

1枚のスライドに数百の組織切片を載せることができ，全部の処理に1枚分わずか50μlの液で充分で，組織ライブラリーを1枚の組織マイクロアレイスライドにまとめることができるので，解析にかける労力と試薬を節約できる特徴がある。例えば，通常のスライドを600枚解析するにはおよそ30mlの抗体，スライド1枚あたり50μlのプローブ溶液が必要になる。組織アレイヤーを使うと，1枚分50μlで全部の解析ができ，貴重な組織も節約できる。組織ブロックを一度作ると，多くの組織アレイ・スライドを複製できる特徴もある。腫瘍プロファイル，癌細胞の遺伝子増幅スクリーニング，cDNAアレイによるディファレンシャルエクスプレッション，マーカー

第9章 アレイ系

による予測，抗体検査，FISH，IHC，mRNA ISH等に適していると考えられている。

1.11 細胞解析用のDNA，siRNA，抗体，タンパク質マイクロアレイ

現在のところDNAやプロテインのマイクロアレイ上で細胞の挙動を調べることが中心である。まず，遺伝子の機能を評価するために様々なプラスミドDNAをマイクロアレイし，その上で細胞を培養して発現を観測する方法が開発されている[55]。この方法は，DNAを溶解させた数nl程度のゼラチン水溶液をスライドガラス上にマイクロスポッティングして乾燥させ，そのスポットを遺伝子導入用のリポフェクション試薬で処理する。その上に接着依存性細胞を播種し，このスポット上で増殖した細胞に，各スポットのゼラチンに封入した各種プラスミドDNAを取り込ませて形質転換した細胞マイクロアレイを作成するものである。192種類の異なるcDNAを発現する細胞マイクロアレイを用いて，形質転換細胞の表現型の変化からチロシンキナーゼ情報伝達にかかわるタンパク質やアポトーシス，細胞接着に関与するタンパク質のcDNAが同定された。最近，加藤ら[56]も同様の取り組みを行っている。

これらは接着依存性細胞の結果であるが，長棟ら[57]は，非接着性細胞を用いて同様の試みを行っている。彼らは，BSAコートしたスライドガラスをポリエチレングリコールオレイルエーテル-NHSで処理した基板上で，非接着依存性細胞を増殖可能な形で容易に固定化できることを見出した。そこで，インクジェットプリンターを用いてリポフェクション試薬とプラスミドDNAの混合液を，この基板上にマイクロスポットし，その上に非接着依存性細胞を固定化培養することで形質転換非接着依存性細胞マイクロアレイを作製することに成功した。遺伝子の代わりに，薬剤や抗原をスポットし，この上で肥満細胞を培養し，種々の抗アレルギー薬や，アレルギー物質のスクリーニングを計画している。

さらに，最近明らかになってきたsiRNAiについてもマイクロアレイしてその上で細胞を培養する研究は行われており，マイクロアレイ技術は日進月歩で応用されている[58]。

一方，我々は，各種細胞診断や細胞のプロファイリングに利用できることを明らかにしてきている[59~61]。これは，様々な生体高分子（タンパク質，抗体，多糖），合成高分子をマイクロアレイして，その上で細胞の接着，増殖，分化を観察するものである。また，抗体マイクロアレイ上で血球表面の抗原を，従来のフローサイトメトリー法を代替して，測定しようとする試みも報告されている[62]。通常のフローサイトメトリーが最大6種類同時測定が可能であるのに対し，この場合，アレイした抗体の種類だけマルチ解析できる特徴がある。

その他に，細胞そのものをマイクロアレイして，生体分子との相互作用を調べるシステムを我々は考案している[59]。それは，血清中の抗体の有無を調べるためのパネル血球をマイクロアレイしたものである。輸血のための血液分析では，血球の血液型だけでなく，血清中の抗体の型が問題

になる場合がある。このような抗体は不規則抗体と呼ばれ、通常はパネル血球との凝集反応で調べられるが、熟練を要する。パネル血球のマイクロアレイでは、その上への抗体の結合量を測ることで容易に判別できるというものである。

1.12 おわりに

このように、DNAマイクロアレイから始まり、生体分子から細胞、組織まで様々なマイクロアレイが開発されるようになってきている。次節以下では、これらマイクロアレイの作成法について詳述する。

文　献

1) 伊藤嘉浩, バイオサイエンスとインダストリー, **62**, 171 (2004)
2) 「DNAマイクロアレイ実戦マニュアル」(林崎良英監修, 岡崎康司編集) 羊土社
3) 「DNAマイクロアレイ」(M. Schena編集, 加藤郁之進監訳) タカラ
4) 「DNAチップ応用技術II」(松永是編集) シーエムシー出版
5) 「DNAマイクロアレイデータ解析入門」(Steen Knudsen著, 塩島聡, 松本治, 辻本豪三監訳) 羊土社
6) R. Langer and D. A. Tirrell, *Nature*, **428**, 487 (2004)
7) R. Sosnowski, *et al.*, *Proc. Natl. Acad. Sci., U. S. A.*, **94**, 1119 (1997)
8) R. Hui Liu, *et al.*, *Anal. Chem.*, **75**, 1911 (2003)
9) H. Tashiro, Genome Frontier Research Symposium, p.14, March 22, 2004, Tokyo
10) T. Kajiyama, *et al.*, *Genome Res.*, **13**, 467 (2003)
11) B. J. Cheek, *et al.*, *Anal. Chem.*, **73**, 5777 (2001)
12) M. Tabuchi, *et al.*, *Nat. Biotechnol.*, **22**, 337 (2004)
13) M. E. Roth, *et al.*, *Nat. Biotechnol.*, **22**, 418 (2004)
14) 白髭克彦ら「ゲノミクス・プロテオミクスの新展開」, エヌティーエス, p.1106 (2004)
15) G. Y. Jung and G. A. Stephanopoulos, *Science*, **304**, 428 (2004)
16) C. J. Stoeckert Jr, *et al.*, *Nat. Gene.*, **32**, 469 (2002)
17) L. J. van't Veer, *et al.*, *Nature*, **415**, 530 (2002)
18) M. J. van de Vijver, *et al.*, *N. Engl. J. Med.*, **347**, 1999 (2002)
19) P. Mitchell, *Nat. Biotechnol.*, **20**, 225 (2002)
20) G. MacBeath and S. L. Schreiber, *Science*, **289**, 1760 (2000)
21) H. Zhu, *et al.*, *Science*, **293**, 2101 (2001)
22) R. F. Service, *Science*, **294**, 2080 (2001)
23) G. MacBeath, *Nat. Gen.*, **32**, 526 (2002)

第9章　アレイ系

24) R. F. Predki, *Curr. Opin. Chem. Biol.*, **8**, 8 (2004)
25) A. Espejo, *et al.*, *Biochem. J.*, **367**, 697 (2002)
26) J. R. Newman and A. E. Keating, *Science*, **300**, 2097 (2003)
27) 片山佳樹, *Dojin News*, **108**, 10, 2003
28) Y. Fang, *et al.*, *J. Am. Chem. Soc.*, **124**, 2394 (2002)
29) J. T. Grovers and S. G. Boxer, *Acc. Chem. Res.*, **35**, 149 (2002)
30) Protein arrays, *Nature*, **429**, 101 (2004)
31) G. A. Michaud, *et al.*, *Nat. Biotechnol.*, **21**, 1509 (2003)
32) 伊藤嘉浩, 山辺敏雄,「抗体エンジニアリングの最前線」, シーエムシー出版, p.97 (2004)
33) 伊藤嘉浩, 福崎英一郎,「抗体エンジニアリングの最前線」, シーエムシー出版, p.115 (2004)
34) C. M. Henry, *Chem. Eng. News*, March 29, p.32 (2004)
35) 叶直樹, 化学と工業, **56**, 1259 (2003)
36) F. G. Kuruvilla, *et al.*, *Nature*, **416**, 653 (2002)
37) W. H. Robinson, *et al.*, *Nat. Med.*, **8**, 295 (2002)
38) W. H. Robinson, *et al.*, *Nat. Biotechnol.*, **21**, 1033 (2003)
39) A. Lueking, *et al.*, *Mol. Cell Proteomics*, **2**, 1342 (2003)
40) H. E. Neuman de Vegvar, *et al.*, *J. Virol.*, **77**, 11125 (2003)
41) S. Whiltshire, *et al.*, *Clin. Chem.*, **46**, 1990 (2000)
42) T. E. Kim, *et al.*, *Exp. Mol. Med.*, **34**, 152 (2002)
43) B. I. Fall, *et al.*, *Anal. Chem.*, **75**, 336 (2003)
44) B. T. Housemann, *et al.*, *Nat. Biotechnol.*, **20**, 270 (2002)
45) J. P. Pellois, *et al.*, *Nat. Biotechnol.*, **20**, 922 (2002)
46) D. Wang, *et al.*, *Nat. Biotechnol.*, **20**, 275 (2002)
47) B. T. Housemann and M. Mrksich, *Chem. Biol.*, **9**, 443 (2002)
48) T. Fukui, *et al.*, *Nat. Biotechnol.*, **20**, 1011 (2002)
49) 佐々木功典, バイオベンチャー, **4**, No.4, 8 (2004)
50) J. Kononen, *et al.*, *Nat. Med.*, **4**, 844 (1998)
51) L. Bubendorf, *et al.*, *Cancer Res.*, **59**, 803 (1999)
52) H. Moch, *et al.*, *Am. J. Pat.*, **154**, 981 (1999)
53) 今重之, 樋野興夫, *Molecular Medicine*, **38**, No.7, (2001)
54) R. L. Camp, *et al.*, *Nat. Med.*, **8**, 1323 (2002)
55) J. Ziauddin and D. M. Sabatini, *Nature*, **411**, 107 (2001)
56) 加藤功一ら, 生物工学, **81**, 473 (2003)
57) 長棟輝行ら「ゲノミクス・プロテオミクスの新展開」, エヌティーエス, p.1043 (2004)
58) S. Mousses, *et al.*, *Genome Res.*, **13**, 2341 (2003)
59) 伊藤嘉浩ら, 高分子論文集, 印刷中 (2004)
60) Y. Ito and M. Nogawa, *Biomaterials*, **24**, 3021 (2003)
61) Y. Ito, *et al.*, *Biomaterials*, in press (2004)
62) L. Belov, *et al.*, *Cancer Res.*, **61**, 4483 (2001)

2 マイクロアレイ作成法

伊藤嘉浩*

2.1 はじめに

マイクロアレイ・チップを作成するには,いくつかの要素技術がある。基材設計,マイクロアレイ操作法,固定化法,検出法である[1,2]。本節では,これらについて解説する。

2.2 基材設計

マイクロアレイに使用される基材は,主に多孔性と非多孔性に分類できる。近代的なDNAマイクロアレイはサザーン・ブロッティングに始まる多孔性のナイロン膜といえる。しかし,多孔性だと液が染み込み,スポット径を一定にできないことから,非多孔性のニトロセルロース膜を被覆したガラススライドなどもよく使用される。また,初期の頃は,ポリリジンをコートしたスライドガラスぐらいであったが,現在では様々なマイクロアレイ用のスライドガラスが,多くのメーカーから市販されるようになっている[3]。有機化学的な官能基であるアミノ基,カルボキシル基,エポキシ基,チオール基,活性エステル基を表面に導入したもの,生化学的固定化法が可能となる,アビジン化(固定化する方にはビオチンを導入)あるいは抗体が結合できるようプロテインGを固定化したものなどがある。また,光固定化を可能にしたジアジリン化スライドガラス,photochipも市販されている[4]。

チップの作成の上で問題になるのは,いかに多くのプローブDNAを高密度でチップ上に搭載できるかである。そのための方策として,分子レベルで表面積を増加させる多孔性を高めた基材もいくつかのメーカーから販売されている。Amersham Biosciences社では,ポリアクリルアミド層を表面に形成させたスライドガラスにアレイを行うことで,固定化できるプローブの密度を増し,再現性の高いデータを得られるように工夫している。また,スライドガラス上に多数のアミノ基を有するデンドリマーを被覆することによりオリゴDNAの固定化量を増加させる方法も提案されている。

マクロなレベルでの多孔化の例としては,オリンパスが,オランダPamGene社と共同で開発している3次元構造をもつフロースルー型多孔質膜基板(PamChip)がある。これは,基板の各フロースルー孔内に任意のDNAプローブを固定化し,そこにサンプルを繰り返し通過させることにより,ハイブリダイゼーション効率を高めたものである。

---

* Yoshihiro Ito ㈱理化学研究所 中央研究所 伊藤ナノ医工学研究室 主任研究員;
㈶神奈川科学技術アカデミー 伊藤「再生医療バイオリアクター」
プロジェクト 研究室長

第9章　アレイ系

　平面状にマイクロスポットするのではなく，中空糸の中に充填して束ね，それを輪切りにして作成する方法を三菱レイヨンでは考案している。この方法は，従来法とは全く異なる方法でマイクロチップを作製する方法として注目を集めている。これらの他にも糸状の繊維素材にDNA断片を固定し，円柱状のコイルに巻きつけた独特の形状をもつ糸状DNAチップがプレシジョン・システム・サイエンスと宝酒造から特許出願されている。糸上に数十種類のアレルゲンを固定化してアレルギー診断を行うキットもある。

　また，基板素材として，表面有機化ガラスや有機材料の他に，ダイヤモンドを用いたものも報告されている。これはマイクロアレイにはまだ利用されていないが，「ジーンダイヤ®」が，DNA保存用チップとして販売されている。縦横3 mmの大きさのシリコンチップ表面にダイヤモンド薄膜をコーティングしたもので，ダイヤモンド表面1 mm^{2}当りに約1,000億のDNA分子を固定できる。最近，ダイヤモンド上に固定化したDNAが安定であることが報告され，注目を集めている[5]。

2.3　マイクロアレイ操作法

　マイクロアレイ操作は，アフィメトリクス型の光リソグラフィ法に代表される「Grafting on」のような方法と，スタンフォード型のマイクロスポッティング法に代表される既存の生体分子を固定化する「Grafting to」の方法に分類される（図1）。光リソグラフィ法の原理を図2に示す。Grafting toの方法については，いろいろな方法が考案されている。

① メカニカルスポット法。溶液を先端に保持することが可能なピンを用いたロボットによる機械的な方法で，最も多く利用されている。そのピン先にはいくつか形状があり，スプリットペン（小型化した先割れペンで，毛細現象でプローブ溶液を吸い上げ，基板上へ移動して，基板と接触させて液を落とす），リングペン（微小リングをプローブ溶液に浸し，リングに溶液の膜を形成させ，基板上へ移動してからピンをリング中で突き刺し，基板と接触させて基板上へ液を落とす），ソリッドペン（ピンの先を比較的平たくして凹凸をつけ，プローブ溶液に浸して，ピン先まわりに溶液をつけ，基板上に移動してから基板と接触させて液を落とす）などが考案されている。各々特徴があるが，再現性よく一定の均一のスポットを得るには，様々な作成条件をクリアーする必要があり，ノウハウを要する。

　　近年では，ペンに原子間力顕微鏡（AFM）のカンチレバーの先を使うディップーペンを用いたナノリソグラフィで，マイクロアレイならぬナノアレイも行われるようになり，より微小な加工が可能になってきている[6,7]。

② キャピラリーチューブを用いたマイクロピペッティング法，マイクロディスペンス法。①と異なり，基板と接触せずに微小液滴を基板上へ落とす方法。通常のピペッティングを微小

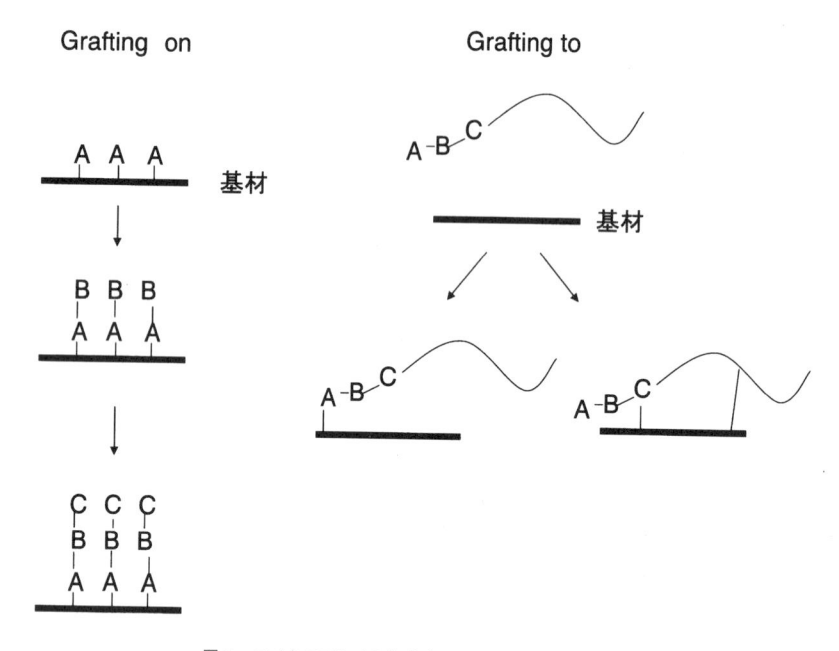

図1 マイクロアレイの作成法. Grafting onとGrafting to

化するもので,基板上への極微少量の滴下には限界がある.高密度マイクロアレイというよりは,低密度マイクロアレイで,繊細な物体,例えば細胞懸濁液をマイクロアレイする場合に適している.

③ ピエゾ式インクジェット法やバブルジェット方式[8,9]。液滴を噴霧するプリント方式で,4〜24ピコリットルも可能になるといわれている.最新のヘッドなら1 cm²に2万個近いスポットを作ることができる.高密度で均一な液滴の滴下が可能となる.本方法は,Grafting onへも応用されている.

④ エレクトロスプレーデポジション (ESD) 法[10,11]。これは,ノズル先端に高電圧を印加して生体高分子溶液を超微粒子化して帯電させ,ノズル先端と基板の間に形成される静電場力線に沿って飛行させ基板上に堆積させる方法である.この方法では,生体高分子は基板上に到達するまでに気相中で大部分の水分が蒸発することにより,多少の吸着水が結合した生体高分子の凝集体の形で基板上に均一にデポジットされるため,マクロな分布の不均一や界面変性が起こりにくく,比較的均一なスポットを形成することが可能である.

⑤ 電気化学,電気泳動方法[12]。マルチ電極上で特定の電極上にプローブを固定化する際に用

第9章　アレイ系

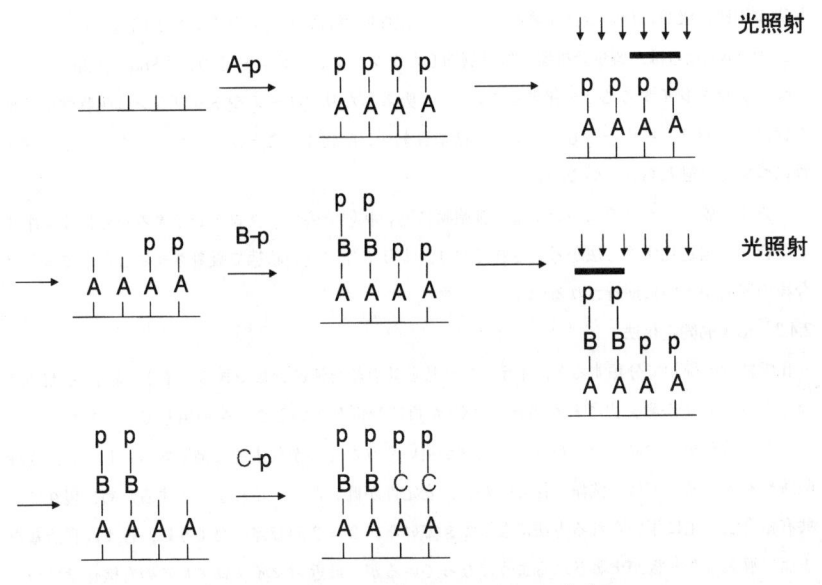

図2　光リソグラフィを用いたマイクロアレイ作成法
pは光保護基，A，B，Cはモノマーユニット。

いられる。Calassoらは，特定の電極上で電解重合を行わせることでプローブを固定化することに成功している。また，電極表面にアビジンを固定化したゲルを載せておいた後，これにDNAプローブとなるビオチン化DNAを電気泳動させ，特定の電極位置にアビジン・ビオチン結合で補足・固定化する方法が，Nanogen社から報告されている。CombiMatrix社は，電極表面上で電位をかけることによって，この部位をDNA合成試薬と反応できないようにしておき，電位をかけていない部分だけでDNAの化学合成をする手法（これはGrafting onに相当）を開発している。

この他にもいくつか新しい方法が研究開発されている[13〜16]。

2.4　固定化法

これまでに，その結合様式から以下に示すような様々な固定化方法が採用されてきた。

2.4.1　物理的固定化法

ガラススライドやポリスチレンフィルム，PVDF膜，ニトロセルロース膜などの有機材料へ生体高分子水溶液を滴下し，物理吸着させる方法は，最も簡便な方法である。しかし，固定化量の

制御が困難,吸着に伴い変性が誘起される,安定な吸着状態が得られないなど問題点が多い。

最近Ouyangらは,質量分析器で質量選別したタンパク質イオンをそのままSoft-landingによってマイクロアレイすることを報告している[17]。吸着したリゾチームやトリプシンは生物学的活性を保持しており,キナーゼもペプチドや糖基質をリン酸化することができた。しかし,その安定性については触れられていない。

一方で,膜タンパク質については,細胞膜に近い状態でのマイクロアレイするためにリン脂質と混合して固定化する方法が考案されており,より実際に近い状態で吸着させることができれば,今後の展開が大いに期待される[18,19]。

2.4.2 化学的固定化法

化学結合の種類で分類すると,イオン結合法と共有結合法に分類できる。イオン結合法はDNAマイクロアレイが考え出された当初,DNAが負に帯電していることを利用して,ポリリジンのような正電荷をもつ高分子を被覆した基材が用いられたものが代表的な例である。しかし,物理吸着やイオン結合では,洗浄操作ではがれ,安定性が低いため,これを改善するために現在では,共有結合法が主に用いられる方法になってきている。2－2節で述べたように,様々な官能基を表面に導入した基板が市販されるようになっているが,最近のマイクロアレイの有機化学については,9－3節で詳述する。

共有結合法のなかで,最近注目を集めるようになってきたのが,光固定化法である。これは,様々な分子を同一の方法で共有結合で固定化できる特徴がある[4]。DNAのように比較的均一な化学構造を持つ場合,同一の方法で,様々な分子を単一の基板に固定化するのは容易であるが,タンパク質に代表されるような,官能基の種類も所在も多様な生体分子を同一の有機反応で固定化するのには困難がある。そこで,光固定化法が登場してきたのである(図3)。光固定化はラジカル反応を介して起こるため,有機分子であれば,あらゆる分子が固定化可能となる。このような汎用性の高さと,もう一つの特徴に固定化分子がランダム配向になることが挙げられる。これは,アレルゲンを固定化してポリクローナル抗体IgEの結合を観測する時などに威力を発揮するものと考えられる。我々は,この光固定化法を「なんでもマイクロアレイ法」と名づけており,今後重要性を増すものと考えている。

2.4.3 生物学的固定化法

最も広く用いられている方法が,基板上にアビジンを固定化し,ビオチン標識分子を固定化する方法である[20]。アビジン固定化基板は,すでに数社から,マイクロアレイ用基板として販売されている。

またSnyderらのタンパク質マイクロアレイは,数千の遺伝子にヒスチジン・タグをつけるように組み換えを行い,ニッケル表面に固定化してタンパク質マイクロアレイを作製した[21]。GST

第9章　アレイ系

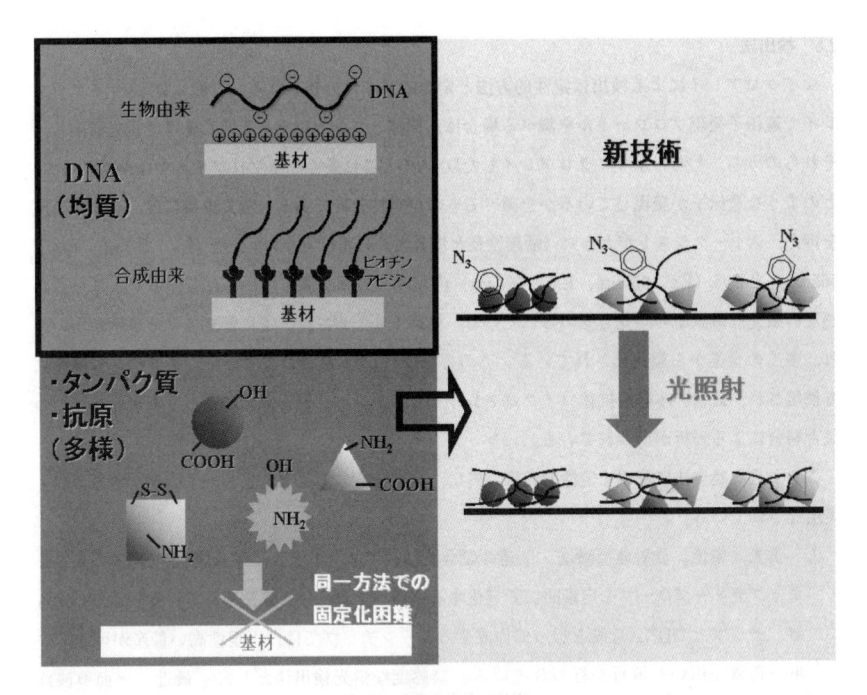

図3　光固定化法の特徴
DNAは化学的構造が均一で，固相法による合成も容易で化学修飾も容易なことから同一の方法での固定化も容易であるが，タンパク質は，各々官能基の種類も異なり，位置も違うため，同じ固定化法では困難。これに対し，光固定化法では，官能基の種類や場所に拘らず固定化が可能となる。

フュージョン・タンパク質なども同様に考えられ，前述の抗体固定化用プロテインGなども生物学的固定化法に分類できる。

さらにDNAチップにオリゴDNAを介してバキュロウイルスを固定化した例なども報告されている。集積度は1,000/cm^2-10,000/cm^{2}という[22]。マイクロアレイされたDNAを結合に使ってRNAディスプレイ・システム（mRNAと酵素のキメラ）を固定化し，代謝経路の最適化研究も報告されている[23]。

2.4.4　包埋固定化法

酵素固定化法の一つに，ヒドロゲルの中に酵素を包埋する方法があるが，最近，その方法をマイクロアレイに利用した方法が報告された。浜地ら[24]は，低濃度でヒドロゲル化する低分子ヒドロゲル化剤を開発し，これをペプチドやタンパク質と一緒にマイクロアレイして，セミウエット型アレイを作製した。

コンビナトリアル・バイオエンジニアリングの最前線

2.5 検出法

　マイクロアレイによる検出は定性的方法と定量的方法に分類される。一般にDNAマイクロアレイで遺伝子発現プロファイルを調べる場合は，検体とコントロールを同じ条件で蛍光標識し，それらのうち，どちらがマイクロアレイしたDNAのどこに多くハイブリダイズするかによって，どのような遺伝子が発現しているかを調べるものが定性分析である。蛍光標識には，ラマン散乱を抑え，ストークシストが大きい（励起波長と蛍光波長の差が大きい）Cy3（Ex：522nm, Em：565nm）とCy5（Ex：650nm, Em：667nm）の組み合わせが多く用いられているが，さらに高感度の蛍光標識試薬の研究も進められている。検出するためには，主に蛍光スキャナーが用いられ，多くの企業から製品化されている。この方法は，DNA解析だけでなく，タンパク質解析にも使用され，最初の本格的抗体マイクロアレイでは，タンパク質を蛍光標識して固定化抗体への競合結合による分析が行われている。

　このような競合法に基づく定性的分析以外に，定量分析の方法としてもいくつかが報告され，実用化されている。

① 蛍光，染色，放射能標識法。上述の競合法は，マイクロアレイするDNAや抗体のようなキャプチャープローブを定量的に固定化する技術がまだ充分に確立されていないことによるが，チップ上でDNA合成を行って作成するジーンチップでは，再現性高い量産が可能で，単一色素を用いた解析が行われている。高感度な蛍光検出法として，最近，平面導波路（planar waveguides, PWG）を用いた抗体マイクロアレイが報告されている[2]。

　また，従来用いられてきた染色法[25]や放射能標識法[26]も使用されている。

② 酵素標識法。基板にマイクロアレイされた生体高分子と相互作用するターゲット物質を酵素標識抗体などで標識し，基質を加えて生成する蛍光物質や化学発光物質からの発光，あるいは電気化学的に活性な反応生成物を電極反応によって検出し，定量する方法である。この方法は，反応により蛍光物質，発光物質，電気化学的活性物質の生成物が蓄積するため，反応時間を長くすることによってシグナルを増加させることができる。通常，ペルオキシダーゼやアルカリフォスファターゼが標識酵素として用いられるが，感度を向上させるような反応基質がいろいろ販売されている。蛍光スキャナーのような比較的高価な測定装置を必要としない点が長所といえる。

　酵素標識法ではないが，Schweitzerらは，最近ローリングサークル増殖法（Rolling Circle Amplification, RCA）を開発している[27]。二次抗体にオリゴヌクレオチド・プライマーを結合させておき，増幅検出する方法で，超高感度測定（ゼプトモルレベルで蛍光法の100倍から1,000倍）が可能という。

③ 表面プラズモン共鳴法（SPR）。金薄膜表面に固定化した生体高分子へのターゲット物質

第9章 アレイ系

の結合量を，薄膜表面での全反射光強度の波長依存性がSPR現象によってターゲット物質結合量依存的に変化することを利用して検出する。従来は，1種類の生体高分子を固定化したチップで測定を行っていたが，SPRイメージングができるようになり，現在では，400種類を固定化し，ターゲット分子との結合を同時に，経時的に測定できるようになっている。本方法の特徴は，①や②と違い，ターゲット分子の標識をせずに測定できることにある。

④ DNA検出に特有な方法であるが，電気化学的手法による方法がいくつか報告されている[12]。基本的には，DNAが二重螺旋を形成すると芳香族化合物（インターカレーター）が核酸塩基対の隙間に入り込むことを利用したものである。Bartonらは，インターカレーターが入ることで電極表面上での電子の流れが促進され，酸化還元反応が起こりやすくなることを利用したシステムを，竹中らは，新しく開発した縫込み型インターカレーターが，どれだけ二重螺旋構造に組み込まれるかを電流値で調べるシステムをそれぞれ開発している。

⑤ 質量分析法。Ciphergen社が製品化している。また，水晶発振マイクロバランス（QCM）も非標識測定法として有望視されるが，非標識の場合には空間分解能に限界があり，多種類のマイクロアレイからの信号を同時に，しかも定量的に測定するのは現在のところ難しい。

その他にもいろいろなアイデアが報告されている。Mirkinらは，金ナノ粒子を用いた電極反応によるDNA検出法を提案している[28]。Wuらは，マイクロメートルサイズの天秤上にDNAプローブを固定化して，二本鎖が形成されると天秤がたわむのをレーザー光で検出することでターゲットDNA量を測定することができることを報告している[29]。さらに，AFMを利用して1分子DNAのSNP解析を行った例も報告されている[30]。

2.6 おわりに

マイクロアレイの進歩は著しい。特にベンチャー企業が新しい実用的な方法を開発して，どんどん市場に送り出してきている。日本では，このようなベンチャー企業主導の研究が大きく進展してこなかった。そのため，日本のライフサイエンス研究は主として欧米発の研究基盤をもとに積み上げられてきた。最近は，日本発の測定技術を目指した公的研究費の投入もされるようになり，遅まきながら，研究基盤の充実が図られてゆくものと思われる。ライフサイエンスの特徴は，多元的な因子のつながりを探求するものである。マイクロアレイのようなハードウエアとバイオインフォマティクスのようなソフトウエアの発展で，生物の複雑な現象が解き明かされ，人類の英知が広く深まるとともに，医療や福祉への貢献が期待される。

コンビナトリアル・バイオエンジニアリングの最前線

文　献

1) 伊藤嘉浩, バイオサイエンスとインダストリー, 62, 171 (2004)
2) 伊藤嘉浩, 山辺敏雄,「抗体エンジニアリングの最前線」, シーエムシー出版, p.97 (2004)
3) Protein arrays, *Nature*, 429, 101 (2004)
4) 伊藤嘉浩ら, 高分子論文集, 印刷中 (2004)
5) W. Yang, *et al.*, *Nat. Mater.*, 1, 253 (2002)
6) K. -B. Lee, *et al.*, *Science*, 295, 1702 (2002)
7) L. M. Demers, *et al.*, *Science*, 296, 1836 (2002)
8) DNA Microarray, (ed. M. Schena) Oxford University Press, p.101 (1999)
9) T. Okamoto, *et al.*, *Nat. Biotechnol.*, 18, 438 (2000)
10) V. M. Morosov and T. Y. Morosova, *Anal. Chem.*, 71, 3110 (1999)
11) 長棟輝行ら,「ゲノミクス・プロテオミクスの新展開」エヌ・ティー・エス, p.1043 (2004)
12) 竹中繁織,「ゲノミクス・プロテオミクスの新展開」エヌ・ティー・エス, p.1083 (2004)
13) J. B. Delehanty, *et al.*, *BioTechniques*, 34, 380 (2003)
14) B. R. Ringeisen, *et al.*, *Biotechnol. Prog.*, 18, 1126 (2002)
15) M. O. Reese, *et al.*, *Genome Res.*, 13, 2348 (2003)
16) J. P. Renault, *et al.*, *Angew. Chem. Int. Ed. Engl.*, 41, 2320 (2002)
17) Z. Ouyang, *et al.*, *Science*, 301, 1351 (2003)
18) Y. Fang, *et al.*, *J. Am. Chem. Soc.*, 124, 2394 (2002)
19) C. Yoshiina-Ishii and S. G. Boxer, *J. Am. Chem. Soc.*, 125, 3696 (2003)
20) M. L. Lesaicherre, *et al.*, *J. Am. Chem. Soc.*, 124, 8768 (2002)
21) H. Zhu, *et al.*, *Science*, 293, 2101 (2001)
22) 浜窪隆雄, 児玉龍彦,「ゲノミクス・プロテオミクスの新展開」エヌ・ティー・エス, p.1094 (2004)
23) G. Y. Jung and G. Stephanopoulos, *Science*, 304, 428 (2004)
24) S. Kiyonaka, *et al.*, *Nat. Mater.*, 3, 58 (2004)
25) P. Arenkov, *et al.*, *Anal. Biochem.*, 278, 123 (2000)
26) V. M. Morosov, *et al.*, *J. Biochem. Biophys. Methods*, 51, 57 (2002)
27) B. Schweizer, *et al.*, *Nat. Biotechnol.*, 20, 359 (2002)
28) S.-J. Park, *et al.*, *Science*, 295, 1503 (2002)
29) G. Wu, *et al.*, *Nat. Biotechnol.*, 19, 853 (2001)
30) C. Albrecht, *et al.*, *Science*, 301, 367 (2003)

3 マイクロアレイ化の有機合成

今野博行*

3.1 はじめに

DNAマイクロアレイ技術は，生化学分野とくにゲノム創薬の開発といった短時間により少量でより多くの化合物をスクリーニングする方法として主流になりつつあるが，この考え方を応用してDNAのみならず，糖鎖，ペプチド，低分子有機化合物（本説では核酸，アミノ酸類，糖とそれらのオリゴマー以外の総称としてこの言葉を用いることにする）にまでその波は押し寄せており，まさに日進月歩の勢いで新しいアイデアが報告されて来ている．本説では，マイクロアレイ技術の可能性について特にアレイ化法に焦点を絞って，その現状を述べてみたい．

3.2 マイクロアレイの現状とその作成

Foderらのペプチドマイクロアレイはこれら一連の研究の最初の報告であったが，高価で，時間がかかり，さらに精密なテクニックを必要とした．そのためそれから数年間はゲノム解析の最盛期という時代背景のもと展開が容易で，また最も実践的なDNAに関する報告がそのほとんどを占め，それ以外，すなわちペプチド，低分子有機化合物などへの試みはほとんどなく，ポストゲノム時代の到来とともに最近になってにわかに活発化してきた．その理由としてDNAマイクロアレイの技術が成熟し，研究に用いるレベルでの信頼性を獲得しつつあり，さらに国内外を問わず試薬メーカーが開発，製品化することによって，特に生命科学分野では一般化しつつあることがあげられる．DNAでの成功が他の化合物群への適用へと促したのはいうまでもない（1，2節参照）．

しかし，当然のことながらDNAという4種類の組み合わせのみから構成される生体高分子との最大の相違点はその多様性にある．天然アミノ酸だけで20種類，低分子化合物に至っては，天然物に限定しただけでも，その種類，すなわち，分子骨格，官能基の多様性は数えきれない．すべてをオールマイティーにアレイ化する方法が開発されれば，ベストということになろうが，実際は最適化がいちいち必要になってくる．

基本的にはマイクロアレイなので，作成方法はDNAと同じである．図1にその概略を説明した．

① 基板の選択：現在の報告ではほとんどがスライドグラスを使用している．
② 基板処理：ガラス表面すなわちケイ素を官能基化し表面に水酸基（OH）やアミノ基（NH_2）を有する基板を形成（Step 1）．

---

* Hiroyuki Konno　京都大学大学院　薬学研究科　薬品有機製造学　特任助手（COE）

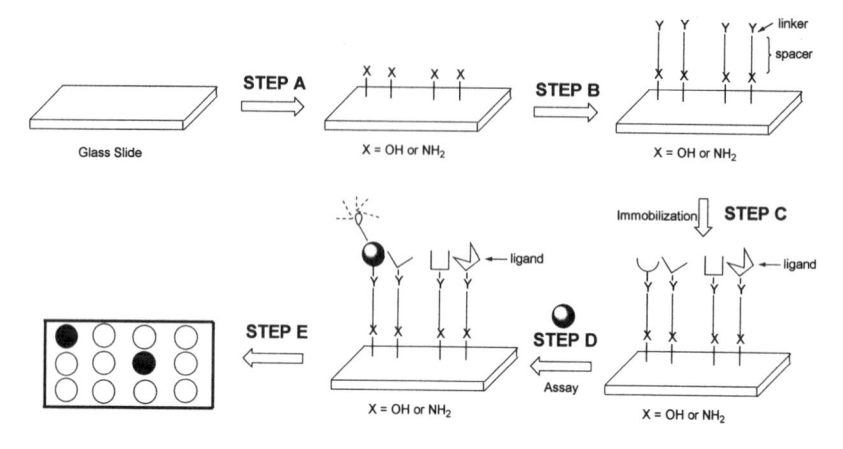

コンビナトリアル・バイオエンジニアリングの最前線

図1　マイクロアレイの作成と手順

③ 表面の水酸基（OH）やアミノ基（NH$_2$）にアレイ化に必要なスペーサーとリンカーを導入する（Step 2）。
④ あらかじめ固相合成反応で特定の官能基を有した化合物ライブラリーを作成し、これを固相担体からこれらの化合物を切り出したあと、特定の官能基と反応する修飾ガラス基板状にマイクロアレイ化する（spotting, Step 3）。
⑤ 作成されたマイクロアレイに対して、アッセイを行う。アッセイにはマイクロアレイ化分子もしくはアッセイ分子のどちらかに蛍光ラベルを施し、これによって位置情報から蛍光が観測されたスポット上の化合物を割り出すことで、標的になる候補化合物を探索する。といった方法が現在は主流である（Step 4, 5）。

このような流れの中で、まず何をアッセイしたいのかが問題となり、それによってアレイ化する化合物ライブラリーの顔つきが決まってくる。これよりリンカーの選択ならびにどんな方法で基板とライブラリーを結合させるかを考えることになる。ここでまず、問題になるのが如何に効率良く低分子ライブラリーをガラス基板上に導入するかということである。低分子有機化合物は単純な繰り返し構造であり、その合成が自動化されているDNA、タンパク質と違って、様々な構造や官能基がバラエティー豊富にあり、基質によってその反応性や効率などを最適化することが必要になる。しかし、逆に捉えると、その多様性の多さから、低分子化合物独自のユニークなアレイ構築法も考案され、潜在的な可能性も多く存在するものと考えられる。以下にその成功例を具体的に紹介する。

第9章 アレイ系

3.3 低分子マイクロアレイ

　DNAマイクロアレイの方法論を応用して，1999年にSchreiberらの報告が口火を切った。Schreiberらの取り組みがマイクロアレイのあらゆる化合物群への可能性を示すことになり，注目されるようになったのは事実である。SchreiberはChemical Biologyという生物学を化学の言葉で表現することを研究の中心に置き，タンパク質-低分子間の相互作用を網羅的に解析するツールとして，多様性分子群の構築に尽力を置き，コンビナトリアル的，ハイスループットスクリーニング（HTS）に真に有効な方法をこのマイクロアレイに実践した格好となった。その解決方法としてSchreiberらは次の反応を適用した。まず，始めの報告では蛋白質の固相への固定化などに頻繁に用いられるチオールのマレイミドに対するマイケル付加反応[1]を適用した。その結果，一枚のスライド上で一度の実験において10,800個のリガンド分子のアレイ化に成功し結合蛋白の発見に成功した。この後，固相合成法を用いたライブラリー構築後に切り出された官能基をアレイ化するという簡単で適用範囲の広い方法を探索し，アルコールのシリルクロライドとの反応[2~4]を見いだしている。さらに最近では前述の方法で導入効率の低いフェノール類，カルボン酸類に対してジアゾベンジリデン基との反応[5]を利用することによって改善を図っている。基盤になっているのは，diversity-oriented synthesis（DOS）を指向した有機合成方法論の展開であることを忘れてはならない。このように作成されたマイクロアレイによって酵母のタンパク質Ure2pと特異的に結合する低分子化合物uretupamine，転写因子Hap3pと特異的に結合するhaptamine，カルモジュリンと結合するcalmoduphilinを見いだしている（図2）。

　また最近叶ら[6]は，ユニークな官能基非依存型低分子アレイの開発に成功した。すなわち，一般的には基板と低分子ライブラリーを結合するときには特定の官能基を用いて行うため蛋白質など特に巨大な分子をアッセイする場合において結合領域の近傍と結合するような蛋白質の結合が阻害されてしまうというジレンマが起こる。このため遊離の状態では起こすはずの相互作用が，アレイによって見逃してしまう。この問題点を解決する目的でどのようなところにも結合を行う（クロスリンクする）光親和型固定化法を開発した。固定化には芳香族ジアジリン誘導体が最も優れていることが見いだされた。これによって構造の部位に関係ないアレイを作成し，複雑な構造をもつFK506やシクロスポリンといった話題の天然有機化合物への固定化に成功した。さらに，環状ペプチド，ステロイド，ステロイド配糖体などについても，その有効性が示されている。ここで作成された天然物アレイは対応する結合蛋白質と結合することが確認されている。本方法の成功は，比較的簡単な構造あるいは繰り返し単位の多いような構造のみでなくあらゆる構造体に対してアレイが作成でき，さらに様々な用途で用いられる可能性を示したものとして特筆されよう。さらなる展開に期待したい（図3）。

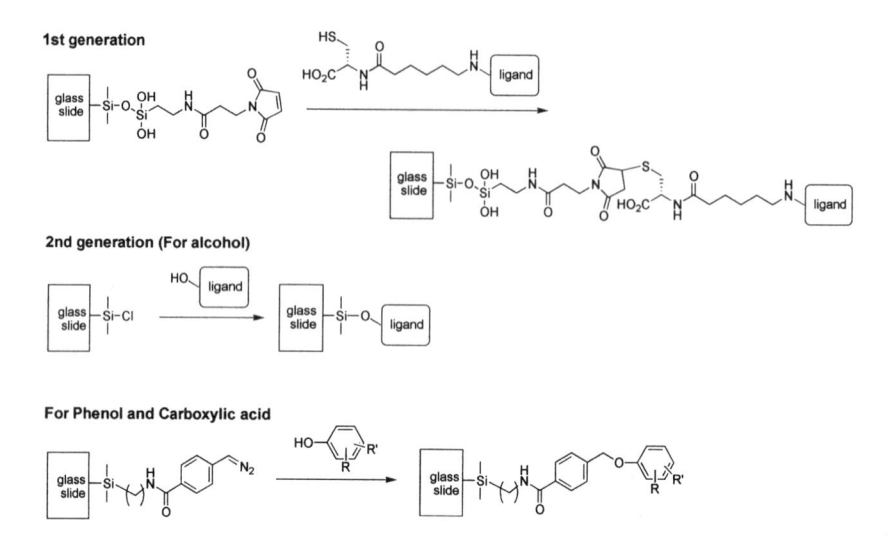

図2 Schreiberらによって開発された低分子アレイ化法

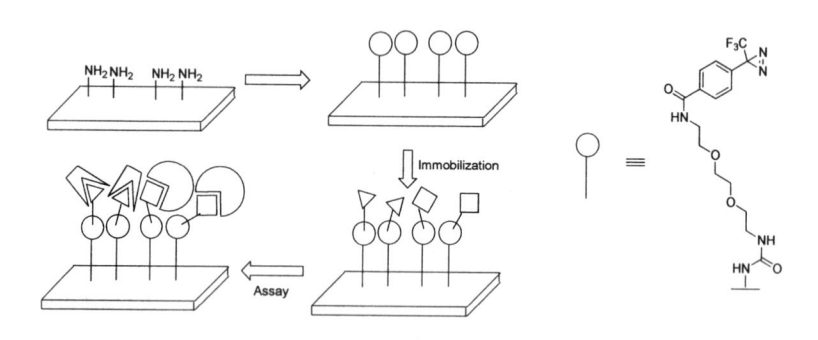

図3 叶らによって報告された官能基非依存型アレイの作成模式図

3.4 ペプチドアレイ

次にペプチドアレイについてであるが，低分子化合物と異なりペプチドライブラリーの構築は固相合成法の成熟から自由に行えるため比較的展開が容易であり，ルーチン化しやすそうである。よって，どのようなアッセイに用いるかが焦点になろう。以下に示すことにする。

Schultzら[7,8]はペプチドリガンドを付したPNA（ペプチド核酸）tagを用いてRNAマイクロア

第9章　アレイ系

レイ上にハイブリダイゼーション法を利用してアレイ化を行っている（2節参照）。原理はDNAアレイを利用し，リガンドに様々な有機分子を結合させようというアイデアである。

一方で，Lamら[9]はアルデヒド基を固定化官能基とし，オキシムを形成させることによってアレイ化することを設計した。またグリオキシル酸を用いて，チアゾールを形成させることによってリンクするようにした。これらは固相法などで，別途合成された様々なペプチドを固定化し，分子構築を行っている。またEllmannら[10]は先のLamらによって開発されたリンカー結合法を応用して，セリン，システインプロテアーゼのP-サイド側に特異的に結合する蛍光性ACCペプチドのアレイ化に成功した。これによって煩雑な解析を必要としないで切断部位を蛍光のみで調べることができ，簡便さと迅速さからさらなる応用が期待できる。最近Waldmannら[11]のグループはStaudiger Ligation法というリン置換化合物とアジドから生成するアミド化反応を利用し，アレイ化を行っている。固相合成法によって伸長されたペプチドは樹脂からの切り出しの際にアジド基を導入し，直接spottingされ，Staudiger Ligationが起こり，アレイ化することが可能である。本方法は低分子，単糖でも成功したことから，汎用性の広い方法論になり得る可能性を有している。Yaoら[12]も上記の方法論を応用して蛍光性アレイを開発している（図4）。

3.5　糖アレイ

糖は第3の生体高分子といわれ，近年，DNA，ペプチドと同じレベルでの研究材料として重要視されるようになってきた。そのような背景から糖鎖の固相担体上での合成や自動化の試みがなされ，実用化されつつある。ライブラリー化も行われるようになり，これらを用いたマイクロアレイ化も検討されてきている。以下に現在までの報告を列挙する。

糖鎖アレイにおいても他のアレイと同様に基板の選択，さらに共有結合性あるいは非共有結合性で行うかに大別される。C.-H. Wang ら[13]は1,3-双極性環化付加反応を採用した。この反応ではリンカーとしてアセチレンを用い，またリガンド（糖鎖ライブラリー）にアジドを付し，1,2,3-トリアゾール環が温和な条件下で形成されアレイ化している。また，Shinら[14]は蛋白質で汎用されているチオール-マレイミド結合によって行い，固定化に成功している。さらにMrksichら[15]は基板に金を用い，Au-S結合によってスペーサーを導入し，アレイ化にはベンゾキノンとジシクロペンタジエンのDiels-Alder反応によって行っている。この反応は触媒等の試薬を必要とせず，温和な条件化において反応するため有用な方法である。以上の糖鎖アレイはいずれも蛋白質との相互作用をアッセイする目的で作成され，蛍光などをもちいて，その結合性を確認している。一方非共有結合系ではFenziら[16]がニトロセルロース膜上にグリカンをクロスリンクさせ，抗体反応に用いた。D. Wangら[17]も同様のストラテジーで成功を収めている。ライブラリー構築を考えた時にオリゴマー形成によって多様性を発揮できうる最も活発な領域であることから，今後

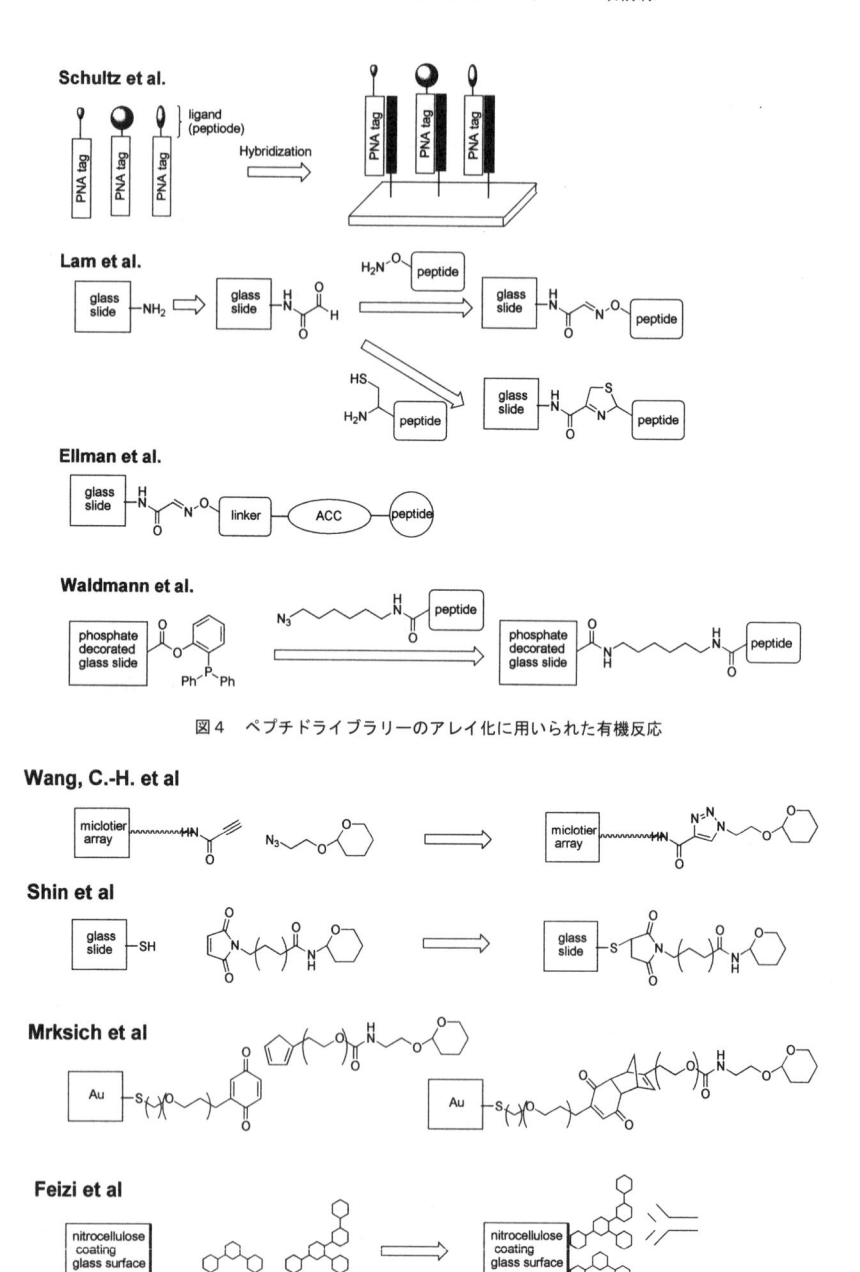

図4　ペプチドライブラリーのアレイ化に用いられた有機反応

図5　糖鎖固定化のための方法論

第9章 アレイ系

ますます新しいアイデアが生まれるものと考えられる[18,19]（図5）。

3.6 おわりに

このように最近数年間の間に多くの成功例が報告されるようになった。本手法がDNAのみならず，多くの分子集団をマイクロアレイ化することができ，様々なアッセイに有効である。これらマイクロアレイが単なるブームで終わらぬように，真に有効な技術に成熟して行くことを期待する。現時点では様々なアイデア，コンセプトを出す段階であり，DNAチップのようなキットとしてのルーチンな手法にはまだ時間がかかりそうである。それは特に低分子有機化合物についてはアレイ化に用いられる効率的なライブラリー構築法でさえ確立されているわけではなく，手探りな状態が続いているからに他ならない。ほしいものをすきなだけつくり，見たいアッセイが簡単にできる，そんな可能性を秘めた本方法の開花を夢見ている。読者には奇抜でありながら適用範囲の広いマイクロアレイの考案を期待する。

文　　献

1) Macbeth, G.; Koehler, A. N.; Schreiber, S. L. (1999) Printing Small Molecules as Microarrays and Detecting Protein-Ligand Interactions en Masse, *J. Am. Chem. Soc.* 121, 7967-7968.
2) Koehler, A. N.; Shamji, A. F.; Schreiber, S. L. (2003) Discovery of an Inhibitor of a Transcription Factor Using Small Molecule Microarrays and Diversity-Oriented Synthesis, *J. Am. Chem. Soc.* 125, 8420-8421.
3) Kuruvilla, F. G.; Shamji, A. F.; Sternson, S. M.; Hergenrother, P. J.; Schreiber, S. L. (2002) Dissecting glucose signaling with diversity-oriented synthesis and small-micro arrays, *Nature* 416, 653-657.
4) Hergenrother, P. J.; Depew, K. M.; Schreiber, S. L. (2000) Small-Molecule Microarrays: Covalent Attachment and Screening of Alcohol-Containing Small Molecules in Glass Slides, *J. Am. Chem. Soc.* 122, 7849-7850.
5) Barnes-Seeman, D.; Park, S. B.; Koehler, A. N.; Schreiber, S. L. (2003) Expanding the Functional Group Compatibility of Small-Molecule Microarrays: Discovery of Novel Calmodulin Ligands, *Angew. Chem. Int. Ed.* 42, 2376-2379.
6) Kanoh, N.; Kumashiro, S.; Simizu, S.; Konodoh, Y.; Hatakeyama, S.; Tashiro, H.; Osada, H. (2003) Immobilization of Natural Products on Glass Slides by Using a Photoaffinity Reaction and the Detection of Protein-Small-Molecule Interrractions, *Angew. Chem. Int. Ed.* 42, 5584-5587.

7) Winssinger, N.; Harris, J. L.; Backes, B. J.; Schultz, P. G. (2001) From Split-Pool Libraries to Spatially Addressable Microarrays and Application to Functional Proteomic Profiling, *Angew. Chem. Int. Ed.* **40**, 3152-3155.
8) Winssinger, N.; Ficarro, S.; Schultz, P. G.; Harris, J. L. (2002) Profiling protein function with small molecule microarrays, *Proc. Natl. Acad. Sci. USA*, **99**, 11139-11144.
9) Falsey, J. R.; Renil, M.; Park, S.; Li, Shijun, L.; Lam. K. S. (2001) Peptide and Small Molecule Microarray for High Throughput Cell Adhesion and Functional Assays, *Bioconjugate Chem.* **12**, 346-353.
10) Salisbury, C. M.; Maly, D. J.; Ellman, J. A. (2002) Pe Salisbury, C.ptide Microarrays for the Determination of Protease Substrate Specificity, *J. Am. Chem. Soc.* **124**, 14868-14870.
11) Kohn, M.; Wacker, R.; Peters, C.; Schroder, H.; Soulere, L.; Breinbauer, R.; Niemeyer, C. M.; Waldmann, H. (2003) Staudinger Ligation: A New Immobilization Strategy for the Preparation of Small-Molecule Arrays, *Angew. Chem. Int. Ed.* **42**, 5830-5834.
12) Zhu, Q.; Uttamachchandani, M.; Li, Dongbo, Lesaicherre, M. L.; Yao, S. Q. (2003) Enzymatic Profiling System in a Small-Molecule Microarray, *Org. Lett.* **5**, 1257-1260.
13) Fazio, F.; Bryan, M. C.; Blixt, O.; Paulson, J. C.; Wong, C.-H. (2002) Synthesis of Sugar Arrays in Microtiter Plate, *J. Am. Chem. Soc.* **124**, 14397-14402.
14) Park, S.; Shin, I. (2002) Fabrication of Carbohydrate Chips for Studying Protein-Carbohydrate Interactions, *Angew. Chem.Int. Ed.* **41**, 3180-3182.
15) Houseman, B. T.; Mrksich, M. (2002) Carbohydrate Arrays for the Evaluation of Protein Binding and Enzymatic Modification, *Chem. Biol.* **9**, 443-454.
16) Fukui, S.; Feizi, T.; Galustian, C.; Lawson, A. M.; Chai, W. (2002) Oligosaccharide microarrays for high-throughput detection and specificity assignments of carbohydrate-protein interactions, *Nat. Biotechnol.* **20**, 1011-1017.
17) Wang, D.; Liu, S.; Trumer, B. J.; Deng, C.; Wang, A. (2002) Carbohydrate microarrays for the recognition of cross-reactive molecular markers of microbes and host cells, *Nat. Biotechnol.* **20**, 275-281.
18) Mellet C. O.; Fernandez, J. M. J. (2002) Carbohydrate Microarrays, *Chem. Bio. Chem.*, **3**, 819-822.
19) Adams, E. W.; Ueberfeld, J.; Ratner, D. M.; O'Keefe, R. B.; Walt, D. R.; Seeberger, P. H. (2003) Encoded Fiber-Optic Microsphere Arrays for Probing Protein-Carbohydrate Interractions, *Angew. Chem. Int. Ed.* **42**, 5317-5320.

第10章　細胞チップを用いた薬剤スクリーニング

森田資隆*1，民谷栄一*2

1　はじめに

　医療やバイオの分野において，Micro Electro Mechanical System（MEMS）技術が用いられ，BioMEMSとして注目されている。BioMEMSにより作製されたチップを用いる利点として，分析時間の短縮，試薬の削減，高感度化などが挙げられ，酵素活性測定，PCRによる遺伝子増幅などに利用されている。特に，細胞を用いた細胞チップの分野では，シリコン基板上にマイクロアレイチャンバー構造を作製し，それぞれのチャンバー内でヒト由来のHela細胞を培養し，薬剤の応答を測定した薬剤スクリーニングチップや[1]，PDMS（polydimethylsiloxane）で作製したマイクロ流路チップ内にラット由来の肥満細胞を培養し，アレルギー応答を測定したアレルギーチップ[2]，シリコン基板上に作製したマイクロ流路上にニワトリ由来の脳神経細胞を培養し，神経パターンを作製した神経パターンチップ[3]などの報告がある。細胞チップを用いることで，生きたまま細胞の活性や形態を測定することが可能になり，細胞分化のメカニズム，細胞間の相互作用やシグナル伝達などの解析につながっていくと考えられる。

　一方，薬剤スクリーニングを行うためには，サンプル数の確保とその評価系の構築が必要となる。一般的に，有望な新薬候補のスクリーニングには非常に多くの時間と費用がかかり，1つの医薬品を開発するためには10年以上の月日がかかると言われている。そのため，新薬開発のスクリーニングは，その骨格となるリード化合物とそのリード化合物の最適化が重要である。従来，リード化合物の選定は，特許や文献，あるいは天然や合成化合物からなされてきたが，現在ではコンビナトリアルケミストリーと呼ばれる技術で作製したライブラリーにより，十分なサンプル数を確保することができるようになった。しかし，ライブラリー作製方法の一つであるスプリット合成[4]により作製したライブラリーは，混合物で得られるため，個々の化合物の評価にも問題点があった。

　そこで，高密度に集積したバイオチップにコンビナトリアルケミストリーで作製したライブラ

---

* 1　Yasutaka Morita　北陸先端科学技術大学院大学　材料科学研究科　助手
* 2　Eiichi Tamiya　北陸先端科学技術大学院大学　材料科学研究科　教授

コンビナトリアル・バイオエンジニアリングの最前線

リーを配置することで,一度に多検体を評価することが可能になり,さらにチャンバー構造を利用し独立して薬剤を評価することができるので,従来のスクリーニングに要する時間に比べて,短時間で薬剤のスクリーニングを行うことが可能になる。本章では,当研究室において作製したバイオチップを用い,神経成長因子(Nerve Growth Factor:NGF)様作用を持つペプチドのスクリーニングを行った例を紹介する。

2 バイオチップについて

現在,バイオチップは様々な研究分野に用いられ,分析時間の短縮,試薬の削減,高感度化などの利点により,薬剤の評価,遺伝子増幅,酵素活性,化合物のアフィニティー測定などに利用されている。主にバイオチップは,独立した個々のチャンバー内で反応を行うマイクロチャンバーアレイチップと,反応物をチップ内部に流しながら連続的に反応を行うマイクロ流路チップの2つに分類される。特に,薬剤スクリーニングを行うには,高密度に集積することができ独立した反応を行うことができる,マイクロチャンバーアレイチップが有効である。

このようなマイクロチャンバーアレイチップの作製は,シリコン基板にフォトリソグラフィー技術と異方性エッチングにより作製した。まず,シリコン基板に酸化膜を形成させてフォトレジストを塗布し,その面にフォトマスクを接触させ紫外線を照射することで,パターニングを行った。そして,余分なレジストと酸化膜を除去し,異方性エッチングを行い,マイクロチャンバーアレイチップを作製した(図1)。

こうして作製したマイクロチャンバーは,薬剤スクリーニングの分野だけでなく,1細胞からの遺伝子増幅[5],心臓病の指標の1つとされているC反応性タンパクなどのタンパク質の測定[6],ダイオキシン類など化合物のアフィニティー測定[7]など利用されている。

3 細胞チップを用いた神経成長因子様作用ペプチドのスクリーニング

神経成長因子(Nerve Growth Factor:NGF)は,神経細胞の分化を促す作用,神経細胞の生存を維持する作用,脳の損傷時に修復する作用などを持つ,タンパク質である。また,脳血管性痴呆,アルツハイマー型痴呆症の治療に有効であると注目され,アルツハイマー型痴呆症患者への臨床応用がなされており,患者の脳室内へ直接NGFを投与したところ,一過性であったが,認識能力の改善がなされた[8]。しかしながら,NGFは分子量が大きく血液脳関門を通過できないため,脳への移行が困難である。そのため世界中で,血液脳関門を通過できるNGF作用を示す物質,あるいはNGF産生を増強する物質の探索が行われている。しかし,これまでにも,様々

第10章 細胞チップを用いた薬剤スクリーニング

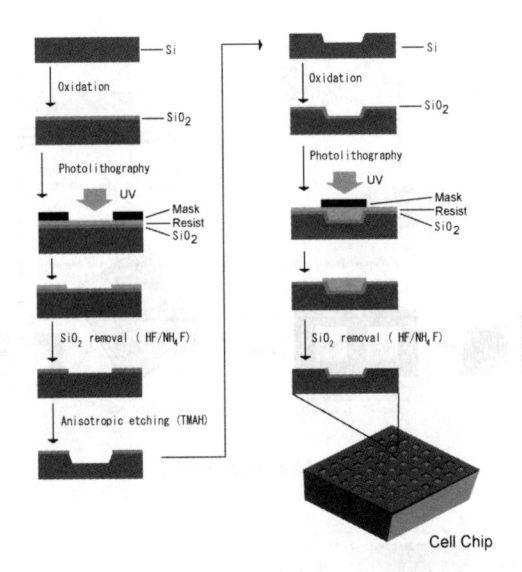

図1 マイクロチャンバーアレイチップの作製方法

な低分子活性物質が発見されているが，細胞毒性が強い，あるいは有効濃度の幅が非常に狭い，といった問題があり，新規NGF様作用を示す化合物のスクリーニングを行うことは重要である。

一般的に，血液脳関門を通過する薬剤の作製には，脂溶性，疎水性，イオン性，あるいは分子量が重要であると言われている[9,10]。そこで，粒径80μmのポリスチレン製のペプチド合成用レジンに，側鎖保護基が結合したバリン，イソロイシン，メチオニン，フェニルアラニン，ロイシンを用いて，自動ペプチド合成装置により，5残基のペプチドライブラリーを合成した。このペプチドライブラリーには，理論上3,125種類のペプチドが存在する。

次に，このペプチドを用いてNGF様作用ペプチドのスクリーニングを行った。まず，マイクロチャンバーアレイチップ上に，合成したオンビーズペプチドライブラリーを配置した。ラット副腎褐色細胞由来PC12細胞は，コラーゲン水溶液を塗布したスライドガラス上に添加し，ビーズを配置したマイクロチャンバーアレイチップを張り合わせることで細胞チップとした。この細胞チップ培養液中で37℃，5％二酸化炭素雰囲気下で3日間，細胞を培養し，NGF様作用ペプチドのスクリーニングを行った（図2）。その結果，チャンバー内でペプチドの影響により神経突起の伸張が生じた細胞が見つかった（図3）。そこで，チャンバー内からマイクロマニュピレーターを用いてビーズを取り出し，プロテインシーケンサーを用いてアミノ酸配列決定を行った。

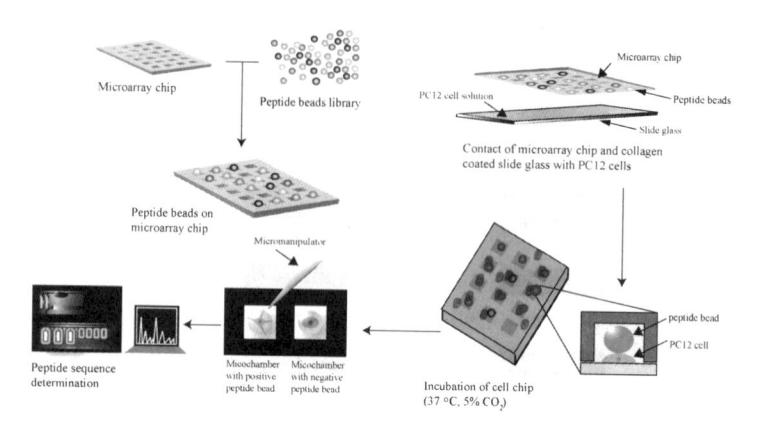

図2　細胞チップを用いたスクリーニング方法

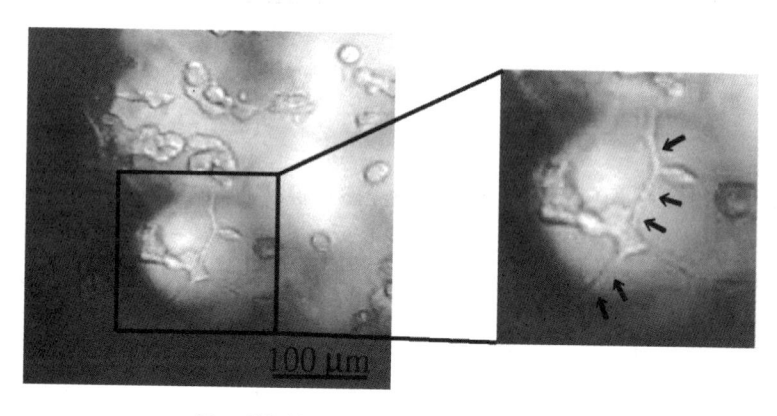

図3　神経突起の伸張が起こったチャンバーの様子

そして，4種類のNGF様作用ペプチドを得ることができた。

次に，最も活性の高かったペプチドA（アミノ酸配列：M-M-V-I-F）を用いて，その機能を検討した。細胞自身から2倍以上神経突起が伸張した細胞を，神経突起の伸張が起こった細胞とした。まず，ペプチドA，もしくはNGFとコントロールペプチド（アミノ酸配列：V-V-V-V-V）をそれぞれPC12細胞に加え，1日ごとに神経突起の伸張の割合を調べた。細胞自身から2倍以上神経突起が伸張した細胞を，神経突起の伸張が起こった細胞とした。ペプチドAとNGFは，時

第10章　細胞チップを用いた薬剤スクリーニング

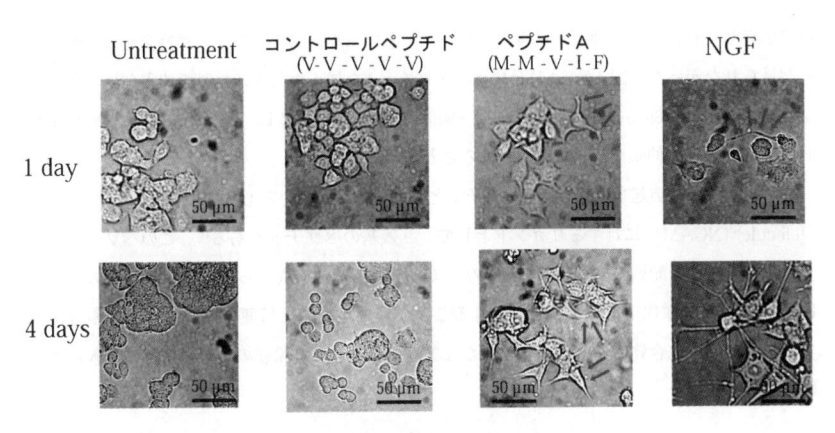

図4　神経突起伸張の経時変化の様子

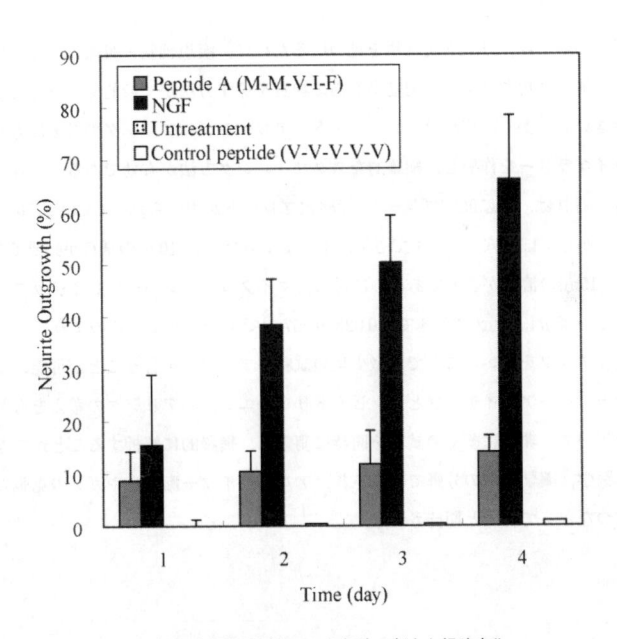

図5　神経突起伸張が起こった細胞の割合と経時変化

間に依存して神経突起の伸張が見られたが，コントロールペプチドでは，神経突起の伸張はほとんど見られなかった（図4）。4日目には，ペプチドAを加えたときに14%の伸張が見られ，NGFを加えたときには66%の伸張が見られた（図4，5）。このように，ペプチドAは，PC12細胞において神経突起の伸張を起こす作用があることがわかった。

これまで，神経突起を伸張させるペプチドとして報告されているものは，Nural Cell Adhesion Molecule（NCAM）に対するリガンドとして，9残基のペプチドがある[11]。このペプチドとペプチドA（アミノ酸配列：M-M-V-I-F）のアミノ酸配列は全く異なっており，5残基のペプチドにおいてもNGF様作用を示すことができることがわかったことは興味深い。これらのペプチドをモデルとした化合物の設計により，新たなアルツハイマー痴呆症の治療薬が開発できることを期待している。

4 おわりに

新薬開発においては，リード化合物を見つけるために，疾患細胞・組織にいくつもの化合物や天然の物質を順次作用させて，薬剤効果がある物質を探す方法が一般的で，研究者の経験によるところが大きい。しかし，現在は，コンビナトリアルエンジニアリングの考えにもとづいた無数の化合物ライブラリーを作製し，網羅的なスクリーニング方法が有効である。これらのスクリーニングを行う器具は，主に96穴プレート，384穴プレートが用いられ，1,536穴プレートも開発されている。しかし，1,536穴プレートでさえ，1ウェルあたり5-10 μl の試料が必要であり，プレート全体で7.6-15mlの溶液が必要であるのに対し，マイクロチャンバーアレイチップでは，1ウェルあたり0.02-0.05 μl，チップ全体では0.023-0.057mlで十分である。このように，マイクロチャンバーアレイチップを用いることで，微少量の試料でアッセイを行うことが可能になる。さらに，マイクロチャンバーアレイチップとコンビナトリアルエンジニアリングの考えをもとにしたライブラリーを用いて，非常に多くの試料を同時に測定し，網羅的に解析することができる。こうした技術は，医学，薬学などの分野で利用され，アルツハイマー痴呆症やガンの克服のための治療薬の開発につながって行くと期待される。

第10章　細胞チップを用いた薬剤スクリーニング

文　　献

1) Y. Akagi, S.R. Rao, Y. Morita and E. Tamiya, *Science and Technology of Advanced Materials Special*, 5/3, 343–349 (2004)
2) Y. Matsubara, Y. Murakami, M. Kobayashi, Y. Morita and E.Tamiya, *Biosens Bioelectron.*, 19, 741–747 (2004)
3) P. Degnaar, B.L. Pioufle, L. Griscom, A. Tixier, Y. Akagi, Y. Morita, Y. Murakami, K. Yokoyama, H. Fujita and E. Tamiya, *J Biochem (Tokyo).*, 130, 367–376 (2001)
4) A. Furka, F. Sebestyen, M. Asgedom and G.Dibo, *Int J Pept Protein Res.*, 37, 487–493 (1991)
5) H. Nagai, Y. Murakami, Y. Morita, K. Yokoyama and E.Tamiya, *Anal. Chem.*, 73, 1043–1047 (2001)
6) N. Christodoulides, M. Tran, P. N. Floriano, M. Rodriguez, A. Goodey, M. Ali, D. Neikirk, J. T. McDevitt, *Anal. Chem.*, 74, 3030–3036 (2002)
7) 森田資隆, 民谷栄一, 月刊バイオインダストリー, 6月号, 64–72 (2001)
8) L. Olson, A. Nordberg, H. von Holst, L. Backman, T. Ebendal, I. Alafuzoff, K. Amberla, P. Hartvig, A. Herlitz, A. Lilja, et al., *J Neural Transm Park Dis Dement Sect.*, 4, 79–95 (1992)
9) S. Kao, R.K. Jaiswal, W. Kolchm and G.E. Landrech, *J. Bio. Chem.*, 276, 18169–18177 (2001)
10) S. Traverse, N. Gomez, H. Paterson, C. Marshall and P.Cohen, *Biochem J.*, 288, 351–355 (1992)
11) L. C. B. Ronn, M. Olsen, S. Ostergaard, V. Kiselyov, V. Berezin, M. T. Mortensen, M. H. Lerche, P. H. Jensen, V. Soroka, J. L. Saffell, P. Doherty, F. M. Poulsen, E. Bock, A. Holm and J. L. Saffells, *Nat. Biotechnol.*, 17, 1000–1005 (1999)

第11章　植物小胞輸送工学による有用タンパク質生産

松井健史[*1], 吉田和哉[*2]

1　植物による外来タンパク質生産

　今日の遺伝子組換え技術の進歩に伴い，目的に応じた高機能植物の作出が可能となった。基本的にはどのような植物種にも目的の遺伝子を導入することができ，代謝経路の改変や，有用タンパク質の高蓄積が試みられている。除草剤耐性作物，昆虫の食害に強い植物，超寿命のトマトやオレイン酸含量の増加したダイズなどが作出され，それらのうちいくつかはすでに市場に出回っている。また，植物は工業生産の場としても注目されており，アミノ酸やプラスチックを植物に生産させる時代が来ると考えられる。生産コスト面でも，植物を用いた原料合成は化学合成よりも安価になる可能性がある。植物は太陽光，二酸化炭素および少しの無機塩類があれば生育することができる。また一度作製した遺伝子組換え植物（植物工場）は種の形で保存，輸送し生産規模の拡大を容易に行うことが可能である。また近年，植物を用いた環境浄化，ファイトレメディエーションも注目されている。植物の働きにより土壌，水系の環境汚染物質を分解または吸収し，汚染環境の修復を図るという概念である。高濃度の汚染地域では土壌の入れ替えや化学的な中和が有効であるが，特に広範囲に低濃度の汚染がある場合は，時間はかかるものの，植物による汚染除去が有効な手段になる。

　とはいえ，遺伝子組換え植物に目的の形質をうまく発現させることは依然容易ではない。良い遺伝子を選択し導入することはもちろんのこと，導入遺伝子の機能を最大限発揮させるための技術（転写・翻訳・細胞内局在化の制御技術）が必要となる。まず転写段階においては，最適なプロモーターの選択が重要である。最もよく使用されているのは，カリフラワーモザイクウィルス35S RNA遺伝子のプロモーターであり，多くの植物種において構成的に高発現することが報告されている。しかしながら導入遺伝子に応じて，器官・組織特異的，発達段階特異的，塩ストレスなどの外部刺激応答性プロモーターを選択して用いなければならない場合もある[1]。また，転写後の翻訳レベルを制御することも重要な課題である。5′非翻訳領域などの翻訳効率調節エレ

[*1] Takeshi Matsui　奈良先端科学技術大学院大学　バイオサイエンス研究科
博士後期課程
[*2] Kazuya Yoshida　奈良先端科学技術大学院大学　バイオサイエンス研究科　助教授

第11章　植物小胞輸送工学による有用タンパク質生産

メントを使い分けることによりmRNAあたりのペプチド翻訳量を調節することが可能である。導入遺伝子から生産されるタンパク質自体の高蓄積が望まれる場合（医薬品としての抗体やワクチンなど）は翻訳量を最大限上昇させることが必要であり、一方で代謝経路の改変のために酵素遺伝子を導入するような場合は、目的酵素の翻訳量を適正な範囲に抑え、代謝撹乱による生育阻害が起きないように調節しなければならない。

　植物における外来遺伝子発現において、転写、翻訳の制御を行うと同時に翻訳後のタンパク質の局在を制御することも重要なファクターである。一つのターゲットオルガネラとして葉緑体が挙げられる[2]。葉緑体には多くの二次代謝経路が存在し、代謝改変のターゲットとして重要である。葉緑体ゲノムへ遺伝子導入すると、多コピーの環状DNAから転写されるため、一般に高レベルのmRNA生成が期待でき、さらに葉緑体は花粉細胞には取り込まれないため、野外栽培における遺伝子拡散を抑える上でも有効である。また葉緑体は外来タンパク質の蓄積許容量が非常に多いことが知られている。しかしながら、タンパク質の機能発現において糖鎖付加などの真核生物特有の翻訳後修飾が必要となる場合は、生産タンパク質を小胞輸送経路へと送り込むことが必要になる。

2　小胞輸送経路を用いた有用タンパク質生産の現状

　植物細胞には酵母や哺乳類と同様、小胞体やゴルジ体からなる小胞輸送経路が存在する（図1）。また、植物に特徴的なオルガネラとして細胞体積の大部分を占める液胞がある。植物液胞には大きく分けて2種類が知られており、一方は酵母の液胞や哺乳類のリソソームと同様の機能を有する分解性液胞（Lytic Vacuole, LV）であり、他方は特に種子やイモの塊茎に見られるような貯蔵を行う、タンパク質貯蔵液胞（Protein Storage Vacuole, PSV）である。

　小胞輸送経路の入り口である小胞体へのタンパク質の取り込みは、シグナルペプチドに依存する。シグナルペプチドは細胞質において受容体と結合し、翻訳複合体が粗面小胞体に移行する。ペプチド鎖は翻訳伸長反応に伴って、トランスロコンから小胞体内腔にとりこまれる。折りたたまれたタンパク質は小胞輸送経路中を輸送されるが、他の真核生物と同様に小胞輸送のデフォルト経路は細胞外分泌である[3]。つまり、小胞輸送経路に入ったタンパク質が特定のオルガネラに保持、輸送されるためには特別な局在化シグナルが必要となり、局在化シグナルを持たないタンパク質は細胞外へ運ばれる。小胞体へのタンパク質の残留は他の真核生物にも見られるのと同様、C末端の-KDELもしくはそれに類似したアミノ酸配列によって行われる。液胞への輸送は、LVとPSVそれぞれに特異的なシグナルが存在し、いずれもタンパク質のプロペプチド領域のアミノ酸がシグナルの機能を担っている[4]。LVへの輸送シグナルはAsn-Pro-Ile-Argもしくはそれに

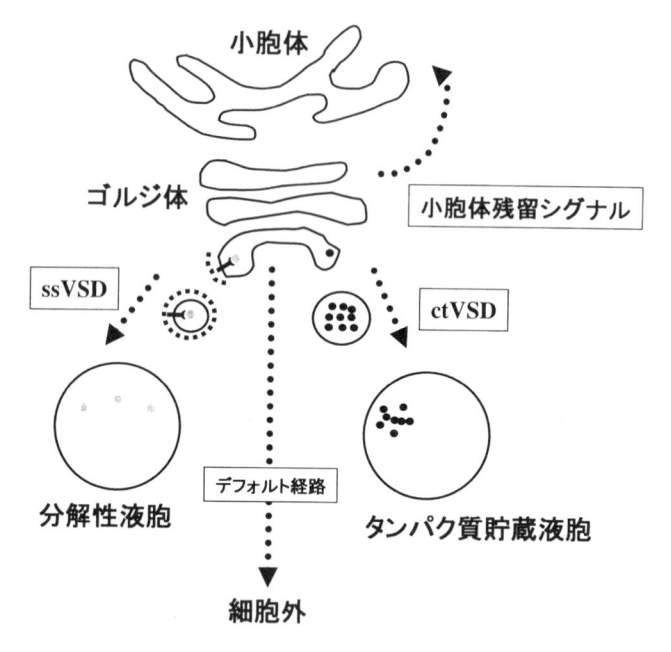

図1 植物細胞の小胞輸送経路

類似したアミノ酸配列から構成され，配列特異的液胞局在化シグナル（sequense specific vacuolar sorting determinant, ssVSD）と呼ばれる。ssVSDはサツマイモのスポラミンや，液胞プロテアーゼに存在する。また，ssVSDは酵母の液胞局在化のシグナルと等価であり，酵母細胞内においても液胞局在化シグナルとして機能する。PSVへの輸送はタンパク質のC末端プロペプチドがシグナルとして機能し，C-terminal VSD，ctVSDと呼ばれる。ctVSDは貯蔵タンパク質やキチナーゼやペルオキシダーゼなどの病原抵抗性タンパク質に存在するが，コンセンサスアミノ酸配列は見つかっておらず，輸送メカニズムは未知である。

有用外来タンパク質を植物の小胞輸送経路に送り込んで生産させることに成功した例が多数存在する。そのリストを表に示す（表1—酵素およびその他の有用タンパク質，表2—ワクチン，表3—抗体）。それらの中でも特に，ヒト由来ラクトアルブミン[5]や（1,3-1,4）-β-グルカナーゼ[6]ワクチンとしてのコレラ毒素Bサブユニット[7]や一本鎖抗体[8]を発現させた研究では，目的タンパク質にシグナルペプチドを付加し小胞輸送経路に送り込むことによって，細胞質に蓄積させた場合よりもタンパク質蓄積量が増加することが報告されている。また，付加するシグナルペ

第11章 植物小胞輸送工学による有用タンパク質生産

表1 植物小胞輸送経路を用いた有用タンパク質生産

タンパク質（由来生物）	宿主植物	シグナルペプチド（由来生物）
インベルターゼ（酵母）	タバコ，シロイヌナズナ	プロテアーゼインヒビターII（ポテト）
キチナーゼA（*Serratia marcescens*，霊菌）	タバコ	PR1b（タバコ）and own S.P.
α-アミラーゼ（*Bacillus licheniformis*，桿菌）	タバコ	PR-S（タバコ）
T4 ライソザイム（バクテリオファージ）	タバコ	α-アミラーゼ（オオムギ）
フィターゼ（*Aspergillus niger*，クロカビ）	タバコ	PR-S（タバコ）
キシラナーゼ（*Clostridium thermocellum*，桿菌）	タバコ	プロテアーゼインヒビター
(1,3-1,4)-β-グルカナーゼ	オオムギ	種子貯蔵タンパク質D hordein（オオムギ）
シュークロースイソメラーゼ（*Erwinia rhapontici*，植物腐敗病原菌）	タバコ	プロテアーゼインヒビターII（タバコ）
アルカリフォスファターゼ	タバコ毛状根	own S.P.
抗エイズ薬，α-トリコサンチン（薬用植物）	タバコ	own S.P.
造血ホルモン，エリスロポエチン（ヒト）	タバコ	own S.P.
卵胞刺激ホルモン（ヒト）	タバコ	own S.P.
顆粒球・マクロファージコロニー刺激因子（ヒト）	タバコ培養細胞	own S.P.
α1-antitrypsin（ヒト）	イネ培養細胞	α-アミラーゼ（イネ）
コラーゲン（ヒト）	タバコ	PR1b（タバコ）
インターロイキンサブユニット（ヒト）	タバコ培養細胞	own S.P.
β-カゼイン（ヒト）	ポテト	own S.P.
α-ラクトアルブミン（ヒト）	タバコ	own S.P.
ラクトフェリン（ヒト）	トウモロコシ	スポラミン（サツマイモ）
種子アルブミン（エンドウマメ）	タバコ	フィトヘマグルチニン（ダイズ）
蜘蛛糸タンパク質	タバコ，ポテト	種子貯蔵タンパク質レグミン，小胞体残留シグナル
methylmercury lyase（水銀耐性細菌）	シロイヌナズナ	エクステンシン（タバコ），小胞体残留シグナル
ペルオキシダーゼC1a（西洋ワサビ）	タバコ培養細胞	own S.P.

プチドの違いとタンパク質生産の関係を調べた研究として，原核生物由来のシグナルペプチドよりも，植物由来のシグナルを用いた方がタンパク質生産量が上昇することが報告されている[8,9]。一方で，抗体生産を行う場合などは，ヒト由来のシグナルペプチドをそのまま使用した例も報告されており，植物細胞においてもヒト由来シグナルペプチドが機能し，活性を有する抗体の生産が確認されている。

小胞輸送経路に入ったタンパク質のその後の局在化を制御することで外来タンパク質の生産効

コンビナトリアル・バイオエンジニアリングの最前線

表2 植物小胞輸送経路を用いたワクチン生産

ワクチン	宿主植物	シグナルペプチド（由来生物）
狂犬病ウイルス，コートタンパク質	トマト	own S.P.
B型肝炎ウイルス，表面抗原	ポテト	own S.P. or 栄養体貯蔵タンパク質（ダイズ），小胞体残留シグナル
B型肝炎ウイルス，表面抗原	ダイズ，タバコ	own S.P.
B型肝炎ウイルス，表面抗原	タバコ培養細胞	栄養体貯蔵タンパク質（ダイズ），小胞体残留シグナル
ヒトサイトメガロウイルス，糖タンパク質B	タバコ	種子貯蔵タンパク質グルテン（イネ）
伝染性胃腸炎ウイルス，スパイクタンパク質	タバコ	PR（タバコ）
コレラ毒素Bサブユニット	ポテト	own S.P，小胞体残留シグナル
コレラ毒素Bサブユニット	タバコ	PR1b（タバコ）
大腸菌エンテロトキシンBサブユニット	タバコ，ポテト	小胞体残留シグナル
大腸菌エンテロトキシンBサブユニット	トウモロコシ	α-アミラーゼ（オオムギ）

率，機能発現効率を高めた例も数多く存在する。一般に，小胞体残留シグナルの利用により，組換えタンパク質の生産量が増加するといわれている[10]。小胞体は植物細胞内に縦横に張り巡らされており，タンパク質の貯蔵能力の高い細胞内小器官である。また同時に組換えタンパク質の量だけではなく質の上昇，つまり抗体であれば抗原に対する結合能力を有する抗体の割合が上昇することが報告されている。小胞体内にはタンパク質のフォールディングに関与するシャペロンタンパク質が存在する。抗体などの複雑な三次元構造を有するタンパク質は，翻訳後に正しく折りたたまれることが機能発現において重要であるが，小胞体に残留することで正しい折りたたみが促進され，その結果活性型タンパク質の割合が上昇すると考えられている。

　細胞にとって毒性を示すタンパク質を特定の区画へ輸送することで安定的に高蓄積させることに成功させた例もある。ビオチン結合タンパク質，アビジンおよびストレプトアビジンをタバコ植物で発現させた場合，細胞質で生成させた場合には組換えタンパク質を蓄積する形質転換体は得られなかったが，液胞局在化のためのシグナルを用いることによりアビジンタンパク質の蓄積に成功している[11]。ビオチンは植物にとって必須であり，植物体内においては細胞質に約80%，残りは葉緑体およびミトコンドリアに存在するといわれている。このアビジンの例のように，小胞輸送を制御することは，毒性を持つタンパク質の蓄積に対して有効な手段となる。植物の液胞は，過剰のナトリウムをはじめ毒物を蓄積する機能を備えているため，外来の毒性タンパク質の蓄積コンパートメントとしても優れていると考えられる。液胞へのタンパク質輸送法としては，可溶性タンパク質に前述のssVSD，ctVSDを付加する以外にも膜アンカーの利用が報告されている[12]。液胞の膜タンパク質（BP-80やアクアポリンなど）の細胞質ドメインは液胞への輸送シグナルとして機能する。目的タンパク質のC末側に膜貫通領域および続いて細胞質ドメインを付加

第11章 植物小胞輸送工学による有用タンパク質生産

表3 植物小胞輸送経路を用いた抗体生産

抗体（抗原タンパク質）	宿主植物	シグナルペプチド（由来生物）
触媒抗体IgG1	タバコ	own S.P. or シグナルペプチド無し
イッムノグロブリンVHドメイン	タバコ	ペクチン酸リアーゼB（バクテリア）
Fabフラグメント（ヒト由来クレアチンキナーゼ）	シロイヌナズナ	種子貯蔵タンパク質2S アルブミン（シロイヌナズナ），小胞体残留シグナル
IgA-Gハイブリッド抗体（溶連菌（猩紅熱）表面抗原）	タバコ	own S.P.
モノクローナル抗体（溶連菌（猩紅熱）表面抗原）	タバコ	
モノクローナル抗体（菌由来 クチナーゼ）	タバコ	抗体L鎖
モノクローナル抗体	タバコ	α-アミラーゼ（オオムギ）
モノクローナル抗体（単純ヘルペスウイルス表面抗原）	タバコ	エクステンシン（タバコ）
モノクローナル抗体（狂犬病ウィルス表面抗原）	タバコ	own S.P., 小胞体残留シグナル
一本鎖抗体（フィトクローム）	タバコ	PR1a（タバコ）
一本鎖抗体（オキサゾロン）	タバコ	種子貯蔵タンパク質レグミン B4（ソラマメ）
一本鎖抗体（植物ホルモン，アブシジン酸）	タバコ	種子貯蔵タンパク質レグミン B4（ソラマメ），小胞体残留シグナル
一本鎖抗体（ヒト由来クレアチンキナーゼ）	タバコ	種子貯蔵タンパク質2S アルブミン（シロイヌナズナ）
一本鎖抗体（灰色かび病菌由来 クチナーゼ）	タバコ	抗体L鎖（ネズミ），小胞体残留シグナル
一本鎖抗体（植物ウイルス表面抗原）	タバコ	フィトヘマグルチニン（ダイズ），ペクチン酸リアーゼB（バクテリア）
一本鎖抗体（マウスB細胞性リンパ腫タンパク質）	タバコ	α-アミラーゼ
一本鎖抗体（ヒトCEA，癌化マーカータンパク質）	タバコ	抗体H/L鎖（ネズミ），小胞体残留シグナル
一本鎖抗体（ヒトCEA，癌化マーカータンパク質）	小麦，イネ	抗体H鎖，小胞体残留シグナル

することで，液胞への輸送が行われる。また，目的タンパク質と膜貫通領域の間にプロテアーゼ認識配列を挿入し，プロテアーゼを用いて切断した後に目的タンパク質のみを精製することも可能である。

遺伝子組換え植物による環境浄化（ファイトレメディエーション）においても，導入酵素タンパク質の局在化制御が重要である。ファイトレメディエーションではフェノール系化合物や重金属等を除去対象として扱うが，その一つである水銀は土壌中で有機水銀に変換され，無機水銀よ

りも強い毒性を示す。これまでに水銀耐性細菌由来の水銀代謝酵素merAおよびmerB遺伝子を共発現させることで，水銀耐性の強いシロイヌナズナ植物体が作出されている[13]。MerBタンパク質は有機水銀の無機化に関与し（R-CH$_2$-Hg$^+$＋H$^+$→R-CH$_3$＋Hg(Ⅱ)），その後MerAが無機水銀をさらに還元し毒性の低い金属水銀に変換する（Hg(Ⅱ)＋NADPH＋OH$^-$→Hg(0)＋H$_2$O＋NADP$^+$）。また，気化した水銀が蒸散作用により植物葉から放出されるため，土壌に存在した有機水銀は大気中へ拡散，希釈される。この研究ではさらに，MerBタンパク質を小胞輸送経路に送り込み，小胞体残留型および細胞壁型のMerB形質転換体を作出した結果，細胞質型の場合と比べ，小胞体残留型・細胞壁型では，MerB比活性が10～70倍に上昇した。有機水銀はイオン化しているため，細胞壁・細胞膜が障害となり細胞内へ取り込まれにくく，MerBを細胞外や細胞膜系に局在化させることが効果的であったと考えられる。これは，翻訳後の局在化を制御することで，植物において導入遺伝子の機能をうまく引き出した例である。

　種子においては，通常の小胞体，ゴルジ体などに加えてオイルボディーという特殊なコンパートメントが形成され，外来タンパク質の発現の場として利用価値が高い。オイルボディーはトリアシルグリセロールの周りをリン脂質および膜タンパク質であるオレオシンが取り囲んだ，直径1μm程度の粒子である。オレオシンは種子総タンパク質の8-20%を占め，N末端およびC末端は細胞質側に位置する。オイルボディーは遠心分離操作により容易に単離できるため，オレオシンに目的タンパク質を融合してオイルボディーに輸送すれば高蓄積を見込めると同時に，タンパク質精製の面からも有効であると考えられる。これまでにGUSタンパク質や，ヒルジン（トロンビンインヒビター）をオレオシンのC末端に連結し，種子において高蓄積（種子タンパク質の1%程度）できたという報告がある[14]。また，オレオシンと目的タンパク質の間にプロテアーゼ認識サイトを導入することにより，オレオシンを切除して目的タンパク質のみを精製することができる。

3　プロペプチドによる西洋ワサビペルオキシダーゼの小胞輸送制御機構

　ペルオキシダーゼは過酸化水素を還元すると同時に他の基質を酸化する酵素である。植物ペルオキシダーゼの中では，西洋ワサビペルオキシダーゼ，アイソザイムC1a（HRP C1a）が最もよく知られている。HRP C1aはイムノブロットを初め様々な検出反応に古くから用いられている。また，HRP C1aは植物ホルモンであるオーキシンを酸化し，ほ乳類細胞にとって毒性を示す物質に変換することから，近年では癌治療のツールとしても注目されている[15]。大腸菌による組換えHRP C1aの大量生産が試みられたが，インクルージョンボディを形成し，活性を有するHRP C1aタンパク質を得るためにはヘムを含む緩衝液を用いてリフォールディングする必要がある[16]。

第11章 植物小胞輸送工学による有用タンパク質生産

HRP C1aは1分子あたり8個のN-結合型糖鎖, 4箇所のジスルフィド結合, 2分子のカルシウムおよび1分子のヘムを含む。このようにHRP C1aの成熟には非常に多くの翻訳後修飾伴う。特に, HRP C1aのN-結合型糖鎖はタンパク質のコンフォメーションの安定化に寄与することが知られており, N-結合型糖鎖の付加をはじめとした真核生物型の翻訳後修飾がHRP C1aタンパク質の生成にとって重要であると推測される。

われわれはHRP C1aをコードする遺伝子を西洋ワサビから単離しており, 推定アミノ酸配列からN末端およびC末端に翻訳後に切除されるプロペプチドが存在する (N-terminal propeptide, NTPPおよびC-terminal propeptide CTPP) ことを明らかにした[17,18]。また, 各プロペプチドが細胞内局在化において果たす役割を調べた[19]。タバコ細胞においてEGFPを発現させた場合, 核および細胞質に蛍光が見られるが, NTPPを付加したNTPP-EGFPを発現した場合, 小胞体に蛍光が見られ, 細胞外へのEGFPタンパク質の分泌が確認された。両プロペプチドを融合した, NTPP-EGFP-CTPPを発現すると細胞の大部分を占める液胞にEGFPが蓄積した。また同様に, NTPP-HRP C1a-CTPPを発現すると活性を有するHRP C1aタンパク質が液胞内に蓄積し, NTPP-HRP C1aを発現した場合は細胞外へのHRP C1aが分泌された (図2)。これらのことから, NTPPは小胞輸送経路の入口である小胞体へタンパク質を送り込むためのシグナルペプチド, CTPPは小胞輸送経路に入ったタンパク質を液胞へ輸送するためのシグナルであることが明らかになった。真核生物において小胞輸送経路のデフォルトは細胞外分泌であるといわれている。小胞輸送経路に入ったタンパク質が経路中の特定のオルガネラ, 小胞体, ゴルジ体および液胞へ保持もしくは輸送されるためには特別なシグナルが必要になる。液胞局在化シグナルであるCTPP

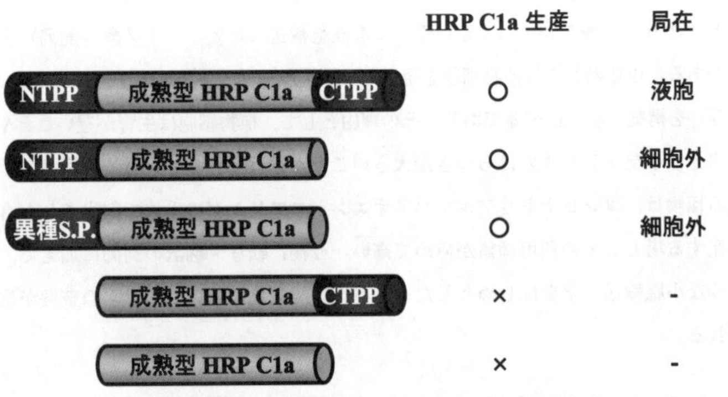

	HRP C1a 生産	局在
NTPP 成熟型 HRP C1a CTPP	○	液胞
NTPP 成熟型 HRP C1a	○	細胞外
異種S.P. 成熟型 HRP C1a	○	細胞外
成熟型 HRP C1a CTPP	×	-
成熟型 HRP C1a	×	-

図2 HRP C1a生成におけるプロペプチドの機能
S.P. : シグナルペプチド

を欠失することで，HRP C1aタンパク質が細胞外へ分泌されたと考えられる。また，NTPPを欠いたHRP C1aをコードする遺伝子を発現した場合，活性を有するHRP C1aタンパク質の蓄積は確認できないこと，異種タンパク質由来のシグナルペプチド（NTPP）を付加した場合に活性を有するHRP C1aタンパク質が生成することから，HRP C1aの酵素成熟において，小胞輸送経路へ送り込まれることが必要であると考えられる。小胞体にはタンパク質のフォールディングを助けるシャペロン（Bip, PDI, カルネキシン，カルレティキュリン，他）が存在する。ヒトのミエロペルオキシダーゼの場合，カルレティキュリン，カルネキシンの働きにより小胞体内でヘムが取り込まれることが知られており[20]，活性型HRP C1aの生成においても小胞体内におけるヘムの取り込みが重要である可能性がある。これらの結果から，HRP C1aの局在・酵素成熟におけるプロペプチドの働きが明らかになったと同時に，両プロペプチドは有用外来タンパク質生産に応用できると考えられる。

4 おわりに

シグナルペプチドは3つの領域，N末端から順にn-, h-, c-領域，に分けられる。h-領域は疎水性アミノ酸に富んでおり，小胞体膜を貫通するドメインである。c-領域はプロリンやグリシンを含み，シグナルペプチドが切断される部位である。n-領域は正に帯電したアミノ酸を含み，シグナル認識粒子（SRP）との結合に関与している。HRP C1aのNTPPには小胞体移行のためのシグナルペプチドのアミノ酸配列的特徴が保存されている。一方CTPPによる液胞輸送において，アミノ酸配列の必要条件は未知である。植物細胞において，ctVSDとして機能するプロペプチドは多数報告されているが，保存されたアミノ酸モチーフは見つかっていない。ランダム変異導入や，コンビナトリアル解析によってCTPPによる液胞輸送に重要なアミノ酸（配列）を決定できる可能性がある。現在のところ植物細胞を用いたハイスループットなスクリーニング系（表層ディスプレイ等）を構築するのは困難である。その理由として，植物細胞は生育が遅いことや，クローン間の外来遺伝子発現レベルのばらつきが大きいことが挙げられる。一方，天然型バイオリアクターである植物は，コンビナトリアル・バイオエンジニアリングの手法で創出された有用タンパク質を生産する場としての利用価値が極めて高い。今後，転写・翻訳の制御に加えて，本稿で紹介したような小胞輸送工学をはじめとしたタンパク質局在化の制御システムの整備が重要であると考えられる。

第11章　植物小胞輸送工学による有用タンパク質生産

文　　献

1) K. Yoshida et. al., *J. Biosci. Bioeng.*, 90, 353（2000）
2) H. Daniell, *Nature Biotechnol.*, 17, 855（1999）
3) J. Denecke et. al., *Plant cell*, 2, 51（1990）
4) J.M.Neuhaus et. al., *Plant Mol. Biol.*, 38, 127（1998）
5) K. Takase et. al., *J. Biochem.*, 123, 440（1998）
6) H. Horvath et. al., *Proc. Natl. Acad. Sci.*, USA, 97, 1914（2000）
7) X.G. Wang et. al., *Biotechnol. Bioeng.*, 72, 490（2001）
8) L.F. Fecker et. al., *Plant Mol. Biol.*, 32, 979（1996）
9) P. Lund et. al., *Plant Mol. Biol.*, 18, 47（1992）
10) U. Conrad et. al., *Plant Mol. Biol.*, 38, 101（1998）
11) C. Murray et. al., *Transgenic Res.*, 11, 199（2002）
12) L. Jiang et. al., *Trends Biotschnol.*, 20, 99（2002）
13) S.P.Bizily et. al., *Plant Physiol.*, 131, 463（2003）
14) D.L.Parmenter et. al., *Plant Mol. Biol.*, 29, 1167（1995）
15) O.Greco et. al., *J. Cell. Physiol.*, 187, 22（2001）
16) A.T.Smith et. al., *J. Biol. Chem.*, 265, 13335（1990）
17) K. Fujiyama et. al., *Eur. J. Biochem.*, 173, 681（1988）
18) K.G. Welinder, *Eur. J. Biochem.*, 96, 483（1979）
19) T. Matsui et. al., *Appl. Microbiol. Biotechnol.*, 62, 517（2003）
20) W.M.Nauseef et. al., *J. Biol. Chem.*, 270, 4741（1995）

第12章　ゼブラフィッシュ系

1　ケモゲノミクスへの応用

幸田勝典[*1]，田丸　浩[*2]

1.1　はじめに

　ゲノムプロジェクトの進展によって生じた総合的，多角的遺伝子ネットワーク解析手法の必要性は，今日の「バイオインフォマティックス」技術を核とする「比較ゲノミクス」，「構造ゲノミクス」，「機能ゲノミクス」に代表されるポストゲノム発展の原動力となった。従来の個々の遺伝子機能を積み上げて帰納的に生物現象を説明しようとする従来の生物科学とは異なり，ゲノム情報がもたらす情報から個々の要素間に存在する原理を発見し，その原理から演繹的に生物現象を予測，検証する新しい生物科学の誕生である。その主な利用目的は，機能未知遺伝子（ヒトでは約41%）の機能推定であるが，成果の応用として医療，食糧生産，および環境保全等への貢献が期待されている。近年，このポストゲノム研究において化学物質の副作用や効能の予測を目的とする「ケモゲノミクス」と呼ばれる概念が欧米の創薬分野を中心に認知され，急速に広まりつつある。「ケモゲノミクス」とは，ケミストリー（化学物質）とゲノミクス（ゲノム学）を融合した造語であり，ゲノミクスの一角を占める学問であるが，生命活動が細胞間あるいは細胞内情報伝達機構を通して外部からの影響に応答していることを考慮すれば，生命現象そのものをシミュレーションする学問であるともいえる。また，物質情報と遺伝子情報を統合することにより，生体内遺伝子や遺伝子群ネットワークの明確化が可能となることから，ポストゲノム時代の機能未知遺伝子の解明という命題に応える学問であるともいえよう。

　ケモゲノミクスが成立した背景には，①ゲノム情報の蓄積，②DNAマイクロアレイ等ポストゲノム研究に有効な技術の発展，の2つの点が挙げられる。しかしながら，今後，分子設計シミュレーションを連動させたシステムに昇華させて，創薬や環境モニタリングへの技術展開を可能にするためには，数多くの化学物質に対する細胞もしくは生物の反応応答情報を遺伝子・タンパク質発現レベルで解析する必要がある。さらに，本稿ではケモゲノミクスの発展に欠かせない項目として，③モデル動物の選択を挙げ，その候補の一つであるゼブラフィッシュを用いたケモゲノミクス研究について紹介したい。

[*1]　Katsunori Kohda　㈱豊田中央研究所　バイオ研究室　研究員
[*2]　Yutaka Tamaru　三重大学　生物資源学部　助教授

第12章 ゼブラフィッシュ系

1.2 ポストゲノム研究用モデル動物としてのゼブラフィッシュ

　ゼブラフィッシュ（*Danio rerio*）が脊椎動物のモデル動物として認知されはじめたのは最近であり，発生学の分野では神経，骨格，循環器の形成に必要な遺伝子の発見やマイクロRNAの発現制御に関する報告が行われている[1]。また，ヒトの疾患・病態モデルとしてはヘム合成が異常な*sauternes*，心筋症モデル変異体*silent heart*等が作製され，その原因遺伝子の解明が期待されている。一方，再生医療の分野においても2002年にはScience誌上でゼブラフィッシュの心臓再生に関する報告がなされ，臓器再生メカニズムの解明にも役立っている[2]。初期胚では未分化細胞から分化細胞へと変化する過程が存在するため，今後この分野ではES細胞とのデータ比較により，分化・再生メカニズムを解明するモデル動物へと更に発展する可能性がある。

　図1に様々なモデル動物としての可能性を示したが，我々は「ポストゲノム研究用モデル動物」がゼブラフィッシュの利点を最大に活かす位置づけであると考えている。その理由としては，先ず，ポストゲノム研究において重要な要素であるハイスループットアッセイ系に対応可能なことが挙げられる。大量の情報を蓄積するためには迅速，かつ系の需要を充分に満たす生物サンプルの量が求められるが，この点においてゼブラフィッシュは，世代交代が2～3ヶ月と早く，飼育の面においてもコスト的に哺乳類の1/100であることから他の脊椎動物と比較しても非常に有利である。また，機能未知遺伝子の機能探索において，特に表現型解析情報の付加が比較的容易である点が挙げられる。すなわち，ゼブラフィッシュはその胚の透明性から顕微鏡で容易に組織や臓器を観察でき，病態や形態等に代表される表現型情報との関連付けを行いやすい。その結果，欧米ではethyl nitrosourea（ENU）処理等により，目の形成が異常な*Cyclops*等の変異体が数多く取得され，系統化されている。さらには，変異体の原因遺伝子を解析して情報を蓄積することにより，表現型から遺伝子の機能を推測することができるだろう。日本においても，ゼブラフィッ

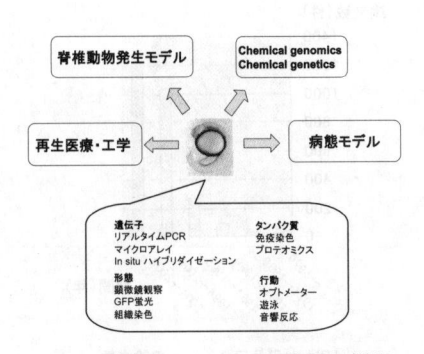

図1　ゼブラフィッシュの利用分野及び技術

コンビナトリアル・バイオエンジニアリングの最前線

シュ変異体を貴重な生物資源であると認識する動きがあり，文部科学省の"ナショナルバイオリソースプロジェクト"の一環として理化学研究所内に変異体を体系的に保存したり，精子などを凍結する施設の建設が進められている。また一方，他のモデル生物からの研究・解析技術の導入が積極的に行われたことにより，ゼブラフィッシュにおける様々な遺伝子操作技術が扱えるようになった点を挙げたい。例えば，ある遺伝子をノックアウトの状態，もしくはそれに近い状態を作り出すことも可能になってきている。その1つ「morphorinoアンチセンス」はマイクロインジェクションを行うことにより，遺伝子の翻訳を阻害し，容易にノックアウトに近い状態を作り出せる技術である[3]。また，理化学研究所の安東，岡本らは「caged技術」による新しい遺伝子発現誘導系を開発している。この技術は，Caged化合物の修飾により不活性化されたRNAを受精卵にインジェクションした後，長波長の紫外線照射により，RNAを活性化状態に変換することで，任意の時間と場所に，目的の遺伝子を発現させることができる[4]。最後に，ゲノムレベルにおける議論が可能になってきたことも大きな要因として挙げられる。モデル動物がゲノムレベルにおいても議論されるようになったのは，2001年Celera Genomics社がヒトゲノムプロジェクトのドラフトシーエンスを発表して以来，多くの生物種のゲノム配列決定を受けてのことであろう。魚類では，脊椎動物の2番目としてフグ（*Fugu rubripes*）のゲノムシークエンスが2002年のScience誌で報告されており，解析の結果からヒトゲノムとの相同性は配列レベルにおいて75%であったことが判明している[5]。一方，ゼブラフィッシュのゲノムプロジェクトは1997年頃から発足の動きがあり，本格化されたのは英国Sanger Centerに統合された2000年である。2002年にはドラフトシークエンスが発表され，最終的な全配列は当初の計画に比べ少し遅れ気味ではあるが2005年を終了予定としている。他の生物，特にヒトとの相同性は配列決定を待たなければなら

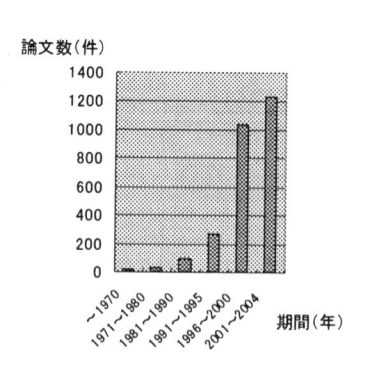

図2　ゼブラフィッシュの論文数

第12章　ゼブラフィッシュ系

ないが，フグでの結果を考慮すると，種差があるにしても，脊椎動物に共通の神経，循環器，骨格等の生体システムの根幹においては，今後の詳細な解析によりヒトへの外挿性が期待される。図2に最近のゼブラフィッシュの論文数の統計を示しているが，ゲノムレベルでの議論が可能になるにつれて研究数が増加しており，ゲノムプロジェクトが本格化した2000年以降急速な伸びを示している。ゲノムシークエンスプロジェクト終了予定の2005年以降は，比較ゲノミクス研究が可能になり，ポストゲノム解析用モデル動物としての利用価値は脊椎動物モデルでもあるという付加価値との相乗効果により一層高まるものと思われる。

1.3　ゼブラフィッシュのケモゲノミクスへの応用

"ケモゲノミクス"は「Chemical Genomics」とも言われるが，MacBeath[6]らは「小さい分子（化学物質）が，どのように細胞，生物に影響しているかを研究する学問」と定義しており，また「Chemical Genetics」の延長上でもあると定義している。すなわち，従来の「Chemical Genetics」が化学物質とレセプター等のタンパク質との結合を主たる焦点にしていたのに対し，「Chemical Genomics」はその主眼をゲノム全体に，つまりゲノムワイドに拡大させたものであると解釈している。一方，コンビナトリアルライブラリー技術は，数多くのタンパク質，化学物質を生み出す技術として一般的に使用されているが，合成した全ての物質の中から有益な，あるいは生物にとって無害な物質をスクリーニングするには膨大な時間と労力が必要となる。ここで，この工程全体を効率良く稼働させる方法としてケモゲノミクスがもっとも重要な要素になると考えられる。また，ケモゲノミクスとコンビナトリアルライブラリー技術とを融合させることにより，標的分子，タンパク質生産，アッセイデザイン，およびプロファイリングを予測することが可能となり，アッセイに用いるライブラリーの量が飛躍的に減少し，目的の性能を持った物質を効率よくスクリーニングできるシステムが構築できる。このシステムにおいて，ゼブラフィッシュがモデル動物として機能することは前述したとおりであり，ゼブラフィッシュはポストゲノム研究に最も重要な要素であるハイスループットアッセイ系に適したモデル動物である。ここでさらに，アッセイの目的に焦点を絞ると，脊椎動物の発生過程における化学物質の生体影響を解析することであろう。しかも，細胞レベルのアッセイでは難しい個体そのものの影響を解析できるため，データをそのまま活用でき，生体での代謝，濃縮，あるいは成長に即した実験系を組むことも可能である。たとえば，コンビナトリアルライブラリーとゼブラフィッシュ受精卵の組み合わせはSonyaらにより報告されている[7]。合成したtriazineライブラリーを96穴プレート内でゼブラフィッシュ受精卵に曝露し，脳あるいは目の異常を引き起こすtriazine化合物およびその標的タンパク質を探索するものであるが，本質的にはgeneticsそのものである。ケモゲノミクスのシステムとしては，アレイテクノロジー等を導入した図3のような系が適しているものと思われる。

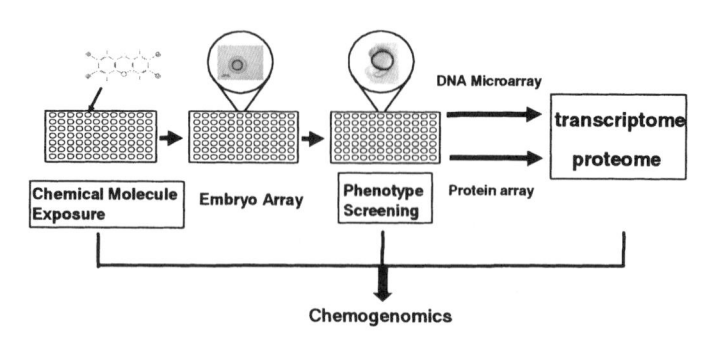

コンビナトリアル・バイオエンジニアリングの最前線

図3　ゼブラフィッシュを用いたケモゲノミクス

1.4　ケモゲノミクスツールとしてのDNAマイクロアレイ

　ケモゲノミクスにおいて，DNAアレイは最も強力なツールであるといえる。ゼブラフィッシュDNAマイクロアレイは，創薬を初め，化学物質の毒性評価や環境モニタリングに応用できる可能性が示唆されてきた[8]。しかしながら，実際には市場で商品化されているものはほとんど無く，入手が困難なうえ，市販されているDNAマイクロアレイも多検体評価に対応する性能を保持しているとは言えない。本項では，ゼブラフィッシュのオリゴライブラリーからDNAマイクロアレイを作製，本DNAマイクロアレイによる一連の解析工程ならびにその構築ついて紹介したい。まず，市販のDNAマイクロアレイを用いてアレイ工程の検討を行った。受精後12時間の初期発生過程の胚から全RNAを回収後，DNAマイクロアレイを行ったところ明瞭なスポットが得られ，受精後12時間ではレセプター遺伝子に関してはレチノイン酸レセプターが高発現していた。また，他の遺伝子では，体節形成遺伝子であるホメオボックス遺伝子や筋肉で発現するβアクチン等に遺伝子の発現の変動が認められた（表1）。次に，独自のゼブラフィッシュDNAアレイを作製した。ゼブラフィッシュ由来のオリゴライブラリーはシグマジェノシスから購入した。オリゴライブラリーは99％以上の高い合成効率であり，Compugen社のバイオインフォマティックス技術によって開発された65mer　5′NH_2ラベルオリゴのライブラリーである。また，このオリゴライブラリーのスライドガラスへのスポットは高密度スポッティング技術を持つ日立ソフトエンジニアリングに委託した。出来上がったDNAマイクロアレイを用いてハイブリダイゼーションの状態をScanArray（BM機器）で確認したところ，図4に示すように全体的にバックグラウンドが低く，良好なスポットを確認することができた。以上の結果から，ゼブラフィッシュDNAマイクロアレイ開発，ならびにDNAマイクロアレイを用いた解析までの一連の工程を確立した。さらに，表2に市販品および新規に作製したDNAマイクロアレイについて比較した。新規DNAマイ

第12章 ゼブラフィッシュ系

表1 受精後12時間において高発現している遺伝子群

top	function
1	homeo box a1a; hoxa1a
2	type I cytokeratin, enveloping layer; cyt1
3	elongation factor 1-alpha; ef1a
4	ependymin; epd
5	cytochrome c oxidase subunit II; cox2
6	retinoic acid receptor gamma 1
7	beta-actin; bact
8	immunoglobulin light chain
9	nodal-related 1; ndr1
10	cytochrome b; cyt b
11	heat shock cognate; hsc70
12	keratin 8; krt8
13	cytochrome b; cytb
14	hatching gland gene 1; hgg1
15	transcription factor; pax8
16	tubulin beta
17	keratin type II, tail domain
18	apolipoprotein eb; apoeb
19	cytochrome c oxidase subunit III; cox3
20	atp synthase f0 subunit 6; atp6

図4 ゼブラフィッシュDNAマイクロアレイ

クロアレイは市販品に比べて，スポット数，すなわち搭載されている分子種が多くなっており，より網羅的な解析が可能である．また，スポットされているオリゴの塩基数が長いので，非特異的なハイブリダイゼーションが少なくなり，精度の高いデータが期待できる．さらに，本DNAマイクロアレイを使用する利点としては，実際の操作においてRNA量が少ないことが挙げられる．すなわち，RNA量の検討の結果，市販DNAマイクロアレイの2/3の量で良好なスポット蛍光が得られることが判明した．また，市販DNAマイクロアレイでは約14,000のオリゴが2枚のスライドガラスに分割してスポットされているのに対し，本DNAマイクロアレイでは約16,000枚のオリゴが1枚にスポットされている．以上の結果，本DNAマイクロアレイでは従来の約1/3のRNA量で遺伝子発現変動を検出することができ，多検体処理に対しても有利であることがわかった．このように，市販品より性能や簡便性の点で有利なDNAマイクロアレイを作製することができたので，次に本DNAマイクロアレイを用いた化学物質安全性評価への展開について述べたい．

コンビナトリアル・バイオエンジニアリングの最前線

表2　市販アレイとの比較

	市販	コンソーシアム
スポット数	約14,000	約16,000
オリゴ塩基数	50mer	65mer
スライド数	2枚	1枚
必要RNA量	60μg	40μg

1.5　化学物質安全性評価への展開

　現代社会において，人類の毒性学的評価が追いつかないほどの猛スピードで大量の新規化学物質が世に送り出されている。一方，1994年に米国では約220万人の薬による副作用患者が発生，10.6万人が死亡しており，これは心疾患，癌，脳卒中に次いで死因4番目であるという報告がなされた。今日ほどケミカルハザード，すなわち化学物質による健康障害が重要課題になっている時代はない。また，化学物質安全性については発生過程における不可逆的影響が懸念され，今後も焦点になっていくものと思われる。そこで我々はケモゲノミクス研究の応用の一環として，ゼブラフィッシュ受精卵を用いた化学物質安全性評価を目的とした「エンブリオアレイシステム」の構築を行った。このシステムを用いて，まず化学物質の生体影響の1つとして内分泌攪乱作用の解析を試みた。現在，主に問題視されているホルモン作用はエストロゲン，アンドロゲン等のステロイドレセプターに関連した化学物質であり，例えばビスフェノールAやノニルフェノールはエストロゲン活性を，ビンクロゾリンは抗アンドロゲン活性を有するとの報告がある。そこで，最初にエストロゲン作用類似物質の遺伝子影響を評価するため，生体内に存在するエストロゲンである17βエストラジオールに対する影響を解析した。ゼブラフィッシュ受精卵を17βエストラジオール濃度が10^{-5}から10^{-9}Mとなるよう0.1%DMSOで調製した溶液に曝露させた結果，生体影響がみられるエンドポイントとして10^{-5}から10^{-6}Mであることが分かった。さらに，発生異常としては脊椎湾曲，頭部骨形成異常，尾部血流の低下等が受精48時間前後において認められ，時間とともにその影響が顕著になった（図5）。また，発生過程において内分泌攪乱作用が認められる場合，ホルモンレセプター経由による影響が推測される。そこで，発生過程においてレセプター遺伝子がどの時期に発現しているかをリアルタイムPCRによって解析したところ，エストロゲンに強く結合するα型では受精後0時間においてほとんど発現しておらず，その後時間の経過とともに発現量は増加し，48時間で最初の飽和が認められた。以上の結果から，受精後48時間，17βエストラジオールを連続曝露した受精卵を用いてDNAマイクロアレイを行ったところ，遺伝子の増減が認められた。また同様に，テストステロンにおいてもマイクロアレイを行い，両者の比較を行ったところ17βエストラジオールで発現上昇した遺伝子群が，テストステロンでは逆に全

第12章 ゼブラフィッシュ系

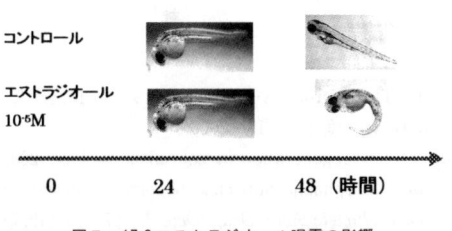

図5 17βエストラジオール曝露の影響

体的に低下しており，また一方，17βエストラジオールで発現低下している遺伝子群が，テストステロンでは発現上昇の傾向が認められた．今後，この結果を含めて経時変化を調査しつつ，ステロイドホルモン応答遺伝子群を詳細に解析する予定である．このように，本エンブリオアレイシステムが機能すれば，短期間で数多くの内分泌攪乱作用物質を検定することができ，物質間の共有・固有影響の解析やバイオマーカー探索にも利用できる．また，その他の毒性作用解析や外的ストレス，刺激，さらにはノックアウト変異体解析等へ幅広く利用できるであろう．

1.6 おわりに

ゼブラフィッシュを用いたケモゲノミクス研究は，コンビナトリアルライブラリーの発展と連動して，創薬を始めとした発生工学や再生医療への展開が期待できる．そのためには，他のゲノミクスとの融合，新技術の開発，導入が必要不可欠であり，現在のアレイテクノロジーの最適化も含めて，その完成には多くの時間を費やさなければならない．その一方で，地球の環境や資源を考慮した場合，今後，効率的に目的物質を生産するシステムが求められることから，ケモゲノミクスは必ずその中枢の位置を占めることになるだろう．また，生命現象の解明においては，発生の生命現象をシミュレーションするシステムバイオロジーへと発展し，これらの成果はQOL（Quality of Life）を向上させ，人々に大きな利益をもたらすものと考えている．

本稿で紹介したゼブラフィッシュマイクロアレイの作製およびその解析は，経済産業省地域新生コンソーシアム「化学物質安全性評価のためのエンブリオアレイシステムの開発」のプロジェクトリーダー三重大学医学部の田中利男教授指導のもとで，研究の一部として行われたものであり，研究にご協力いただいた方々に感謝致します．

コンビナトリアル・バイオエンジニアリングの最前線

文　　献

1) Wienholds E. *et al.* : The microRNA-producing enzyme Dicer1 is essential for zebrafish development, *Nat. Genet.* 35, 217-218 (2003)
2) Poss K. D. *et al.* : Heart regeneration in zebrafish, *Science.* 298, 2141-2142 (2002)
3) Summerton J. *et al.* : Morpholino antisense oligomers : desigen preparation, and properties, *Anrtisense Nucleic Acid Drug Dev.* 7, 187-195 (1997)
4) Ando H. *et al.* : Photo-mediated gene activation using caged RNA/DNA in zebrafish embryos, *Nat. Genet.* 28, 317-325 (2001)
5) Chapman A. C. *et al.* : Whol-genome shotgun assembly and analysis of the genome of Fugu rubripes. *Science* 297, 1301-1310 (2002)
6) Macbeath. G. : Chemical genomics: what will it takes and who gets to play?, *Genome Biology* 2 (2001)
7) Sonya M. K. *et al.* : Facilitated forward chemical genetics using a tagged triazine library and zebrafish embryo screening. *J. Am. Chem. Soc.* 125, 11804-11805 (2003)
8) Pichler F. B. *et al.* : Chemical discovery and global gene expression analysis in zebrafish, *Nat. Biotechnol.* 21, 879-883 (2003)

2 比較ゲノミクスへの応用

無津呂淳一[*1], 田丸 浩[*2]

2.1 ゲノムシーケンスプロジェクトと比較ゲノミクス

　ヒトゲノム計画（Human Genome Project）が最初に考え出された1984年から17年が経過した2001年2月，ヒトゲノムドラフトシーケンスが公開され，多大な費用を投じて国際的な協力体制のもと行われたヒトゲノムプロジェクトも一つの節目を迎えた。さらに，2003年4月14日にはヒトゲノムプロジェクトの終了が宣言されたが，それは奇しくもDNAの二重らせん構造がNature[1]誌に掲載されてから50年目にあたり，多くの研究者の好奇心を釘付けにしたことであろう。ヒトゲノム計画の第一の目的は，ヒトの生命現象の基本情報を記載した地図を手に入れることであり，今，我々はA，C，G，Tという文字の羅列ではあるが，それを目に見える形で認識することができる。それはいわば標識のない地図であり，その標識をつけていく作業がヒトゲノム計画の主目的になるであろうことは想像に難くなかった。ゲノム配列上での遺伝子領域の探索はヒトゲノム計画開始以来から行われており，現在でもcDNA解析やコンピュータープログラムを利用した遺伝子領域の予測などにより行われている。一方，ヒトゲノム上には3万数千の遺伝子が存在すると考えられているが，まだその多くは機能未知のままである。比較ゲノミクス（Comparative Genomics）とは，相同遺伝子の類似性を利用して，異なる生物由来のゲノムを比較することにより未知遺伝子の同定や遺伝子機能の解明に役立てようとする学問であり，ゲノム配列解読の有効な手段となるであろうことがゲノム計画発足当時から認識されていた。比較ゲノミクスの基本的な概念は，ある生命現象について関連性のある遺伝子などの情報は生物間におけるゲノム中では類似しているということであり，比較的新しい共通祖先を持つ2つの生物種のゲノムは，先祖ゲノムが所有する共通のプラン上に構築された種特異的な違いを示す。また，2つの生物種が十分に近縁な種であれば，それらのゲノムは類似した遺伝子の並び（シンテニー；Synteny）を示すため，マウスやその他の哺乳類のゲノム地図を作成すれば，ヒトゲノム地図の構築に役立つ情報を提供するだろうと考えられた。しかしながら，実際のヒトゲノムのマッピング作業は近縁のどの生物のマッピングよりも進んでおり，比較ゲノミクスは他のモデル動物のゲノム地図の構築に利用されることとなった。ところで，比較ゲノミクスでは比較する対象のゲノムがヒトゲノムに必ずしもシンテニーを示す必要はなく，かつ特に近縁の種である必要もない場合が存在する。すなわち，それはヒトの病因遺伝子研究における場合である。例えば，ショウジョウバエや酵母はヒトと系統的にかなり離れた生物種であるが，ヒトの病因遺伝子と相同な遺伝子を有しており，

[*1] Junichi Mutsuro　近畿大学　水産研究所　白浜実験場　COE研究員
[*2] Yutaka Tamaru　三重大学　生物資源学部　助教授

コンビナトリアル・バイオエンジニアリングの最前線

ヒトの病因遺伝子の機能解明に大きく貢献してきた。ショウジョウバエや酵母がヒトの病因遺伝子研究に使用される理由は，遺伝子の表現形質がすでによく知られていることである。酵母では，ウェルナー症候群という早老を引き起こすヒト遺伝子の機能解明に役立っており[2]，一方，また最近ショウジョウバエでは，腫瘍の転移モデルが開発されており，ヒトの癌の転移機構の解明に役立つと期待されている[3]。現在，原核生物あるいは真核生物にかかわらず様々な生物種でゲノムシーケンスプロジェクトが進行しており，ショウジョウバエや酵母よりも進化的にはるかにヒトに近いマウスやラット，また魚類ではフグでゲノム（ドラフト）シーケンスが公開されている。一方，本稿で取り上げるゼブラフィッシュについても2005年に公開が予定されており，ヒトゲノムとそれらモデル動物のゲノムを比較することで，疾患原因遺伝子の研究は急速に進歩していくであろうことは想像に難くない。このように今後，比較ゲノミクスの役割はますます重要なものになっていくだろう。

2.2 ポストゲノムシーケンス時代の比較ゲノミクス

ポストゲノムシーケンス時代を迎え，バイオインフォマティクスを基盤とした比較ゲノミクスは急速な発展を遂げている。それを後押しする背景には，ヒト以外の脊椎動物のゲノムシーケンスが公開され始めたことと，大量のゲノムシーケンスを扱うためにコンピュータープログラムを使用した高速な解析法が必要になったことが理由に挙げられる。脊椎動物のゲノム解析が進行したことで，比較ゲノミクスをゲノム地図作成のツールとしてだけでなく，未知遺伝子の同定・遺伝子の機能理解のためのツールとして利用することが現実的に可能な状況になった。完全なゲノム配列があれば，1個のゲノムにコードされている全タンパク質（プロテオーム）を他の生物種のプロテオームと比較するということも可能であり，二つの生物種で高度に保存された遺伝子，つまりオーソログを同定し，その染色体上の位置情報を得るといったこともできるであろう。ゲノム中でオーソログな遺伝子群がグループ化されている領域を同定し，またパラログな遺伝子をクラスタリングすることができれば，遺伝子ファミリーの分化や生物進化の過程について，重要な知見を得ることができるに違いない。ゲノム上には，生命が生まれてから死に至るまでに使用するタンパク質のほとんどがコードされており，それぞれを必要な時期，場所で発現させるための調節に関わる情報が書き込まれている。比較ゲノミクスでは，そのような異なる生物種のゲノムを比較することでそれぞれの生物を特徴づける情報や生命活動に関係する基本的な情報を得ることができる（図1）。例えば，ヒトゲノムと非常に近縁なチンパンジーのゲノムを比べることで，ヒトとチンパンジーを区別する言語能力や感情といった複雑な現象を遺伝子のレベルで解き明かすことができるかもしれない。また魚類は，形態的に哺乳類と大きく異なるが，表1のアポトーシス関連因子のように共通の遺伝子やカスケードを持つことが知られており，ヒトゲノムと

第12章　ゼブラフィッシュ系

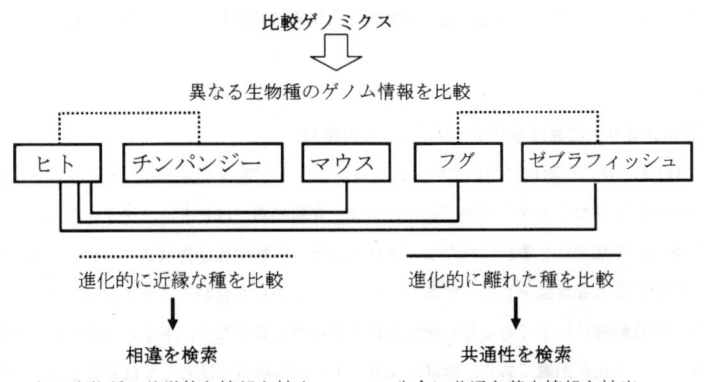

比較ゲノミクス
⇩
異なる生物種のゲノム情報を比較

ヒト　チンパンジー　マウス　フグ　ゼブラフィッシュ

進化的に近縁な種を比較　　　　　進化的に離れた種を比較
↓　　　　　　　　　　　　　　　↓
相違を検索　　　　　　　　　**共通性を検索**
ある生物種に特徴的な情報を抽出　　生命に共通な基本情報を抽出

近縁種間でゲノム配列を比較することで，それぞれの生物種を特徴づける遺伝情報を明らかにすることができる．それは，ヒトの進化の道筋を反映したものであったり，魚類の生育環境に対する適応性を示すものかもしれない．	進化的に離れた生物種において共通に保存されている遺伝子は，生命が生きていくために必要不可欠な機能を持つ可能性が高い．発生，老化，免疫といった生命現象に関連した情報を得られる．

図1　比較ゲノミクスによるゲノム情報の抽出

表1　様々な生物とアポトーシスに関与する因子・経路の有無

	ほ乳類	魚類	ハエ	線虫	植物	酵母	酵母
カスパーゼの仲間	有	有	有	有	有	有	なし
カスパーゼそのもの	有	有	有	有	なし	なし	なし
カスパーゼカスケード	有	有	有	なし[b]	なし	なし	なし
死受容体経路	有	有	なし?[a]	なし	なし	なし	なし
Ced-3/4/9様経路	有	有	有	有	なし	なし	なし
NF-kB活性化系	有	有	有	なし[d]	有	なし	なし
P53依存性細胞死	有	有	有	有	なし	なし	なし
DNA障害の細胞死誘導	有	有	有	有[c]	?	?	?
感染時の細胞死	有	有	?	?	有	有[b]	有[b]
発生での細胞死誘導	有	有	有	有	有	なし[b]	なし[b]
IAP	有	有	有	有	なし?	なし[b]	なし[b]
NODタンパク質	有	有	有[b]	有[b]	有	有[b]	?[b]
細胞数	多	多	多	多	多	単	単

(注) a) DED-caspase (Dcp2) とFADDあり．b)定義による．c)生殖細胞に限る．d) IRAK, TLRなどはある．

比較することにより，発生や老化，免疫などの生命現象に関連した分子の同定に役立つはずである。

2.3 比較ゲノミクスにおけるゼブラフィッシュの役割

現在，数100に及ぶ生物種においてゲノムプロジェクトが進行しており，ゼブラフィッシュのゲノムシーケンスプロジェクトが完了したならば，脊椎動物ではヒト，フグ，マウス，ラットに次いで5番目，魚類では2番目に当たる。マウスなどの実験哺乳動物はヒトの病気や基本的な生命現象の解明に多大な貢献をしてきており，それはこれからも変わることがないであろう。しかしながら，哺乳動物は胎生であるため発生過程の観察が容易でなく，トランスジェニック技術のハイスループット化が困難であり，網羅的な遺伝子の機能解析手法としては利用しにくいという欠点がある。ポストゲノムシーケンス時代を迎えた現在においてハイスループットな研究手法が必要とされており，そこで注目されたのがゼブラフィッシュなどの小型魚類であった。すなわち，ゼブラフィッシュやメダカなどの小型魚類は，①ゲノムサイズが哺乳類などに比べて小さく，ゲノムシーケンスやゲノム解析に費やす労力・費用が少なくてすむ，②魚類は，脊椎動物の基本的なシステム（脳や心臓などの器官，免疫系など）をほとんど備えており，また推測される遺伝子総数も哺乳類とほぼ同じであるため両者の比較が可能である，③受精卵への遺伝子導入が簡単であり，遺伝子機能の解析に適している，④研究室レベルで飼育が容易で，受精卵や未受精卵を日常的に得ることができる，といった利点があり実験動物として利用価値が高い。例えばフグについてみると，そのゲノムサイズは400Mbと非常に小さく，魚類でもっとも早くゲノムシーケンスが終了した生物である。さらに，フグゲノム解析は魚類での遺伝子の単離・同定の大きな助けとなったことは事実であるが，遺伝子の機能解析を目的とした実験では使いにくいという欠点がある。一方，ゼブラフィッシュは，卵生で胚が透明なため，哺乳動物には困難な発生過程の観察が容易に行え，一度におよそ200個の受精卵を採取することができ，遺伝子導入技術を利用した機能解析のハイスループット化も可能である。またポジショナルクローニングやEST解析などを利用した遺伝子マッピングからヒトとゼブラフィッシュは167箇所のシンテニーを持つことが明らかにされており[4,5]，ゼブラフィッシュを用いてヒトの機能未知遺伝子を同定・解析することができるようになるのではないかと期待されている。また現在，ゼブラフィッシュでは400種類以上の突然変異系統が作出されており，今後さらに増えていくことが予想される。このような突然変異系統の作出は，ヒトの病態・疾患モデルとして非常に重要であり，ヒトの病因遺伝子の同定やメカニズムに関して多くの情報をもたらしてくれるだろう。

第12章　ゼブラフィッシュ系

2.4　比較ゲノミクスによる遺伝子領域・転写制御領域の解析

　比較ゲノミクスによる遺伝子領域の特定は，考え方としては非常にシンプルなものである。つまり，2種類以上の生物種のゲノム配列を比較して相同性の高い領域を同定し，遺伝子領域を明らかにするということである（図2）。しかしながら，比較した結果，推定された遺伝子領域が本当にタンパク質をコードしているかどうかは検証する必要があり，さらには，真核生物のゲノムにはイントロンなどの介在配列や擬遺伝子などが存在し，また発現組織によっては異なるスプライシングを受け，複数のタイプの遺伝子を生じる場合があり，遺伝子領域の予測を難しいものにしている。そのため比較ゲノミクスには，EST解析やプロテオミクス解析により，実際のタンパク質発現を調べるという作業が少なからず必要になる。我々は，環境化学物質や薬剤などのリスク評価・安全性予測システムを開発することを目的に，ゼブラフィッシュの初期発生過程に特化したDNAチップを作製しており，またゼブラフィッシュ初期胚への環境化学物質や遺伝子導入により発現変化するタンパク質を二次元電気泳動やマイクロHPLCで分離し，タンパク質相

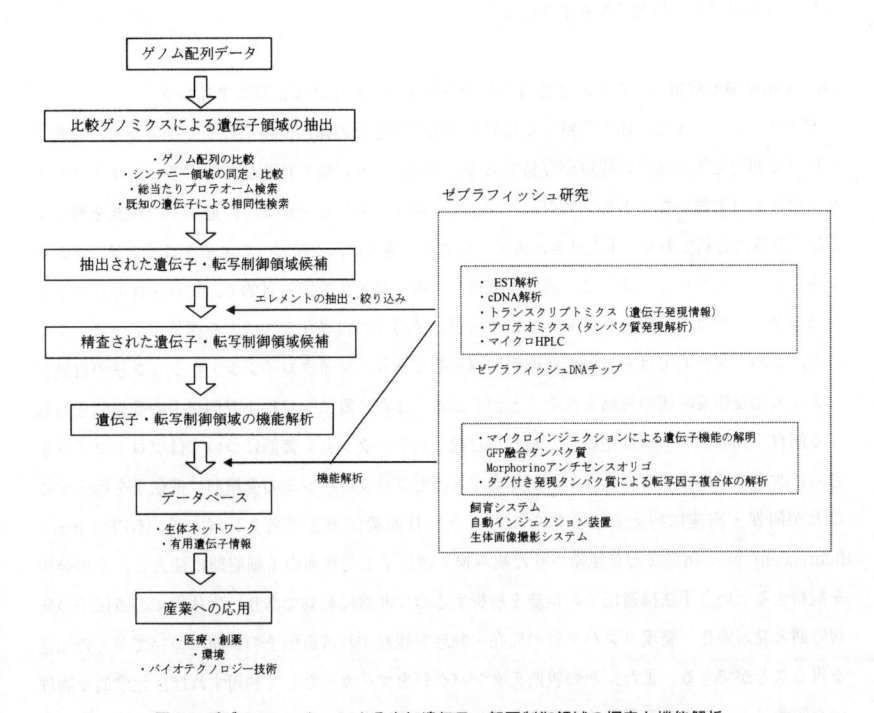

図2　ゼブラフィッシュによる未知遺伝子・転写制御領域の探索と機能解析

互作用の変化を網羅的に解析する方法を確立中である[6]。これらの実験系は,ゲノム配列の比較で予測された遺伝子領域の確定に重要な役割を果たしてくれるだろう。それに加えて,転写制御領域の予測・解析に重要な知見をもたらしてくれる。すなわち,外因的な刺激(温度,塩分,浸透圧など物理的刺激と化学的な刺激),あるいは人為的な刺激(導入遺伝子によるタンパク質の過剰発現やアンチセンスオリゴによる機能抑制)を与えることにより,発現変化する遺伝子やタンパク質をDNAチップや二次元電気泳動で解析・同定すれば,刺激因子に基づいて遺伝子やタンパク質をクラスタリングすることができる。そして,それらの遺伝子・タンパク質のクラスタリングをもとにゲノム配列を相同性解析すれば効率よく転写制御領域を抽出・同定でき,遺伝子の発現をネットワークレベルで理解する心強い助けとなるだろう。前項でも述べたが,魚類はほぼヒトと同数の遺伝子数と多くのシンテニー領域を有しており,ヒトと共通の遺伝子を多数持つことが報告されている。そのため魚類をヒトの病態・疾患モデル,あるいは創薬の簡易スクリーニングに利用できるのではないかと期待されている。さらには,魚類とヒトの間で相同な遺伝子の対応関係が詳細に解析され,魚類での遺伝子発現をネットワークレベルで解析できれば,それをヒトの病理解析に利用できるようになるだろう。

2.5 遺伝子機能解析ツールとしてのコンビナトリアル・バイオエンジニアリング

　ゼブラフィッシュは,体外受精で受精卵が透明であるため体内受精を行うマウスなどの哺乳類と比べて初期発生の過程の観察が容易である。また,一度に得られる受精卵が多い,ライフサイクルが3ヶ月と短いなどトランスジェニックを作製するのに都合がよく,遺伝子の機能を解析する際に非常に有利である。また通常,魚類への遺伝子導入は,受精卵へのマイクロインジェクション法によって行われる。我々は,遺伝子機能の解析の高速化を図る目的で,飼育・採卵システムの構築とマイクロインジェクション法による遺伝子導入の自動化システムを構築している。すなわち,このシステムでは大量の受精卵が回収可能であり,マイクロインジェクション法の自動化により大幅な作業時間の短縮を図ることができる。また,既に一日に1万個以上の受精卵を回収する飼育・採卵システムは完成しており,自動インジェクション装置についてはプロトタイプをさらに改良中である。このシステムが完成すればゼブラフィッシュの受精卵に遺伝子を導入することが簡便・高速に行えるようになるだろう。目的遺伝子と蛍光タンパク質(GFP;green fluorescent protein)などを連結させた組み換え遺伝子を受精卵の1細胞期に注入し,その発現を観察するという手法は遺伝子の機能を解析するのに非常に有効であり,生体内での遺伝子の発現時期と発現変化,発現タンパク質の局在・動態を観察すれば遺伝子の機能について多くの知見を得ることができる。また,その組換えタンパク質をマーカーとして利用すれば,化学的や物理的な刺激によって起こる形態的な異常をより高感度に検出し,遺伝子の機能を解析できるように

第12章 ゼブラフィッシュ系

なる。一方,「Morphorinoアンチセンスオリゴ」はマイクロインジェクションするだけで遺伝子の翻訳を阻害し,ノックアウトに近い状態を作り出すことができる[7]。一般に,ある遺伝子の機能を完全に除去したノックアウト生物を作出することは,その遺伝子の機能が重要であればあるほど困難であり,遺伝子機能を解析することが難しくなる。「Morphorinoアンチセンスオリゴ」は魚類胚に導入するだけで容易に遺伝子機能をノックアウトすることができるので,機能未知遺伝子の機能解明に重要な役割を果たしてくれるだろう。これらの遺伝子機能の解析手法に上記システムを適用すれば,網羅的に遺伝子の機能を解析することも可能になるだろう。さらには,比較ゲノミクス的な手法で同定した遺伝子や転写制御領域の解析に利用することも可能であり,ポストゲノムシーケンス時代にあった高速な解析ができるだろう。我々はコンビナトリアル・バイオエンジニアリングへの応用として,タグ付き発現タンパク質と上記システムを用いた網羅的な複合体分子の同定を考えている。すなわち,タグ付き発現タンパク質は,種々のアフィニティーカラムを用いることにより容易に精製が行えるという利点がある。His, HA, FLAG など複数のタグを連結したタンパク質をゼブラフィッシュの受精卵に導入・発現させ,その発現タンパク質と複合体を形成する分子を総タンパク質抽出液からアフィニティーカラムで精製すれば,効率的に標的タンパク質とその複合体を分離・同定することができる。本手法では,タグ付きタンパク質を安定に発現させ,なおかつ発現しすぎないようコントロールする必要があるが,活性を保持したタンパク質複合体を分離できるという点で非常に有効である。このような手法は,転写制御因子の構造機能解明に有用であり,転写制御メカニズムの解明に利用できるだろう。

2.6 マリンバイオテクノロジーとしてのコンビナトリアル・バイオエンジニアリング

マリンバイオテクノロジーは,海洋生物のもつ機能や特性を工学的手法によって利用する技術であり,魚類では,DNAマーカーによる選抜育種,組み換え遺伝子による優良形質導入,DNAワクチン[8],倍数体,雄性・雌性発生二倍体作出のための染色体操作[9]などに利用されてきた。四方を海に囲まれた日本は,世界でも有数の漁業大国であり,日本人は,タンパク質源としてばかりでなく,愛着を持って魚を食してきた国民である。しかしながら,水産資源保護の面から漁獲量が制限されつつあり,また漁場にも制限が設けられるようになってきている。そのような状況の中で,近年,見直されてきているのがバイオテクノロジーを取り入れた栽培漁業である。遺伝子導入技術を用いた遺伝子組換え農作物は,その安全性や使用食品の表示義務について新聞やニュースで盛んに報道されたため記憶に新しい。今のところ,遺伝子組換え魚類が食卓に上ったという話はきかないが,試験的に組換え遺伝子を導入した魚類の作出は行われており,近いうちにそれらが食卓に上る様になるということは想像に難くない。例えば,成長ホルモンの導入により成長を早めた魚類は短期間の飼育で出荷でき,また耐寒性を獲得させた魚類はこれまで飼育で

きなかった地域でも養殖することができるだろう[10]。しかしながら，このような遺伝子改変魚類が食物として利用されるようになるには，安全性の確保が第一であり，遺伝子を導入するためのベクターの安全性やヒトへの影響を確認する必要がある。一方，養殖魚の種類は，多種多様であり，モデル生物であるゼブラフィッシュやメダカ，フグの様にバックグラウンドとして十分な情報が蓄えられていないために詳細な調査は不可能であろう。ゼブラフィッシュの遺伝子導入技術や蓄積された遺伝子導入魚に関する情報を転用できれば，また，ベクターや導入遺伝子の安全性を試験し，それを養殖魚の安全性予測に利用できれば非常に便利である。もちろん，最終的な食物としての安全性の確認は，法規上に基づいてマウスなどの哺乳類で試験しなければならない現状があるが。

2.7 おわりに

ゼブラフィッシュ，メダカ，フグの様な魚類が，モデル生物として利用されるようになってから魚類研究は，大きく前進したといえる。ゲノム情報やEST解析，タンパク質の機能解析が蓄積されていけば，今後さらに興味深い知見が得られるだろう。魚類研究に携わるものとして，このように魚類に注目が集まることは嬉しい限りである。

文　献

1) J. D. Watson, F. H. Crick, *Nature*, 171, 737 (1953)
2) D. A. Sinclair, K. Mills, L. Guarente, *Science*, 277, 1313 (1997)
3) R. A. Pagliarini, T. A. Xu, *Science*, 10, 1126 (2003)
4) M. A. Gates, L. Kim, E. S. Egan, T. Cardozo, H. I. Sirotkin, S. T. Dougan, L. Daskari, R. Abagyan, A. F. Schier, W. S. Talbot, *Genome Res.*, 9, 334 (1999)
5) I. G. Woods, P. D. Kelly, F. Chu, P. Ngo-hazelett, Y. Yan, H. Huang, J. H. Postlethwait, W. S. Talbot, *Genome Res.*, 10, 1903 (2000)
6) 田丸浩，秋山真一，無津呂淳一，バイオインダストリー，2月号，p63 (2004)
7) J. Summerton, D. Weller, *Antisence Nucleotic Acid Drug Dev.*, 7, 187 (1997)
8) 酒井正博，魚類の免疫と遺伝子，次世代のバイオテクノロジー（隆島史夫編），成山堂，p54-71 (2000)
9) 荒井克俊，染色体操作，魚類のDNA分子遺伝学的アプローチ（青木宙・隆島史夫・平野哲也編），恒星社厚生閣，p32-62, (1997)
10) 吉崎悟朗，トランスジェニック技法の水産育種への応用，次世代のバイオテクノロジー（隆島史夫編），成山堂，p72-85 (2000)

3 機能ゲノミクスへの応用

秋山真一[*1], 田丸 浩[*2]

3.1 はじめに

ポストゲノムシーケンス時代が幕開け,生命科学の研究は分子生物学の還元論主義から包括的システム生物学へのパラダイムシフトがおこった。これによって,旧来の分子生物学的情報だけでは理解できなかった生命現象を包括的に解析ができるようになった。しかし,ヒトをはじめ多くの生物種においてゲノム上のすべての遺伝子は塩基配列が明らかになったものの,これら遺伝子のなかで機能が判明している遺伝子は必ずしも多くないのが現状である。ポストゲノムシークエンス時代の生命研究では,機能未知の遺伝子の機能を如何に迅速に決定して行くかが緊急の課題となっている。これまでにも,マウスやゼブラフィッシュを用いて化学物質によるランダムな突然変異誘発による突然変異体単離プロジェクトの発現形質解析とポジショナルクローニングにより遺伝子機能の解明が試みられたことがある[1]。しかしながら,この種の研究戦略における最大の問題点は,このプロジェクトに必要なコストと時間が莫大であり,その目的達成が非常に困難なことが挙げられる。しかも,仮に原因遺伝子が解明されたとしても,単一の遺伝子の振る舞いで表現型を支配していることよりも,複数の遺伝子の相互作用が表現型を規定していることの方が多い。また,複数の遺伝子の動態を決定するには更なる時間とコストの浪費が不可避である。さらには,ゲノム配列情報が明らかになっても,これだけでは未知遺伝子がコードするタンパク質の機能,構造,相互作用等を解明することはできない。したがって,これからの機能ゲノミクス研究では,より安価でハイスループットな解析手法の構築とそれに適切なモデル生物の選択がますます重要になってくる。そこで本節では,ゼブラフィッシュによる機能ゲノミクス研究のトレンドと,ハイスループットな機能解析を可能にするコンビナトリアル・バイオエンジニアリングなどの技術工学の応用について述べる。

3.2 ゼブラフィッシュによる機能ゲノミクス研究

3.2.1 モデル生物としてのゼブラフィッシュ

機能ゲノミクス研究において目標達成のために現実的なコストと時間を可能にするには,モデル動物種の選択が非常に重要である。ゼブラフィッシュをモデル生物として用いる優位性はこれまでにも充分に議論されており,簡単に言うと以下のようになる。①飼育が容易でコストが安い,②多産で一度に数千個体を一度に試験できる,③発生速度が速く,世代交代期間が短い,④母体

[*1] Shin-ichi Akiyama 三重大学 生物資源学部 博士研究員
[*2] Yutaka Tamaru 三重大学 生物資源学部 助教授

外で受精および発生する，⑤胚が透明なため発生の様子や各個体における遺伝子およびタンパク質の動態を眼下に観察することができる，⑥器官が形態的にも機能的にもヒトとよく似ている，⑦ヒト遺伝子のオーソログを多く保有し，遺伝子機能解析の結果をヒトに外挿しやすい，⑧ゲノムシークエンスプロジェクトの完了が目前である，などが挙げられる[2]。

3.2.2 ゲノムシークエンスプロジェクト

ゼブラフィッシュのゲノムサイズは1,700Mbと見積もられており，ヒトやマウスの半分しかない。現在，英国のSangerセンターでは，ゼブラフィッシュのゲノムシークエンスプロジェクトが進行中で，ショットガンシークエンス法で得られた結果の一部が同センターのウェブサイトで公開されている。このプロジェクトの現時点での解読完了予定日は2005年と発表されている。

3.2.3 機能ゲノミクス研究に必要な技術

遺伝子の機能解析法はアプローチの方向によって大きく二つに分かれる。すなわち，ランダムに遺伝子を破壊し，表現型からその影響を調べて，未知遺伝子の本来の機能を推測する"フォワードジェネティクス"と，逆に目的の遺伝子を特異的に破壊して得られる表現型から機能を推測する"リバースジェネティクス"である。つい最近まで，ゼブラフィッシュによる機能ゲノミクス研究は，ゼブラフィッシュがフォワードジェネティクスに適していたという理由もあり，フォワードジェネティクスが流行していた。しかし，ゼブラフィッシュをはじめ，多くの生物でゲノム配列，ESTおよびcDNA情報が充実して遺伝子のカタログ化と高解像度の物理地図が作成されて「比較ゲノミクス」が可能となり，さらには種々の簡便で効果的な遺伝子破壊法も開発された今日では，リバースジェネティクスも有効な解析手法となっている。ここでは，ゼブラフィッシュにおける機能ゲノミクス研究を支える新旧の技術基盤を紹介する。

(1) ミュータジェネシス解析技術

ミュータジェネシスは，特定の発生段階に異常を来す突然変異体を作り出し，発現形質解析とポジショナルクローニングを試みて，その原因遺伝子を特定することを目的としているフォワードジェネティクスの一つである。ゼブラフィッシュでは，1996年にドイツのチュービンゲンとアメリカのボストンのグループがENU（ethyl nitrosourea）処理による大規模な突然変異体単離プロジェクトの結果を発表し，計6,647種類の突然変異体からおよそ500種類の遺伝子の機能を推定している[1]。また，変異体の作出法には，放射線やENUによる変異誘発，レトロウイルスベクターやトランスポゾンによる変異挿入などがある。

(2) トランスクリプトーム解析技術

トランスクリプトーム解析は機能ゲノミクス研究において中心的役割を果たしている。なぜなら，トランスクリプトームは，同一のゲノムシークエンスから，解剖学的，状況的，時間的に変化する転写産物の全体像そのものであり，ゲノム配列情報だけでなく，このとき発現変化するシ

第12章 ゼブラフィッシュ系

グナル伝達タンパク質や転写因子タンパク質の動態の一端をも反映しており,トランスクリプトームを軸に複雑なネットワークが構築されているからである。また,トランスクリプトーム解析の技術基盤としては,次に挙げる3つの原理がある。

① cDNAランダムシークエンシング

組織や細胞に発現しているmRNAをcDNAに変換して,ランダムに塩基配列を決定すると,遺伝子の発現量に応じて同じシークエンスの出現頻度が増加するため,各遺伝子の発現頻度を知ることができる。代表的な方法の一つとしてSerial analysis of gene expression (SAGE) 法がある。このSAGE法は,解析に多少の時間と手間を要するが通常のDNAシーケンサーがあればトランスクリプトーム解析を実施できる。

② mRNAディファレンシャルディスプレイ

条件の異なるサンプルから,それぞれRNAを抽出してcDNAに変換した後にPCRを行うと,ひとつのプライマーの組み合わせから複数のPCR産物が得られる。さらに,条件の異なるサンプルから得られたPCR産物を同時に並べて電気泳動することにより,発現に変化のあるPCR産物を検索し,そのPCR産物の塩基配列を決定して遺伝子を同定する。この方法は,条件の違いによって発現量が変化した遺伝子の検出に威力を発揮する。

③ DNAマイクロアレイ

遺伝子に対応するDNAを数千から数万種類スポットしたスライドグラスをDNAマイクロアレイと呼ぶ。組織や細胞から抽出したRNAをcDNAに変換する際に,蛍光色素を取り込ませてラベリングしてスライドガラスやメンブレンにハイブリダイゼーションすると,ラベリングしたcDNAの中にスライドグラスにスポットしてある遺伝子にハイブリダイズしているものがあれば,そのスポットは蛍光色素のシグナルとして検出することができる。また,スポットしたDNAの種類によってcDNAマイクロアレイとオリゴDNAマイクロアレイに大別され,若干用途が異なっている。数百塩基以上あるcDNAをスポットしたcDNAマイクロアレイは主に遺伝子発現解析用に用いられ,数十merのオリゴDNAをスポットしたオリゴDNAマイクロアレイは遺伝子発現解析にも用いられるが,特異性が極めて高いことを利用して遺伝子多型解析にも用いられている。

一方,ゼブラフィッシュのトランスクリプトーム解析についても,DNAマイクロアレイ解析は近年益々利用されるようになっている。ただし,ゼブラフィッシュは依然として機能未知の(アノテーションの付かない)遺伝子が多く,たとえば興味深い遺伝子をスクリーニングできても,その後リバースジェネティクスにより機能を推定しなければならないこともある。また,ゼブラフィッシュのDNAマイクロアレイは海外のメーカーからオリゴDNAマイクロアレイが市販されているが,筆者らはハウスメイドのcDNAマイクロアレイおよびオリゴDNAマイクロアレイを開発しており,それらを用途によって使い分けている。

コンビナトリアル・バイオエンジニアリングの最前線

(3) 局在性解析技術

体全体，器官，あるいは組織内において目的の遺伝子やタンパク質が三次元的にどの位置でどの程度発現しているかを知ることは，その遺伝子やタンパク質の機能を推定するうえで非常に重要な情報になる。以下に，その代表的な解析方法を紹介する。

① *in situ* 染色法（mRNA）

in situ ハイブリダイゼーション法と呼ばれ，目的のmRNAの局在性を調べるのに多くの生物種で利用されている。本法は，化学的にはノーザンブロットと同様の方法であり，検出したいmRNAに対して相補的なアンチセンスプローブを *in vitro* で合成し，このプローブがターゲットmRNAにハイブリゼーションして可視化される。また，プローブには市販の特異的な抗体で認識できるジゴキシゲニン（DIG）などの化学的基質が含まれている。ゼブラフィッシュでは，初期胚mRNAのホールマウント *in situ* ハイブリダイゼーションが盛んに行われており，専用の自動ハイブリダイゼーション装置も販売されている。

② *in situ* 染色法（タンパク質，その他）

免疫染色法と呼ばれ，目的のタンパク質を検出するのに利用されている。すなわち，適当なアジュバンドともに動物を免疫することにより，ほとんどのどのようなタンパク質や糖分子に対しても抗体を作成することができる。本法の測定原理は，抗原に一次抗体をハイブリダイズさせた後，色素などでラベルした二次抗体で検出するものである。このように，*in situ* ハイブリダイゼーション法および免疫染色法のいずれにおいても，プローブまたは抗体と標識色素の種類を使い分けることで一度に数種類のターゲットを検出することも，mRNAとタンパク質の局在を同時に観察することも可能である。

③ レポーターアッセイ

レポータータンパク質をモニタリングすることで，興味のあるタンパク質の生体内での挙動を確認することが可能である。最近のゼブラフィッシュ研究では，レポータータンパク質としてβ-ガラクトシダーゼなどの酵素タンパク質よりも，生きたまま観察できる緑色蛍光タンパク質（GFP：Green Fluorescent Protein）などが繁用されている。さらに，GFPのコード領域に様々な改良を加えて色を変えたものやDsREDと呼ばれる赤色蛍光タンパク質も利用できるようになった。また，観察したいタンパク質をコードする遺伝子にGFP遺伝子を連結したコンストラクトをマイクロインジェクション法により導入することで，生体内で融合タンパク質が翻訳され，タンパク質の局在や挙動を観察できるようになる。さらには，GFPによるレポーターアッセイの応用範囲は広く，調べたいタンパク質のプロモーター領域や非翻訳領域と連結すれば目的タンパク質の時間的・空間的な局在情報を得ることができる。

第12章 ゼブラフィッシュ系

(4) 遺伝子の導入・改変技術
① トランスジェニック技術

ゼブラフィッシュへの遺伝子導入法としては，1～2細胞期の初期胚へのマイクロインジェクション法が繁用される。マイクロインジェクション法は簡便で，導入したい遺伝子の一部または全長を適当なプロモーターに繋いで調製したプラスミドDNAや*in vitro*で転写したmRNAを，ガラスキャピラリーによって初期胚の細胞質へ微量注入するだけである。一方，発現までの時間は，プラスミドDNAをインジェクションした場合は繋いだプロモーターに依存するが，mRNAの場合はインジェクション後数時間でタンパク質の発現が認められる。さらに積極的な遺伝子導入としては，Caged化合物により不活性化したRNAを受精卵にインジェクションしておき，長波長の紫外線を照射することにより，RNAを活性化状態に変えて任意の時間と場所で目的の遺伝子を翻訳させることができる[3]。また同様に，ヒートショックプロテインのプロモーターの下流に発現させたい遺伝子を連結したDNAコンストラクトを導入し，発現させたい場所にレーザーを照射することで，目的の遺伝子を発現させる方法もゼブラフィッシュで報告されている[4]。一方，マイクロインジェクション法以外の遺伝子導入法としては，エレクトロポレーション[5]やウイルスベクター[6]を用いた方法がメダカやゼブラフィッシュで報告されている。

② ノックダウン技術

ゼブラフィッシュの遺伝子ノックダウン法として，アンチセンスRNA法，Morphorinoアンチセンスオリゴ法，RNAi法などが利用できる。いずれの方法もターゲットmRNAに対する相補鎖を特異的にハイブリダイズさせることを利用しており，ノックダウンの程度はその配列設計に大きく依存する。アンチセンスRNA法ではターゲットmRNAへの特異性や機能阻害の程度はそれほど高くないが，市販の*in vitro* mRNA合成キットを用いて5′端にキャップ構造の付いたアンチセンスmRNAを合成でき，比較的安価な方法である。Morphorinoアンチセンスオリゴ法は，ターゲットmRNAへの特異性が高く，生体内での耐分解性能も高いため，マイクロインジェクションするだけで簡単にノックアウトに近い状態を作り出すことができる。この技術はもともと医療のために開発されたものであるが，発生学に応用され，ゼブラフィッシュをはじめ，ウニ，カエル，マウスなどにも使われるようになった[7]。RNAi法は，ゼブラフィッシュにおいて最近利用できるようになったばかりで知見は少ない。しかしながら，siRNA発現ベクターを用いることで恒常的なノックダウンを実現できるため，今後期待される技術である。

③ ヒト型モデルフィッシュ

ゼブラフィッシュはヒト遺伝子のオーソログを多く保有している。そのため，ヒトにおいて疾患関連遺伝子が判明すれば，上述の遺伝子導入・改変技術によって比較的容易にヒト疾患モデルフィッシュを創作できる。疾患モデルは機能ゲノミクスを研究するのに有用なだけでなく，ゲノ

ム創薬の分野でも疾患モデルフィッシュとコンビナトリアル・バイオケミストリーの技術を組み合わせて，新規薬物のパワフルなスクリーニングシステムを構築することができる．

3.3 新しいプラットホームにおける機能ゲノミクス研究

アレイテクノロジー，ナノテクノロジー，コンビナトリアル・バイオテクノロジーなどの新しい技術工学の登場は，生命科学に斬新なプラットホームを提供し，数年前には考えられなかったようなスピードでの機能ゲノミクス研究を実現しつつある．図1にハイスループットかつ網羅的な機能ゲノミクス研究を可能にする新しいゼブラフィッシュの機能ゲノミクス研究の展開を示した．すなわち，新しい機能ゲノミクス研究では，従来の解析方法を高速化させたことに加えて，ゼブラフィッシュを分子ツールとして利用する目的指向型の研究戦略の展開が期待される．

3.3.1 エンブリオアレイの登場

新しい技術工学を基盤とするハイスループットな機能ゲノミクス研究では，ゼブラフィッシュに勝るモデル生物はこれまでのところ見あたらない．その最大の理由として，脊椎動物であるに

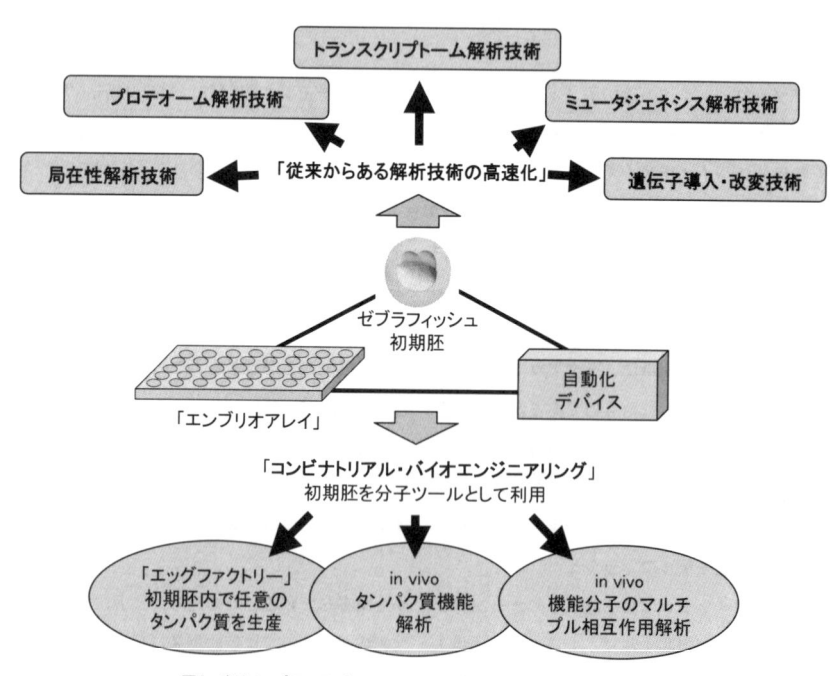

図1 新しいプラットホームにおける機能ゲノミクス研究の展開

第12章 ゼブラフィッシュ系

もかかわらず初期胚を丸ごとアレイングしたエンブリオアレイを実現できることが挙げられる。すなわち，ゼブラフィッシュの初期胚は直径0.9〜1mm前後，湿重1mgの分離性沈下卵で，薄くて丈夫な卵膜に覆われていて非常に扱いやすい。また，初期胚の実験容器には市販の386プレートが使用可能で，各ウェルで独立した実験を同時平行的に行うことができ，DNAマイクロアレイによるトランスクリプトーム解析も卵1個から行うことが可能である。なお，同じ小型魚類のメダカの初期胚は，付着性沈下卵で極めてハンドリングが悪く，産卵数も少ないためハイスループットな解析手法には向いていない。一方，アレイテクノロジーはこれまでに核酸，ペプチド，タンパク質，培養細胞などのアレイングを実現し，コンビナトリアルテクノロジーと連携させることで，様々な in vitro アッセイ系で解析速度を著しく加速させた。エンブリオアレイでは，コンビナトリアル・バイオエンジニアリングとの連携によって，より包括的な生命情報が得られる in vivo アッセイ系でのハイスループットアッセイを可能にすることが期待される。

3.3.2 実験デバイスの開発

いかなる実験系においても，実験量はその中で最も遅い段階に律速されるため，ハイスループットな実験系を構築するためには，実験系全体でバランス良くスループットを向上させる必要がある。ゼブラフィッシュは実験動物としての多産性がハイスループットに応用され，機能ゲノミクス研究に非常に有利であることは述べたが，これまでの解析手法をそのまま利用していたのではそのアドバンテージを有効に活用できない。そこで，著者らはハイスループットな機能ゲノミクス研究を目指した様々なデバイスを開発しているので紹介する。

① 受精卵高効率生産システム

ゼブラフィッシュの飼育・採卵システムを独自に設計して大量の初期胚をコンスタントに調達することに成功した（図2-A）。わずか9m^{2}の占有面積で常時10,000個/日以上の受精卵の生産

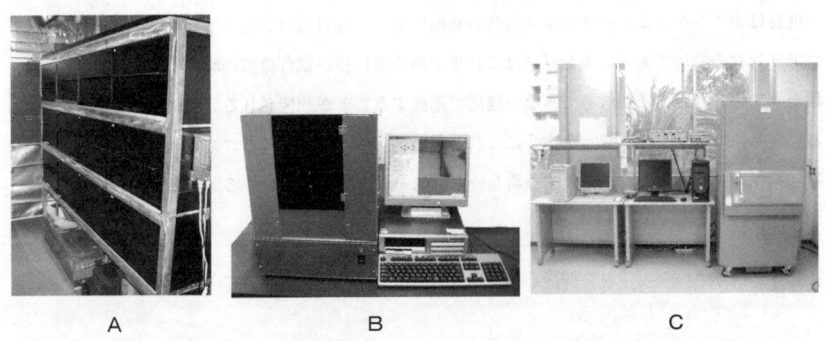

図2 ハイスループット機能ゲノミクス研究を可能にする実験デバイスの開発
A 受精卵高効率生産システム，B 自動マイクロインジェクション装置，C 統合型自動生体画像撮影装置

が可能で,従来法に比べて5倍以上の生産能力と大幅な省力化を達成している。

② 自動マイクロインジェクション装置

手技によるマイクロインジェクションは,時間や労力がかかるうえに,術者の技量に結果が大きく左右されていた。そこで,熟練の術者と同等の処理能力を持つ自動インジェクション装置を開発した(図2-B)。本装置は,多穴プレートに収容した受精卵に自動的にマイクロインジェクションを行うことができる。さらに,監視用に備え付けたCCDカメラはインジェクション後の発生過程のリアルタイム観察用にも流用することができ,顕微鏡下で一個体ずつ観察する煩わしさを解消している。さらなるハイスループット化を目指して,卵の自動分注技術の開発も行っている。

③ 統合型生体画像撮影装置

初期胚を効率よく詳細に観察するための統合型画像撮影装置を開発した(図2-C)。本装置は可視光視野撮影装置,蛍光視野撮影装置,および軟X線視野撮影装置を1つの筐体にコンパクトに収めた装置で,多穴プレートに収容した初期胚を自動的に3視野で撮影し,各視野の画像に加えて,異なった視野の画像を重ね合わせた合成画像を出力できる。

④ DNAマイクロアレイ

ゼブラフィッシュ初期胚から調製したユニークなcDNAを約5,500クローン搭載したcDNAマイクロアレイと,約16,000遺伝子の市販ゼブラフィッシュオリゴDNAを購入してオリゴDNAマイクロアレイを作製した。また同時に,ゼブラフィッシュ初期胚に特化したDNAマイクロアレイアッセイ法を確立した。

3.4 おわりに

機能ゲノミクス研究において大きなパラダイムシフトが立て続けに二回も起ろうとしている。一度目はポストゲノムシークエンス時代の幕開けで,二度目はコンビナトリアル・バイオエンジニアリングの登場である。生命科学はこれまでの非常に長い試行錯誤の時代から,今世紀には人類史上初めて経験する想像もできない速度で進展することが想像される。機能ゲノミクス研究においても,ゼブラフィッシュを中心にこれからはエンブリオアレイとコンビナトリアル・バイオエンジニアリングを基盤技術とする新しい研究大系にシフトしていくことが期待される。

第12章 ゼブラフィッシュ系

文　献

1) Zebrafish Issue, *Development*, 123, 1-416 (1996)
2) Jesuthasan, Genetics and development. Zebrafish in the spotlight, *Science*, 30, 1484-5 (2002)
3) Ando *et al.*, Photo-mediated gene activation using caged RNA/DNA in zebrafish embryos, *Nat. Genet.*, 28, 317-325 (2001)
4) Halloran1 *et al.*, Laser-induced gene expression in specific cells of transgenic zebrafish, *Development*, 127, 1953-1960 (2000)
5) Inoue *et al.*, Electroporation as a new technique for producing transgenic fish, *Cell Differ Dev.*, 29, 123-8 (1990)
6) Linney *et al.*, Transgene Expression in Zebrafish: A Comparison of Retroviral-Vector and DNA-Injection Approaches, *Dev. Bio.*, 213, 207-216 (1999)
7) Summerton *et al.*, Morpholino and phosphorothioate antisense oligomers compared in cell-free and in-cell systems, *Antisense Nucleic Acid Drug Dev.*, 7, 63-70 (1997)

第13章 システムバイオロジーとコンビナトリアル・バイオエンジニアリングの融合
－コンビナトリアル・システムエンジニアリングにむけて－

齊藤博英[*1], 芝　清隆[*2]

1　はじめに

　1993年，雑誌Scienceに興味深い論文が掲載された。それは，完全にランダムな配列から構成されるRNAプールから出発して，わずかな活性RNAの選択と増幅といったサイクルを繰り返すことから，高活性RNAリガーゼの試験管内進化に成功したという報告であった[1]。8年後の2001年には，このRNAリガーゼは，さらに鋳型RNAに依存して相補鎖を伸長できる原始RNAレプリカーゼにまで進化した[2]。当時生命の起源と人工RNA酵素の触媒機能の関連[3]について研究していた筆者（齊藤）は，衝撃とともにこれらの論文を読んだ。現在このような，配列多様性集団から目的の機能性分子を選択するコンビナトリアル・バイオエンジニアリングは，様々なディスプレイ法と融合することで核酸，ペプチド，タンパク質の人工創製分野で大活躍しているのは周知の事実である。

　このようなコンビナトリアル・バイオエンジニアリングとは独立して，近年「システムバイオロジー」（Systems Biology）と呼ばれる分野に注目が集まっている。システムバイオロジーは，文字どおり「生命をシステムとして理解する」ことを目指している。近年のDNAマイクロアレイなど網羅的解析技術の進展に伴い，生命工学や医療での重要性が指摘されている新しい学問分野である。

　これまで，コンビナトリアル・バイオエンジニアリングとシステムバイオロジーの接点を議論した解説はなかった。しかしながら筆者らは，システムバイオロジーの成功には，コンビナトリアル・バイオエンジニアリング的なアプローチの導入が不可避であると考えている。さらに近い将来には，両者が融合した「コンビナトリアル・システムエンジニアリング」ともよぶべき新しい分野が出現することはまちがいないと考えている。こう考えるにいたった理由を，システムバイオロジーの特徴を紹介しながら説明していきたい。

---

*1　Hirohide Saito　㈶癌研究会　癌研究所　蛋白創製研究部　日本学術振興会
　　　　　　　　　　特別研究員　SPD
*2　Kiyotaka Shiba　㈶癌研究会　癌研究所　蛋白創製研究部　部長

第13章　システムバイオロジーとコンビナトリアル・バイオエンジニアリングの融合

2　システムバイオロジーのボトムライン

　90年代後半にシステムバイオロジーという言葉が，ソニーコンピューターサイエンス研究所の北野宏明博士により提唱された。以来，世界中でこの新分野の重要性が認知され，大規模な研究体系が整備されつつある。例えばハーバード大学では昨年Department of Systems Biologyが新設され，物理学，生物学，情報科学など様々な背景を持つ研究者が集結している（http://sysbio.med.harvard.edu）。システムバイオロジーの詳しい概念，歴史などは他の詳説[4~6]を参照していただきたいが，ここでは簡単にその基本戦略に触れてみたい。

　生命のシステムとしての統合的な理解は，もちろん分子生物学の初期段階からの大きな目標であった。例えばモノー（Monod J.）らは，1960年代に遺伝子回路に内在する様々な特性を有するフィードバックループが，遺伝子発現系の制御に重要な役割を果たす可能性を指摘している[7]。しかしながらネットワークを構成する因子（遺伝子やタンパク質）の同定さえもままならぬ時代であったわけであるから，システム的な理解を目指すには時期尚早であったといえるであろう。ヒトゲノムの解読に端を発した網羅的な遺伝子，蛋白質ネットワークの解析技術が急速に進展している現在，数十年来の分子生物学の大きな目標にようやく取り組む準備が整ったともいえる。

　現在，シグナル伝達系や疾病に関わる多くの重要な遺伝子の生化学的，遺伝学的なネットワーク地図が急速に解明されつつある。それでは，このネットワーク地図が明らかにされることで，生命システムを理解したことになるのであろうか？　もちろん，ネットワークに関わる新しいプレーヤーを発見していくことや，それらの相互作用を明らかにしていくことも大切であるが，それだけでは地図が複雑になるだけであって生命を理解することにはならない。登場人物だけで小説のストーリーを推し量ることが困難なように，新規遺伝子，タンパク質の網羅的解析のみでは，生命の統合的理解は望めない。それでは，システムバイオロジーは網羅的解析と，どこが本質的に違うのか？　システムバイオロジーを支える研究を次の4つにまとめてこの点を考えてみる（図1）。

　(1)システム構造の描出。システムバイオロジーの前提となるのは，まぎれもなくゲノム解析やマイクロアレイなど網羅的な研究である。ネットワークの構成因子である遺伝子，タンパク質を同定し，これら因子間の相互関係を生化学的，遺伝学的手法で描き出し，ネットワークの全体像をつかむ，いわばネットワークパズルのピースを埋めていく作業である。当然ピースの数が多いほど，より正確なネットワーク全体像が得られる。ただし，注意していただきたいのは，マイクロアレイなどに代表される遺伝子，タンパク質の網羅的解析をシステムバイオロジーと同義に扱う論理をしばしば目にするが，網羅的解析はシステムバイオロジーの手段にすぎず，これをシステムバイオロジーの目標と考えるのは大変な誤解である。

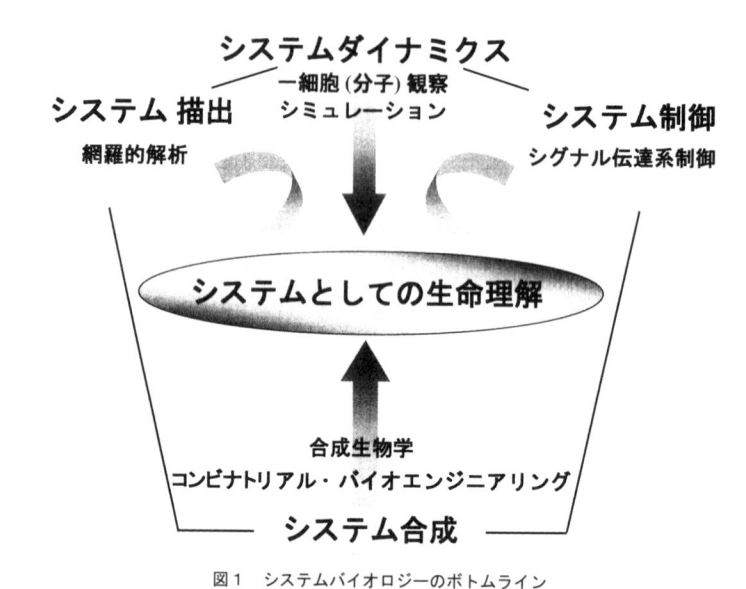

コンビナトリアル・バイオエンジニアリングの最前線

```
        システムダイナミクス
          一細胞（分子）観察
システム描出   シミュレーション    システム制御
  網羅的解析                    シグナル伝達系制御
       ↘        ↓        ↙
         システムとしての生命理解
              ↑
           合成生物学
        コンビナトリアル・バイオエンジニアリング
            システム合成
```

図1　システムバイオロジーのボトムライン

システムバイオロジーを支える4つの研究手法。コンビナトリアル・バイオエンジニアリングは，システム合成で重要な役割を果たす。

(2)システムダイナミクスの解析。(1)はどちらかといえばシステムの静的な構造の解析であり，本来動的であるシステムのスナップショット的な描出である。(2)のダイナミクスの解析では，遺伝子，タンパク質の時空間的な発現，局在パターンの変化を観察し，システムの動的な構造を捉えることを目的とする。道路地図に例えると，(1)は，地図上の信号の位置や車の種類を同定することであり，(2)は，交通量の時間変化を理解するということにつながる。ここでも時系列を考慮したマイクロアレイなどの網羅的研究が有効である。しかしながら遺伝子発現のダイナミクスを正確に捉えるためには，これまでの分子生物学でとられてきたような細胞の集団としての動きを評価しただけでは不十分である。時には一細胞レベルあるいは一分子レベルでタンパク質の動きを観察することが極めて重要となってくる。一細胞（分子）観察では，集団として観察した時には隠れてしまう重要なダイナミクスが見えてくる。例えば，癌抑制因子であるp53は，DNA損傷の強度に依存してその発現量を上昇させ，ダメージをうけた細胞の増殖を停止すると考えられていた。しかしながらイスラエルワイズマン研究所のアローン（Alon U.）らは，個々の細胞でp53発現量の時間依存変化を詳しく解析した。するとp53の発現は実は振動するパルスとして観察され，しかもDNA損傷に依存してパルスの数が上昇した。彼らは，デジタルなパルス数の変化が

第13章 システムバイオロジーとコンビナトリアル・バイオエンジニアリングの融合

細胞運命決定に関わる可能性を提案している[8]。従来の細胞集団の観察では見えてこなかった,システムバイオロジーならではの新しい発見として注目を集めている。ダイナミクスの解析には,しばしば計算機によるシミュレーション技術が利用される。ここでも避けたいことは,シミュレーションをシステムバイオロジーと同義に扱う大きな誤解である。システムバイオロジーは計算機シミュレーションを道具として扱うが,それそのものが目的ではない。

(3)システムの制御。(1),(2)の研究からシステムの静的,動的構造の理解と記述が完了するわけであるが,導き出した結論の検証のために,次のステップとしてシステムを積極的に制御する実験がおこなわれる。導き出した結論が正確であればある程,制御の自由度が高いことが期待できる。このようなシステム制御の研究は,そのまま遺伝子ネットワークを目的の方向に動かす,という生命工学的な応用研究につながる。ある種の癌細胞では通常のシグナル伝達回路が作用せず,自発的細胞死(アポトーシス)が誘導できない場合が知られているが,そのような異常シグナル伝達回路を正常回路に改変することなどもめざされる。また,信号伝達や細胞周期システムそのものが,外的及び内的なノイズに対してある程度のロバストネス(頑健性)をもつことが近年のシステムバイオロジー研究から明らかにされてきている。そこで癌をロバストなシステムとして捉え,そのシステム特性に基づいた治療戦略をたてる重要性も近年北野により提唱されている[9]。すなわち,従来の戦略では,あるターゲットタンパク質に特異的に作用して癌化を抑えるといった分子標的薬剤の開発が目指されるのに対し,システムバイオロジー的戦略では,癌細胞に特有のロバストネスに寄与する因子(抗癌剤耐性を促進するフィードバックループや冗長的な回路構造など)を同定し,そのシステムレベルでの制御に基づいた薬剤開発(Systems-Based Drug Discovery)に重点をおくことになる。

(4)システムの合成。ネットワークの*de novo*デザインとも考えられ,蓄積した知識をもとにネットワークを人工的に合成することが目標である。この研究は,ボトムアップに生命システムを再構成する「合成生物学」(Synthetic Biology)[10,11]にも包含され,コンビナトリアル・バイオエンジニアリングとの接点につながる重要なアプローチである。したがって以下に詳しく述べてみたい。

3 合成遺伝子回路

2000年,雑誌Natureに合成遺伝子回路に関する2報の論文が続けて発表された[12,13]。これらは,ネットワークの人工合成に関する先駆け的論文であり,現在も最重要な論文の一つとして位置づけられている。

二つのタンパク質が相互に相手のプロモーターに作用して,互いの発現を抑制しあう二重のネ

ガティブフィードバックループ (Double negative feedback loops) を形成する場合，系はどちらかの遺伝子の発現がONまたはOFFとなる二値的な双安定システム (Bistable System) を形成することが理論的に知られている (図2A)。ボストン大学のコリンズ (Collins J.J.) らのグループは，遺伝子工学で基本的に用いられる大腸菌のLacリプレッサーとトランスポゾンTn10のTetリプレッサーを利用して，実際の大腸菌に合成した二重のネガティブフィードバックループ回路を導入した。遺伝子発現の入力をIPTGで，出力をGFPでモニターした結果，この大腸菌はトグルスイッチのように，一度スイッチがONになれば入力であるIPTGを取り除いてもその状態を維持できることがわかった[12]。

またロックフェラー大学のライブラー (Leibler S.) らのグループは，じゃんけんのグー，チョキ，パーの関係にあたるような三つのタンパク質が相互に相手のプロモーターに結合し，その発

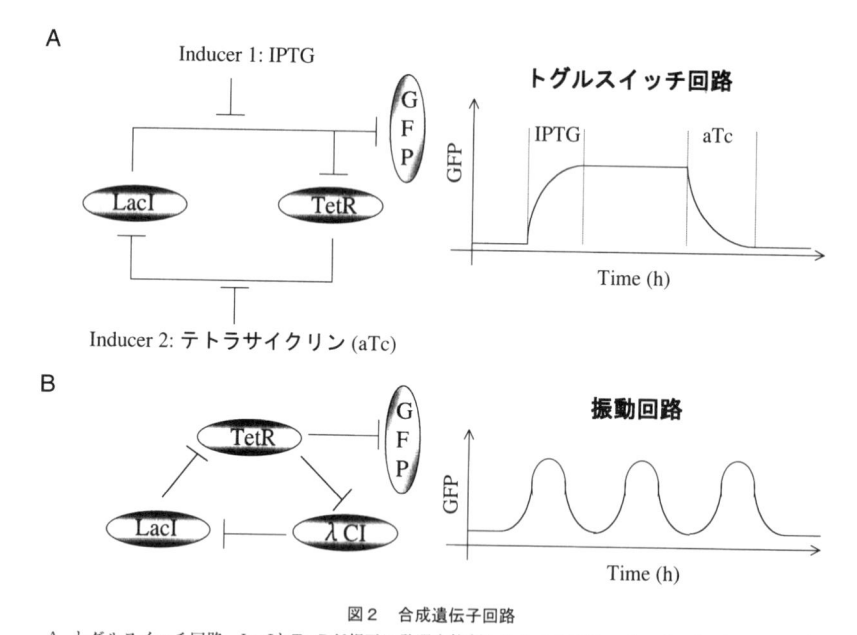

図2 合成遺伝子回路
A. トグルスイッチ回路。LacIとTetRが相互に発現を抑制しあう二重のNegative Feedback loops回路を大腸菌に導入した。入力をIPTG，無水テトラサイクリン(aTc)で，出力をGFPでモニターした結果，この大腸菌は"トグルスイッチ"のように，IPTGを加えてGFPの発現をONにすると，たとえIPTGを取り除いてもaTcを加えるまでGFPの発現を維持することがわかった。
B. 振動回路。TetR, LacI, λCIが相互に発現を抑制しあう回路を大腸菌に導入し，出力をGFPでモニターした。GFPの発現は"振動子"のように，時間とともにある程度の規則性をもって振動した。

第13章 システムバイオロジーとコンビナトリアル・バイオエンジニアリングの融合

現を抑制しあう遺伝子回路を大腸菌に導入した（図2B）。単一細胞で出力としてのGFPの発現モニターした結果，GFPの発現量は規則的に振動することが明らかになった[13]。回路のもつ特性としてこのような遺伝子の挙動は理論的に予測されていたが，実際の生物を利用して実験的に検証したのはこれらが最初の報告である。

4 遺伝子回路のコンビナトリアルエンジニアリング

上記二つの例は，遺伝子回路の合理的デザインである。もちろん，合理的にシステムのデザインができるにこしたことはないが，実際には遺伝子発現のノイズや制御因子相互作用の強弱により，合理的にデザインした回路が常にねらった通りの挙動を示すとは限らない。ましてや，ネットワークの構成因子の数が増えてくると，合理的なデザインはますます難しくなってくる。ここで威力を発揮するのがコンビナトリアル・バイオエンジニアリングのアプローチである。

2002年ライブラーらのグループは，LacI，λCI，TetRの遺伝子をこの順序でプラスミドに挿入し，それぞれの上流に5種類のプロモーターをコンビナトリアルにシャフリングした計$5^3 =$ 125種類のネットワークプラスミドを構築した[14]（図3上）。入力にIPTGと無水テトラサイクリン（aTc）を利用し，出力をGFPの発現でモニターした結果，それぞれの大腸菌が，二つの入力に対してAND，OR，NANDなどのいろいろな回路特性に基づいてGFPの発現を制御することを見出した。興味深い事実は，同じ回路トポロジーをもつ大腸菌であっても，使用するコンポーネントが異なれば二つの入力に基づいたGFPの発現パターンに顕著な違いがみられたことだ（図3下）。これらの挙動は理論的には予測できないものであり，コンビナトリアルなネットワーク構築の有効性を示した。

また，カルフォルニア工科大学のアーノルド（Arnold FH.）らのグループは，タンパク質進化実験で用いられるdirected evolutionの技術を遺伝子ネットワークの進化に利用している[15]（図4）。アーノルドらは，まず入力であるIPTGに依存してYFPの発現を制御できる遺伝子回路をデザインした。しかしながら最初にデザインした遺伝子回路ではλCIの遺伝子発現に"もれ"が生じたために，IPTG非存在下でもYFPの発現が抑制される結果となった（図4上）。そこで彼らはλCIに変異を導入し，選択圧をかけることでIPTGに依存してYFPの遺伝子発現を制御できる回路に進化できるかどうかを検討した。結果は再びYesであり，directed evolution技術の遺伝子ネットワーク進化への適用を示した（図4下）。いずれの研究も，合理的なデザインでは予測不可能な部分をコンビナトリアルエンジニアリングの手法で補うといった戦略をとっている。複雑なシステムを創製する場合に，いかにコンビナトリアルエンジニアリング的アプローチが重要であるかがわかる。

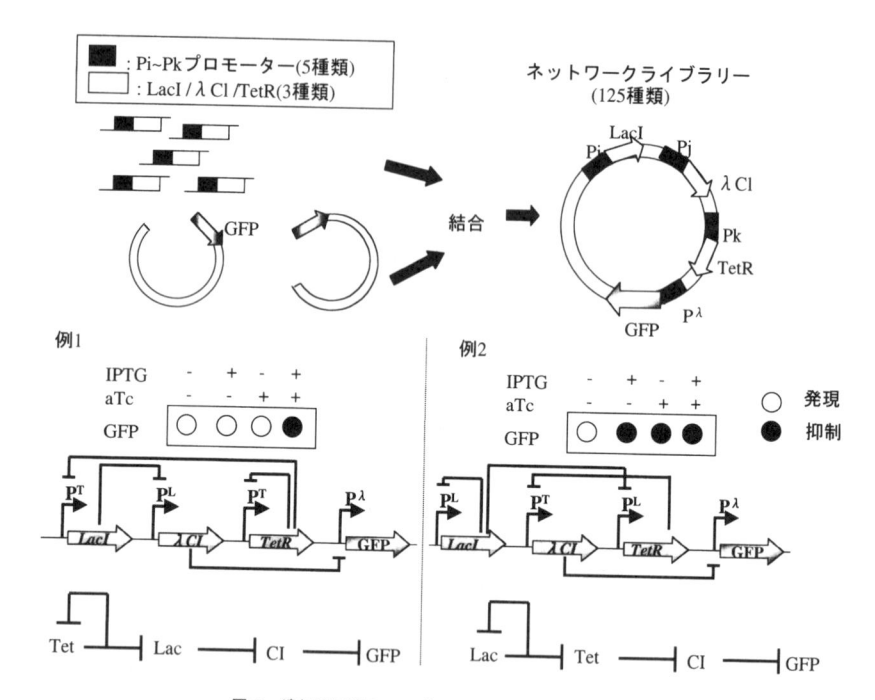

図3 遺伝子回路のコンビナトリアルエンジニアリング

LacI，TetR，λCIをこの順序でプラスミドに挿入し，それぞれのプロモーターには，コンビナトリアルに5種類のものから選択した計125種類のネットワークプラスミドを構築した。入力に応じて様々な挙動を示す大腸菌が得られたが，回路特性からは，それらの性質は予測できない。

5　人工タンパク質を利用した細胞死誘導回路の制御

最後に，筆者らの研究を紹介しておこう。プログラムされた細胞死誘導回路（アポトーシス）は，細胞の分化，あるいはガン化抑制にもからんだ，極めて重要な生物システムの一つである。アポトーシスには，ミトコンドリアを中心とする経路が重要な役割をもつことが既に報告されている[16]。このミトコンドリア経路で誘導されるアポトーシスの場合，「アポトーシス抑制タンパク質群」（Bcl-2やBcl-xlなど）と「アポトーシス促進タンパク質群」（BaxやBH3-onlyタンパク質など）の微妙なバランスの上に，ミトコンドリアからのチトクロームcの遊離を介したアポトーシス制御がおこなわれている[16]（図6A）。このバランスが崩れることにより，例えばアポトーシスが抑制され，細胞をガン化に導くことがある。また逆に，アポトーシス促進に傾いたために生じる疾患も数多く存在する。例えばアルツハイマー病に代表される中枢神経系の変性疾患では，

第13章　システムバイオロジーとコンビナトリアル・バイオエンジニアリングの融合

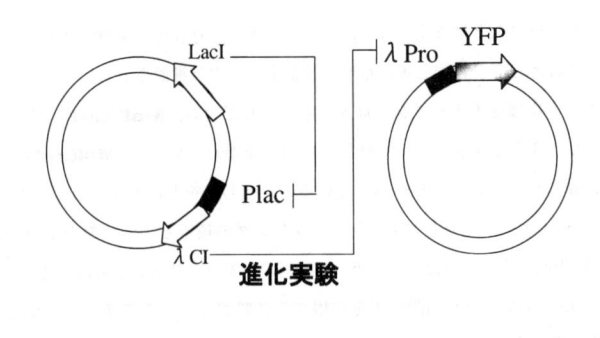

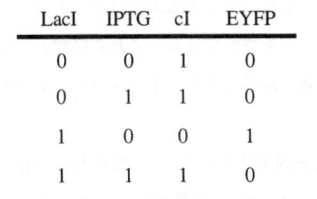

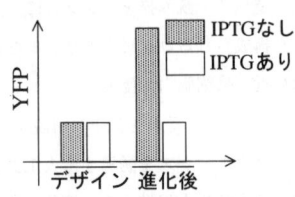

LacI	IPTG	cI	EYFP
0	0	1	0
0	1	1	0
1	0	0	1
1	1	1	0

図4　遺伝子回路のDirected Evolution
入力IPTGに応じて出力YFP発現のON/OFFを調節するプラスミドをデザインしたが，この回路では λCIの発現にもれが生じたため，IPTG非存在下でもYFPの発現を抑制した．λCIのDirected Evolution を試みた結果，目的の挙動を示す大腸菌クローンが得られた．

アポトーシスの過剰亢進が神経細胞の脱落を誘起する[17]．これらの疾患に対するシステムバイオロジー的な治療戦略としては，アポトーシスのシグナル伝達ネットワークを，疾患に応じてアポトーシス促進方向あるいはアポトーシス抑制方向へと誘導する，システム制御およびシステム合成が考えられる．

筆者らは，アポトーシス制御タンパク質で保存された短いペプチドモチーフに着目し，これらをコンビナトリアルに組み合わせることから人工シグナルタンパク質（Craft・kine）を創製する研究を進めている[18]（ここでモチーフ配列とは，機能に関連づけられた短いペプチド配列を意味する．特定の二次構造をもたないペプチドも含む点でモジュールやドメイン配列とは異なる）．アポトーシス制御タンパク質群に属するBcl-2ファミリーは，BH1-BH4モチーフと呼ばれる短いモチーフ配列を内在しており，BH3モチーフはアポトーシス促進に，BH4モチーフはアポトーシス抑制に重要であると考えられている[16]．しかしながら，促進タンパク質群から取り出したBH3モチーフには，アポトーシスを誘導しないものがあり，BH4モチーフをもつタンパク質にもアポトーシス抑制能をもたないものがある．これらの事実を考慮すると，一概にBH3が促進，BH4が

抑制活性をもったモチーフだとは考えられず，モチーフ周辺に存在する配列やモチーフ配列の組み合わせがタンパク質としての機能発現に重要な役割を果たすと推測される。

筆者らは，このような機能モチーフをブロック単位として用い，**MolCraft**[19,20]とよぶ手法を用いてコンビナトリアルなライブラリーを作製する研究を進めている。（**MolCraft**の詳細については，本書第3編8-1[21]に詳しく述べられているのでそちらを参照していただきたい。）本手法が従来のDNAシャッフリングやドメインシャッフリングの技術と大きく異なる点は，以下の3点である。(1)配列相同性を全く持たないモチーフ配列のシャッフリングが可能である，(2)シャッフリングのためにDNAリガーゼや制限酵素を利用する必要がなく，1ステップで反応が完成する，(3)人工遺伝子の読み枠をランダムに変換させることで，三つの読み枠にコードされたモチーフ配列から構成されるコンビナトリアルなライブラリーを作成できる。これら研究の一環として，筆者らは最近，癌細胞内へ侵入し，アポトーシスを強く誘導できる人工タンパク質を創出することに成功した[22]ので，それを以下に解説する。

癌細胞にアポトーシスを誘導する人工タンパク質を創製するためには，「細胞内へ自動的に侵入し，細胞死誘導活性を促進する」機能が要求される。よって，「細胞内侵入モチーフ」と「アポトーシス誘導モチーフ」を一つのマイクロ遺伝子に組み込んだ。さらにそれらのモチーフをコードする翻訳読み枠の別の読み枠には，人工タンパク質の構造安定化のために「αヘリックス形成能力」をもつペプチド配列が発現するようにマイクロ遺伝子を設計した（図5）。このようにして設計されたマイクロ遺伝子を重合することで，三つの読み枠がランダムに発現する繰り返し配列に富んだ人工タンパク質が得られる。これらコンビナトリアルに合成された重合体のうち1つの人工タンパク質（#284）は，乳癌細胞株の培地に加えることで効果的に細胞内へ侵入し，かつアポトーシスを誘導できた[22]。興味深いことに，「細胞内侵入モチーフ」と「アポトーシス誘導モチーフ」を単純に結合した合成ペプチドや，配列をもちながらあるコンテクストで存在しているものでは，細胞死誘導活性は観察されなかった。このことは，単に天然のモチーフ配列を連結するだけでこれらの機能がうまく発現するわけではなく，人工タンパク質上にある配置で存在することにより初めて多機能性人工タンパク質ができることになる。どのような配置が必要条件なのかは今のところ合理的に予測できないので，コンビナトリアルにいろいろ作製してそのなかから選ぶといったアプローチが重要である[22]。

筆者らは本手法をさらに発展させ，人工遺伝子のランダムな読み枠の変化に依存せずに複数種のモチーフ配列をシャッフリングし，コンビナトリアルな人工タンパク質として発現できる"モチーフシャッフリング"技術を新しく開発した。現在この技術を応用して，細胞死誘導モチーフと促進モチーフをシャッフリングした遺伝子集団から，細胞死誘導回路の自在な制御を可能にする多機能性人工タンパク質を創製することを試みている（図6B）。

第13章　システムバイオロジーとコンビナトリアル・バイオエンジニアリングの融合

ペプチドモチーフの選択

細胞内侵入モチーフ (HIV Tat)：Y G R K K R R Q R R R
アポトーシス誘導モチーフ (BH3)：L R R F G D K L N
　　　　　　　　　　　　α-helix：R M A A R N A A N A A A

⬇

マイクロ遺伝子のデザイン

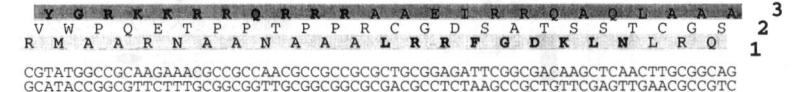

```
 Y G R K K R R Q R R R A A E I R R Q A Q L A A A    3
V W P Q E T P P T P P R L R D S A T S S T C G S    2
R M A A R N A A N A A A L R R F G D K L N L R Q    1
CGTATGGCCGCAAGAAACGCCGCCAACGCCGCCGCGCTGCGGAGATTCGGCGACAAGCTCAACTTGCGGCAG
GCATACCGGCGTTCTTTGCGGCGGTTGCGGCGGCGCGACGCCTCTAAGCCGCTGTTCGAGTTGAACGCCGTC
```

⬇　　マイクロ遺伝子重合反応

モチーフから構成される人工タンパク質ライブラリー

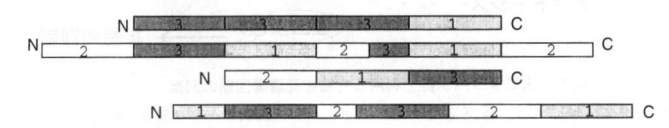

N ▬▬ 3 ▬▬ 3 ▬▬ 3 ▬▬ 1 ▬▬ C
N ▬ 2 ▬ 3 ▬ 1 ▬ 2 ▬ 3 ▬ 2 ▬ C
N ▬▬▬ 2 ▬▬▬ 1 ▬▬▬ C
N ▬ 1 ▬ 2 ▬ 3 ▬ 2 ▬ C

図5　MolCraftによる人工シグナルタンパク質の創出

アポトーシス誘導型人工タンパク質創製のために，"細胞内侵入モチーフ"としてHIV Tatタンパク質の形質導入モチーフを，"アポトーシス誘導モチーフ"として，human NoxaタンパクのBH3モチーフを利用した．異なる読み枠にα-ヘリックス性の配列が生じるようにマイクロ遺伝子をデザインした．デザインしたマイクロ遺伝子を塩基欠損や変異を導入しながら重合し，その重合体を翻訳することで，三つの読み枠がランダムに発現するコンビナトリアルな人工タンパク質ライブラリーが得られる．

6　今後の展望

コンビナトリアル・バイオエンジニアリングとシステムバイオロジーの融合研究が目指す究極の目標は，「試験管内システム進化系の確立」である．冒頭に掲げたような自己複製につながる人工RNA酵素の試験管内進化は意義深い研究であるが，それだけではシステムとして機能する生命を創り出すことはできない．すなわち，一つの化学反応条件に基づいて選択された人工RNA分子と，分子間の相互作用を内在し，システムとして機能する実際の生命との間には大きな隔たりが存在する．生命は分子ではなく，分子と分子の関係性が生み出すシステムから出発したのである．遺伝子ネットワークをその機能に基づいて選択できる「コンビナトリアル・システムエンジニアリング」の技術が確立されれば，「遺伝子ネットワークが環境に応じて進化できるのか？」という問題や，「単純なネットワークからより複雑なネットワークへの進化」を実験室で再現す

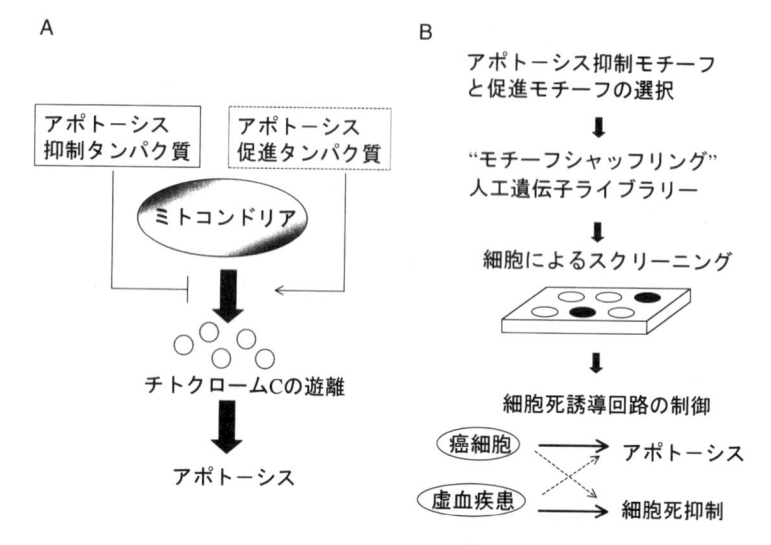

図6 人工タンパク質を利用した細胞死誘導回路の制御
A. ミトコンドリア経路でのアポトーシス誘導回路。アポトーシス抑制タンパク質群と促進タンパク質が微妙なバランスを保つことで系が制御されている。このバランスが崩れると癌やアルツハイマーなどの疾病につながる。
B. 人工タンパク質によるアポトーシス誘導回路制御の戦略。アポトーシス制御モチーフをシャッフリングしたライブラリーから，細胞死の自在な制御を可能にする一連の人工シグナルタンパク質を創出する。

ることが可能になるかもしれない。そのような技術は，生命工学や疾病治療に貢献をもたらすとともに，システムとしての生命理解を深めることにもつながるのはまちがいない。ここでは紹介できなかった生命システムの理解を目指した多くの萌芽的研究が，現在世界各地で進行している。コンビナトリアル・システムエンジニアリングの確立を目指し，筆者らも日々研究に取り組んでいる。

第13章　システムバイオロジーとコンビナトリアル・バイオエンジニアリングの融合

文　献

1) D. P. Bartel and J.W. Szostak, *Science* 261, 1411 (1993)
2) W. K. Johnston *et al.*, *Science* 292, 1319 (2001)
3) 齊藤博英ほか，蛋白質核酸酵素，47, 1209 (2002)
4) 北野宏明，システムバイオロジー，秀潤社 (2001)
5) H. Kitano, *Science* 295, 1662 (2002)
6) H. Kitano, Foundations of Systems Biology, MIT press. (2001)
7) J. Monod and F. Jacob, *Cold Spring Harbor Symp. Quant. Biol.* 26, 389 (1961)
8) G. Lahav *et al.*, *Nat. Genet.* 36, 147 (2004)
9) H. Kitano, *Nat. Rev. Cancer* 4, 227 (2004)
10) S.A. Benner, *Nature* 421, 6919 (2003)
11) D. Ferber, *Science* 303, 158 (2004)
12) T. S. Gardner *et al.*, *Nature* 403, 339 (2000)
13) M.B. Elowitz and S. Leibler, *Nature* 403, 335 (2000)
14) C.C. Guet *et al.*, *Science* 296, 1466 (2002)
15) Y. Yokobayashi *et al.*, *Proc. Natl. Acad. Sci. USA* 99, 16587 (2002)
16) N.N. Danial and SJ. Korsmeyer, *Cell* 116, 205 (2004)
17) J. Yuan and B. A. Yankner, *Nature* 407, 802 (2000)
18) 齊藤博英，芝清隆，Bioベンチャー，4, 27 (2004)
19) 芝清隆，蛋白質核酸酵素，48, 1503 (2003)
20) K. Shiba, *J. Mol. Catal. C.* 28, 145 (2004)
21) 芝清隆，本書第3編8-1, p223 (2004)
22) H. Saito *et al.*, *Chem. Biol.* 11, 765 (2004)

第14章　蛋白質相互作用領域の迅速同定
：コンビバイオで開拓する機能ゲノム科学

池内暁紀[*1]，河原崎泰昌[*2]，山根恒夫[*3]

　ゲノム解析のような大規模解析にはハイスループットな技術が必須である。逆に言えば，従来の解析法をハイスループット化するようなブレイクスルーがあれば，それを基盤技術とした新たなゲノムサイエンスが可能になるかも知れない。コンビナトリアル・バイオエンジニアリング（以下コンビバイオ）の最大目標は「有用分子の創製」であるが，その中身は多様性発生～分子ライブラリ構築技術，分子提示技術，ハイスループットなスクリーニング技術等，他の目的にも使えそうな有用技術の宝庫である。本稿では，コンビバイオ的な技術・コンセプトによる，全く新しい蛋白質相互作用領域の迅速同定法について紹介する。

1　はじめに

　個体を構成する全相互作用蛋白質群（インタラクトーム）の大規模解析は，ポストゲノム・プロテオームの中軸的課題の一つとなっている[1]。現在までに出芽酵母[2~4]，線虫[5]，ショウジョウバエ[6]など多くの生物種において大規模な蛋白質間相互作用解析が行われ，膨大な相互作用情報が蓄積されつつある。このような大規模解析が行われる理由は，あらゆる生命現象が蛋白質間の相互作用および相互作用ネットワークによって実行・現出されるからであり，生命現象の本質を知るためにはまずその第一歩として「相互作用しうる蛋白質の基礎情報」が不可欠だからである。

　現在，相互作用情報を基にした，「インタラクション・ターゲティング（特定相互作用の選択的破壊）」という新しい遺伝子機能解析法が提案されている。インタラクション・ターゲティングは，遺伝子そのものを破壊するジーン・ターゲティング，発現したmRNAを分解することで遺伝子の機能を破壊・抑制するRNAiに続く第3の新しいノックアウト技術である。具体的に提案されている方法としては，「相互作用領域（相互作用ドメイン）のみを単独過剰発現させ，本

[*1]　Akinori Ikeuchi　名古屋大学大学院　生命農学研究科　博士課程
[*2]　Yasuaki Kawarasaki　名古屋大学大学院　生命農学研究科　助手
[*3]　Tsuneo Yamane　名古屋大学大学院　生命農学研究科　教授

第14章　蛋白質相互作用領域の迅速同定：コンビバイオで開拓する機能ゲノム科学

来の相互作用を阻害するアンタゴニストとして機能させる[1]」というものである（図1）。

例として，相互作用パートナーと結合してパートナーを活性化する蛋白質A（活性化制御因子）と，Aとの相互作用ドメインBおよび活性ドメインCからなるマルチドメイン構造をとる蛋白質（BC）間の相互作用を示す（図1，上側）。高発現ベクターによる構成的／一過的な相互作用ドメインBの単独過剰発現は，蛋白質Aと蛋白質（BC）間の相互作用を特異的に競合阻害することが期待される（図1下側）。誘導性プロモーターを使った過剰発現系を用いれば，Aが欠失致死性の遺伝子であっても，任意の時間・強度で標的相互作用およびその相互作用によって惹起される細胞の応答をシャットダウンできる。また，蛋白質の機能解析だけでなく，ターゲティングによる細胞の応答のうち，有望な物は創薬における標的相互作用として利用され，アンタゴニストとなる相互作用領域はリード化合物のモデルを提供する，などの創薬への応用も期待される。しかし，大規模なインタラクション・ターゲティングを行う上で最大の問題点は，細胞内で安定

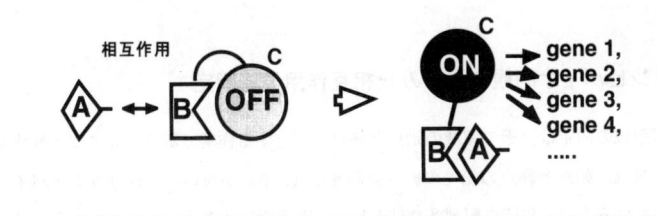

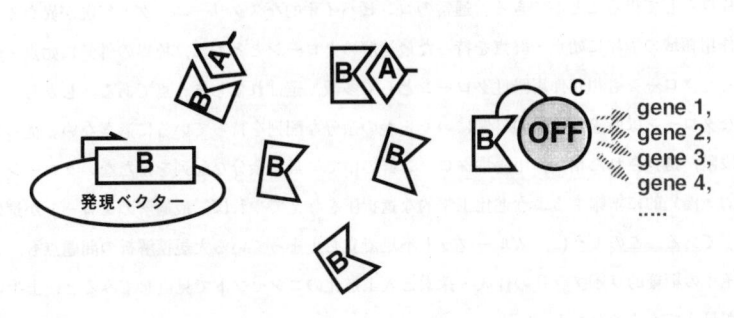

図1　インタラクション・ターゲティング概略

コンビナトリアル・バイオエンジニアリングの最前線

な固有の高次構造をとってアンタゴニストとなる相互作用領域を，試行錯誤的なプロセスを伴わずに迅速かつ簡便に見つけられる技術（方法論）が存在しないということである。

2　従来の相互作用領域同定法

従来法，例えば酵母2ハイブリッド（以下Y2H）法を用いた相互作用領域同定に使われている典型的な方法は，相互作用蛋白質の遺伝子領域を段階的に欠失させたデリーションクローンを多数作成し，相互作用アッセイを行い，得られた情報を元にさらに欠失変異体を作成し，という作業を繰り返し，相互作用領域を絞り込んでいくというものである（しかも，必ずしも精密同定ではない）。これに必要な日数は数週間かかることもあり，その間，頻繁に欠失変異体の作成，DNA配列決定を行う必要がある。勿論，蛋白質によっては他の蛋白質との相同性や，推定2次構造，同じ蛋白質ファミリーに属する別の蛋白質の3次元構造などを元に解析に必要なデリーションクローンを設計し，この作業にかかる手間と時間を軽減できることもある。が，個別の相互作用蛋白質ごとに試行錯誤的に相互作用領域の同定を行うのは，やはり大規模化・ハイスループット化には不向きである。

3　コンビバイオ的観点からみた相互作用領域同定

相互作用領域の同定は，その領域の始点と終点を決定する作業である。nアミノ酸残基からなる蛋白質の場合，始点と終点の総ての組み合わせは$_nC_2$でしかない。これはコンビバイオで一般に取り扱っている変異体集団の配列多様性と比べると非常に小さく，全ての組み合わせをもった分子ライブラリを作成して網羅的にアッセイすることも可能なサイズである。この総ての組み合わせは，元の配列をランダムに切断すれば「様々な始点と終点のランダムな組み合わせ」を持った断片群として得ることができる。通常のコンビバイオ的なスクリーニングと状況が異なるのは，相互作用領域の境界に始点・終点を持った最適解のクローンとともに，境界の外側に始点・終点をもったクローンも相互作用陽性クローンとして多数，選ばれてしまう点である。しかし，そのようなクローンは所詮，境界の外側にいくらかの余分な配列を持っているに過ぎない。従ってもう一段階，選択された相互作用陽性クローン群の中で"最も余分な配列を持たないクローン"が選択的・優先的に増幅するよう進化工学的な選択圧を与えてやれば，最適解のクローンが選ばれるはずである。このように，スループット不足で立ち止まっている大規模解析の問題点も，コンビバイオの網羅的ライブラリの作成・探索と人工進化のコンセプトで見直してみると，上手い突破口が見えてくるのである。

第14章 蛋白質相互作用領域の迅速同定：コンビバイオで開拓する機能ゲノム科学

4 蛋白質間相互作用領域の迅速同定法の開発

インタラクション・ターゲティングに用いる相互作用領域は，相互作用に直接関与する一部のアミノ酸配列だけではおそらく不十分である．固有の高次構造をとり，生体内で安定した相互作用能を持ちうる構造単位を，正しく確実に選択できる系で相互作用領域の境界を決定しなくてはならない．このため，筆者らはライブラリの提示・相互作用陽性クローンの選択システムとして*in vivo*のスクリーニング系であるY2Hを用いた．また，相互作用陽性クローンの進化工学的な選択はY2H上では困難であるので，相互作用陽性クローンからプラスミドを抽出後，*in vitro*の系で行う（後述）．以後，相互作用領域同定について図2に従って説明する．

相互作用領域の同定は以下の4段階のステップで行われる．(I) ランダム断片ライブラリ作成：解析対象蛋白質のコード領域全長を通常のPCRにより増幅し，得られた断片をランダム切断する．通常のY2H用のベクター（ここではpGAD424-TA）に挿入し，ランダム断片ライブラリとする．(II) Y2H法によるランダム断片ライブラリのスクリーニング：相互作用パートナーを発現する

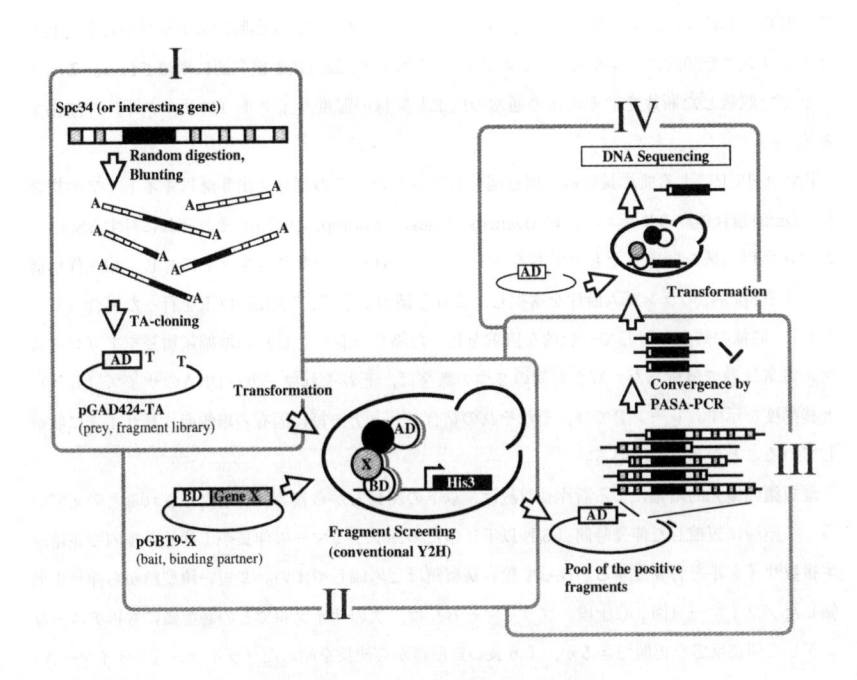

図2 蛋白質相互作用領域の迅速同定法概略

コンビナトリアル・バイオエンジニアリングの最前線

プラスミド（pGBT9-X）とともに，Y2H用出芽酵母宿主を形質転換する。断片と相互作用パートナーとの間の相互作用により，レポーターである*His3*遺伝子が活性化される。その結果，ヒスチジン（His）を含まない選択培地上で相互作用陽性クローン群が選択される。(III) 相互作用陽性断片（群）のPCR収斂：得られた相互作用陽性クローンをプールし，プラスミド混合液を調製する。これを鋳型として最短鎖優先的増幅（Preferential Amplification of the Shortest Amplicon using modified PCR, PASA-PCR[7]・後述）を行い，相互作用陽性クローンのうち，最も短い挿入断片を持ったクローンを優先的に増幅し，断片長を収斂させる。(IV) 再Y2Hと配列解析による領域境界決定：(III) で得られた収斂断片と，リニアにしたY2H用ベクターpGAD424を混合し，酵母を形質転換する。再度Y2Hを行って相互作用陽性株を選択培地上で選択する。得られた陽性クローンの挿入配列（相互作用領域）をコロニーダイレクトシーケンシングで決定する。

この方法でキーとなるのがPASA-PCR[7~8]である。PASA-PCRでは，反応液組成は通常のPCRと同じであり，プライマーもベクターの配列にアニーリングする通常のプライマーであるが，非常に特殊な温度プログラムが用いられる（図3A）。典型的なPASA-PCRは，通常の変性ステップ（94℃，30秒）に続く非常に短い（5秒）アニーリング・伸長反応時間ステップからなる温度サイクリングを30回以上繰り返す。このステップにおいて最短鎖が優先的に増幅される。このステップで収斂した断片を，その後の通常のPCRと同様の温度サイクル（10サイクル）で増幅する[7]。

PASA-PCRによる断片長収斂の例を図3Bに示した。この例は，出芽酵母キネトコアの複合体（Dam1複合体）のサブユニット（Dam1p, Duo1p, Spc19p, Dad1p）それぞれに対するSpc34pの相互作用領域を同定したものである[8]（後述）。それぞれのサブユニットに対し，相互作用能を有するSpc34pのランダム断片を選択し，これを鋳型として，PASA-PCRを行った場合（レーンP），同様の鋳型に対して一般的なPCRを行った場合（レーンC）の増幅産物長をアガロースゲル電気泳動で解析した。写真右側の2つの数字は，それぞれマーカーDNAのサイズ（bp）と移動度を示す。レーンPでは，それぞれの結合パートナー毎に固有の増幅断片長サイズに収斂していることが示されている。

最短鎖の優先的増幅による断片長収斂は，以下の駆動力から複合的にもたらされると考えている。①極端に短縮した伸長時間（5秒以下）のため，プライマーの伸長が1サイクル内で完結せず複数サイクルを必要とする。従って短い鋳型鎖ほど増幅しやすい。②短い鋳型鎖から伸長を開始したプライマー（図3C上段，プライマーB）は，次のサイクルでどの鋳型鎖にも再アニーリングして伸長反応を再開できるが，より長い鋳型鎖から伸長を始めたプライマー（プライマーA）は，次のサイクルでアニーリングすべき鋳型鎖の濃度が減少し，アニーリング・伸長の効率が低

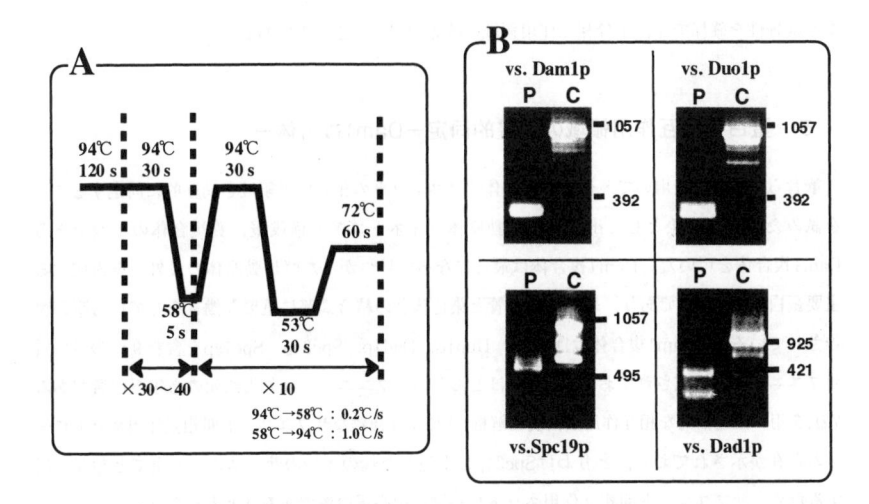

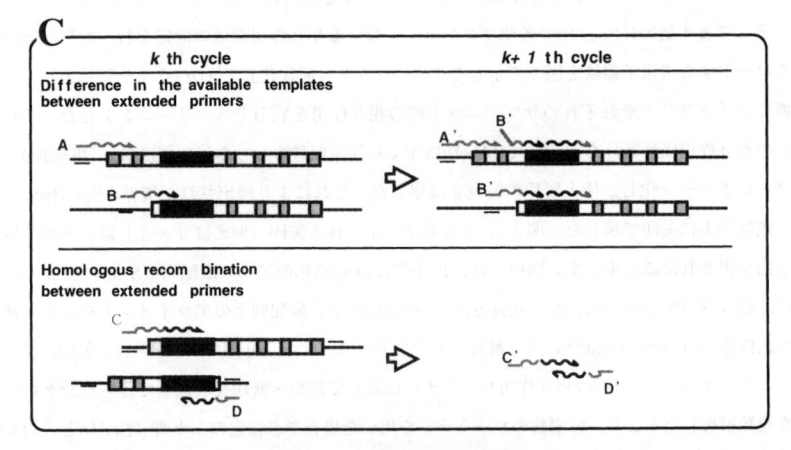

第14章　蛋白質相互作用領域の迅速同定：コンビバイオで開拓する機能ゲノム科学

図3　A　PASA-PCRの温度制御プログラム
　　　B　PASA-PCRによる最短鎖優先的増幅
　　　C　PASA-PCRの原理

下して複製効率が低下する．さらに，③相補的な伸長鎖間（CとD）のアニーリング・伸長反応により組換えが起き（図3C下段），どの鋳型鎖よりも短い増幅単位となって増幅される．なお，図3C下段の組換えが起こるため，実際には総ての始点・終点の組み合わせ（アミノ酸残基数nの時，$_nC_2$，実際の断片ライブラリ構築には遺伝子断片を用いるので$_{3n}C_2$の組み合わせがある）を網羅的に含む断片ライブラリである必要は全くなく，$10^{4～5}$クローン程度のライブラリであっ

341

コンビナトリアル・バイオエンジニアリングの最前線

ても網羅性を確保でき，十分相互作用領域の境界が同定できるのである。

5 蛋白質相互作用領域の網羅的同定－Dam1複合体－

　筆者らは本方法を用いて，蛋白質複合体サブユニットの相互作用領域を網羅的に同定することを試みた。解析対象として出芽酵母の動原体（キネトコア）構成蛋白質複合体の1つであるDam1複合体を用いた。Dam1複合体は最近になって見つかった酵母動原体の最外殻を構成する主要蛋白質複合体[9]であり，紡錘体微小管と染色体との結合調節に重要な働きをしている事が報告されている[10]。Dam1複合体はDam1p，Duo1p，Dad1p，Spc34p，Spc19pを含む9つの蛋白質サブユニットで構成されており[10]，そのほとんどのサブユニットは欠失致死の必須蛋白質である。Y2Hを用いた包括的な相互作用蛋白質の解析[2,3]により複雑なサブユニット間相互作用ネットワークの存在が示されており，とりわけSpc34pは上述した他の4つのサブユニット全てと相互作用するため，サブユニット間相互作用ネットワークの中心蛋白質であろうと考えられる。

　そこでまず始めにSpc34pの各サブユニットに対する相互作用領域の同定を行った[8]。Spc34pをコードする遺伝子領域を図2で示したようにランダム断片化してADベクターに挿入し，この断片ライブラリとそれぞれのサブユニット間の相互作用をY2Hでスクリーニングした。それぞれの相互作用陽性断片を回収してPASA-PCRで断片長収斂を行った後（図3B），再びADベクターにクローン化し，挿入断片の配列を決定した。これにより同定された境界をSpc34pのアミノ酸配列上に矢印で示した（図4）。×と数字で示される矢印，例えば「×3」は，その境界が3回検出されたことを示す。図中では，出芽酵母のSpc34pのアミノ酸配列（*S.cerevisiae*）の他に，近縁種（*S. castellii*, *S. kluyveri*）のSpc34pアミノ酸配列とのアライメントを示し，推定2次構造（Chou-Fasman法により解析）をその下部に示した（円柱，ヘリックス；矢印，βシート；t，ターン）。一つの相互作用パートナーに対して選択・断片長収斂して得られたクローンを複数解析したところ，いずれのパートナーを用いた場合でも特定の1カ所（Dad1pとの相互作用領域は2カ所）に相互作用陽性断片の境界が集中することが示された。例えばDam1pに対する相互作用陽性断片のC末端境界の3/5がD47であった。同様に，Duo1pに対する相互作用陽性断片のC末端は，調べたクローン（18クローン）の90％近くがE59であった。これらの断片長は，図3Bに示したPASA-PCRによって増幅された断片とサイズ的に等しい。また，これらの境界の内側に始点または終点を持つ遺伝子断片群を別途作成し，それぞれの相互作用パートナーとの相互作用能をY2Hで調べたところ，いずれの場合も相互作用能の大幅な低下が見られた。これらのことは，Y2Hで相互作用陽性として選択された様々な長さを持った断片群が，相互作用領域と一致するほぼ単一の相互作用陽性断片に収斂していることを示している。この収斂の度合は

第14章 蛋白質相互作用領域の迅速同定：コンビバイオで開拓する機能ゲノム科学

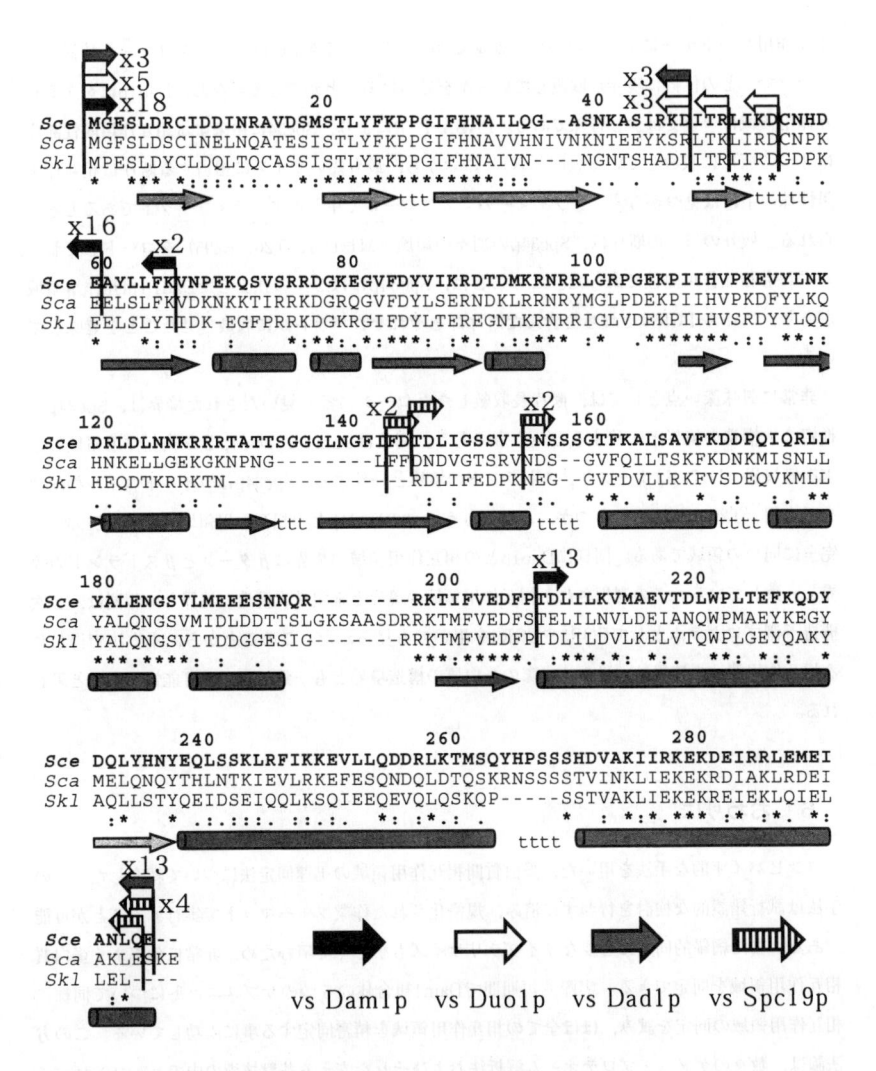

```
                x3
              x5                              x3
             x18    20                    40 x3
Sce  MGESLDRCIDDINRAVDSMSTLYFKPPGIFHNAILQG--ASNKASIRKDITRLIKDCNHD
Sca  MGFSLDSCINELNQATESISTLYFKPPGIFHNAVVHNIVNKNTEEYKSRLTKLIRDCNPK
Skl  MPESLDYCLDQLTQCASSISTLYFKPPGIFHNAIVN----NGNTSHADIITRLIRDGDPK
      * ***  *  :    : :*.:* *****:*****:*:  ::       *:*:**  .

  x16      x2
      60      x2        80              100
Sce  EAYLLFKVNPEKQSVSRRDGKEGVFDYVIKRDTDMKRNRRLGRPGEKPIIHVPKEVYLNK
Sca  EELSLFKVDKNKKTIRRKDGRQGVFDYLSERNDKLRRNRYMGLPDEKPIIHVPKDFYLKQ
Skl  EELSLYIIDK-EGFPRRKDGKRGIFDYLTEREGNLKRNRRIGLVDEKPIIHVSRDYYLQQ
      * *: ::  ::   **:***::*:****:  *:.  ****:    * .*******.:: **:.:

     120              140          160
Sce  DRLDLNNKRRRTATTSGGGLNGFIFDTDLIGSSVISNSSSGTFKALSAVFKDDPQIQRLL
Sca  HNKELLGEKGKNPNG--------LFFDNDVTSRVNDS--GVFQILTSKFDNKMISNLL
Skl  HEQDTKRRKTN-----------RDLIFEDPKNEG--GVFDVLLRKFVSDEQVKMLL
      ..:   .:   :              :*. :  . :   **:.:* ::*.. : * **

     180              200            x13    220
Sce  YALENGSVLMEEESNNQR--------RKTIFVEDFPTDLILKVMAEVTDLWPLTEFKQDY
Sca  YALQNGSVMIDLDDTTSLGKSAASDRRKTMFVEDFSTELILNVLDEIANQWPMAEYKEGY
Skl  YALQNGSVITDDGGESIG-------RRKTMFVEDFPIDLILDVLKELVTQWPLGEYQAKY
      ***:****:       :         ***:*****. :*:** *: *: :.:**:  ::*

     240              260            280
Sce  DQLYHNYEQLSSKLRFIKKEVLLQDDRLKTMSQYHPSSSHDVAKIIRREKEKDEIRRLEMEI
Sca  MELQNQYTHLNTKIEVLRKEFESQNDQLDTQSKRNSSSSTVINKLIEKEKRDIAKLRDEI
Skl  AQLLSTYQEIDSEIQQLKSQIEEQEVQLQSKQP-----SSTVAKLIEKEKREIEKLQIEL
       :* .  * :: * :: ::  .*:  * : *:          *: ::* *.:* :: *:

   x13
Sce  ANLQE-- x4
Sca  AKLESKE
Skl  LEL----
       :*
```

■ vs Dam1p   □ vs Duo1p   ■ vs Dad1p   ⊞ vs Spc19p

図4　Spc34pの相互作用領域

コンビナトリアル・バイオエンジニアリングの最前線

相互作用パートナーによってばらつきがあるが，それでもPASA-PCR後のクローンを数個調べるだけで，どの位置に境界が収斂しているかを見つけることができる。なお，Dad1pに対する相互作用領域については少し特殊である。PASA-PCRにより，Spc34に由来する相互作用陽性断片は3つの断片に収斂している（図3B）。このうち，最も短いサイズに相当する断片は相互作用陽性株の中には見つからず，プライマーのミスアニールで生じたアーティファクトであると考えられる。残りの二つの断片は，Spc34pの別々の領域（M1-D47, T207-E295）をコードしており，いずれも相互作用陽性であった。このことは，Spc34pには2つの独立したDad1p相互作用領域があり，PASA-PCRはそれらを含んだ断片群をそれぞれパラレルに収斂させたことを意味している。

非常に興味深い点としては，断片長収斂したクローンに多く見いだされた境界は，Spc34pの推定2次構造の境界と一致するという事である。例えばDam1p, Dad1pとの相互作用領域のC末端側境界（D47）はループとβストランドの境界と一致する。Spc34pはコイルドコイル様配列をC末端（T207-E295）にもつが，これはもう一つのDad1pとの相互作用領域（T207-E295）と完全に同一の領域である。同様にDuo1pとの相互作用領域の境界はβターンとβストランドの境界と一致している。この選択された相互作用領域の境界と推定2次構造の境界との相関は，2次構造予測プログラムとしてGOR3やGOR4を用いても見られた。このことから，本方法で得られる相互作用領域の境界は，恐らく実際の蛋白質の構造境界とも一致している可能性が高いと思われる。

6　おわりに

コンビバイオ的な手法を用いた，蛋白質間相互作用領域の迅速同定法について紹介した。この手法は試行錯誤的な検討を行わずに済み，規格化された作業フォーマットで実行することが可能である。また網羅的同定に必要なライブラリサイズも小さくて済むため，非常に効率よく蛋白質相互作用領域を同定できる。実際，短期間でDam1複合体の5つのサブユニットについて同様に相互作用領域の同定を試み，ほぼ全ての相互作用領域を精密同定する事に成功している。この方法論は，数々のゲノム・プロテオーム解析法およびそれを支える基盤技術の中でも，コンビバイオ的・進化工学的な手法を実装している点で，現時点では非常にユニークである。が，もともとコンビバイオは，膨大かつ網羅的な多様性分子の中から最も適応度の高い分子を極めて効率よく選び取るための技術体系であるので，同じく網羅性・多検体処理能力が要求される解析系への応用は，実は相性がよいのである。今後，コンビバイオの発展がゲノム科学に次々と技術革新をもたらすことに大いに期待したい。

第14章 蛋白質相互作用領域の迅速同定:コンビバイオで開拓する機能ゲノム科学

文　献

1) Ito T. et al., *Mol. Cell. Proteomics*, 1, 561-566 (2002)
2) Uetz P. et al., *Nature*, 403, 623-627 (2000)
3) Ito T. et al., *Proc. Natl. Acad. Sci. USA*, 98, 4569-4574 (2001)
4) Gavin A. et al., *Nature*, 415, 141-147 (2002)
5) Li S. et al., *Science*, 303, 540-543 (2004)
6) Giot L. et al., *Science*, 302, 1727-1736 (2004)
7) Kawarasaki Y. et al., *Anal. Biochem.*, 303, 34-41 (2002)
8) Ikeuchi A. et al., *Nucleic Acids Res.*, 31, 6953-6962 (2003)
9) Wulf P. et al., *Genes Dev.*, 17, 2902-2921 (2003)
10) Cheeseman I.M. et al., *Cell*, 111, 163-172 (2002)

第 4 編
未 来 展 望

未来展望

植田充美[*]

　DNAという情報高分子はコンピューターテクノロジーにとっては，扱いやすい格好の研究材料である．というのも，それらが，単純な4つの塩基A，T，G，Cの組み合わせで処理できるからである．したがって，バイオインフォマティックスの分野の中には，単なるパズル解きのような無機的なドライな方向へ一人歩きしている世界も生まれてきている．しかし，微細加工技術に代表されるマテリアルテクノロジーは，DNAチップなどを生み出し，ヒトのDNA診断などの医療の面や各種生物細胞の機能の解析など，DNA情報の応用や基礎研究への必須な支援テクノロジーとなってきている．DNAチップは，細胞の全転写産物である総メッセンジャーRNAの網羅的解析に用いられ，これまで，1つ1つの分子を逐一調べていた研究が一気に短時間に全分子を同時に網羅的に解析できるようになり，細胞の動的な挙動の理解に格段の進歩をもたらしてきている．これにより，医療面では，遺伝病や疾患の迅速判定などにも用いられ，医療もゲノミックス時代に突入している．さらに，第2世代の微細加工技術としてマイクロリアクターやDNA配列分析用電気泳動チップなどのいわゆる流体系のキャピラリーやチップは，多種類の類縁化学化合物を微少量作製して研究に供するコンビナトリアル・ケミストリーの隆盛が生み出してきた産物とも言えよう．これは，マイクロリアクターとして，省エネルギーと溶媒の少量化による環境にも優しい一種のマイクロ化学工場として，大いに発展していくことが期待されている．このテクノロジーは，DNAの塩基配列を高速に分析決定できる電気泳動チップなどへと展開しており，バイオテクノロジーにおける配列分析の超高度化，超高速化に拍車がかかっている．したがって，DNAの配列解析とその活用に焦点をおくゲノミックス時代は，マテリアルテクノロジーとバイオテクノロジーの融合の始まりでもあった．

　さらに，未来型トータルアナリシスシステムとして開発が進む第3世代型のマイクロHPLCチップなどへと展開しているチップテクノロジーを背景に，ヒトの全ゲノムデータを用いて，これまでにない新規な医薬を創り出す「ゲノム創薬」は，今や「プロテオーム創薬」に展開し出してきており，生命情報というものを基盤にしたニューバイオテクノロジーが着実に新しいサイエンスの分野と産業を形づくりつつある．

---

[*] Mitsuyoshi Ueda　京都大学大学院　農学研究科　応用生命科学専攻　教授

コンビナトリアル・バイオエンジニアリングの最前線

　こういった新しい時代を迎えつつある現在,「コンビナトリアル・バイオエンジニアリング」は,機能未知のタンパク質をコードするDNA群を網羅的にタンパク質群に変換し,これを表層に提示した細胞を用いて,ハイスループットに活性や機能を解析したり,まったくランダムなDNA配列からこれまで世の中に存在しなかった新しいバイオ分子を創造したりすることができる革新的かつ先駆的手法として期待され注目を集めている。これらのツールは,新しい機能分子や細胞を「自然界から探す」という方向から「情報分子ライブラリーから創る」という方向へと研究志向をブレークスルーする大きな手法となるであろう。これは,これまでの培養工学を基にした旧来のマクロなバイオテクノロジーをバックボーンにもち,細胞1個1個をマニピュレートしたり,それぞれの活性を基にしたマイクロスクリーニングする手法を可能にし,網羅的な分子の創成を可能にした。この「コンビナトリアル・バイオエンジニアリング」というモレキュラー(分子)バイオテクノロジーは,ハイスループットに網羅的に個々の分子や細胞の活性や機能を検出・評価していく点で,異分野である「ナノテクノロジー」をはじめ多くのテクノロジーと融合し,「バイオ」と各種異分野との実りある融合の先駆的ならびに先導的な役割を担いつつある。

　2002年,ノーベル賞物理学賞の小柴昌俊博士のカミオカンデや化学賞の田中耕一氏の質量分析機は,先端を行くサイエンスとテクノロジーの融合の産物であり,この開発とそれらによって得られた(あるいは,現在得られつつある)成果に対する受賞であったことを考えると,昨今の偏った考え方,すなわち,サイエンスは基礎的で,テクノロジーは応用でサイエンスよりも下位であるといった誤った考え方を根底から覆し,当たり前のことであるが,サイエンスとテクノロジーはDNAの2重らせんのようにどちらも等位で切り離せるものではないということを再認識させた受賞でもあった。バイオサイエンスの世界は,今や,ポストゲノム時代を迎え,遺伝子からタンパク質の発現と機能解析や代謝産物の解析へと研究が向かっており,多様な遺伝子から対応するタンパク質を調製し,その機能を迅速に明らかにしたり,多種類の代謝産物を高速に分離同定していくところに,従来の方法論をブレークスルーするようなサイエンスとテクノロジーの融合が求められてきている。こういう状況は,これまで支配的であった欧米一辺倒の技術を,日本の得意とする技術と組織的な産官学連携で歴史的に大転換する絶好のチャンスでもある。世の中はITによる技術革新が進み,次の大きな革新技術である,日本の得意とする技術であるナノテクノロジーが隆盛してきており,これらの技術とバイオテクノロジーの融合に,そのブレークスルーの芽がふき始めてきている。いまこそ,この潮流を如何に捉えて,間違えのない方向に駆け抜けるかが,日本再生(リセット)の命運をにぎるとも考えられている。そのためにも,産官学がそれぞれ得意とするところをお互い協力的に引き伸ばしあうことが,特に,この新しいモレキュラー(分子)バイオテクノロジーの分野では求められている。

　したがって,今後もさらに,「コンビナトリアル・バイオエンジニアリング」を接点にして,

第 4 編　未来展望

色々な異分野のテクノロジーがバイオテクノロジーに融合し，これまでの産業やサイエンスに新風を巻き起こし，「ナノ・バイオテクノロジー」などを含む新しい分野も開拓しながら，新しいライフサイエンスの世界を広げていくことが期待され，その新しい夢の実現にこの著が大いに役立ってくれることを信じる。

《CMCテクニカルライブラリー》発行にあたって

　弊社は、1961年創立以来、多くの技術レポートを発行してまいりました。これらの多くは、その時代の最先端情報を企業や研究機関などの法人に提供することを目的としたもので、価格も一般の理工書に比べて遙かに高価なものでした。

　一方、ある時代に最先端であった技術も、実用化され、応用展開されるにあたって普及期、成熟期を迎えていきます。ところが、最先端の時代に一流の研究者によって書かれたレポートの内容は、時代を経ても当該技術を学ぶ技術書、理工書としていささかも遜色のないことを、多くの方々が指摘されています。

　弊社では過去に発行した技術レポートを個人向けの廉価な普及版《CMCテクニカルライブラリー》として発行することとしました。このシリーズが、21世紀の科学技術の発展にいささかでも貢献できれば幸いです。

2000年12月

株式会社　シーエムシー出版

コンビナトリアル・バイオエンジニアリング (B0908)

2004年 8月31日　初　版　第1刷発行
2010年 2月24日　普及版　第1刷発行

監　修　植田　充美　　　　　　　　　Printed in Japan
発行者　辻　　賢司
発行所　株式会社　シーエムシー出版
　　　　東京都千代田区内神田1-13-1　豊島屋ビル
　　　　電話 03 (3293) 2061
　　　　http://www.cmcbooks.co.jp

〔印刷　倉敷印刷株式会社〕　　　　　　© M. Ueda, 2010

定価はカバーに表示してあります。
落丁・乱丁本はお取替えいたします。

ISBN978-4-7813-0172-3 C3045 ¥5000E

本書の内容の一部あるいは全部を無断で複写（コピー）することは、法律で認められた場合を除き、著作者および出版社の権利の侵害になります。

CMCテクニカルライブラリー のご案内

高分子ゲルの動向
—つくる・つかう・みる—
監修／柴山充弘／梶原莞爾
ISBN978-4-7813-0129-7　　　　B892
A5判・342頁　本体4,800円＋税（〒380円）
初版2004年4月　普及版2009年10月

構成および内容：【第1編　つくる・つかう】環境応答（微粒子合成／キラルゲル 他）／力学・摩擦（ゲルダンピング材 他）／医用（生体分子応答性ゲル／DDS応用 他）／産業（高吸水性樹脂 他）／食品・日用品（化粧品 他）他／【第2編　つかう・みる】小角X線散乱によるゲル構造解析／中性子散乱／液晶ゲル／熱測定・食品ゲル／NMR 他
執筆者：青島貞人／金岡鍾局／杉原伸治 他31名

静電気除電の装置と技術
監修／村田雄司
ISBN978-4-7813-0128-0　　　　B891
A5判・210頁　本体3,000円＋税（〒380円）
初版2004年4月　普及版2009年10月

構成および内容：【基礎】自己放電式除電器／ブロワー式除電装置／光照射除電装置／大気圧グロー放電を用いた除電／除電効果の測定技術 他【応用】プラスチック・粉体の除電と問題点／軟X線除電装置の安全性と適用法／液晶パネル製造工程における除電技術／温度環境改善による静電気障害の予防 他【付録】除電装置製品例一覧
執筆者：久本　光／水谷　豊／菅野　功 他13名

フードプロテオミクス
—食品酵素の応用利用技術—
監修／井上國世
ISBN978-4-7813-0127-3　　　　B890
A5判・243頁　本体3,400円＋税（〒380円）
初版2004年3月　普及版2009年10月

構成および内容：食品酵素化学への期待／糖質関連酵素（麹菌グルコアミラーゼ／トレハロース生成酵素 他）／タンパク質・アミノ酸関連酵素（サーモライシン／システイン・ペプチダーゼ 他）／脂質関連酵素／酸化還元酵素（スーパーオキシドジスムターゼ／クルクミン還元酵素 他）／食品分析と食品加工（ポリフェノールバイオセンサー 他）
執筆者：新田康則／三宅英雄／秦　洋二 他29名

美容食品の効用と展望
監修／猪居　武
ISBN978-4-7813-0125-9　　　　B888
A5判・279頁　本体4,000円＋税（〒380円）
初版2004年3月　普及版2009年9月

構成および内容：総論（市場 他）／美容要因とそのメカニズム（美白／美肌／ダイエット／抗ストレス／皮膚の老化／男性型脱毛）／効用と作用物質／ビタミン／アミノ酸・ペプチド・タンパク質／脂質／カロテノイド色素／植物性成分／微生物成分（乳酸菌、ビフィズス菌）／キノコ成分／無機成分／特許から見た企業別技術開発の動向／展望
執筆者：星野　拓／宮本　達／佐藤友恵恵 他24名

土壌・地下水汚染
—原位置浄化技術の開発と実用化—
監修／平田健正／前川統一郎
ISBN978-4-7813-0124-2　　　　B887
A5判・359頁　本体5,000円＋税（〒380円）
初版2004年4月　普及版2009年9月

構成および内容：【総論】原位置浄化技術について／原位置浄化の進め方【基礎編—原理，適用事例，注意点—】原位置抽出法／原位置分解法【応用編】浄化技術（土壌ガス・汚染地下水の処理技術／重金属等の原位置浄化技術／バイオベンティング・バイオスラーピング工法 他）／実際事例（ダイオキシン類汚染土壌の現地無害化処理 他）
執筆者：村田正敏／手塚裕樹／奥村興平 他48名

傾斜機能材料の技術展開
編集／上村誠一／野田泰稔／篠原嘉一／渡辺義見
ISBN978-4-7813-0123-5　　　　B886
A5判・361頁　本体5,000円＋税（〒380円）
初版2003年10月　普及版2009年9月

構成および内容：傾斜機能材料の概観／エネルギー分野（ソーラーセル 他）／生体機能分野（傾斜機能型人工歯根 他）／高分子分野／オプトデバイス分野／電気・電子デバイス分野（半導体レーザ／誘電率傾斜基板 他）／接合・表面処理分野（傾斜機能構造CVDコーティング切削工具 他）／熱応力緩和機能分野（宇宙往還機の熱防護システム 他）
執筆者：鍋田正彼／野口博徳／武内浩一 他41名

ナノバイオテクノロジー
—新しいマテリアル，プロセスとデバイス—
監修／植田充美
ISBN978-4-7813-0111-2　　　　B885
A5判・429頁　本体6,200円＋税（〒380円）
初版2003年10月　普及版2009年8月

構成および内容：マテリアル（ナノ構造の構築／ナノ有機・高分子マテリアル／ナノ無機マテリアル 他）／インフォーマティクス／プロセスとデバイス（バイオチップ・センサー開発／抗体マイクロアレイ／マイクロ質量分析システム 他）／応用展開（ナノメディシン／遺伝子導入法／再生医療／蛍光分子イメージング 他）
執筆者：渡邊英一／阿尻雅文／細川和生 他68名

コンポスト化技術による資源循環の実現
監修／木村俊範
ISBN978-4-7813-0110-5　　　　B884
A5判・272頁　本体3,800円＋税（〒380円）
初版2003年10月　普及版2009年8月

構成および内容：【基礎】コンポスト化の基礎と要件／脱臭／コンポストの評価 他【応用技術】農業・畜産廃棄物のコンポスト化／生ごみ・食品残さのコンポスト化／技術開発と応用事例（バイオ式家庭用生ごみ処理機／余剰汚泥のコンポスト化）他【総括】循環型社会にコンポスト化技術を根付かせるために（技術的課題／政策的課題）
執筆者：藤本　潔／西尾道一／井上高一 他16名

※ 書籍をご購入の際は、最寄りの書店にご注文いただくか、
㈱シーエムシー出版のホームページ（http://www.cmcbooks.co.jp/）にてお申し込み下さい。

CMCテクニカルライブラリーのご案内

ゴム・エラストマーの界面と応用技術
監修／西 敏夫
ISBN978-4-7813-0109-9　　　　B883
A5判・306頁　本体4,200円＋税（〒380円）
初版2003年9月　普及版2009年8月

構成および内容：【総論】【ナノスケールで見た界面】高分子三次元ナノ計測／分子力学物性 他【ミクロで見た界面と機能】走査型プローブ顕微鏡による解析／リアクティブプロセシング／オレフィン系ポリマーアロイ／ナノマトリックス分散天然ゴム 他【界面制御と機能化】ゴム再生プロセス／水添NBR系ナノコンポジット／免震ゴム 他
執筆者：村瀬平八／森田裕史／高原 淳 他16名

医療材料・医療機器
―その安全性と生体適合性への取り組み―
編集／土屋利江
ISBN978-4-7813-0102-0　　　　B882
A5判・258頁　本体3,600円＋税（〒380円）
初版2003年11月　普及版2009年7月

構成および内容：生物学的試験（マウス感作性／抗原性／遺伝毒性）／力学的試験（人工関節用ポリエチレンの磨耗／整形インプラントの耐久性）／生体適合性（人工血管／骨セメント）／細胞組織医療機器の品質評価（バイオ皮膚）／プラスチック製医療用具からのフタル酸エステル類の溶出特性とリスク評価／埋植医療機器の不具合報告 他
執筆者：五十嵐良明／矢上 健／松岡厚子 他41名

ポリマーバッテリー Ⅱ
監修／金村聖志
ISBN978-4-7813-0101-3　　　　B881
A5判・238頁　本体3,600円＋税（〒380円）
初版2003年9月　普及版2009年7月

構成および内容：負極材料（炭素材料／ポリアセン・PAHs系材料）／正極材料（導電性高分子／有機硫黄系化合物／無機材料・導電性高分子コンポジット）／電解質（ポリエーテル系固体電解質／高分子ゲル電解質／支持塩 他）／セパレーター／リチウムイオン電池用ポリマーバインダー／キャパシタ用ポリマー／ポリマー電池の用途と開発 他
執筆者：高見則雄／矢田静邦／天池正登 他18名

細胞死制御工学
～美肌・皮膚防護バイオ素材の開発～
編著／三羽信比古
ISBN978-4-7813-0100-6　　　　B880
A5判・403頁　本体5,200円＋税（〒380円）
初版2003年8月　普及版2009年7月

構成および内容：【次世代バイオ化粧品・美肌健康食品】皮脂改善／セルライト抑制／毛穴引き締め【美肌バイオプロダクト】可食植物成分配合製品／キトサン応用抗酸化製品／バイオ化粧品とハイテク美容機器／イオン導入／エンダモロジー【ナノ・バイオテクと遺伝子治療】活性酸素消去／サンスクリーン剤【効能評価】【分子設計】 他
執筆者：澄田道博／永井彩子／鈴木清香 他106名

ゴム材料ナノコンポジット化と配合技術
編集／鞠谷信三／西敏夫／山口幸一／秋葉光雄
ISBN978-4-7813-0087-0　　　　B879
A5判・323頁　本体4,600円＋税（〒380円）
初版2003年7月　普及版2009年6月

構成および内容：【配合設計】HNBR／加硫系薬剤／シランカップリング剤／白色フィラー／不溶性硫黄／カーボンブラック／シリカ・カーボン複合フィラー／難燃剤（EVA 他）／相溶化剤／加工助剤 他【ゴム系ナノコンポジットの材料】ゾル-ゲル法／動的架橋型熱可塑性エラストマー／医療材料／耐熱性／配合と金型設計／接着／TPE 他
執筆者：妹尾政宣／竹村泰彦／細谷 遼 他19名

有機エレクトロニクス・フォトニクス材料・デバイス
―21世紀の情報産業を支える技術―
監修／長村利彦
ISBN978-4-7813-0086-3　　　　B878
A5判・371頁　本体5,200円＋税（〒380円）
初版2003年9月　普及版2009年6月

構成および内容：【光学材料（含フッ素ポリイミド 他）／電子材料（アモルファス分子材料／カーボンナノチューブ 他）【プロセス・評価】配向・配列制御／微細加工【機能・基盤】変換／伝送／記録／変調・演算／蓄積・貯蔵（リチウム系二次電池）【新デバイス】pn接合有機太陽電池／燃料電池／有機ELディスプレイ用発光材料 他
執筆者：城田靖彦／和田善玄／安藤慎治 他35名

タッチパネル―開発技術の進展―
監修／三谷雄二
ISBN978-4-7813-0085-6　　　　B877
A5判・181頁　本体2,600円＋税（〒380円）
初版2004年12月　普及版2009年6月

構成および内容：光学式／赤外線イメージセンサー方式／超音波表面弾性波方式／SAW方式／静電容量式／電磁誘導方式デジタイザ／抵抗膜式／スピーカー一体型／携帯端末向けフィルム／タッチパネル用印刷インキ／抵抗膜式タッチパネルの評価方法と装置／凹凸テクスチャ感を表現する静電触感ディスプレイ／画面特性とキーボードレイアウト
執筆者：伊勢有一／大久保隆典／齊藤典生 他17名

高分子の架橋・分解技術
-グリーンケミストリーへの取組み-
監修／角岡正弘／白井正充
ISBN978-4-7813-0084-9　　　　B876
A5判・299頁　本体4,200円＋税（〒380円）
初版2004年6月　普及版2009年5月

構成および内容：【基礎と応用】架橋剤と架橋反応（フェノール樹脂 他）／架橋構造の解析（紫外線硬化樹脂／フォトレジスト用感光剤）／機能性高分子の合成（可逆的架橋／光架橋・熱分解系）【機能性材料開発の最近の動向】熱を利用した架橋反応／UV硬化システム／電子線・放射線利用／リサイクルおよび機能性材料合成のための分解反応 他
執筆者：松本 昭／石倉慎一／合屋文明 他28名

※ 書籍をご購入の際は、最寄りの書店にご注文いただくか、
㈱シーエムシー出版のホームページ(http://www.cmcbooks.co.jp/)にてお申し込み下さい。

CMCテクニカルライブラリーのご案内

バイオプロセスシステム
-効率よく利用するための基礎と応用-
編集／清水 浩
ISBN978-4-7813-0083-2　　　　　B875
A5判・309頁　本体4,400円＋税（〒380円）
初版2002年11月　普及版2009年5月

構成および内容：現状と展開（ファジィ推論／遺伝アルゴリズム 他）／バイオプロセス操作と培養装置（酸素移動現象と微生物反応の関わり）／計測技術（プロセス変数／物質濃度 他）／モデル化・最適化（遺伝子ネットワークモデリング）／培養プロセス制御（流加培養 他）／代謝工学（代謝フラックス解析 他）／応用（嗜好食品品質評価／医用工学）他
執筆者：吉田敏臣／滝口 昇／岡本正宏 他22名

導電性高分子の応用展開
監修／小林征男
ISBN978-4-7813-0082-5　　　　　B874
A5判・334頁　本体4,600円＋税（〒380円）
初版2004年4月　普及版2009年5月

構成および内容：【開発】電気伝導／パターン形成法／有機ELデバイス【応用】線路形素子／二次電池／湿式太陽電池／有機半導体／熱電変換機能／アクチュエータ／防食被覆／調光ガラス／帯電防止材料／ポリマー薄膜トランジスタ 他【特許】出願動向／欧米における開発動向／ポリマー薄膜フィルムトランジスタ／新世代太陽電池 他
執筆者：中川善嗣／大森 裕／深海 隆 他18名

バイオエネルギーの技術と応用
監修／柳下立夫
ISBN978-4-7813-0079-5　　　　　B873
A5判・285頁　本体4,000円＋税（〒380円）
初版2003年10月　普及版2009年4月

構成および内容：【熱化学的変換技術】ガス化技術／バイオディーゼル【生物化学的変換技術】メタン発酵／エタノール発酵【応用】石炭・木質バイオマス混焼技術／廃材を使った熱電供給の発電所／コージェネレーションシステム／木質バイオマスペレット製造／焼却副産物リサイクル設備／自動車用燃料製造装置／バイオマス発電の海外展開
執筆者：田中忠良／松村幸彦／美濃輪智朗 他35名

キチン・キトサン開発技術
監修／平野茂博
ISBN978-4-7813-0065-8　　　　　B872
A5判・284頁　本体4,200円＋税（〒380円）
初版2004年3月　普及版2009年4月

構成および内容：分子構造（βキチンの成層化合物形成）／溶媒／分解／化学修飾／酵素（キトサナーゼ／アロサミジン）／遺伝子（海洋細菌のキチン分解機構）／バイオ農林業（人工樹皮／ヒトおよび樹木皮組織の創傷治癒）／医薬・医療／食（ガン細胞障害活性テスト）／化粧品／工業（無電解めっき用前処理剤／生分解性高分子複合材料）他
執筆者：金成正和／奥山健二／斎藤幸恵 他36名

次世代光記録材料
監修／奥田昌宏
ISBN978-4-7813-0064-1　　　　　B871
A5判・277頁　本体3,800円＋税（〒380円）
初版2004年1月　普及版2009年4月

構成および内容：【相変化記録とブルーレーザー光ディスク】相変化電子メモリー／相変化チャンネルトランジスタ／Blu-ray Disc技術／青紫色半導体レーザ／ブルーレーザー対応酸化物系追記型光記録膜 他【超高密度光記録技術と材料】近接場光記録／3次元多層光メモリ／ホログラム光記録と材料／フォトンモード分子光メモリと材料 他
執筆者：寺尾元康／影山喜之／柚須圭一郎 他23名

機能性ナノガラス技術と応用
監修／平尾一之／田中修平／西井準治
ISBN978-4-7813-0063-4　　　　　B870
A5判・214頁　本体3,800円＋税（〒380円）
初版2003年12月　普及版2009年3月

構成および内容：アサーマル・ナノガラス【ナノ構造形成技術】高次構造化／有機−無機ハイブリッド（気孔配向膜／ゾルゲル法）／外部場操作【光回路用技術】三次元ナノガラス光回路【光メモリ用技術】集光機能（光ディスクの市場／コバルト酸化物薄膜）／光メモリヘッド用ナノガラス（埋め込み用折損粒子）他
執筆者：永金知浩／中澤達洋／山下 勝 他15名

ユビキタスネットワークとエレクトロニクス材料
監修／宮代文夫／若林信一
ISBN978-4-7813-0062-7　　　　　B869
A5判・315頁　本体4,400円＋税（〒380円）
初版2003年12月　普及版2009年3月

構成および内容：【テクノロジードライバ】携帯電話／ウェアラブル機器／RFIDタグチップ／マイクロコンピュータ／センシング・システム【高分子エレクトロニクス材料】エポキシ樹脂の高性能化／ポリイミドフィルム／有機発光デバイス他【新技術・新材料】超高速ディジタル信号伝送／MEMS技術／ポータブル燃料電池／電子ペーパー 他
執筆者：福岡義孝／八甫谷明彦／朝桐 智 他23名

アイオノマー・イオン性高分子材料の開発
監修／矢野紳一／平沢栄作
ISBN978-4-7813-0048-1　　　　　B866
A5判・352頁　本体5,000円＋税（〒380円）
初版2003年9月　普及版2009年2月

構成および内容：定義，分類と化学構造／イオン会合体（形成と構造／転移）／物性・機能（スチレンアイオノマー／ESR分光法／多重共鳴法／イオンホッピング／溶液物性／圧力センサー機能／永久帯電）／応用（エチレンアイオノマー／ポリマー改質剤／燃料電池用高分子電解質膜／スルホン化EPDM／歯材料（アイオノマーセメント）他
執筆者：池田裕子／杏水祥一／舘野 均 他18名

※ 書籍をご購入の際は、最寄りの書店にご注文いただくか、
㈱シーエムシー出版のホームページ（http://www.cmcbooks.co.jp/）にてお申し込み下さい。

《CMCテクニカルライブラリー》のご案内

マイクロ/ナノ系カプセル・微粒子の応用展開
監修/小石眞純
ISBN978-4-7813-0047-4　B865
A5判・332頁　本体4,600円+税（〒380円）
初版2003年8月　普及版2009年2月

構成および内容：【基礎と設計】ナノ医療：ナノロボット 他【応用】記録・表示材料（重合法トナー 他）/ナノパーティクル化による薬物送達/化粧品・香料/食品（ビール酵母/バイオカプセル 他）/農薬/土木・建築（球状セメント 他）【微粒子技術】コアーシェル構造球状シリカ系粒子/金・半導体ナノ粒子/Pbフリーはんだボール 他
執筆者：山下 俊/三島健司/松山 清 他39名

感光性樹脂の応用技術
監修/赤松 清
ISBN978-4-7813-0046-7　B864
A5判・248頁　本体3,400円+税（〒380円）
初版2003年8月　普及版2009年1月

構成および内容：医療用（歯科領域/生体接着/創傷被覆剤/光硬化性キトサンゲル）/光硬化、熱硬化併用樹脂（接着剤のシート化）/印刷（フレキソ印刷/スクリーン印刷）/エレクトロニクス（層間絶縁膜材料/可視光硬化型シール剤/半導体ウェハ加工用粘・接着テープ）/塗料、インキ（無機・有機ハイブリッド塗料/デュアルキュア塗料）他
執筆者：小出 武/石原雅之/岸本芳男 他16名

電子ペーパーの開発技術
監修/面谷 信
ISBN978-4-7813-0045-0　B863
A5判・212頁　本体3,000円+税（〒380円）
初版2001年11月　普及版2009年1月

構成および内容：【各種方式（要素技術）】非水系電気泳動型電子ペーパー/サーマルリライタブル/カイラルネマチック液晶/フォトンモードでのフルカラー書き換え記録方式/エレクトロクロミック方式/消去再生可能な乾式トナー作像方式【応用開発技術】理想的ヒューマンインターフェース条件/ブックオンデマンド/電子黒板他
執筆者：堀田吉彦/関根啓子/植田秀昭 他11名

ナノカーボンの材料開発と応用
監修/篠原久典
ISBN978-4-7813-0036-8　B862
A5判・300頁　本体4,200円+税（〒380円）
初版2003年8月　普及版2008年12月

構成および内容：【現状と展望】カーボンナノチューブ 他【基礎科学】ピーポッド 他【合成技術】アーク放電法による金属内包フラーレンの量産技術/2層ナノチューブ 他【実際技術】燃料電池/フラーレン誘導体を用いた有機太陽電池/水素吸着現象/LSI配線ビア/単一電子トランジスター/電気二層キャパシター/導電性樹脂
執筆者：宍戸 潔/加藤 誠/加藤立久 他29名

プラスチックハードコート応用技術
監修/井手文雄
ISBN978-4-7813-0035-1　B861
A5判・177頁　本体2,600円+税（〒380円）
初版2004年3月　普及版2008年12月

構成および内容：【材料と特性】有機系（アクリレート系/シリコーン系 他）/無機系/ハイブリッド系（光カチオン硬化型 他）【応用技術】自動車用部品/携帯電話向けUV硬化型ハードコート剤/眼鏡レンズ（ハイインパクト加工 他）/建築材料（建材化粧シート/環境問題 他）/光ディスク【市場動向】PVC床コーティング/樹脂ハードコート 他
執筆者：栢木 實/佐々木裕/山谷正明 他8名

ナノメタルの応用開発
編集/井上明久
ISBN978-4-7813-0033-7　B860
A5判・300頁　本体4,200円+税（〒380円）
初版2003年8月　普及版2008年11月

構成および内容：機能材料（ナノ結晶軟磁性合金）/バルク合金/水素吸蔵 他）/構造用材料（高強度軽合金/原子力材料/蒸着ナノAl合金 他）/分析・解析技術（高分解能電子顕微鏡/放射光回折・分光法 他）/製造技術（粉末固化成形/放電焼結法/微細精密加工/電解析出法 他）/応用（時効析出アルミニウム合金/ピーニング用高硬度投射材 他）
執筆者：牧野彰宏/沈 宝龍/福永博俊 他49名

ディスプレイ用光学フィルムの開発動向
監修/井手文雄
ISBN978-4-7813-0032-0　B859
A5判・217頁　本体3,200円+税（〒380円）
初版2004年2月　普及版2008年11月

構成および内容：【光学高分子フィルム】設計/製膜技術 他【偏光フィルム】高機能性/染料系 他【位相差フィルム】λ/4波長板 他【輝度向上フィルム】集光フィルム・プリズムシート 他【バックライト用】導光板/反射シート 他【プラスチックLCD用フィルム基板】ポリカーボネート/プラスチックTFT 他【反射防止】ウェットコート 他
執筆者：綱島研二/斎藤 拓/善如寺芳弘 他19名

ナノファイバーテクノロジー －新産業発掘戦略と応用－
監修/本宮達也
ISBN978-4-7813-0031-3　B858
A5判・457頁　本体6,400円+税（〒380円）
初版2004年2月　普及版2008年10月

構成および内容：【総論】現状と展望（ファイバーにみるナノサイエンス 他）/海外の現状【基礎】ナノ紡糸（カーボンナノチューブ 他）/ナノ加工（ポリマークレイナノコンポジット/ナノボイド 他）/ナノ計測（走査プローブ顕微鏡 他）【応用】ナノバイオニック産業（バイオチップ 他）/環境調和エネルギー産業（バッテリーセパレータ 他）他
執筆者：梶 慶輔/梶原莞爾/赤池敏宏 他60名

※書籍をご購入の際は、最寄りの書店にご注文いただくか、㈱シーエムシー出版のホームページ(http://www.cmcbooks.co.jp/)にてお申し込み下さい。

CMCテクニカルライブラリー のご案内

有機半導体の展開
監修／谷口彬雄
ISBN978-4-7813-0030-6　　　　B857
A5判・283頁　本体4,000円+税　（〒380円）
初版2003年10月　普及版2008年10月

構成および内容：【有機半導体素子】有機トランジスタ／電子写真用感光体／有機LED（リン光材料 他）／色素増感太陽電池／二次電池／コンデンサ／圧電・焦電／インテリジェント材料（カーボンナノチューブ／薄膜から単一分子デバイスへ 他）【プロセス】分子配列・配向制御／有機エピタキシャル成長／超薄膜作製／インクジェット製膜【索引】

執筆者：小林俊介／堀田 収／柳 久雄 他23名

イオン液体の開発と展望
監修／大野弘幸
ISBN978-4-7813-0023-8　　　　B856
A5判・255頁　本体3,600円+税　（〒380円）
初版2003年2月　普及版2008年9月

構成および内容：合成（アニオン交換法／酸エステル法 他）／物理化学（極性評価／イオン拡散係数 他）／機能性溶媒（反応場への適用／分離・抽出溶媒／光化学反応 他）／機能設計（イオン伝導／液晶型／非ハロゲン系 他）／高分子化（イオンゲル／両性電解質型／DNA 他）／イオニクスデバイス（リチウムイオン電池／太陽電池／キャパシタ 他）

執筆者：萩原理加／宇恵 誠／菅 孝剛 他25名

マイクロリアクターの開発と応用
監修／吉田潤一
ISBN978-4-7813-0022-1　　　　B855
A5判・233頁　本体3,200円+税　（〒380円）
初版2003年1月　普及版2008年9月

構成および内容：【マイクロリアクターとは】特長／構造体・製作技術／流体の制御と計測技術 他【世界の最先端の研究動向】化学合成・エネルギー変換・バイオプロセス／化学工業のための新生技術 他【マイクロ合成化学】有機合成反応／触媒反応と重合反応【マイクロ化学工学】マイクロ単位操作研究／マイクロ化学プラントの設計と制御

執筆者：菅原 徹／細川和生／藤井輝夫 他22名

帯電防止材料の応用と評価技術
監修／村田雄司
ISBN978-4-7813-0015-3　　　　B854
A5判・211頁　本体3,000円+税　（〒380円）
初版2003年7月　普及版2008年8月

構成および内容：処理剤（界面活性剤系／シリコン系／有機ホウ素系 他）／ポリマー材料（金属薄膜形成帯電防止フィルム 他）／繊維（導電材料混入型／金属化合物型 他）／用途別（静電気対策包装材料／グラスライニング／衣料 他）／評価技術（エレクトロメータ／電荷減衰測定／空間電荷分布の計測 他）／評価基準（床，作業表面，保管棚 他）

執筆者：村田雄司／後藤伸也／細川泰徳 他19名

強誘電体材料の応用技術
監修／塩嵜 忠
ISBN978-4-7813-0014-6　　　　B853
A5判・286頁　本体4,000円+税　（〒380円）
初版2001年12月　普及版2008年8月

構成および内容：【材料の製法，特性および評価】酸化物単結晶／強誘電体材料セラミックス／高分子材料／薄膜（化学溶液堆積法 他）／強誘電性液晶／コンポジット【応用デバイス】誘電（キャパシタ 他）／圧電（弾性表面波デバイス／フィルタ／アクチュエータ 他）／焦電・光学／記憶・記録・表示デバイス【新しい現象および評価法】材料，製法

執筆者：小松隆一／竹中 正／田實佳郎 他17名

自動車用大容量二次電池の開発
監修／佐藤 登／境 哲男
ISBN978-4-7813-0009-2　　　　B852
A5判・275頁　本体3,800円+税　（〒380円）
初版2003年12月　普及版2008年7月

構成および内容：【総論】電動車両システム／市場展望【ニッケル水素電池】材料技術／ライフサイクルデザイン【リチウムイオン電池】電解液と電極の最適化による長寿命化／劣化機構の解析／安全性【鉛電池】42Vシステムの展望【キャパシタ】ハイブリッドトラック・バス【電気自動車とその周辺技術】電動コミュータ／急速充電器 他

執筆者：堀江英明／竹下秀夫／押谷政彦 他19名

ゾル-ゲル法応用の展開
監修／作花済夫
ISBN978-4-7813-0007-8　　　　B850
A5判・208頁　本体3,000円+税　（〒380円）
初版2000年5月　普及版2008年7月

構成および内容：【総論】ゾル-ゲル法の概要【プロセス】ゾルの調製／ゲル化と無機バルク体の形成／有機・無機ナノコンポジット／セラミックス繊維／乾燥／焼結【応用】ゾル-ゲル法バルク材料の応用／薄膜材料／粒子・粉末材料／ゾル-ゲル法応用の新展開（微細パターニング）／太陽電池／蛍光体／高活性触媒／木材改質／その他の応用

執筆者：平野眞一／余穂利信／坂本 渉 他28名

白色LED照明システム技術と応用
監修／田口常正
ISBN978-4-7813-0008-5　　　　B851
A5判・262頁　本体3,600円+税　（〒380円）
初版2003年6月　普及版2008年6月

構成および内容：白色LED研究開発の状況：歴史的背景／光源の基礎特性／発光メカニズム／青色LED，近紫外LEDの作製（結晶成長／デバイス作製 他）／高効率近紫外LEDと白色LED（ZnSe系白色LED 他）／実装化技術（蛍光体とパッケージング 他）／応用と実用化（一般照明装置の製品化 他）／海外の動向，研究開発予測および市場化 他

執筆者：内田裕士／森 哲／山田陽一 他24名

※ 書籍をご購入の際は，最寄りの書店にご注文いただくか，
㈱シーエムシー出版のホームページ（http://www.cmcbooks.co.jp/）にてお申し込み下さい。

CMCテクニカルライブラリーのご案内

炭素繊維の応用と市場
編著／前田 豊
ISBN978-4-7813-0006-1　B849
A5判・226頁　本体3,000円＋税（〒380円）
初版2000年11月　普及版2008年6月

構成および内容：炭素繊維の特性（分類／形態／市販炭素繊維製品／性質／周辺繊維 他）／複合材料の設計・成形・後加工・試験検査／最新応用技術／複合材料の用途分野別の最新動向（航空宇宙分野／スポーツ・レジャー分野／産業・工業分野 他）／メーカー・加工業者の現状と動向（炭素繊維メーカー／特許からみたCFメーカー／FRP成形加工業者／CFRPを取り扱う大手ユーザー 他）他

超小型燃料電池の開発動向
編著／神谷信行／梅田 実
ISBN978-4-88231-994-8　B848
A5判・235頁　本体3,400円＋税（〒380円）
初版2003年6月　普及版2008年5月

構成および内容：直接形メタノール燃料電池／マイクロ燃料電池・マイクロ改質器／二次電池との比較／固体高分子電解質膜／電極材料／MEA(膜電極接合体)／平面積層方式／燃料の多様化（アルコール、アセタール系／ジメチルエーテル／水素化ホウ素燃料／アスコルビン酸／グルコース 他）／計測評価法（セルインピーダンス／パルス負荷 他）
執筆者：内田 勇／田中秀治／畑中達也 他10名

エレクトロニクス薄膜技術
監修／白木靖寛
ISBN978-4-88231-993-1　B847
A5判・253頁　本体3,600円＋税（〒380円）
初版2003年5月　普及版2008年5月

構成および内容：計算化学による結晶成長制御手法／常圧プラズマCVD技術／ラダー電極を用いたVHFプラズマ応用薄膜形成技術／触媒化学気相堆積法／コンビナトリアルテクノロジー／パルスパワー技術／半導体薄膜の作製（高誘電体ゲート絶縁膜／ナノ構造磁性薄膜の作製とスピントロニクスへの応用（強磁性トンネル接合(MTJ) 他）他
執筆者：久保百司／髙見誠一／宮本 明 他23名

高分子添加剤と環境対策
監修／大勝靖一
ISBN978-4-88231-975-7　B846
A5判・370頁　本体5,400円＋税（〒380円）
初版2003年5月　普及版2008年4月

構成および内容：総論（劣化の本質と防止／添加剤の相乗・拮抗作用 他）／機能維持剤（紫外線吸収剤／アミン系／イオウ系・リン系／金属捕捉剤 他）／機能付与剤（加工性／光化学性／電気性／表面性／バルク性 他）／添加剤の分析と環境対策（高温ガスクロによる分析／変色トラブルの解析例／内分泌かく乱化学物質／添加剤と法規制 他）
執筆者：飛田悦男／児島史利／石井玉樹 他30名

農薬開発の動向 －生物制御科学への展開－
監修／山本 出
ISBN978-4-88231-974-0　B845
A5判・337頁　本体5,200円＋税（〒380円）
初版2003年5月　普及版2008年4月

構成および内容：殺菌剤（細胞膜機能の阻害剤 他）／殺虫剤（ネオニコチノイド系剤 他）／殺ダニ剤／除草剤・植物成長調節剤（カロチノイド生合成阻害剤 他）／製剤／生物農薬（ウイルス剤 他）／天然物／遺伝子組換え作物／昆虫ゲノム研究の害虫防除への展開／創薬研究へのコンピュータ利用／世界の農薬市場／米国の農薬規制
執筆者：三浦一郎／上原正浩／織田雅次 他17名

耐熱性高分子電子材料の展開
監修／柿本雅明／江坂 明
ISBN978-4-88231-973-3　B844
A5判・231頁　本体3,200円＋税（〒380円）
初版2003年5月　普及版2008年3月

構成および内容：【基礎】耐熱性高分子の分子設計／耐熱性高分子の物性／低誘電率材料の分子設計／光反応性耐熱性材料の分子設計【応用】耐熱注型材料／ポリイミドフィルム／アラミド繊維紙／アラミドフィルム／耐熱性粘着テープ／半導体封止用成形材料／その他注目材料（ベンゾシクロブテン樹脂／液晶ポリマー／BTレジン 他）
執筆者：今井淑夫／竹市 力／後藤幸平 他16名

二次電池材料の開発
監修／吉野 彰
ISBN978-4-88231-972-6　B843
A5判・266頁　本体3,800円＋税（〒380円）
初版2003年5月　普及版2008年3月

構成および内容：【総論】リチウム系二次電池の技術と材料・原理と基本材料構成【リチウム二次電池材料】コバルト系・ニッケル系・マンガン系・有機系正極材料／炭素系・合金系・その他非炭素系負極材料／イオン電池用電解液／ポリマー・無機固体電解質 他【新しい蓄電素子とその材料編】プロトン・ラジカル電池 他【海外の状況】
執筆者：山﨑信幸／荒井 創／櫻井庸司 他27名

水分解光触媒技術 －太陽光と水で水素を造る－
監修／荒川裕則
ISBN978-4-88231-963-4　B842
A5判・260頁　本体3,600円＋税（〒380円）
初版2003年4月　普及版2008年2月

構成および内容：酸化チタン電極による水の光分解の発見／紫外光応答一段光触媒による水分解の達成（炭素塩添加法／Ta系酸化物へのドーパント効果 他）／紫外光応答二段光触媒による水分解／可視光応答性光触媒による水分解の達成（レドックス媒体／色素増感光触媒 他）／太陽電池材料を利用した水の光電気化学的分解／海外での取り組み
執筆者：藤嶋 昭／佐藤真理／山下弘巳 他20名

※ 書籍をご購入の際は、最寄りの書店にご注文いただくか、
㈱シーエムシー出版のホームページ（http://www.cmcbooks.co.jp/）にてお申し込み下さい。

CMCテクニカルライブラリーのご案内

機能性色素の技術
監修／中澄博行
ISBN978-4-88231-962-7　　　B841
A5判・266頁　本体3,800円+税　（〒380円）
初版2003年3月　普及版2008年2月

構成および内容：【総論】計算化学による色素の分子設計 他【エレクトロニクス機能】新規フタロシアニン化合物 他【情報表示機能】有機EL材料 他【情報記録機能】インクジェットプリンタ用色素／フォトクロミズム 他【染色・捺染の最新技術】超臨界二酸化炭素流体を用いる合成繊維の染色 他【機能性フィルム】近赤外線吸収色素 他
執筆者：蛭田公広／谷口彬雄／雀部博之 他22名

電波吸収体の技術と応用 II
監修／橋本 修
ISBN978-4-88231-961-0　　　B840
A5判・387頁　本体5,400円+税　（〒380円）
初版2003年3月　普及版2008年1月

構成および内容：【材料・設計編】狭帯域・広帯域・ミリ波電波吸収体【測定法編】材料定数【材料編】ITS（弾性エポキシ）・ITS用吸音電波吸収体 他／電子部品（ノイズ抑制・高周波シート 他）／ビル・建材・電波暗室（透明電波吸収体 他）【応用編】インテリジェントビル／携帯電話など小型デジタル機器／ETC【市場編】市場動向
執筆者：宗 哲／栗原 弘／戸高嘉彦 他32名

光材料・デバイスの技術開発
編集／八百隆文
ISBN978-4-88231-960-3　　　B839
A5判・240頁　本体3,400円+税　（〒380円）
初版2003年4月　普及版2008年1月

構成および内容：【ディスプレイ】プラズマディスプレイ 他【有機光・電子デバイス】有機EL素子／キャリア輸送材料 他【発光ダイオード（LED）】高効率発光メカニズム／白色LED 他【半導体レーザ】赤外半導体レーザ 他【新機能光デバイス】太陽光発電／光記録技術 他【環境調和型光・電子半導体】シリコン基板上の化合物半導体 他
執筆者：別井圭一／三上明義／金丸正剛 他10名

プロセスケミストリーの展開
監修／日本プロセス化学会
ISBN978-4-88231-945-2　　　B838
A5判・290頁　本体4,000円+税　（〒380円）
初版2003年1月　普及版2007年12月

構成および内容：【総論】有名反応のプロセス化学的評価 他【基礎的反応】触媒的不斉炭素—炭素結合形成反応／進化するBINAP化学 他【合成の自動化】ロボット合成／マイクロリアクター 他【工業的製造プロセス】7-ニトロインドール類の工業的製造法の開発／抗高血圧薬塩酸エホニジピン原薬の製造研究／ノスカール錠用固体分散体の工業化 他
執筆者：塩入孝之／富岡 清／左右田 茂 他28名

UV・EB硬化技術 IV
監修／市村國宏　編集／ラドテック研究会
ISBN978-4-88231-944-3　　　B837
A5判・320頁　本体4,400円+税　（〒380円）
初版2002年12月　普及版2007年12月

構成および内容：【材料開発の動向】アクリル系モノマー・オリゴマー／光開始剤 他【硬化装置及び加工技術の動向】UV硬化装置の動向と加工技術 他【応用技術の動向】缶コーティング／粘着塗剤／印刷関連材料／フラットパネルディスプレイ／ホログラム／半導体用レジスト／光ディスク／光学材料／フィルムの表面加工 他
執筆者：川上直彦／岡崎栄一／岡 英隆 他32名

電気化学キャパシタの開発と応用 II
監修／西野 敦／直井勝彦
ISBN978-4-88231-943-6　　　B836
A5判・345頁　本体4,800円+税　（〒380円）
初版2003年1月　普及版2007年11月

構成および内容：【技術編】世界の主なEDLCメーカー【構成材料編】活性炭／電解液／電気二重層キャパシタ（EDLC）用半製品，各種部材／装置・安全対策ハウジング，ガス透過弁【応用技術編】ハイパワーキャパシタの自動車への応用／UPS 他【新技術動向編】ハイブリッドキャパシタ／無機カーボンナノコンポジット／イオン性液体 他
執筆者：尾崎潤二／齋藤貴之／松井啓真 他40名

RFタグの開発技術
監修／寺浦信之
ISBN978-4-88231-942-9　　　B835
A5判・295頁　本体4,200円+税　（〒380円）
初版2003年2月　普及版2007年11月

構成および内容：【社会的位置付け編】RFID活用の条件 他【技術的位置付け編】バーチャルリアリティーへの応用 他【標準化・法規制編】電波防護 他【チップ・実装・材料編】粘着タグ 他【読み取り書きこみ機編】携帯式リーダーと応用事例 他【社会システムへの適用編】電子機器管理 他【個別システムの構築編】コイル・オン・チップRFID 他
執筆者：大見孝吉／椎野 潤／吉本隆一 他24名

燃料電池自動車の材料技術
監修／太田健一郎／佐藤 登
ISBN978-4-88231-940-5　　　B833
A5判・275頁　本体3,800円+税　（〒380円）
初版2002年12月　普及版2007年10月

構成および内容：【環境エネルギー問題と燃料電池】自動車を取り巻く環境問題とエネルギー動向／燃料電池の電気化学 他【燃料電池自動車と水素自動車の開発】燃料電池自動車市場の将来展望 他【燃料電池と材料技術】固体高分子型燃料電池用改質触媒／直接メタノール形燃料電池 他【水素製造と貯蔵材料】水素製造技術／高圧ガス容器 他
執筆者：坂本良悟／野崎 健／柏木孝夫 他17名

※ 書籍をご購入の際は、最寄りの書店にご注文いただくか、㈱シーエムシー出版のホームページ（http://www.cmcbooks.co.jp/）にてお申し込み下さい。